Biologiedidaktische Forschung:
Erträge für die Praxis

Jorge Groß · Marcus Hammann ·
Philipp Schmiemann · Jörg Zabel
(Hrsg.)

Biologiedidaktische Forschung: Erträge für die Praxis

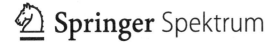 Springer Spektrum

Hrsg.
Jorge Groß
Didaktik der Biologie
Universität Bamberg
Bamberg, Bayern, Deutschland

Marcus Hammann
Didaktik der Biologie
Universität Münster
Münster, Nordrhein-Westfalen, Deutschland

Philipp Schmiemann
Didaktik der Biologie
Universität Duisburg-Essen
Essen, Nordrhein-Westfalen, Deutschland

Jörg Zabel
Didaktik der Biologie
Universität Leipzig
Leipzig, Sachsen, Deutschland

ISBN 978-3-662-58442-2   ISBN 978-3-662-58443-9   (eBook)
https://doi.org/10.1007/978-3-662-58443-9

Die Deutsche Nationalbibliothek verzeichnet diese Publikation in der Deutschen Nationalbibliografie; detaillierte bibliografische Daten sind im Internet über http://dnb.d-nb.de abrufbar.

Springer Spektrum
© Springer-Verlag GmbH Deutschland, ein Teil von Springer Nature 2019

Planung: Stefanie Wolf

Springer Spektrum ist ein Imprint der eingetragenen Gesellschaft Springer-Verlag GmbH, DE und ist ein Teil von Springer Nature
Die Anschrift der Gesellschaft ist: Heidelberger Platz 3, 14197 Berlin, Germany

Vorwort: Zur Bedeutung biologiedidaktischer Forschung für die Praxis

Abb. 1 In 40 Jahren des Bestehens der Fachsektion Didaktik der Biologie (FDdB) im VBIO wurden 21 Forschungsbände *Lehr- und Lernforschung in der Biologiedidaktik* publiziert (Foto: J. Groß).

Einleitung

Biologiedidaktische Forschung widmet sich dem Lehren und Lehren von Biologie in allen Schulformen, an Hochschulen, an Studienseminaren, an außerschulischen Lernorten sowie in der Aus- und Weiterbildung von Biologielehrkräften. Sie ist daher häufig anwendungsbezogene Forschung; ihre Erträge können dazu genutzt werden, bestehende Praktiken zu hinterfragen und zu optimieren.

Die Idee zum vorliegenden Band basiert auf einem Austausch von Biologiedidaktikerinnen und Biologiedidaktikern, die an deutschsprachigen Hochschulen lehren und forschen. Wir waren uns einig: Es besteht in dieser Gemeinschaft aus Forschenden und Lehrenden eine langjährige Tradition an veröffentlichten Forschungsbeiträgen. Diese Erträge wurden bislang aber nicht zusammenfassend diskutiert und kompakt dargestellt. Bei einem Treffen der Professorinnen und Professoren sowie Arbeitsgruppenleiterinnen und -leiter entstand deshalb die Idee zu diesem Buch: die Erträge biologiedidaktischer Forschung standortübergreifend zu formulieren und dabei nationale und internationale Studien zu berücksichtigen. Das Ergebnis ist dieser Band. Er gibt einen Überblick über zentrale Erträge anwendungsbezogener biologiedidaktischer Forschung der letzten 40 Jahre und beschreibt deren Bedeutung für die Praxis. Er stellt damit eine Ergänzung zu den bereits bestehenden Zusammenfassungen biologiedidaktischer Theorien und Forschungsmethoden der Naturwissenschaftsdidaktik dar (Abb. 1). Der Titel des Bandes rückt das Verhältnis zwischen Forschung und Praxis in den Mittelpunkt und betont damit den Anwendungsbezug, also die Möglichkeiten, die Praxis des Lehrens und Lernens von Biologie durch empirische Ergebnisse der Forschung in ihrer Wirkung zu beurteilen und positiv zu beeinflussen.

Was sind Erträge biologiedidaktischer Forschung?

Die biologiedidaktische Forschung ist mit ihren nunmehr 40 Jahren eine relativ junge Forschungsdisziplin an deutschen Hochschulen. Zugleich ist sie durch eine Vielfalt in Methoden und Theorien gekennzeichnet. Diese Vielfalt wird auch in diesem Buch sichtbar. Gemeinsam ist dagegen allen Kapiteln der spezifische Blick der Biologiedidaktik auf Lehrpersonen in ihrer Stellung zwischen der Fachwissenschaft auf der einen und den Lernenden auf der anderen Seite. Die daraus resultierende anwendungsbezogene biologiedidaktische Forschung unterscheidet sich von Grundlagenforschung durch Fragestellungen, die eine besondere Relevanz für die Praxis besitzen. Sie baut dabei auf den Ergebnissen der Grundlagenforschung verschiedener Bezugsdisziplinen auf. Beispielsweise nutzen Biologiedidaktikerinnen und Biologiedidaktiker spezifische Interessenstheorien, um zu untersuchen, welche biologiespezifischen Interessen Schülerinnen und Schüler besitzen und wie diese gefördert und langfristig aufrechterhalten werden können. Oder sie explorieren auch spezifische Lernwege, beispielsweise zum Thema Evolution oder Fotosynthese, und zielen dabei stärker auf Diagnosekompetenzen von Lehrkräften.

Aber unabhängig vom Thema hat die Forschung der letzten Jahre gezeigt, dass fachliches Wissen leider nicht einfach von Lehrern zu Schülern weitergegeben werden kann. Es hat sich vielmehr herausgestellt, dass die fachlichen Vorstellungen in vielen Fällen den Alltagsvorstellungen geradezu widersprechen. Was sich also in unseren Alltagsvorstellungen bewährt hat, erweist sich in einem fachlichen Kontext häufig als nicht zutreffend. Fachliches Wissen wiederum bewirkt alleine noch keine Änderung des Verhaltens, beispielsweise in der Gesundheits- oder in der Umweltbildung. Fachwissen alleine beantwortet auch nicht die ethischen Fragen, die aus wissenschaftlichen Fortschritten resultieren. Um diese bewerten und entscheiden zu können, benötigen die Lernenden abermals Kompetenzen, die im Unterricht gezielt gefördert werden müssen. In diesem Sinne ist Biologiedidaktik eine Brückenwissenschaft, denn sie befasst sich sowohl mit der Reflexion als auch mit der Vermittlung von Biologie und ihren Folgen. Entsprechend dieser Betrachtung sind Erträge biologiedidaktischer Forschung weder ausschließlich fachlicher noch rein pädagogischer Natur. Vielmehr beschäftigen sie sich mit denjenigen Kompetenzen, die beide Bereiche verbinden: Biologiedidaktik begründet, welche fachlichen Inhalte im Sinne biologischer Bildung unterrichtet werden sollten. Zudem untersucht sie die Wirksamkeit spezifischer Vermittlungs- und Aneignungsprozesse und entwickelt neue Zugänge zum Lehren und Lernen von Biologie.

Lange Jahre wurde dabei ausschließlich auf Erfahrungen (oder sog. Praxiswissen) aufgebaut. Frei nach dem Motto „Was sich bewährt hat, wird schon irgendwie gut sein" hat sich in der Gestaltung naturwissenschaftlicher Lernprozesse in den letzten 200 Jahren in Deutschland vergleichsweise wenig bewegt. Spätestens seit dem „PISA-Schock" ist aber bekannt, dass wir mehr wissen müssen über die Lehr- und Lernprozesse in der Biologie, wenn wir sie erfolgreicher gestalten wollen. Dieses Buch möchte diesen evidenzbasierten Weg aufzeigen.

Den Evidenzbegriff wollen wir an dieser Stelle weiter fassen: Erträge biologiedidaktischer Forschung hören nicht etwa dort auf, wo es (noch) keine Evidenz im naturwissenschaftlichen Sinne gibt. Viele unserer Theorien besitzen neben naturwissenschaftlich-psychologischen Grundlagen auch pädagogische, geisteswissenschaftliche und philosophische Wurzeln (vgl. Krüger und Vogt (2007): Theorien in der biologiedidaktischen Forschung). Auch bestimmte Anwendungen in der Praxis, z. B. die „richtige" Auswahl von Fachinhalten im Sinne biologischer Bildung oder die Herangehensweise an bioethische Fragen im Unterricht, sind in vieler Hinsicht schwer empirisch überprüfbar im Sinne einer maximalen „Effektivität". Vielmehr sind sie auch an Ideen, Werte und gesellschaftliche Normen geknüpft. Wir stellen hier ein Forschungsgebiet vor, das nicht nur im Spannungsfeld zwischen Grundlagenforschung und Anwendung liegt, sondern sich auch im wissenschaftstheoretischen Sinne durch eine fruchtbare Vielfalt verschiedenster Zugänge zu Lehr- und Lernprozessen auszeichnet. Wenn das Buch dabei die Evidenz in den Vordergrund stellt, will es damit die empirische Überprüfbarkeit nicht etwa zur Conditio sine qua non unseres gesamten Forschungsfeldes erklären. Letztlich zeigt es, dass es auf ein sinnvolles Zusammenspiel zwischen beiden Herangehensweisen ankommt: dem Messbarmachen und empirischen Überprüfen von Vermittlungsprozessen genauso wie dem informierten Nachdenken und der Diskussion über Bildungsprozesse, Relevanzen und Werte im Biologieunterricht. Beide Zugänge zusammen zeichnen unseren Wissenschaftszweig aus. Auch methodisch werden in den Kapiteln dieses Buches unterschiedliche Zugänge gewählt, darunter qualitative wie quantitative. Nach Meinung der Herausgeber steuern all diese Methoden wichtige Erträge biologiedidaktischer Forschung bei.

Aufbau des Buches

Der angesprochenen Heterogenität in den Forschungsfeldern wird begegnet, indem der Aufbau jedes Buchkapitels – wenn auch an ganz unterschiedlichen Themenfeldern – grundlegend gleich in folgende vier Bereiche strukturiert ist:

1. Um die Anschaulichkeit zu erhöhen und die Praxisrelevanz der referierten Ergebnisse zu verdeutlichen, beginnt jedes Kapitel mit einem *praxisnahen Beispiel* zum biologiebezogenen Lehren und Lernen. An diesem Praxisbeispiel werden im Folgenden jeweils die Herausforderungen des fachbezogenen Lernens dargestellt und anschließend die bestehenden empirisch bekannten Forschungsergebnisse auf die Praxis bezogen.
2. In der *Charakterisierung der Ausgangslage* wird am jeweiligen Themenfeld dargestellt, welche fachbezogenen Herausforderungen bekannt sind.
3. Zu dieser Ausgangslage werden im Folgenden anhand biologiedidaktischer Forschungsergebnisse *Ursachen und evidenzbasierte Empfehlungen* erläutert und – wo möglich – auch in einen internationalen Kontext gestellt. Hierbei wurden Erträge zum Forschungsthema gesammelt und vergleichend untersucht: Welche Wirkungszusammenhänge sind für die jeweiligen Lehr- und Lernprozesse bekannt? Welche Schlüsse können Lehrkräfte hieraus für die Entwicklung von fruchtbaren Lernumgebungen ableiten?
4. In der abschließenden *Zusammenfassung* wird im jeweiligen Kapitel zum Ausgangspunkt zu den bekannten Lösungsvorschlägen und zu den Wirksamkeitsnachweisen ein Fazit gezogen, und es werden gegebenenfalls offene Fragen erörtert.

Ziele des Buches

Selbstverständlich wünschen sich die Herausgeber dieses Bandes, dass die Erträge der Forschung noch stärker Eingang in die Praxis finden als bisher. Das vorliegende Buch unternimmt einen ersten Schritt in diese Richtung. In einigen Kapiteln beschreiben wir dabei themenspezifische Forschungsergebnisse mit Praxisrelevanz zum ersten Mal zusammenfassend. Auf dieser Grundlage können sie für die Praxis hoffentlich besser wirksam werden.

Das Buch stellt damit keine Sammlung von Unterrichtsmaterialien dar. Forschung, auch angewandte, versucht allgemeingültige Ergebnisse zu formulieren, wenn auch so bereichsspezifisch und differenziert wie möglich. Wir halten dies nicht für ein Manko, sondern vielmehr für ein Kennzeichen forschungsbasierter Innovation. Dieser Band bietet empirisch gesicherte Erkenntnisse über Prinzipien des Lehrens und Lernens von Biologie. Praktiker können diese auf unterschiedliche Art und Weise in Unterricht und Ausbildung umsetzen, wobei die allgemeinen Prinzipien an die jeweils unterschiedlichen Lern- und Themenkontexte angepasst werden müssen.

Ihre Wirkung entfalten die Forschungsergebnisse also nicht von allein, sondern nur durch Umsetzung, d. h. ein geplantes und gewolltes Zusammenwirken vieler an biologischer Bildung beteiligter Menschen: Fachdidaktikerinnen und -didaktiker, Schulpraktikerinnen und -praktiker, Bildungsforscherinnen und -forscher, Psychologinnen und Psychologen und viele weitere müssen sich zu fachübergreifenden Kooperationen und längerfristigen Prozessen zusammenfinden, um diese Erträge zu diskutieren, zu erproben und im Schul- und Bildungsalltag zu konkretisieren. Auf diesen Prozess freuen wir uns gemeinsam mit den vielen Autorinnen und Autoren, die zu diesem Band beigetragen haben und denen wir hierfür herzlich danken möchten.

Die Herausgeber
Jorge Groß
Marcus Hammann
Philipp Schmiemann
Jörg Zabel

Inhaltsverzeichnis

Teil I
Berücksichtigung kognitiv-affektiver Lernvoraussetzungen im Biologieunterricht

Schülervorstellungen im Biologieunterricht

Marcus Schrenk, Harald Gropengießer, Jorge Groß,
Marcus Hammann, Holger Weitzel und Jörg Zabel

Inhaltsverzeichnis

M. Schrenk (✉)
Fach Biologie, Pädagogische Hochschule Ludwigsburg, Ludwigsburg, Deutschland
E-Mail: schrenk@ph-ludwigsburg.de

H. Gropengießer
Didaktik der Biologie, Leibniz Universität Hannover, Hannover, Niedersachsen, Deutschland
E-Mail: gropengiesser@idn.uni-hannover.de

J. Groß
Didaktik der Naturwissenschaften, Otto-Friedrich-Universität Bamberg, Bamberg,
Bayern, Deutschland
E-Mail: jorge.gross@uni-bamberg.de

M. Hammann
Zentrum für Didaktik der Biologie, Universität Münster, Münster, Deutschland
E-Mail: hammann.m@uni-muenster.de

H. Weitzel
Biologie und ihre Didaktik, PH Weingarten, Weingarten, Deutschland
E-Mail: weitzel@ph-weingarten.de

J. Zabel
Institut für Biologie, Biologiedidaktik, Universität Leipzig, Leipzig, Deutschland
E-Mail: joerg.zabel@uni-leipzig.de

© Springer-Verlag GmbH Deutschland, ein Teil von Springer Nature 2019
J. Groß et al. (Hrsg.), *Biologiedidaktische Forschung: Erträge für die Praxis*,
https://doi.org/10.1007/978-3-662-58443-9_1

Die Falter passen sich einfach ihrer Umgebung an. Die merken, dass sie in der Umgebung nicht mehr überleben können, und dann passen sie sich an und ändern ihre Farbe (Jannik, 8. Klasse).

Wie kommt die dunkle Farbe bei dem einen Falter? Vielleicht ist es so, dass das Gen für die dunkle Farbe zunächst rezessiv ist, und dann wird es dominant. Das würde erklären, warum nach kurzer Zeit mehr dunkle Falter auftreten. (Sophie, 12. Klasse).

Beide Aussagen sind typische Erklärungen von Schülerinnen und Schülern für den Industriemelanismus bei Birkenspannern. Aus fachwissenschaftlicher Perspektive sind sie falsch oder fehlerhaft und wurden deshalb zu Beginn der Erforschung von Schülervorstellungen als „Fehlvorstellung" bezeichnet (z. B. Driver und Easley 1978). Häufig entstammen solche Vorstellungen den Erfahrungen des Alltags. Der Ausdruck „Alltag" wird dabei sehr breit verstanden als Raum außerhalb der Schule, der Erfahrungen mit dem eigenen Körper (Kap. 4) sowie handwerkliche, religiöse oder andere kulturelle Erfahrungen ermöglicht. Im Alltag erweisen sich auf der Grundlage solcher Erfahrungen gebildete Vorstellungen als nützlich – so etwa Janniks Vorstellung einer Anpassung des Körpers als Antwort auf veränderte äußere Bedingungen, die auf der Erfahrung gründet, dass der Körper durch zielgerichtetes individuelles Verhalten wie beim sportlichen Training in gewünschter Weise beeinflusst werden kann.

Im Unterricht bilden diese Vorstellungen des Alltags den Rahmen, auf dem Schülerinnen und Schüler den von der Lehrkraft präsentierten Inhalt interpretieren, mit der Folge, dass sich das beabsichtigte Lernen der Lehrkraft und das tatsächliche Lernen der Schülerinnen und Schüler unterscheiden können. Die Unterschiede werden als Lernschwierigkeiten wahrgenommen (Häußler et al. 1998).

Eine zweite Quelle für Schülervorstellungen kann der Unterricht selbst sein. Indem Schülerinnen und Schüler das im Unterricht zu erlernende Wissen mit Alltagsvorstellungen in Beziehung setzen, können hybride Vorstellungen entstehen, d. h. Vorstellungen, die Elemente von wissenschaftlichen Vorstellungen und von Alltagsvorstellungen vermischen. Im Beispiel von Sophie wird das deutlich, indem sie mit Blick auf das gewünschte Endprodukt („den dunklen Falter") einen Mechanismus vorschlägt, für den sie zwar Fachvokabular („Gen", „dominant", „rezessiv") nutzt, das zugrunde liegende fachliche Konzept aber falsch deutet. Zu einem Thema bringen Lernende je nach alltäglicher und unterrichtlicher Vorerfahrung unterschiedliche Vorstellungen mit, die als „Schülervorstellungen" zusammengefasst werden und die deren Lernausgangslagen beschreiben.

1.1   Warum werden Schülervorstellungen erhoben und untersucht?

Das Interesse an der Erforschung von Schülervorstellungen lässt sich im Wesentlichen auf Forschungsergebnisse aus den 1970er Jahren zurückführen, die Schwierigkeiten von Schülerinnen und Schülern belegten, naturwissenschaftliche

Kernideen zu verstehen (z. B. Ausubel 1968; Novak 1977; Amin et al. 2014). Parallel dazu setzte sich in der kognitiven Psychologie mit dem Konstruktivismus ein neues Paradigma für die Erklärung von Lernprozessen durch, das dem Lerner eine aktive Rolle beim Lernen zuschreibt. Leitend für die Didaktik der Naturwissenschaften wurde der sog. moderate Konstruktivismus (Riemeier 2007), der Lernen als individuelle Konstruktionsleistung des Gehirns definiert und große Nähe zum neurobiologischen Konstruktivismus Gerhard Roths (1994) und zur evolutionären Erkenntnistheorie (Vollmer 2002) aufweist.

Aber auch die kognitivistische Entwicklungspsychologie ging im Unterschied zum Behaviorismus von einem Lerner aus, der aktiv darum bemüht ist, sein Begriffssystem mit den Anforderungen der Umwelt abzugleichen und ggf. aktiv zu verändern (vgl. den Begriff der Äquilibration bei Piaget). Ausubel et al. (1980) stellte bereits in den 1970er Jahren fest, das Vorwissen des Lerners sei die „wichtigste unabhängige Variable" bei Lernprozessen auf dem gleichen Wissensgebiet. Diese Annahme der klassischen Lernpsychologie wird durch moderne Forschungsergebnisse bestätigt (z. B. Shapiro 2004). Die erkenntnistheoretische und neurobiologische Fundierung dieser Position entwickelte sich erst ab den 1990er Jahren, und es existieren nach wie vor durchaus konkurrierende theoretische Modelle zum genauen Ablauf und zu den Bedingungen eines „Konzeptwechsels" beim Lerner (vgl. Krüger 2007). Gleichwohl gelten die Grundüberzeugungen von einer aktiven Lernerrolle sowie von der Bedeutung des Vorwissens für den Lernprozess seit vielen Jahrzehnten als empirisch gesichert und treiben die Beschäftigung mit Schülervorstellungen in der fachdidaktischen Forschung und im Unterricht voran.

Der größte Teil der Schülervorstellungsforschung fokussiert auf den kognitiven Aspekt des Lernens und steht damit bisweilen in der lernpsychologischen Tradition des Kognitivismus (z. B. Piaget, Ausubel). Es existieren daneben aber auch Zweige der Vorstellungsforschung, die sich mit der Perspektive des Lerners auf den biologischen Lerngegenstand stärker unter emotionalen, ästhetischen und ethischen Gesichtspunkten beschäftigen. Der Ansatz der „Alltagsphantasien" (Gebhard 2007) fußt auf entwicklungspsychologischen, kulturpsychologischen und philosophischen Grundlagen sowie einem stärker humanistisch geprägten Bildungsbegriff. Alltagsphantasien werden daher als eine besondere Kategorie von Schülervorstellungen verstanden, die auch kulturelle Mythen, Narrationen sowie ethisch relevante Selbst- und Weltbilder explizit mit einschließen (Kap. 2). Modelle der Urteilsbildung wie der soziale Intuitionismus (Haidt 2001) betonen die Bedeutung der Intuition für ethische Urteilsprozesse und damit auch bioethische Unterrichtsthemen. Es hat sich auch gezeigt, dass metaphorische Strukturierungen Moralvorstellungen prägen (vgl. Lakoff 1990) und damit relevant für die Förderung der Bewertungskompetenz im naturwissenschaftlichen Unterricht sind. Studienergebnisse aus beiden Richtungen belegen, dass die Reflexion von intuitiven Alltagsphantasien und Metaphern das fachliche Lernen fördern kann (Born 2007; Monetha 2009; Tramowsky et al. 2016). Aber auch Affekte wie Ekel oder ästhetische Urteile der Schülerinnen und Schüler spielen in der Praxis des Biologieunterrichts eine wichtige Rolle, da sie für Lehr- und Lernprozesse eine hohe

Relevanz besitzen. Die Forschung zu Schülervorstellungen zielt also heute auf alle kognitiv-affektiven Lernvoraussetzungen im Biologieunterricht. Kattmann (2007) spricht daher auch von einer Untersuchung der Lernerperspektiven. Diese umfasst nicht nur das individuelle kognitive Vorwissen, sondern auch affektive und intuitive Aspekte der Beziehung zum Lerngegenstand.

Seit den 1970er Jahren haben sich die Forschungen zu Schülervorstellungen und deren Rolle beim Lernen und Lehren zu einem wichtigen, wenn nicht dem wichtigsten Zweig biologiedidaktischer Forschung entwickelt (vgl. Hammann und Asshoff 2014; Kattmann 2015). Je nach Forschungstradition und Fragestellung, theoretischer Fundierung und verfügbaren bzw. bevorzugten Methoden hat sich die Vorstellungsforschung stark differenziert. Wie in Abb. 1.1 dargestellt, lassen sich unter Verwendung kennzeichnender Kategorien die spezifischen Ausprägungen der Vorstellungsforschung beschreiben. Einige Kategorien sollen im Folgenden kurz erläutert werden:

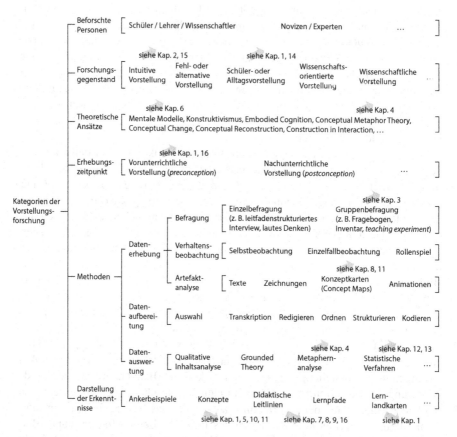

Abb. 1.1 Kategorien zur spezifischen Beschreibung der Vorstellungsforschung in der Biologiedidaktik. Die beispielhaft aufgeführten Ausprägungen innerhalb einer Kategorie erheben keinen Anspruch auf Vollständigkeit. Viele Bereiche können weiter differenziert werden. Mit Pfeilen wird auf entsprechende Kapitel innerhalb dieses Bandes verwiesen

- Forschungsgegenstände sind unterschiedliche Formen von Vorstellungen, die von Arbeitsgruppen in Abhängigkeit der Forschungsfragen und der heterogenen Theorieansätze auch unterschiedlich definiert werden. Das Wort „Vorstellung" verweist auf diese sehr unterschiedlichen Vorstellungsbegriffe.
- Die theoretischen Ansätze in der Vorstellungsforschung sind divers (vgl. Krüger und Vogt 2007, S. 69–175). In Abhängigkeit von den jeweiligen Forschungs- feldern und Forschungsfragen werden verschiedene lerntheoretische Konstrukte genutzt. Dagegen hat sich der erkenntnistheoretische Rahmen des moderaten Konstruktivismus durchgehend in der biologiedidaktischen Forschung etabliert.
- Vorstellungen werden oft vor- bzw. nachunterrichtlich erhoben. Andere Frage- stellungen, die sich auf den Verlauf der Lehr- und Lernprozesse beziehen, verlangen eine kontinuierliche Datenerhebung, beispielsweise mithilfe von Videografie.
- In Bezug auf methodische Aspekte haben sich sowohl bei qualitativen als auch bei quantitativen Fragestellungen durch die Begutachtung der Publikationen national und international akzeptierte Qualitätsstandards durchgesetzt.
- Die Darstellung der Erkenntnisse aus der Vorstellungsforschung hängt von der Fragestellung ab. Zielt diese auf die Diagnose verfügbarer Vorstellungen, kann deren Bedeutung beispielsweise durch Ankerbeispiele und einen treffen- den Namen nachvollziehbar werden. Sind Konsequenzen für die Vermittlung das Ziel, werden in der Regel didaktische Leitlinien formuliert. Werden Lern- prozesse oder Lernergebnisse in einer bestimmten Lernumgebung untersucht, können Lernpfade oder komplexe Lernlandkarten dargestellt werden.

1.2 Charakterisierung der Ausgangslage

1.2.1 Beschreibung von Schülervorstellungen zu zahlreichen biologischen Themen

Von Helga Pfundt und Reinders Duit stammt eine Bibliografie der empirischen Studien zu Schülervorstellungen in den Naturwissenschaften von den 1970er Jahren bis 2009, die über 1300 Einträge umfasst (Duit 2009). Das zweite *International Handbook of Research on Science Education* (Amin et al. 2014) beschreibt seit den 1970er Jahren weltweit drei aufeinanderfolgende (und über- lappende) Phasen der Forschung zu Schülervorstellungen, jede davon eng mit einer bestimmten Interpretation oder Schwerpunktsetzung des Conceptual-Chan- ge-Ansatzes verbunden. *Dass* Schülervorstellungen für den Lernprozess eine bedeutende Rolle spielen, ist weitgehend unumstritten. Auf *welche Weise* aller- dings genau die Forschungsergebnisse letztlich zu einem besseren Unterrichts- ergebnis beitragen können, ist weit weniger eindeutig zu beantworten. Erst in den letzten Jahren sind kompakte deutschsprachige Übersichtswerke zu Schülervor- stellungen im Biologieunterricht erschienen, die sich als praxisnahe Nachschlage- werke für Lehrerinnen und Lehrer sowie Lehrerausbilder eignen (Hammann und Asshoff 2014; Kattmann 2015) – also erstaunlich spät, gemessen an der großen Zahl der empirischen Studien weltweit.

1.2.2 Beschreibung von Lernschwierigkeiten und Verstehenshürden sowie deren Ursachen

Naturwissenschaftliches Wissen ist oft kontraintuitiv. Anders gesagt, es nutzt Begriffe und Relationen, die im Alltag im Unterschied zu den Naturwissenschaften eine ganz andere oder gar keine Bedeutung besitzen. In vielen Alltagssituationen sind naturwissenschaftliche Konzepte trotz ihrer größeren Präzision und Exaktheit nicht die bessere Beschreibung der Realität, sondern wirken inadäquat oder sogar völlig fehl am Platz. Wer beispielsweise am gedeckten Frühstückstisch erklärt, dass der Tannenhonig nicht von den Bienen an Blüten für uns gesammelt wurde, sondern dass diese Insekten die Ausscheidungen von Läusen aufleckten und später zum Füttern der Brut hervorwürgten, erntet möglicherweise dafür keinen Beifall. Alltagssituationen treten im Leben der allermeisten Menschen nun einmal viel häufiger auf als naturwissenschaftliche Kontexte. Dies gilt ganz besonders für die Kindheit: Die Situationen, in denen wir nach und nach lernen, die Welt zu begreifen, im wörtlichen wie im übertragenen Sinne, sind ganz überwiegend Alltagssituationen. Evolutiv und entwicklungspsychologisch betrachtet ist unser Wahrnehmungs- und Verstehenssystem besonders gut an die kognitive Verarbeitung solcher Situationen angepasst, die für das Überleben und die Fortpflanzung unserer Vorfahren bedeutend waren. Die neuzeitliche Wissenschaft mit ihren Erkenntnissen, beispielsweise über die Endosymbiontentheorie (Mikrokosmos) oder die Entstehung der Arten (Makrokosmos, lange Zeiträume), ist für evolutive Maßstäbe noch sehr jung. Zwar haben Wissenschaft und Technik das Anthropozän eingeläutet und verändern seit einigen Hundert Jahren auch die Biosphäre in rasanter Geschwindigkeit. Wissenschaftliche Konzepte wie „Immunabwehr" oder „Klimawandel" zu verstehen, stellt unser kognitives System aber bis auf Weiteres noch vor Herausforderungen, denen wir kognitiv nur bedingt gewachsen sind.

1.2.3 Bezüge zu nahen Ansätzen: Konzeptwechsel und die Theorie des erfahrungsbasierten Verstehens als Beispiele für theoretische Fundierungen

Eine der wichtigsten theoretischen Grundlagen für die empirischen Arbeiten ist der Conceptual-Change-Ansatz (Krüger 2007). Dieser Ansatz beschreibt individuelle Verstehensprozesse im naturwissenschaftlichen Unterricht als einen sog. Konzeptwechsel von einer fachlich weniger adäquaten (Alltags-)Vorstellung zu einer fachlich angemesseneren Vorstellung. Im Rahmen dieses Ansatzes werden auch konkrete Vorschläge für die Unterrichtspraxis entwickelt (vgl. Krüger 2007). So wurden beispielsweise von Posner et al. (1982) vier Bedingungen formuliert, die zentral für den Konzeptwechsel sind (vgl. Duit 1996, S. 150):

- *Dissatisfaction:* Unzufriedenheit mit den vorhandenen Vorstellungen. Die Schülerinnen und Schüler sehen eine Notwendigkeit, vorunterrichtliche Vorstellungen infrage zu stellen, weil sie in einer Anwendungssituation diese als unzureichend erleben.

- *Intelligible:* Fachwissenschaftliche Konzepte müssen verständlich sein.
- *Plausible:* Neue Vorstellungen müssen einleuchtend sein.
- *Fruitful:* In der Anwendung auf eine konkrete Situation müssen sich die neuen Vorstellungen als fruchtbar erweisen.

Diese Bedingungen zeugen von hohen Ansprüchen an Lehrkräfte, bezüglich der Fähigkeit, entsprechende Lernumgebungen zu gestalten. Es wird auch deutlich, dass es nur ein erster Schritt für die Lehrkräfte ist, die Vorstellungen der Schüler zu kennen. Die Schülerinnen und Schüler müssen zwar ihre Vorstellungen selbst umstrukturieren, das ist aber kein Selbstläufer. Es bedarf hierzu äußerst umsichtiger und meist auch aufwendiger Planungen und didaktischer Strukturierungen. Die Lehrkraft muss den Umstrukturierungsprozess der vorunterrichtlichen Vorstellungen durch die Schülerinnen und Schüler quasi vorausdenken. Gleichzeitig muss sie sicher einschätzen können, ob vereinfachte wissenschaftliche Vorstellungen immer noch fachlich adäquat und propädeutisch wirksam sind. Die neuen Vorstellungen der Schülerinnen und Schüler dürfen nicht dazu führen, dass sie dem Bilden fachlich noch näherer Vorstellungen in einer höheren Klassenstufe oder im Studium oder anderen Bildungskontexten im Weg stehen. Genau hier kann fachdidaktische Forschung zu Schülervorstellungen wichtige Beiträge zur Gestaltung von Lernumgebungen liefern, indem zu bedeutenden fachlichen Konzepten Schülervorstellungen und deren Umstrukturierungsprozesse auf unterschiedlichen Leistungsniveaus, Alters- und Klassenstufen sowie unter anderen Bildungsvoraussetzungen (ethnische, soziale etc.) beschrieben werden. Arbeiten in der Tradition des Modells der didaktischen Rekonstruktion sind hier für Unterrichtende besonders wertvoll, da fachliche und vorunterrichtliche Vorstellungen geklärt bzw. beschrieben werden. Beide werden als gleich bedeutsam betrachtet und zur Basis für die Gestaltung von Lernumgebungen gemacht. So gesehen ist das Modell der didaktischen Rekonstruktion nicht nur ein Rahmen für fachdidaktische Forschung, sondern auch ein modellhafter Leitfaden für die Entwicklung von Unterrichtseinheiten (vgl. Kattmann 2007).

Der Conceptual-Change-Ansatz ist bis heute das dominierende Paradigma für die Schülervorstellungsforschung, auch wenn zu den Ursachen und Bedingungen von Conceptual Change durchaus unterschiedliche Auffassungen herrschen (Krüger 2007). So ersetzt beispielsweise Kattmann (2005; Sander et al. 2006) den Begriff „Conceptual Change" durch „Conceptual Reconstruction" und betont so die Konstruktionstätigkeit des Lerners.

Vorunterrichtliche Vorstellungen werden jedoch nicht immer so einfach umstrukturiert, vor allem dann nicht, wenn fachlich adäquatere Konzepte sich nur schwer mit alltäglichen Erfahrungen in Übereinstimmung bringen lassen. Diese Herausforderung soll im folgenden Beispiel dargestellt werden:

Im Rahmen eines betreuten Schulpraktikums bereiteten zwei Studentinnen eine Doppelstunde zum Thema exotherme Tiere vor. Im Rahmen eines Lernzirkels wurde ein Versuch aufgebaut, bei welchem sich in zwei Schnapsgläschen gefrorenes Wasser befand. Über eines der Gläschen wurde ein mit Fell gefütterter Handschuh gestülpt. Die Schüler sollten den Versuch notieren, was sie als Ergebnis erwarten (in welchem Glas taut das Eis schneller?) und was sie beobachteten. Zwei

Studierende aus der Praktikumsgruppe, die nicht an der Vorbereitung beteiligt waren, betreuten die Station. Als nun die Schülerinnen und Schüler kamen und feststellten, dass zu ihrer Überraschung das Eis unter dem Handschuh nicht bzw. nur sehr langsam schmolz, trugen diese Studierenden den Schülerinnen und Schülern auf, das Gegenteil als Ergebnis zu notieren, und meinten, irgendwie würde der Versuch heute nicht richtig funktionieren, aber selbstverständlich müsse ja das Eis unter dem warmen Handschuh normalerweise viel schneller schmelzen. Die Schülerinnen und Schüler trugen anstandslos genau das Gegenteil von dem ein, was sie selbst beobachteten. Den Studierenden wie den Schülern kamen keinerlei Zweifel daran, dass vielleicht ihre Einschätzung nicht stimmen könnte. Die offensichtliche Beobachtung wurde einfach ignoriert, ja sogar negiert. Es wird deutlich, wenn Beobachtungen und andere empirische Daten zu sehr im Widerspruch zu eigenen Erfahrungen und theoretischen Erwartungen stehen, wird ein solcher kognitiver Konflikt unter Umständen nicht durch Umstrukturierung von Vorstellungen gelöst, sondern durch Leugnen der Daten (vgl. Chinn und Brewer 1993).

Warum sind Schülervorstellungen so schwer zu verändern oder zu erweitern? Im Sinne der Evolutionären Erkenntnistheorie (Vollmer 2002) umfasst unsere Wahrnehmung den sog. Mesokosmos „von der Haaresbreite bis zum Horizont", und ähnliche Grenzen hat sie auch in der zeitlichen Ausdehnung. Astronomische Entfernungen und erdgeschichtliche Zeiträume können wir uns ohne Hilfsmittel kaum vorstellen. Eine ultimate Erklärung dafür ist, dass eine solche Fähigkeit für die Fitness unserer Vorfahren keinerlei Anpassungswert hatte. Als proximate Ursache ließe sich anführen, dass Objekte und Zusammenhänge außerhalb der von Vollmer genannten Spanne des Mesokosmos für unsere Sinnesorgane nicht direkt zugänglich sind, sie also mangels sinnlicher Erfahrung unserem Gehirn kein „direktes Verstehen" erlauben. Was eine Katze ist und was ein Tisch, hat ein kleines Kind bald „begriffen". Auch Objektkonstanz oder sogar komplexere Kategorien wie „belebt" versus „unbelebt" sind früh nachweisbar (Gropengießer 2006), vermutlich weil das Gehirn sie durch genetisch bedingte Lernfenster bevorzugt anlegt. Um aber die Immunabwehr des menschlichen Körpers oder die globale Erwärmung zu verstehen, benötigen wir Verstehenswerkzeuge, die uns ein indirektes Verstehen erlauben. Zwar sind einzelne Aspekte dieser Phänomene durchaus körperlich erfahrbar, beispielsweise das Fieber bei einer Infektion oder ein milder Winter in unserer Region. Aber damit haben wir noch nicht den Mechanismus „erfahren", der aus wissenschaftlicher Sicht hinter den sinnlich wahrnehmbaren Anzeichen steht und letztere ursächlich erklären kann. Metaphorische Bezeichnungen wie „Immun*abwehr*" oder „*Treibhaus*effekt" weisen darauf hin, dass wir beim Versuch, abstrakte Phänomene zu verstehen, auf direkt erfahrbare Konzepte aus dem Alltag zurückgreifen, und zwar systematisch (Lakoff und Johnson 1998; Lakoff 1990; Kap. 4). Die dabei verwendeten Metaphern und Analogien sind aber zumeist nicht ohne Alternative und erhellen und verdunkeln jeweils unterschiedliche Aspekte des Lerngegenstands. Die Fachsprache ist keineswegs metaphernfrei und eindeutig (Langlet 2004). In der Schulpraxis akzeptierte Metaphern wie „ökologisches Gleichgewicht" oder „Killerzellen" können damit ebenso Ursachen für Lernschwierigkeiten darstellen wie alltagsweltliche

Metaphern. „Fehlvorstellungen" *(misconceptions)* sind sie damit nicht, denn die Alternative zur Metapher ist immer nur eine bessere Metapher, nicht etwa eine metaphernfreie Fachsprache. Schülervorstellungen zu erforschen und zum Ausgangspunkt des naturwissenschaftlichen Unterrichts zu machen, kann also im Sinne der kognitiven Metapherntheorie und des erfahrungsbasierten Verstehens (Gropengießer 2007) mit der spezifischen Funktionsweise unseres Gehirns begründet werden.

1.3 Evidenzbasierte Empfehlungen

Schülervorstellungen sind im Biologieunterricht eine maßgebliche Grundlage zur Entwicklung und Evaluation von Lehr- und Lernprozessen. Im Folgenden werden anhand von empirischen Studien aus der Biologiedidaktik evidenzbasierte Empfehlungen erläutert.

1.3.1 Schülervorstellungen erfassen mithilfe von Diagnoseaufgaben

Biologielehrerinnen und -lehrer können auf eine breite Auswahl unterschiedlicher Diagnoseinstrumente zurückgreifen, die in der Schülervorstellungsforschung entwickelt wurden, beispielsweise Kartenabfragen, Concept Cartoons, Concept Maps oder Zeichnungen, die die Schülerinnen und Schüler anfertigen (Abb. 1.1; Kattmann 2015, S. 17–19). Als ein wesentliches Diagnoseinstrument biologiedidaktischer Schülervorstellungsforschung gelten offene Aufgaben, mit denen Schülerinnen und Schüler aufgefordert werden können, ein biologisches Phänomen zu erklären bzw. eine begründete Vorhersage über ein biologisches Phänomen zu treffen. Beide Aufgabentypen fokussieren auf Wissen und Verständnis; sie erlauben es aber auch, dass die Schülerinnen und Schüler – aufgrund der Offenheit der Aufgabenstellung – auf ihre eigenen Vorstellungen zurückgreifen.

Die Entwicklung offener Aufgaben zur Erfassung von Schülervorstellungen folgt spezifischen Konstruktionsprinzipien, die im Folgenden erläutert werden. Zur Beschreibung eines biologischen Phänomens, das von den Schülerinnen und Schülern erklärt werden soll, werden im Stimulusmaterial zumeist zwei Zustände beschrieben. In der Aufgabe „Geparden", eine der bekanntesten Aufgaben zur Diagnose von Schülervorstellungen zur Evolution, wird anfangs dargestellt, dass die Vorfahren heutiger Geparden lediglich 30 km/h laufen konnten (Bishop und Anderson 1990; vgl. auch Hammann und Asshoff 2014, S. 233). Dann wird die Information angeboten, dass heutige Geparden die Fähigkeit besitzen, ca. 100 km/h zu laufen, wenn sie Beute jagen. Die Aufgabe lautet: „Wie würde ein Biologe erklären, wie sich die Fähigkeit des schnellen Laufens bei Geparden entwickelt hat?" Mit der Aufgabe wurde u. a. die Schülervorstellung der Anpassungsnotwendigkeit erfasst, d. h. die Vorstellung, dass sich Organismen aus der Notwendigkeit zu überleben angepasst haben, wenn sich die Lebensbedingungen bzw. die Umwelt ändern (Weitzel und Gropengießer 2009). Anpassung bzw. besser Angepasstheit wird in der Forschung als ein allumfassender Erklärungsansatz von Schülerinnen und Schülern für evolutiven Wandel angesehen.

Nach einem ähnlichen Schema wurde die sog. Pflanzen-Vergleichsaufgabe konstruiert (Parker et al. 2012; Messig et al. 2016). Sie erfordert die Erklärung des Phänomens, dass aus einem Samen, der weniger als 1 g wiegt, ein tonnenschwerer Baum werden kann. Die Schülerinnen und Schüler sollen erklären, woher die Stoffe stammen, die zum Aufbau von Biomassezuwachs benötigt werden. Häufig antworten die Schülerinnen und Schüler, dass alle Stoffe, die für den Biomassezuwachs benötigt werden, aus dem Boden stammen, und sie denken – implizit oder explizit – dass die Pflanzenernährung mit der Ernährung heterotropher Organismen vergleichbar ist. Eine Variation dieser Aufgabe ist „Rettichsamen" (Parker et al. 2012; vgl. auch Hammann und Asshoff 2014, S. 142), mit der zusätzlich auch Schülervorstellungen zur Zellatmung der Pflanzen erfasst werden können, da in der Aufgabe zu sehen ist, dass Rettichkeimlinge ohne Licht gegenüber Rettichkeimlingen mit Licht an Biomasse verlieren, was durch den Prozess der Zellatmung zu erklären ist.

Weitere wichtige Diagnoseaufgaben des Typs „Biologische Phänomene erklären" sind:

- „Pflanze und Maus" zur Diagnose von Schülervorstellungen zur Zellatmung bei Pflanzen, mit der die Vorstellung beschrieben wurde, dass Zellatmung bei Tieren, aber nicht bei Pflanzen auftritt (Songer und Mintzes 1994; vgl. auch Hammann und Asshoff 2014, S. 150).
- „Frühjahrskur" zur Erfassung von Schülervorstellungen zum abbauenden Stoffwechsel, mit der Stoffvernichtungsvorstellungen und Vorstellungen zur Umwandlung von Masse zu Energie beschrieben wurden (Wilson et al. 2006; vgl. auch Hammann und Asshoff 2014, S. 157),
- „Hemingway-Katzen" zur Erfassung von Schülervorstellungen zur Vererbung, mit der die Vorstellung der Merkmalsvererbung beschrieben wurde (Marbach-Ad und Stavy 2000; vgl. auch Hammann und Asshoff 2014, S. 171).
- „Kojoten am Johnson Canyon" zur Erfassung von Schülervorstellungen zu Kohlenstoffflüssen in terrestrischen Ökosystemen, mit der die Vorstellung beschrieben wurde, dass Pflanzen Kohlenstoffatome über ihre Wurzeln aufnehmen (Ebert-May et al. 2003; vgl. auch Hammann und Asshoff 2014, S. 206, 210).

Ein anderer Aufgabentyp zur Erfassung von Schülervorstellungen nutzt den Operator „Vorhersagen treffen", denn Vorhersagen erlauben ebenso wie Erklärungen Rückschlüsse auf das zugrunde liegende Verständnis und damit auch auf Schülervorstellungen, insbesondere wenn die Vorhersage begründet wird. Beispielsweise kann die Abbildung eines Nahrungsnetzes genutzt werden, um die Schülerinnen und Schüler vorhersagen zu lassen, welche Auswirkungen es haben wird, wenn ein bestimmter Organismus oder mehrere Organismen eines Nahrungsnetzes aussterben. Derartige Aufgaben werden häufig zur Erfassung systemischen Denkens eingesetzt; sie erbrachten aber auch Einblicke in Schülervorstellungen (Hogan 2000; vgl. auch Hammann und Asshoff 2014, S. 195). Das Konstruktionsprinzip derartiger Diagnoseaufgaben soll anhand der Aufgabe „Weiße Mäuse" erläutert werden (Clough und Wood-Robinson 1985, vergl. auch Hammann und Asshoff 2014, S. 177). Es handelt sich um eine Aufgabe zur Erfassung von Schülervorstellungen zur Vererbung erworbener Merkmale. Im Stimulusmaterial der Aufgabe wird den Schülerinnen und Schülern analog zu einem historischen Experiment von August Weismann (1834–1914) geschildert, dass Mäuse, denen die Schwänze abgeschnitten wurden, untereinander verpaart wurden. Als Aufgabenstellung sollen die Schülerinnen und Schüler Vorhersagen darüber treffen, wie die Nachkommen dieser Mäuse aussehen werden. Grundsätzlich müssen also bei Aufgaben dieses Typs Änderungen eintreten können oder auch nicht. Darüber hinaus sollen die Schülerinnen und Schüler vorhersagen, wie die Mäuse schließlich aussehen würden, wenn man die Schwänze über mehrere Generationen abschneiden würde. Die Aufgabe erbrachte das interessante Ergebnis, dass die Zahl der Schülerinnen und Schüler von 19 auf 44 % ansteigt, die die Vorstellung der Vererbung erworbener Merkmale zeigen, wenn man ihnen schildert, dass die Verstümmelung der Schwänze nicht einmalig, sondern über mehrere Generationen hinweg erfolgt (Clough und Wood-Robinson 1985).

Nicht immer müssen allerdings vom Menschen verursachte Veränderungen vorhergesagt werden. Dies belegen weitere Diagnoseaufgaben des Typs „Biologische Phänomene vorhersagen":

- „Taros Pflanze" zur Diagnose von Schülervorstellungen zu Kennzeichen des Lebendigen (Inagaki und Hatano 1996; vgl. auch Hammann und Asshoff 2014, S. 54), mit der die Schülervorstellung beschrieben wurde, dass bereits Kinder im Alter von vier bis fünf Jahren Pflanzen als Lebewesen ansehen.
- „Diffusion" zur Diagnose von Schülervorstellungen zur Bewegung von Teilchen (Meir et al. 2005; vgl. auch Hammann und Asshoff 2014, S. 108 f.), mit der die Schülervorstellung beschrieben wurde, dass sich die Teilchen gerichtet (und nicht zufällig) bewegen.

Diagnoseinstrumente, die in der Forschung zur Beschreibung von Schülervorstellungen genutzt werden, können auch im Biologieunterricht zum Einsatz kommen, um Schülerinnen und Schüler zu einer aktiven Auseinandersetzung mit biologischen Phänomenen und den eigenen darauf bezogenen Vorstellungen anzuregen.

1.3.2 Lernprozesse gestalten

Mit den Diagnoseinstrumenten lässt sich der Lernstand feststellen, der die Lernausgangslage für den Unterricht darstellt. Die vorunterrichtlichen Vorstellungen werden sich durch Unterricht zu nachunterrichtlichen Vorstellungen verändern – allerdings nicht immer hin zu den von der Lehrperson intendierten, fachlich geklärten, wissenschaftlich korrekten Vorstellungen (Zabel und Gropengießer

2011). Manche Autoren sprechen in diesem Zusammenhang auch von unterrichtsbedingten Vorstellungen (Hammann und Asshoff 2014). Die Veränderung der Vorstellungen in einem Lernprozess kann in Vermittlungsversuchen *(teaching experiments)* aufgeklärt werden (Steffe 1991; Komorek und Duit 2004). Dabei handelt es sich um Unterrichtssituationen, in denen eine forschende Lehrperson versucht, einem oder mehreren Lernenden ein meist als schwierig bekanntes fachliches Thema nahezubringen. Die Lehrperson vereinigt dabei zwei Rollen: Sie forscht, indem sie Vorstellungen und deren Veränderungen *ermittelt*, und *vermittelt* durch im Vorfeld auf der Grundlage von Schülervorstellungen entwickelte Lernangebote. Solche lernprozessbasierten Untersuchungen verlangen flexible und anpassungsfähige Methoden und werden deshalb meist durch Videografie dokumentiert. Theoriegeleitet werden die so erhobenen Daten aufbereitet und ausgewertet. Solche Vermittlungsversuche erkunden, wie fachliches Lernen abläuft und wie es gefördert werden kann.

Zu folgenden biologischen Themen wurden Vermittlungsversuche durchgeführt: Zellteilung (Riemeier und Gropengießer 2008), evolutionäre Anpassung (Weitzel und Gropengießer 2009), Bakterienkolonien (Schneeweiß und Gropengießer 2010), Klimawandel (Niebert und Gropengießer 2013, 2014, 2015), Mikroben (Unger 2017), Energie (Trauschke 2016), Fotosynthese (Messig und Groß 2018) und Moralvorstellungen (Tramowsky et al. 2016).

Riemeier (2005) konnte für Schülerinnen und Schüler der Sekundarstufe I hinsichtlich der Entwicklung des Verständnisses vom Wachstum von Lebewesen mehrere Phasen der Verständnisentwicklung unterscheiden. Sie reichen von der Vorstellung von Wachstum ohne Beteiligung von Zellen über die Vorstellung von Wachstum als Zellvermehrung hin zu einer Vorstellung von Wachstum als Zellverdopplung. Erst ab dieser Phase können die Schülerinnen und Schüler verstehen, dass Zellteilung stets mit einer nachfolgenden Vergrößerung der Zellen einhergeht. Ganz am Ende steht die Einsicht, dass eine Zellteilung mit der Verdopplung des Erbmaterials einhergehen muss. Was zunächst unspektakulär klingt, hat weitreichende Konsequenzen für den Unterricht. Beispielsweise ist es für die Entwicklung des Verständnisses von Zellteilung wichtig, dass die Schülerinnen und Schüler Zellteilung mit dem Wachstum von Lebewesen in Verbindung bringen, also die zelluläre Beschaffenheit von Lebewesen begreifen, der Zellteilungsprozess im Zentrum des Unterrichts steht und nicht das Pauken der Mitosestadien und Abbildungen zur Zellteilung so gewählt werden, dass die Tochterzellen dieselbe Größe haben wie die Ausgangszellen. Ein gelungenes Unterrichtsbeispiel hierzu findet sich in Riemeier (2005).

Mit Blick auf die Vorstellungsentwicklung zu stammesgeschichtlicher Anpassung konnte Weitzel (2006) beispielsweise zeigen, dass Schülerinnen und Schüler unangemessene Vorstellungen zu stammesgeschichtlichen Phänomenen recht bereitwillig ablegen, wenn sie alternative Erklärungen kennenlernen, die sie plausibel in ihre Argumentation einbeziehen können. Das gilt etwa für das Selektionskonzept, das als Auslese aus verfügbarer Variation („Die guten ins Töpfchen, die schlechten ins Kröpfchen") aus dem Alltag bekannt ist und zur Erklärung von Evolutionsphänomenen ausreicht, die auf der Verschiebung von Allelfrequenzen auf der Grundlage vorhandener Variation in Populationen beruhen, wie beim viel zitierten Fall des Industriemelanismus bei Birkenspannern. Herausfordernder sind Vorstellungsveränderungen zu stammesgeschichtlicher Anpassung jedoch dann, wenn zu einer Erklärung mehrere Organisationsebenen vernetzt werden müssen (Kap. 5) oder ein angemessenes Verständnis von Schwellenkonzepten wie Zufall oder Wahrscheinlichkeit notwendig ist (Fiedler und Harms 2016).

Dass Biologieunterricht, der vorunterrichtliche Vorstellungen der Schülerinnen und Schüler berücksichtigt und Lernumgebungen entsprechend gestaltet, erfolgreich ist, zeigen beispielsweise die Arbeiten von Baisch (2009) und Braun (geb. Steigert) (Steigert 2012). Es wurden Lernumgebungen nach moderat-konstruktivistischen Kriterien gestaltet, in welchen die Schülerinnen und Schüler ihre Vorstellungen so neu konstruierten, dass sie deutlich mehr den wissenschaftlichen Vorstellungen entsprachen. So konnten im Rahmen der Interventions- und Interviewstudie von Baisch (2009) Schülerinnen und Schüler der 3. und 4. Klassenstufe Bildkarten zum Stoffkreislauf im Boden nach der Intervention zusammenhängend in einem Kreislaufsystem anordnen, nachdem sie vor der Intervention Zusammenhänge allenfalls zwischen einzelnen Bildkarten herstellten. Ebenso nahm die Zahl der Schülerinnen und Schüler signifikant ab, die der Meinung waren, dass Abfälle bei der Kompostierung einfach verschwinden. Schülerinnen und Schüler in Kontrollklassen ohne Treatment zeigten solche Veränderungen in den Vorstellungen nicht (Schrenk und Baisch 2011). Steigert (2012) erhob in Interviews die vorunterrichtlichen Vorstellungen von Schülerinnen und Schülern der 5. und 6. Klassenstufe an Realschulen zu ausgewählten Aspekten des Pflanzenstoffwechsels. Basierend darauf entwickelte sie einen Test, um diese auch quantitativ erheben zu können. Es gelang ihr nachzuweisen, dass im Rahmen von zwei moderat-konstruktivistisch orientierten Lernumgebungen – eine experimentierreich und eine experimentierarm – Schülerinnen und Schüler ihre Vorstellungen zum Pflanzenstoffwechsel im Vergleich zu einer Kontrollgruppe ohne Intervention zu deutlich fachlich adäquateren Vorstellungen umstrukturierten bzw. erweiterten (Braun und Schrenk 2013). In beiden Studien gab es im Rahmen der Interventionen immer wieder Phasen, in welchen die Schülerinnen und Schüler ihre Vorstellungen untereinander erklärten und aushandelten, sowie Phasen mit Experimentiererfahrungen.

1.3.3 Learning Progressions und Kompetenzstufen

Mehr als drei Jahrzehnte Forschung zu Schülervorstellungen haben bewirkt, dass mittlerweile in vielen Themengebieten des Biologieunterrichts zum konkreten Lernprozess und den Verstehenshürden empirische Daten vorliegen. Deutschsprachige Übersichten bieten insbesondere Hammann und Asshoff (2014) sowie Kattmann (2015). Vor dem Hintergrund dieses Wissens über Verstehensprozesse in den Naturwissenschaften erscheinen Lehrpläne, Standards und die gängige Prüfungspraxis vielen Didaktikern als zu wenig am Lernprozess orientiert, zu atomisiert und oberflächlich (Wilson 2009). Inhaltsspezifische Bildungsstandards sollten sich heute stattdessen an empirisch belegten und didaktisch rekonstruierten Modellen der Verständnisentwicklung orientieren, wie beispielsweise im Evolutionsunterricht (Zabel und Gropengießer 2011). Solche Modelle des themenspezifischen Lernfortschritts werden unter dem Oberbegriff *Learning Progressions* seit den 2000er Jahren vor allem in den USA publiziert. *Learning Progressions* beschreiben die aufeinanderfolgenden, fachlich immer komplexeren Denkweisen *(ways of reasoning)* der Lerner in einem Themengebiet (z. B. Smith et al. 2006; Schwarz et al. 2012). Damit ähneln sie grundsätzlich den in Deutschland stark beforschten Kompetenzentwicklungsmodellen. Duncan und Hmelo-Silver (2009, S. 608) betrachten *Learning Progressions* als ausschließlich theoretische Modelle, die die Fülle des Fachwissens zu einigen Schlüsselideen destillieren und damit für eine bessere Passung zwischen Lehrplan, Unterricht und Prüfungskultur sorgen können. Catley et al. (2005, S. 8–11) verknüpfen dagegen in ihrer *Learning Progression* für den Evolutionsunterricht themenspezifische Basiskonzepte wie „Vielfalt" und „Struktur und Funktion" auch mit methodischen Kompetenzen wie Argumentieren und Mathematisieren, um dann auf dieser Grundlage altersspezifische Standards und konkrete Unterrichtsvorschläge für ein Themengebiet zu formulieren. Bisher sind viele *Learning Progressions* und Kompetenzstufen kaum oder gar nicht empirisch abgesichert und basieren meist auf kleineren Studien. Sie stellen aber eine Möglichkeit dar, wie zukünftig Evidenzen aus der Schülervorstellungsforschung für die Entwicklung von Curricula, Bildungsplänen und Prüfungsformaten genutzt werden können.

1.4   Zusammenfassung

Die Schwierigkeiten von Schülerinnen und Schülern naturwissenschaftliche Kerngedanken zu verstehen, bildeten die *Ausgangslage* für die Forschung über Schülervorstellungen im Biologieunterricht. Fachlich inkorrekte Schülervorstellungen, wie beispielsweise vom Körperfett, das in Energie umgewandelt wird und sich dabei in Nichts auflöst, stellen die Grundlagen dar, auf denen neue biologische Vorstellungen gedanklich eingeordnet werden. Fehlleitende Wörter der Alltagssprache oder alltagsweltliche Interpretationen von Fachwörtern erschweren den Aufbau eines korrekten fachlichen Begriffssystems. Es ist mittlerweile allgemein anerkannt, dass Schülervorstellungen für das Lernen bedeutend sind. Durch die Forschung zu Schülervorstellungen rückten die Lernenden selbst und ihre mentalen Modelle und Denkweisen in den Fokus des Biologieunterrichts. Die unterrichtliche Bezugnahme auf Schülervorstellungen zu zentralen biologischen Konzepten stellt einen bedeutenden *Lösungsvorschlag* dar. Grundlegend hierfür sind Beschreibungen von Lernschwierigkeiten und Verstehenshürden durch die Schülervorstellungsforschung. Mittlerweile wurden die Vorstellungen von Schülerinnen und Schülern unterschiedlicher Klassenstufen zu zahlreichen Themen des Biologieunterrichts erforscht. Die hierbei entwickelten Diagnoseaufgaben und Vermittlungsexperimente helfen Lehrkräften ihren Unterricht so zu planen und zu organisieren, dass die Konstruktion fachlich angemessener Vorstellungen im Biologieunterricht gelingen kann. Darüber hinaus wird in der Schülervorstellungsforschung auf individueller Ebene versucht nachzuvollziehen, wie biologische Konzepte und Begriffssysteme bei Lernern ausgebildet sind und ausgebildet werden. Auch wenn die Schülervorstellungsforschung in der Regel eher individualisiert und mit geringen Probandenzahlen arbeitet, sind die Ergebnisse trotzdem insofern verallgemeinerbar, als es häufig die gleichen oder zumindest sehr ähnliche fachliche und fehlerhafte Alltagsvorstellungen sind, die die Schüler in den Unterricht mitbringen bzw. erst im Unterricht konstruieren. Die Wirksamkeit der Schülervorstellungsforschung ergibt sich dadurch in erster Linie durch die Beschreibung von Lernvoraussetzungen und Lernwegen von Schülerinnen und Schülern unterschiedlicher Klassenstufen. Evidenzen für die jeweils spezifischen Schülervorstellungen zu einem Themengebiet gibt es zahlreich, viele explorative Studien dazu werden im Kapitel genannt. *Wirksamkeitsnachweise* für die Arbeit mit Schülervorstellungen im Unterricht sind allerdings deutlich seltener. Im Sinne hypothesentestender Forschung wäre dabei ja idealerweise zu zeigen, dass ein solcher Unterricht erfolgreicher ist als einer, der bei sonst gleichen Bedingungen Schülervorstellungen nicht berücksichtigt. Solche Ansätze sind aber forschungsmethodisch nur sehr schwer zu realisieren.

Literatur

Amin, T. G., Smith, C., & Wiser, M. (2014). Student Conceptions and Conceptual Change: Three Overlapping Phases of Research. In N. G. Lederman & S. K. Abell (Hrsg.), *Handbook of Research on Science Education* (Bd. II, S. 57–81). New York, London: Routledge.

Ausubel, D. P. (1968). *Educational psychology: A cognitive view.* New York: Holt, Rinehart & Winston.

Ausubel, D. P., Novak, J. D., & Hanesian, H. (1980). *Psychologie des Unterrichts* (Bd. 1). Weinheim: Beltz.

Baisch, P. (2009). *Schülervorstellungen zum Stoffkreislauf – eine Interventionsstudie im Kontext einer Bildung für nachhaltige Entwicklung.* Hamburg: Dr. Kovač.

Born, B. (2007). *Lernen mit Alltagsphantasien.* Wiesbaden: VS Verlag.

Braun, T., & Schrenk, M. (2013). Effects of experiments for students' understanding of plant nutrition. In D. Krüger & M. Ekborg (Hrsg.), *Research in Biological Education* (S. 43–53). Berlin: Freie Universität Berlin.

Bishop, B. A., & Anderson, C. W. (1990). Student conceptions of natural selection and its role in evolution. *Journal of Research in Science Teaching, 27*(5), 415–427.

Catley, K., R. Lehrer, & B. Reiser (2005). Tracing a proposed Learning Progression for developing understanding of evolution. Paper commissioned for the Committee on Test Design for K–12 Science Achievement Centre for Education, National Research Council.

Chinn, C. A., & Brewer, W. F. (1993). Factors that influence how people respond to anomalous data. Proceedings of the Fifteenth Annual Conference of the Cognitive Science Society, S. 318–323.

Clough, E. E., & Wood-Robinson, C. (1985). how secondary students interpret instances of biological adaptation. *Journal of Biological Education, 19,* 125–130.

Driver, R., & Easley, J. A. (1978). Pupils and paradigms: A review of literature related to concept development in adolescent science students. *Studies in Science Education, 5,* 61–84.

Duit, R. (1996). Lernen als Konzeptwechsel im naturwissenschaftlichen Unterricht. In R. Duit & Ch. von Rhöneck (Hrsg.), *Lernen in den Naturwissenschaften. Beiträge zu einem Workshop an der Pädagogischen Hochschule Ludwigsburg* (S. 145–162). Kiel: IPN.

Duit, R. (2009). Bibliography – STCSE. Students' and Teachers' Conceptions and Science Education. Compiled by Reinders Duit. http://archiv.ipn.uni-kiel.de/stcse/. Zugegriffen: 6. Febr. 2018.

Duncan, R. G., & Hmelo-Silver, C. E. (2009). Editorial: Learning Progression: Aligning curriculum, instruction, and assessment. *Journal of Research in Science Teaching, 46,* 606–609.

Ebert-May, D., Batzli, J., & Lim, H. (2003). Disciplinary research strategies for assessment of learning. *BioScience, 53*(12), 1221–1228.

Fiedler, D., & Harms, U. (2016). Die Bedeutung eines Begriffs von Zufall und Wahrscheinlichkeit für das Evolutionsverständnis – Pilotstudie zur Entwicklung eines Testinstruments. In U. Gebhardt & M. Hammann (Hrsg.), *Lehr- und Lernforschung in der Biologiedidaktik* (Bd. 7, S. 95–109). Innsbruck: Studienverlag.

Gebhard, U. (2007). Intuitive Vorstellungen bei Denk- und Lernprozessen: Der Ansatz „Alltagsphantasien". In D. Krüger & H. Vogt (Hrsg.), *Theorien in der biologiedidaktischen Forschung* (S. 117–128). Berlin: Springer.

Gropengießer, H. (2006). *Lebenswelten. Denkwelten. Sprechwelten. Wie man Vorstellungen der Lerner verstehen kann* (Bd. 4)., BzDR Beiträge zur Didaktischen Rekonstruktion. Oldenburg: Didaktisches Zentrum.

Gropengießer, H. (2007). Theorie des erfahrungsbasierten Verstehens. In D. Krüger & H. Vogt (Hrsg.), *Theorien in der biologiedidaktischen Forschung* (S. 105–116). Berlin: Springer.

Haidt, J. (2001). The emotional dog and its rational tail. A social intuitionist approach to moral judgement. *Psychological Review, 108*(4), 814–834.

Hammann, M., & Asshoff, R. (2014). *Schülervorstellungen im Biologieunterricht: Ursachen für Lernschwierigkeiten.* Seelze: Klett ǀ Kallmeyer.

Häußler, P., Bünder, W., Duit, R., Gräber, W., & Mayer, J. (1998). *Naturwissenschaftsdidaktische Forschung. Perspektiven für die Unterrichtspraxis.* Kiel: IPN.

Hogan, K. (2000). Exploring a process view of students' knowledge about the nature of science. *Science Education, 84,*51–70.

Inagaki, K., & Hatano, G. (1996). Young children's recognition of commonalities between animals and plants. *Child Development, 67,* 2823–2840.

Kattmann, U. (2005). Lernen mit anthropomorphen Vorstellungen? – Ergebnisse von Untersuchungen zur Didaktischen Rekonstruktion in der Biologie. *Zeitschrift für Didaktik der Naturwissenschaften, 11,* 165–174.

Kattmann, U. (2007). Didaktische Rekonstruktion – Eine praktische Theorie. In D. Krüger & H. Vogt (Hrsg.), *Theorien in der biologiedidaktischen Forschung* (S. 93–104). Berlin: Springer.

Kattmann, U. (2015). *Schüler besser verstehen: Alltagsvorstellungen im Biologieunterricht.* Hallbergmoos: Aulis.

Komorek, M., & Duit, R. (2004). The teaching experiment as a powerful method to develop and evaluate teaching and learning sequences in the domain of non-linear systems. *International Journal of Science Education, 26*(5), 619–633.

Krüger, D. (2007). Die Conceptual Change-Theorie. In D. Krüger & H. Vogt (Hrsg.), *Theorien in der biologiedidaktischen Forschung* (S. 81–92). Berlin: Springer.

Krüger, D., & Vogt, H. (Hrsg.). (2007). *Theorien in der biologiedidaktischen Forschung.* Berlin: Springer.

Lakoff, G. (1990). *Women, fire, and dangerous things. What categories reveal about the mind.* Chicago: The University of Chicago Press.

Lakoff, G., & Johnson, M. (1998). *Leben in Metaphern.* Heidelberg: Carl-Auer-Systeme.

Langlet, J. (2004). Wie leben wir mit Metaphern im Biologieunterricht? In H. Gropengießer, A. Janßen-Bartels, & E. Sander (Hrsg.), *Lehren fürs Leben* (S. 51–59). Köln: Aulis Verlag.

Marbach-Ad, G., & Stavy, R. (2000). Students cellular and molecular explanations of genetic phenomena. *Journal of Biological Education, 34,* 200–205.

Meir, E., Perry, J., Stal, D., Maruca, S., & Klopfer, E. (2005). How effective are simulated molecular-level experiments for teaching diffusion and osmosis? *Cell Biology Education, 4*(3), 235–248.

Messig, D., & Groß, J. (2018). Understanding plant nutrition – The genesis of students' conceptions and the implications for teaching photosynthesis. *Education Science, 2018*(8), 132.

Messig, D., Zacher, T., & Groß, J. (2016). Die Fotosynthese verstehen – ein lernerorientierter Versuch zum Thema Pflanzenernährung im Biologieunterricht. *MNU Journal – Der mathematische und naturwissenschaftliche Unterricht, 69*(2), 101–105.

Monetha, S. (2009). *Alltagsphantasien, Motivation und Lernleistung.* Opladen: Budrich.

Niebert, K., & Gropengießer, H. (2013). Understanding and communicating climate change in metaphors. *Environmental Education Research, 19*(3), 282–302.

Niebert, K., & Gropengießer, H. (2014). Understanding the greenhouse effect by embodiment – Analysing and using students' and scientists' conceptual resources. *International Journal of Science Education, 36*(2), 277–303.

Niebert, K., & Gropengießer, H. (2015). Understanding starts in the mesocosm: Conceptual metaphor as a framework for external representations in science teaching. *International Journal of Science Education, 37*(5–6), 903–933.

Novak, J. D. (1977). *A theory of education.* Ithaca: Cornell University Press.

Parker, J. M., Anderson, C. W., Heidemann, M., Merrill, J., Merritt, B., Richmond, G., et al. (2012). Exploring undergraduates' understanding of photosynthesis using diagnostic question clusters. *CBE-Life Sciences Education, 11*(1), 47–57.

Posner, G. J., Strike, K. A., Hewson, P. W., & Gertzog, W. A. (1982). Accomodation of a scientific conception: Toward a theory of conceptual change. *Science Education, 66*(2), 211–227.

Riemeier, T. (2005). Zellteilung müsste eigentlich Zellverdopplung heißen! Lernschwierigkeiten und ihre Überwindung im Unterricht. *Unterricht Biologie, 307*(308), 54–59.

Riemeier, T. (2007). Moderater Konstruktivismus. In D. Krüger & H. Vogt (Hrsg.), *Theorien in der biologiedidaktischen Forschung.* (S. 69–79). Berlin: Springer.

Riemeier, T., & Gropengießer, H. (2008). On the roots of difficulties in learning about cell division: Process-based analysis of students' conceptual development in teaching experiments. *International Journal of Science Education, 30*(7), 923–939.

Roth, G. (1994). *Das Gehirn und seine Wirklichkeit. Kognitive Neurobiologie und ihre philosophischen Konsequenzen.* Frankfurt a. M.: Suhrkamp.

Sander, E., Jelemenská, P., & Kattmann, U. (2006). Towards a better understanding of ecology. *Journal of Biological Education, 40*(3), 1–6.

Schneeweiß, H., & Gropengießer, H. (2010). Schülerkonzepte zu Mikroben. *Zeitschrift für Didaktik der Naturwissenschaften, 16,* 115–133.

Schrenk, M., & Baisch, P. (2011). Conceptual Change in Primary School Children Following a Constructivistic Lesson Dealing with Decomposition. In A. Yarden & G.S. Carvalho (Hrsg.), *Authenticity in biology education: Benefits and Challenges. A selection of papers presented at the 8th conference of European Researchers in Didactics of Biology (ERIDOB)* (S. 105–116). Braga: CIEC.

Schwarz, C. V., Reiser, B. J., Achér, A., Kenyon, L., & Fortus, D. (2012). MoDeLS: Challenges in defining a Learning Progression for scientific modeling. In A. Alonzo & A. W. Gotwals (Hrsg.), *Learning Progressions in science: Current challenges and future directions* (S. 101–138). Rotterdam: Sense Publishers.

Shapiro, A. M. (2004). How including prior knowledge as a subject variable may change outcomes of learning research. *American Educational Research Journal, 41*(1), 159–189.

Smith, C. L., Wiser, M., Anderson, C. W., & Krajcik, J. (2006). Implications of research on children's learning for standards and assessment: A proposed Learning Progression for matter and the atomic molecular theory. *Measurement: Interdisciplinary Research and Perspectives, 4*(1&2), 1–98.

Songer, C. J., & Mintzes, J. J. (1994). Understanding cellular respiration: An analysis of conceptual change in college biology. *Journal of Research in Science Teaching, 31,* 621–637.

Steffe, L. P. (1991). The constructivist teaching experiment: Illustrations and implications. In E. von Glasersfeld (Hrsg.), *Radical constructivism in mathematics education* (S. 177–194). Dordrecht: Kluwer Academic Publishers.

Steigert, T. (2012). *Schülervorstellungen zum Pflanzenstoffwechsel und die Bedeutung von Experimenten bei der Entwicklung von Konzepten.* Hamburg: Dr. Kovač.

Tramowsky, N., Paul, J., & Groß, J. (2016). Von Frauen, Männern und Schweinen – Moralvorstellungen zur Nutztierhaltung und zum Fleischkonsum im Biologieunterricht. In U. Gebhard & M. Hammann (Hrsg.), *Lehr- und Lernforschung in der Biologiedidaktik* (7. Aufl., S. 171–187). Innsbruck: Studienverlag.

Trauschke, M. (2016). *Biologie verstehen: Energie in anthropogenen Ökosystemen.* Berlin: Logos Verlag.

Unger, B. (2017). *Biologie verstehen: Wie Lerner mikrobiell induzierte Phänomene erklären.* Baltmannsweiler: Schneider Verlag Hohengehren.

Vollmer, G. (2002). *Evolutionäre Erkenntnistheorie.* Stuttgart: Hirzel Verlag.

Weitzel, H. (2006). *Biologie verstehen: Vorstellungen zu Anpassung* (Bd. 15)., BzDR Beiträge zur Didaktischen Rekonstruktion. Oldenburg: Didaktisches Zentrum.

Weitzel, H., & Gropengießer, H. (2009). Vorstellungsentwicklung zur stammesgeschichtlichen Anpassung: Wie man Lernhindernisse verstehen und förderliche Lernangebote machen kann. *Zeitschrift für Didaktik der Naturwissenschaften, 15,* 285–303.

Wilson, M. (2009). Measuring progressions: Assessment structures underlying a Learning Progression. *Journal of Research in Science Teaching, 46,* 716–730.

Wilson, C. D., Anderson, C. W., Heidemann, M., Merrill, J., Merritt, B. W., Richmond, G., et al. (2006). Assessing students' ability to trace matter in dynamic systems in cell biology. *CBE–Life Sciences Education, 5*(4), 323–331.

Zabel, J., & Gropengießer, H. (2011). Learning Progress in evolution theory: Climbing a ladder or roaming a landscape? *Journal of Biological Education, 45*(3), 143–149.

Bildung im Biologieunterricht: Intuitionen als Chance zur Transformation von Selbst-, Welt- und Menschenbildern

Ulrich Gebhard und Kerstin Oschatz

Inhaltsverzeichnis

2.1   Intuitionen und biologische Bildung

> Widerlich ist das, mit einem Embryo spielen, als wäre man Gott. Das unterstütze ich nicht! (Anna, 10. Klasse)

Anna ist wütend. Gerade haben sie den Vorgang des Einfrierens von Embryonen im Rahmen der Embryonenspende besprochen, aber davon will sie jetzt nichts mehr hören. Sie klappt ihr Heft zu und sagt: „Mir ist schlecht." Der junge Referendar Thomas seufzt. Eben wollte er erklären, wieso ein bestimmtes Zellstadium beim Einfrieren nicht überschritten werden darf, jetzt ist die ganze Klasse in Aufruhr. Die letzten 15 min gelingt es ihm nicht, die Aufmerksamkeit der Jugendlichen zurück auf die Prozesse der Zellteilung zu fokussieren. Er schaut besorgt

U. Gebhard (✉)
Fakultät für Erziehungswissenschaft, Universität Hamburg, Hamburg, Deutschland
E-Mail: ulrich.gebhard@uni-hamburg.de

K. Oschatz
Hector-Institut für Empirische Bildungsforschung, Universität Tübingen, Tübingen, Deutschland
E-Mail: kerstin.oschatz@uni-tuebingen.de

© Springer-Verlag GmbH Deutschland, ein Teil von Springer Nature 2019
J. Groß et al. (Hrsg.), *Biologiedidaktische Forschung: Erträge für die Praxis*,
https://doi.org/10.1007/978-3-662-58443-9_2

auf seine Stundenziele und fragt sich kopfschüttelnd: „Was ist da gerade bloß passiert?"

Biologieunterricht behandelt heute nicht nur Basisthemen wie das System Zelle oder die Evolutionstheorie, sondern widmet sich auch modernen Biotechnologien, die Eingriffe in zentrale Bereiche menschlichen Lebens ermöglichen. Diese Themen haben es in sich, nicht nur, weil sie Schülerinnen und Schüler an die gesellschaftliche Bedeutung von Biologieunterricht heranführen, sondern auch, weil sie komplexe und oft unterschätzte kognitive Verarbeitungsmechanismen auf den Plan rufen. Kann die Fülle an Informationen nicht mehr kontrolliert verarbeitet werden, greifen automatische Mechanismen ein. Das Produkt dieser Verarbeitung stimmt mit unseren tiefsten Weltverständnismustern überein und aktiviert implizite bzw. unbewusste Selbst-, Welt- und Menschenbilder, die bei der Bewertung von Themen des Biologieunterrichts bedeutsam sind. Der Weg der Gedanken bleibt aber zunächst nicht nachvollziehbar. „Intuition" nennt sich dieses Phänomen. Im Biologieunterricht erscheinen Intuitionen zunächst unpraktisch. Über Wissen zu verfügen, dieses Wissen aber nicht adäquat begründen zu können, entspricht nicht den Bildungszielen für die naturwissenschaftlichen Fächer. Dennoch reichen die intuitiven Antwortmuster durch ihre Verwurzelung in unseren verinnerlichten Welterklärungsmustern unmittelbar an das Ziel von Bildung im Biologieunterricht. Diese Intuitionen für den Biologieunterricht zu erschließen und fruchtbar zu machen, kann Bildungsprozesse befördern. Dies berücksichtigt der Ansatz der Alltagsphantasien. Die zentrale Annahme ist, dass die explizite Berücksichtigung intuitiver Vorstellungen Lernende mit ihren eigenen Welterklärungsmustern in Kontakt bringt und die Transformation von Welt- und Selbstverhältnissen einleiten kann, was als ein wesentliches Element von Bildung aufgefasst werden kann (S. 2.2.4). In diesem Kapitel wird die Genese intuitiver Vorstellungen und Wissensinhalte und ihre Nähe zu bildungsrelevanten Dimensionen unserer Erfahrung dargestellt und ein Abriss über Studien zur Berücksichtigung von Intuitionen in pädagogischen Kontexten, besonders im Biologieunterricht, gegeben.

2.2   Ursachen und theoretische Grundlagen

Intuition wird in ihrer weitesten Definition als *direct knowing* gefasst (Reber 1989). Diese Definition impliziert die Abwesenheit bewusster Informationsverarbeitung und meint ein Wissen ohne gleichzeitige bewusste Kenntnis über dessen Quellen (Oschatz 2015).

Diese Überlegung greift die zentrale Annahme der Psychoanalyse auf, nämlich die Bedeutung des Unbewussten. Freud (1900, S. 617) zufolge gehört die unauflösliche, gegenseitige Verzahnung der Bereiche der bewussten, rationalen Argumente und der unbewussten, latenten Sinnstrukturen zu den Grundbedingungen des menschlichen Seelenlebens: „Das Unbewußte muß […] als allgemeine Basis des psychischen Lebens angenommen werden. Das Unbewußte ist der größere Kreis, der den kleineren des Bewußten in sich einschließt."

Die Annahme eines Unbewussten korrigiert eine der Grundannahmen abendländischen Denkens, nämlich dass sich menschliche Existenz zuerst und vor allem in einer bewussten Reflexion bzw. Selbstreflexion erfährt und auslegt. Die Annahme über die Existenz und die bestimmende Funktion des Unbewussten wird sowohl von neurobiologischen als auch von kognitionspsychologischen Denkrichtungen geteilt (zum Verhältnis des psychoanalytischen und des kognitionspsychologischen Begriffs des Unbewussten vgl. Combe und Gebhard 2012, S. 33 ff.; Epstein 1994).

2.2.1 Zwei-Prozess-Modelle erklären intuitive Prozesse

Die *dual processing theories* bilden die wichtigste theoretische Grundlage der modernen Intuitionsforschung. In der kognitiven Psychologie wird Denken als Informationsverarbeitung konzeptionalisiert. Kognitionen können demnach entweder kontrolliert und bewusst oder automatisiert und unbewusst aktiviert und verarbeitet werden (Schneider und Shiffrin 1977). Der zweite Weg versetzt Menschen in die Lage, Informationen wahrzunehmen und angemessen auf sie zu reagieren, ohne sich mit dem wahrgenommenen Inhalt bewusst auseinanderzusetzen. Dieser automatische Modus ist dabei keine Seltenheit, sondern macht den Großteil des menschlichen Denkens aus. Denn die Verarbeitungskapazität der unbewussten und bewussten Prozesse liegt zusammen 200.000-mal höher als die der bewussten Prozesse allein (Nørretranders 1998). Im Forschungsfeld der Kognitionspsychologie besteht eine Vielzahl von Zwei-Prozess-Modellen. Sie konvergieren in ihren zentralen Annahmen, unterscheiden sich jedoch im Hinblick auf die Aspekte der Informationsverarbeitung, die sie explizieren. Smith und DeCoster (2000) haben eine Reihe von Merkmalen benannt, die beide Prozesse über alle Modelle hinweg charakterisieren:

1. Der kontrollierte Prozess basiert auf der Anwendung von Regeln, die symbolisch repräsentiert, logisch und durch Sprache strukturiert sind. Nur wenn ausreichend kognitive Kapazität und entsprechende Motivation bestehen, um die einzelnen Verarbeitungsschritte mit bewusster Aufmerksamkeit zu verfolgen, erfolgt dieser Verarbeitungsprozess.
2. Der automatisierte Verarbeitungsmodus operiert auf der Basis von assoziativen Verknüpfungen, strukturiert durch Ähnlichkeit und Kontiguität. Die Verknüpfungen basieren auf einer Vielzahl von Erfahrungen. Bei Verarbeitung in diesem Modus wird lediglich das Verarbeitungsergebnis bewusst.

2.2.2 Die Funktion von Intuitionen

Mithilfe der zuletzt dargestellten Zwei-Prozess-Modelle lassen sich die Mechanismen erklären und unterscheiden, die dem Phänomen der Intuition zugrunde liegen. Automatischer Verarbeitung wird dabei eine Art „Überlebensfunktion" für den Menschen zugeschrieben, die ein sinnvolles Handeln erlaubt, wenn für langwierige bewusste Informationsverarbeitung keine Zeit ist. Im Volksmund gibt es vor allem zwei verbreitete Funktionszuschreibungen für das Phänomen der Intuition: Zum einen als das „Bauchgefühl", das oft als unmittelbar „richtig" eingeschätzt wird. Zum anderen als der „irrationale Prozess", der Personen dazu bringt, unbegründete Entscheidungen zu fällen. Auch in der Intuitionsforschung fokussieren zwei gegensätzliche Bewegungen die Vorteile und auch die Kehrseite intuitiver Vorstellungen und Entscheidungen. Kahneman und Tversky (1973) beschäftigen sich in ihrer Forschung mit kognitiven Verzerrungen und den Effekten von Heuristiken (unbewussten Entscheidungsregeln) auf das Entscheidungsverhalten unter Unsicherheit. Diese Forschungstradition wird als „heuristics and biases tradition" gefasst und konzentriert sich vor allem auf negative Auswirkungen der Nutzung von Intuition auf das menschliche Entscheidungsverhalten. Den Gegenpol bildet die Forschungstradition der *„fast and frugal heuristics"*, die die adaptive Funktion intuitiver Beurteilungsprozesse hervorhebt (Hodgkinson und Sadler-Smith 2011). Entsprechende Forschung von Klein (1998) lässt sich einer zentralen Forschungsströmung zuordnen, die das intuitive Entscheidungsverhalten von Experten in ihrem Expertisebereich betrachtet. Expertise basiert dabei sowohl auf bewusstem als auch auf unbewusstem, sog. implizitem Wissen. Solch implizites Wissen oder *tacit knowledge* umfasst dabei perzeptuelle Fähigkeiten, das Erkennen von Mustern, das Beurteilen von Typischem sowie mentale Modelle. Nutzen Experten ihr implizites Wissen in einem Entscheidungsprozess, können sie die Gründe für ihre Entscheidungen selten benennen. Es ist ihnen nicht unmittelbar bewusst zugänglich. Diese Forschungstradition geht deshalb ebenfalls davon aus, dass Menschen ihr Vorwissen nutzen, um blitzschnell Situationen zu beurteilen.

Intuition basiert damit auf einer Art Synthese aller Erfahrungen eines Menschen. Zentral ist nun nach Strick und Dijksterhuis (2011), dass die Qualität und Funktionalität von Intuitionen abhängig ist von der Expertise des Intuitionierenden und von der Komplexität der Entscheidungssituation. Unbewusste Prozesse führen in ihrer Integration von Informationen zu verlässlicheren Intuitionen, je größer der Vorrat an vorhandenen Informationen ist, die in einen solchen Prozess einfließen („unconscious thought theory"; Dijksterhuis und Nordgren 2006). Der Vorteil unbewusster Prozesse gegenüber bewussten Denkprozessen liegt dabei vor allem in der größeren Arbeitskapazität. Aus diesem Grund gelten nach Dijksterhuis und Nordgren (2006) die Ergebnisse intuitiver Prozesse in komplexen Situationen mit hoher Informationsdichte als zum Teil belastbarer als Ergebnisse des bewusst gesteuerten Nachdenkens, bei dem versucht wird, alle Informationen zu berücksichtigen.

Aus den bisher zusammengetragenen Erkenntnissen lassen sich zwei Einflussweisen intuitiver Prozesse beschreiben: Einerseits können Intuitionen eine ganz bestimmte, oft einseitige Perspektive auf einen Gegenstand einleiten. Ähnlich wie knappe Faustregeln oder Heuristiken können sie die Auseinandersetzung mit einem Gegenstandsbereich abkürzen. Insofern transportieren Intuitionen natürlich nicht die „Wahrheit", sondern müssen zum Gegenstand expliziter Reflexion gemacht werden. Andererseits stellen intuitive Reaktionen subjektiv bedeutsame Zugänge zu einem Gegenstand dar, da sie auf einer Fülle von vorhergegangenen Erlebnissen und Erfahrungen des Individuums beruhen und somit eng an die Person und ihr tatsächliches Erleben gekoppelt sind.

2.2.3 Intuitionen in pädagogischen Kontexten

Intuitive Beurteilungsprozesse haben also adaptive Funktion (Hodgkinson und Sadler-Smith 2011). Intuitionen basieren auf einer Art Synthese aller Erfahrungen und dienen zur Orientierung in der Welt. Ständig gleichen wir neue Erfahrungen automatisch vor dem Hintergrund unserer verinnerlichten Welterklärungsmuster ab. Dies gilt auch für Lernprozesse. In pädagogisch-didaktischen Kontexten wie dem universitären oder schulischen Lernen wird von den psychologischen Erkenntnissen zu intuitivem Wissen bisher kaum Gebrauch gemacht. Lernprozesse werden eher über das bewusste Nachdenken angestoßen und abgewickelt. Nach Iannello et al. (2011) spielt die Intuition im allgemeinen Lehr- und Lernverständnis eine untergeordnete Rolle. Vielmehr wird Lehren als ein expliziter Prozess verstanden, in dem Inhalte und Prozeduren durch Lehrende benannt und gezeigt, also explizit deutlich gemacht werden. Auch die Lernenden sind gefragt, das Gelernte explizit benennen und analysieren zu können. Das bedeutet, die richtigen Prozeduren zur Bearbeitung sollen bewusst aktiviert und explizit erklärt werden können. Dieser Anspruch lässt sich auch in der zu Beginn beschriebenen Unterrichtssituation rekonstruieren: Der Referendar möchte die Klasse zum bewussten Nachdenken über die Stadien der frühen Embryonalentwicklung anregen.

Ein Blick in das Feld der didaktischen und psychologischen Lehr- und Lernforschung macht jedoch deutlich, dass Intuitionen und die ihnen zugrunde liegenden Prozesse nicht allzu weit entfernt von Forschungen zu Schülervorstellungen und Conceptual Change liegen Auf der Basis eines konstruktivistischen Lernverständnisses gilt Lernen hier als aktiver Vorgang der Konstruktion von Zusammenhängen und Sinn. Wissenserwerb erfolgt als aktive Gestaltung auf der Grundlage von Vorwissen und Überzeugungen des Lernenden (Terhart 1999). Demnach ist Lernen ein Prozess, in dem Menschen nicht einfach nur Informationen aufnehmen, sondern in dem sie auf der Grundlage ihrer bisherigen Vorstellungen aktiv Bedeutung konstruieren. In der Lehr- und Lernforschung hatte diese Perspektive eine verstärkte Berücksichtigung der Schülerperspektive zur Folge, die breite Forschungsbemühungen zur Identifikation und Rekonstruktion typischer Schülervorstellungen stimulierte, sowie die Entwicklung von Strategien zum Umgang mit diesen Vorstellungen und zur Unterrichtsplanung (Kap. 1). In unserem Beispiel hätte sich der Referendar Thomas auf typische Vorstellungen von Schülerinnen und Schülern zur menschlichen Embryonalentwicklung vorbereiten und versuchen können, diese Vorstellungen zum Ausgangspunkt seines Unterrichts zu machen. In der Psychologie und Fachdidaktik befasst sich das Forschungsfeld zum Conceptual-Change-Ansatz mit der Bedeutung des Vorwissens, seiner Anreicherung, Erweiterung und Verknüpfung mit neuen Informationen bzw. seiner

Reorganisation und Umstrukturierung und den Möglichkeiten pädagogischen Einwirkens auf diesen Wandel (vgl. Vosniadou 1999). Als subjektive Sinnentwürfe des Alltags haben sich Schülervorstellungen in alltäglichen Handlungszusammenhängen bewährt und sind deshalb für das Individuum situationsadäquat und gültig. Einige dieser subjektiven Vorstellungen basieren auf verinnerlichten Konzepten und äußern sich im Lerngeschehen in Form von Intuitionen (Oschatz 2011; Gebhard 2007, 2016a; Iannello et al. 2011). Für Anna wurden mit den Beschreibungen zu den Stadien der Embryonalentwicklung und der Kopplung an Fragen der Embryonenspende offenbar auch Assoziationen zum Kreislauf des Lebens und zum Umgang mit Eingriffen in diesen Zirkel aktiviert. Ihre Äußerung zum „Gottspielen" verweist dabei darauf, in welcher Weise sie die Vorgänge verstanden hat und vor dem Hintergrund ihres Vorwissens über die Welt einordnet und bewertet.

2.2.4 Die kulturelle Dimension der Intuition

Nach Fiske (2000) sind vor allem Kultur und Sozialisation Quellen festgelegter Interpretationsroutinen im Umgang mit der Umwelt. Aus kulturtheoretischer Perspektive äußert sich kulturelles Verständnis vor allem in impliziten Deutungsmustern, verinnerlichten Handlungsschemata und intuitiven Perspektiven (LeVine 1984). Hofstede (1993, S. 89) definiert Kultur als „the collective programming of the mind which distinguishes one group or category of people from another […] Culture is a construct, that means it is not directly accessible to observation but inferable from verbal statements and other behaviors." Die kulturell vermittelten Blickwinkel auf die Welt werden von heranwachsenden Individuen so weit verinnerlicht, dass sie automatisiert werden (Fiske 2000).

Annas Reaktion im Eingangsbeispiel basiert auf der kulturell tief verwurzelten Anschauung, dass „menschliches Leben kostbar und unantastbar" ist. Solch automatisierte Vorstellungen können außerhalb bewusster Kontrolle aktiviert werden und lassen sich als implizites Wissen verstehen. Erreichen diese Vorstellungen das Bewusstsein, werden sie als Intuitionen wahrgenommen. Damit können intuitive Schülerreaktionen auf Lerngegenstände Lehrenden Einblicke und Anknüpfungspunkte an kulturell bestimmte Verständnisbestände bieten (Oschatz 2015; Gebhard 2015). Anna offenbart mit ihrer Äußerung ihre Verankerung in einem abendländisch-christlichen geprägten Weltbild. Ebendiese kulturelle Note der Reflexion von intuitiven Vorstellungen ist der bildungstheoretische Akzent dieses Kapitels. Wenn man Bildung als die „Formung, Entwicklung, Reifung von körperlichen, seelischen und geistigen Kräften" (Klafki 1970, S. 33) ansieht, geht es um mehr als die „Aufnahme und Aneignung von Inhalten", nämlich um die Entwicklung eines bedeutsamen Selbst- und Weltbildes in Auseinandersetzung mit der gesellschaftlichen Realität. Bildung ist dabei sowohl der Prozess als auch das Ergebnis.

In bildungstheoretischer Hinsicht kann man Lernprozesse als die erfolgreiche Aufnahme neuer Informationen interpretieren, während der Begriff „Bildung" zusätzlich auf eine Berührung und Transformation der Person zielt. Man wird durch Bildung nicht nur kompetent, sondern gewissermaßen ein anderer Mensch.

> Wir haben uns angewöhnt, zwei Weisen des Lernens zu unterscheiden. Die eine Art ist eher ein additives Lernen, d. h. im Rahmen eines gegebenen Grundgerüsts von Orientierungen und Verhaltensweisen lernen wir immer mehr Einzelheiten, die aber diese Grundorientierungen und die Weisen unseres Verhaltens und unser Selbstverständnis nicht verändern, sondern eher bestätigen. Daneben gibt es auch Erfahrungen, die, wenn wir sie wirklich zulassen, unsere bisherigen Weisen des Umgangs mit der Wirklichkeit und unser Selbstverständnis sprengen, die unsere Verarbeitungskapazität überschreiten. Wollen wir solche Erfahrungen wirklich aufnehmen, so verlangt dies eine Transformation der grundlegenden Strukturen unseres Verhaltens und unseres Selbstverhältnisses (Peukert 2003, S. 10).

Lernen und Bildung hängen also aufs engste zusammen.

Im Zusammenhang mit diesen bildungstheoretischen Betrachtungen (vgl. ausführlich Gebhard 2016b) können Krisen als Anlass bzw. als Herausforderung für Bildungsprozesse verstanden werden. Bildung wäre dann die Transformation „grundlegender Figuren des Welt- und Selbstverhältnisses angesichts der Konfrontation mit neuen Problemlagen" (Koller 2012, S. 17). Die explizite Reflexion intuitiver Vorstellungen kann in derartige krisenhafte Momente führen.

Im einleitenden Beispiel thematisiert Anna für sie bedeutsame Welt- und Menschenbilder. Diese Thematisierung ist eine Gelegenheit für Bildungsprozesse insofern, als durch deren Reflexion der Unterrichtsgegenstand eine Tiefendimension erhält, die über das richtige Verständnis der frühen Embryonalentwicklung hinausgeht, diese Dimension jedoch gleichzeitig auch mit fachwissenschaftlicher Exaktheit ins Auge fasst. Der „Aufruhr", in den die Klasse gerät, ist deshalb auch keine Störung, sondern eine bildungstheoretisch zu fassende „Krise", die es nicht zu verschenken gilt.

2.2.5 Der pädagogisch-didaktische Ansatz der Alltagsphantasien

Der pädagogisch-didaktische Ansatz der Alltagsphantasien (Gebhard 2007) akzentuiert die Bedeutung der intuitiven und impliziten Vorstellungswelten und deren Reflexion. Die zentrale Annahme ist, dass die explizite Reflexion assoziativer und intuitiver Vorstellungen die Beschäftigung mit (Lern-)Gegenständen vertieft und damit subjektiv bedeutsames, persönlichkeitswirksames Lernen ermöglicht. Alltagsphantasien können über die jeweils thematisierte fachliche Dimension hinausgehen, ermöglichen ein breites Spektrum von Andockpunkten und transportieren Figuren des Selbst-, Menschen- und Weltbildes. Dabei ist entscheidend, dass diese intuitiven Vorstellungen die Beschäftigung mit Lerngegenständen begleiten und ihre ausdrückliche Berücksichtigung die Auseinandersetzung mit diesen Gegenständen vertieft und dem Lernen eine neue sinnkonstituierende Dimension und die Gestalt eines Erfahrungsprozesses gibt (Combe und Gebhard 2007). Wesentliche

Intention des Ansatzes Alltagsphantasien ist in bildungstheoretischer Hinsicht die Fähigkeit der „Zweisprachigkeit". Es geht darum, gleichermaßen objektivierende wie subjektivierende Vorstellungen zu berücksichtigen und aufeinander zu beziehen. Ein Lerngegenstand (wie z. B. die Embryonalentwicklung aus der Einleitung) kann mithilfe naturwissenschaftlicher, biologischer Rationalität bzw. Fachbegriffen erschlossen werden, gleichzeitig und komplementär hierzu werden die Lerngegenstände mit subjektiver Bedeutung (Symbolisierungen, Narrationen, Phantasien) interpretiert und damit subjektiv bedeutsam (vgl. Gebhard et al. 2017, S. 145 ff.). Es geht darum, gleichermaßen die Schülervorstellungen als subjektive Zugänge zum Lerngegenstand sowie die fachlichen Vorstellungen als quasi objektivierende Perspektive zu berücksichtigen und aufeinander zu beziehen. Über den Begriff der „Krise" wird diese Argumentation eingebettet in die Theorie transformatorischer Bildungsprozesse (Koller 2012).

Es verwirklicht sich in jeder Aneignung von Lerngegenständen auch eine Möglichkeit der Subjekte. Alle Dinge haben subjektive Bedeutungen und Valenzen, die zudem in sozialem und kulturellen Austausch ausgeformt werden. Damit beeinflussen sie über das rein Faktische hinaus auch unser Selbst. Mit jedem „objektiven" Lernstoff, den wir an Kinder und Jugendliche herantragen, beeinflussen wir auch ihre Persönlichkeits- bzw. Identitätsentwicklung. Vor dem Hintergrund der skizzierten psychologischen Theorieelemente zur Bedeutung von Intuition wird diese Tiefendimension persönlichkeitswirksamer Lernprozesse plausibel. Lerngegenstände konstituieren sich als solche erst im Zusammenspiel von „objektiver" Bedeutung und dadurch aktualisierten subjektiven Vorstellungen. Die explizite Reflexion von durch den Lerngegenstand ausgelösten Phantasien und Symbolisierungen vertieft das Lernen vor allem deshalb, weil unbewusste und bewusste, subjektivierende und objektivierende Vorstellungen aufeinander bezogen werden können.

Damit wird auf ein vertiefendes Verständnis der individuellen Aneignungs- und Bewertungsprozesse in der Auseinandersetzung mit fachlichen Inhalten gezielt. Alltagsphantasien als besondere Form von Alltagsvorstellungen beeinflussen fachliche Lernprozesse, vor allem bei ethisch konnotierten Themen. Ihre Explikation kann mit einem Zugewinn an Sinnbezug, Personnähe und Aufmerksamkeit einhergehen. Biologische Themen beispielsweise, die an den „Kern" des Lebens und der lebendigen Natur rühren, können ein reichhaltiges Spektrum an Vorstellungen, Hoffnungen und Ängsten aktivieren. Inhaltliche Rekonstruktionen von derartigen Alltagsphantasien liegen bisher im Bereich der Genetik (Gebhard 2009) und Nachhaltigkeit (Holfelder 2016; Holfelder und Gebhard 2015) vor. Es zeigt sich, dass sie durch ihren intuitiven und assoziativen Charakter implizit Menschen- und Weltbilder transportieren.

Einfluss auf Werthaltungen, Interessen und Verhaltensweisen

Die oben dargestellten Erkenntnisse der Kognitionspsychologie machen deutlich, dass Intuitionen gleichermaßen subjektiv bedeutsam wie suggestiv sein können. Im Anschluss an die Forschung in der „*heuristics and biases tradition*" (Hodgkinson und Sadler-Smith 2011, S. 56), ist eine Sensibilisierung Lehrender für das suggestive Potential von Intuitionen erforderlich. Für Lehrende könnte es hilfreich sein, sich dem Phänomen der automatischen Einordnung und seiner immensen Kraft bewusst zu sein und intuitive Reaktionen von Schülerinnen und Schülern nicht zu unterschätzen. Der Referendar Thomas aus dem Unterrichtsbeispiel könnte dann verstehen, dass Annas heftige Reaktion eigentlich zeigt, wie bereitwillig sie den neuen Lernstoff an ihre bestehenden Vorstellungen angeknüpft hat. Annas Reaktion markiert einen Scheidepunkt in ihrem Lerngeschehen: Die Reaktion kann den kognitiven Ausstieg aus dem Lernstoff für Anna provozieren, sie könnte jedoch auch eine tiefergehende Auseinandersetzung einleiten, da sie die Lerninhalte an persönlich bedeutsames Wissen anschließt. Eine solche Wendung wird eher gelingen, wenn der Referendar sich von Annas Reaktion nicht verunsichern lässt, sondern diesen Prozess unterstützt.

Intuitionen bieten nämlich gleichsam kreative und subjektiv bedeutsame Zugänge zum Lerngegenstand, die für Lernende und damit auch für Lehrende Anknüpfungspunkte zur Auseinandersetzung bieten (Gebhard 2007; Oschatz 2011). Iannello et al. (2011) zufolge können Intuitionen als vorläufige Repräsentationen des Lerngegenstands wichtige Funktionen im Lerngeschehen übernehmen, denn sie wirken selektiv, betonen hierdurch pragmatische Aspekte des Lerngegenstands und haben das Potenzial, strukturelle Aspekte herauszuheben. Intuitionen wirken zudem holistisch und stellen Bekanntheit mit dem Lerngegenstand her. Die Reflexion intuitiver Vorstellungen ist überdies ein wichtiges Element von Bewertungskompetenz (Dittmer und Gebhard 2012; Gebhard 2016a).

2.3 Empirische Untersuchungen

Folgt man den dargestellten Erkenntnissen zu menschlichen Verarbeitungsprozessen, ist davon auszugehen, dass automatische Informationsverarbeitung immer aktiv ist. Ergebnisse der automatischen Denkprozesse werden deshalb permanent in die bewusst kontrollierte Verarbeitung eingestreut. Jede Auseinandersetzung mit der Umwelt und damit auch jeder Lerngegenstand aktiviert implizite Assoziationscluster, die das Denken assoziativ beeinflussen und sich in Intuitionen äußern können. In pädagogischen Kontexten werden intuitive Prozesse bisher kaum zur Unterstützung von Lernen genutzt. Iannello et al. (2011, S. 169) fordern: „We shall consider intuition to be a means that teachers can apply in order to steer and support students' attempts to comprehend and build knowledge in instructional settings." Das Phänomen der Intuition wurde in verschiedenen Domänen akademischer Bildung untersucht, z. B. Medizin, Physik, Mathematik, Naturwissenschaften, Management, Journalismus. Wenig Forschung besteht zur Bedeutung von Intuitionen im schulischen und universitären Lernen (Kuhnle 2011). Für den Hochschulkontext fassen Burke und Sadler-Smith (2011) Ansätze zusammen, wie Studierende für intuitive Anteile in Entscheidungsfindungsprozessen sensibilisiert werden können. Für den Biologieunterricht liegen Studien im Kontext des Ansatzes der Alltagsphantasien vor.

Hier sollen nun einige ausgewählte empirische Befunde zu Alltagsphantasien der Hamburger Arbeitsgruppe „Intuition und Reflexion" vorgestellt werden. In zwei schulischen (Born 2007; Monetha 2009) und einer laborexperimentellen Interventionsstudie (Oschatz 2011) wurden die lernpsychologische Wirksamkeit der expliziten Reflexion von Alltagsphantasien besonders bei ethisch konnotierten Themen untersucht.

Die erste schulische Interventionsstudie (Born 2007) untersuchte die Effekte der expliziten Reflexion intuitiver Vorstellungen im Biologieunterricht im Rahmen einer Unterrichtseinheit zur Gentechnik. An der Untersuchung nahmen drei Biologiekurse (n = 43) der 11. Jahrgangsstufe verschiedener Hamburger Schulen teil. In Versuchs- und Kontrollgruppe wurden die Ausgangs- und Leistungssituation zwischen und innerhalb der an der Untersuchung teilnehmenden Lerngruppen systematisch mittels Fragebogen erfasst (vorunterrichtliches Interesse und Vorwissen zur Gentechnik, Selbstkonzept und moralische Urteilsfähigkeit, naturwissenschaftliches Verständnis in Anlehnung an TIMSS, epistemische Überzeugungen, spontane Assoziationen zur Gentechnik) und ihre Alltagsphantasien zur Gentechnik erhoben. Um mögliche Lerneffekte detailliert analysieren zu können, wurden unterrichtsbegleitende Fragebögen und Projektmappen eingesetzt. Leistungskontrollen erfolgten zu drei Messzeitpunkten – direkt im Anschluss an die Unterrichtseinheit, nach drei Wochen und nach sechs Monaten –, um kurze, mittelfristige und langfristige Effekte zu untersuchen. In der Versuchsgruppe wurden die Alltagsphantasien zum roten Faden des Unterrichts gemacht, immer wieder explizit benannt und reflektiert und daran entlang ein Unterricht zu biologischen und ethischen Aspekten der Gentechnik durchgeführt. In den beiden Kontrollgruppen wurde derselbe Unterricht durchgeführt, allerdings ohne expliziten Bezug zu den Alltagsphantasien.

Die Ergebnisse der Interventionsstudie weisen auf einen positiven Zusammenhang zwischen dem Anknüpfen an die Alltagsphantasien der Lernenden und deren Lernleistung hin. Sowohl qualitative als auch quantitative Ergebnisse zeigen, dass sich eine explizite Berücksichtigung von Alltagsphantasien fördernd auf den Lernprozess auswirkt. Die Ergebnisse zur Lernleistung zeigen, dass die Versuchsgruppe im Hinblick auf biologisches Verständnis zu allen drei Messzeitpunkten signifikant besser abschneidet als die Kontrollgruppe. Zudem weisen die qualitativen Daten darauf hin, dass eine Berücksichtigung und Einbindung der Alltagsphantasien im Rahmen von Unterrichtsprozessen dazu beitragen, zwischen der Lebenswelt der Lernenden und den fachlichen Inhalten des Unterrichts Bedeutungsbezüge herzustellen. Die Versuchsgruppe zeigt demnach positive Reaktionen auf die Berücksichtigung der eigenen intuitiven Vorstellungen und im Hinblick auf die Verstehens- und Lernprozesse der fachlichen Unterrichtsinhalte. Zudem bewerten Personen der Versuchsgruppe den Lebensweltbezug und die Möglichkeit der aktiven und autonomen Einflussnahme auf das Unterrichtsgeschehen als höher als Personen der Kontrollgruppe. Die explizite Reflexion der intuitiven Vorstellungen wirkt sich also positiv sowohl auf die subjektiv als sinnvoll interpretierte Lernsituation aus und zusätzlich auch nachhaltig fördernd auf das Lernen fachlicher Zusammenhänge aus.

Ob sich die Berücksichtigung von Alltagsphantasien auf die Motivation und die Lernleistung auswirkt, wurde in einer zweiten Interventionsstudie über das gleiche Thema von Monetha (2009) untersucht. Es handelt sich um ein quasi-experimentelles Design, an dem drei Parallelklassen der Jahrgangsstufe 10 einer Hamburger Gesamtschule teilnahmen. Die Datenerhebung umfasste 14 Unterrichtsstunden je Klasse zur Genetik bzw. Gentechnik. Die Untersuchung war im Vorher-Nachher-Follow-up-Kontrollgruppendesign angelegt.

Vor dem Hintergrund der Selbstbestimmungstheorie der Motivation (Deci und Ryan 1993) wurden motivationale Faktoren erhoben. Die Ergebnisse im Hinblick auf die psychologischen Grundbedürfnisse zeigen, dass vor allem das Erleben sozialer Eingebundenheit durch das Einbeziehen der Alltagsphantasien positiv beeinflusst wird, offenbar weil die Schülerperspektive ernst genommen wird.

Die größten Effekte sind bei der intrinsischen Motivation zu verzeichnen (Monetha und Gebhard 2008), und auch auf inhaltliche Verstehensprozesse hat die Reflexion der Alltagsphantasien einen Einfluss: Die Kontrollklasse schnitt im Leistungstest zwar nur geringfügig schlechter ab als beide Interventionsklassen. Doch nach zwölf Wochen erinnerten die Schülerinnen und Schüler der Interventionsklassen mehr Unterrichtsinhalte als die der Kontrollklasse. Das Willkommenheißen der Alltagsphantasien und damit der subjektivierenden Sinnentwürfe führte offenbar zu einer subjektnahen und auch nachhaltigen Verarbeitung des Unterrichtsgegenstands.

In den beiden schulischen Interventionsstudien konnte demnach gezeigt werden, dass ein Biologieunterricht, der die Alltagsphantasien der Schülerinnen und Schüler explizit zum Thema macht und immer wieder darauf zurückkommt, sinnhafter interpretiert wird, motivierender ist und darüber hinaus auch zu einem nachhaltigeren Lernerfolg führt.

In einer weiteren Studie wurden diese Befunde im Hinblick auf ihre kognitionspsychologischen Mechanismen genauer untersucht (Oschatz 2011; Oschatz et al. 2010, 2011). In laborexperimentellen Untersuchungen ($n = 203$) im Versuchs-Kontrollgruppen-Design aktivierten wir Alltagsphantasien zum Thema Gentechnik bei Probanden der Versuchsgruppe und untersuchten u. a. die Effekte auf fokussierte Denkprozesse zu biologischen Themen. Die Probanden lasen einen Text zum Thema Gentransfer. Mithilfe eines Multiple-Choice-Tests sowie speziell entwickelter Transferaufgaben zum Verständnis der grundlegenden Prozesse des Gentransfers wurden die Auswirkungen auf Verstehensprozesse erfasst. Das Verfahren besteht aus einem Text zum Gentransfer, wie er in gängigen Biologiebüchern zu finden ist. Dazu wurde ein Aufgabenset aus zehn Multiple-Choice-Aufgaben und zwei Transferaufgaben entwickelt. Die Kontrollvariablen umfassen Skalen zu Interesse, Wohlbefinden, biologischem Vorwissen und schulischer Vorbildung im Fach Biologie (Oschatz et al. 2010) sowie zu epistemischen Überzeugungen und Angaben zur Person. Außerdem wurde bei den Probanden das „Nachdenken", d. h. das „Bedürfnis nach Kognition" (Need for Cognition; Cacioppo und Petty 1982), erfasst. Dabei handelt es sich um eine Persönlichkeitseigenschaft, die den Grad der Freude am Denken und Nachsinnen abbildet.

Die Ergebnisse zeigen, dass die Kontrollgruppen die Transferaufgabe signifikant besser als die Versuchsgruppe lösen, die sich mit den Alltagsphantasien beschäftigten. Eine ähnliche Tendenz zeigte sich auch in Bezug auf die Multiple-Choice-Aufgaben. Die Alltagsphantasien beschäftigen offenbar die Subjekte sehr und lenken zunächst von der Beschäftigung mit den Lerngegenständen ab. Das gilt gerade für diejenigen, die sich durch ein hohes Bedürfnis nach Kognition auszeichnen, die also gern und oft nachdenken und Dinge infrage stellen. Empirisch lässt sich hier von einem durch die Alltagphantasien ausgelösten Irritationseffekt sprechen.

Die positiven Effekte des Bedürfnisses nach Kognition auf das Lernergebnis wurden durch die Aktivierung der Alltagsphantasien neutralisiert. Während die Probanden der Kontrollgruppe in Abhängigkeit ihres Bedürfnisses nach Kognition besser abschnitten, fanden sich in der Versuchsgruppe keine Unterschiede. In einer zweifachen Varianzanalyse (VG/KG x high/low NfC) zeigen sich signifikante Interaktionseffekte (Ms $= 6.09$ vs. 5.15, SDs $= 2.02$ und 1.83; F $(1,198) = 8.89$, p $= .003$, $\eta2 = .043$). Dieser Moderatoreffekt lässt sich regressionsanalytisch bestätigen (b3 $= 0.86$, SE $= .40$, t $= 2.1$, p $= .035$). Diese Zahlen lassen sich folgendermaßen lesen: Bei hohem Need for Cognition wird die Transferaufgabe in der Kontrollgruppe besser gelöst als bei geringerem Need for Cognition. In der Versuchsgruppe zeigen sich keine Unterschiede. Die Ergebnisse machen deutlich, dass das Nachdenken über ansonsten intuitive kognitive Inhalte kognitive Kapazität beansprucht und gerade Personen mit einer hohen Bereitschaft zum Nachdenken irritiert (Oschatz et al. 2011).

In einer zweiten Studie an 117 Studierenden zeigt sich bei Verlängerung des Zeitraums der Intervention (eine Woche) und der Dauer der Intervention (drei Sitzungen à zwei Stunden) sowie sozialem Austausch über die Alltagsphantasien ein besseres Verständnis der Prozesse des Gentransfers bei Personen mit einer hohen Bereitschaft zum Nachdenken (hohes NfC). Personen der Versuchsgruppe erreichen bei hohem Need for Cognition höhere Punktzahlen in der Transferaufgabe als bei geringem Need for Cognition. In der Kontrollgruppe zeigen sich keine Unterschiede (Oschatz 2011). Diese Befunde zeigen, dass vornehmlich Personen mit hoher Bereitschaft zum Nachdenken durch die Reflexion ihrer intuitiven Welt- und Menschenbilder angesprochen werden. Unmittelbar hat die Reflexion der Alltagsphantasien dabei einen irritierenden Effekt, der sich langfristig zu einem Verständnisvorteil transformiert. Der Austausch über die intuitiven Welt- und Menschenbilder in der Gruppe befördert dabei vermutlich die Reflexion verschiedener Perspektiven und auch eine sinnvolle Verarbeitung der Lerninhalte.

2.4   Empfehlungen für die Praxis

Die primäre Wirkung der Alltagsphantasien kann also als eine Irritation beschrieben werden, die zunächst von der routinierten und effizienten Beschäftigung mit einer Thematik wegzuführen scheint. Bereits auf den zweiten Blick ist das nicht mehr erstaunlich: Wenn wir wollen, dass die Schülerinnen und Schüler in der Auseinandersetzung mit Lerngegenständen berührt, konfrontiert und persönlich involviert sind, wird dies mehr in Anspruch nehmen als glatte Lernprozesse. Die Phantasien nehmen – weil sie nämlich als Abkömmlinge automatischer Verarbeitungsprozesse für das kontrollierte Nachdenken oft unlogisch, assoziativ und widersprüchlich erscheinen – nicht nur die objektivierende Version des Gegenstands in den Blick, sondern auch bestehende Anknüpfungspunkte an kulturell bestimmte Verständnisbestände. Wie bereits dargelegt, wird in diesem Kapitel die Ansicht vertreten, dass sich genau hierdurch die Möglichkeit bieten kann, über die reine Aneignung von Inhalten hinauszugehen und die Entwicklung eines bedeutsamen Selbst- und Weltbildes in Auseinandersetzung mit der gesellschaftlichen Realität zu unterstützen. Im Hinblick auf den Kompetenzbegriff nach Weinert (2001) bedeutet dies, im Kompetenzerwerb nicht nur die erlernbaren kognitiven Fähigkeiten und Fertigkeiten zu fokussieren, sondern sie so tief im Weltbild des Lernenden zu verankern, dass es ermöglicht wird, mit diesen Kenntnissen die entsprechenden motivationalen, volitionalen und sozialen Bereitschaften zu verbinden, um Probleme erfolgreich und verantwortungsvoll lösen zu können. Dieses Anrühren der verinnerlichten Welt- und Menschenbilder kann natürlich irritieren und auf „Abwege" führen. Allerdings zeigen die Interventionsstudien, dass sich diese irritierende Tiefe lohnt: Wenn die Phantasien willkommen sind, wenn sie immer wieder zum Gegenstand expliziter Reflexion gemacht werden, wird der Unterricht sinnhafter erlebt, die Motivation unterstützt und ist auch im Hinblick auf den kognitiven Wissenserwerb langfristig effizienter. Zumindest im Hinblick auf ethisch konnotierte Themen im Biologieunterricht ließ sich dies nachweisen.

Die Irritation kann also in vertiefte und nachhaltige Lernprozesse transformiert werden, und zwar wesentlich unter den Bedingungen von sozialem Austausch und Muße (Gebhard 2015). Die auch bildungstheoretisch relevante Irritation bzw. Krise (Combe und Gebhard 2009) ist zusätzlich in ihrer Verlaufsstruktur rekonstruiert worden (Lübke und Gebhard 2016). Gerade durch die zusätzliche kognitive Beanspruchung kann langfristig eine breitere und tiefer gehende Verarbeitung erfolgen, die zu nachhaltigen Lernergebnissen führt. Auch unabhängig davon sind die subjektivierenden Phantasien für Bildungsprozesse deshalb besonders wichtig, weil sie den Fachunterricht mit den kulturellen und sozialen Konzepten und den damit implizierten Welt- und Menschenbildern der Schülerinnen und Schüler in Verbindung bringt.

2.5　Zusammenfassung

Die *Ausgangslage* lässt sich folgendermaßen beschreiben: In der Auseinandersetzung mit der Welt gleichen wir Menschen unsere Erfahrungen automatisch vor dem Hintergrund unserer verinnerlichten Welterklärungsmuster ab. Die Ergebnisse dieser schnellen und unbewussten Denkprozesse können uns als Intuitionen bewusst werden und unser Verständnis und Handeln leiten, auch beim Lernen. Im allgemeinen Lehr- und Lernverständnis spielt Intuition jedoch eine untergeordnete

Rolle (Iannello et al. 2011). Lehren und Lernen gelten weithin als expliziter Prozess, besonders in naturwissenschaftlichen Fächern. Doch Intuitionen bieten Lehrenden ein Tor zum Selbst- und Weltverständnis eines Lernenden, da sie auf kulturell vermittelten Blickwinkeln auf die Welt beruhen (Fiske 2000). Intuitionen für den Biologieunterricht zu erschließen und fruchtbar zu machen – und das ist das Ziel des Ansatz der Alltagsphantasien –, kann deshalb Lern- und Bildungsprozesse befördern (Gebhard 2007, 2015).

Intuitionen beruhen auf einer Fülle von Erfahrungen des Lernenden und sind eng an die Person und ihr Erleben gekoppelt. Andererseits können Intuitionen wie knappe Faustregeln oder Heuristiken die Auseinandersetzung mit einem Gegenstandsbereich abkürzen. *Lösungsvorschläge* basieren also auf der Überzeugung, dass Intuitionen keine „Wahrheit" transportieren, sondern zum Gegenstand expliziter Reflexion gemacht werden müssen. Hierdurch werden Lernende mit ihren eigenen Welterklärungsmustern in Kontakt gebracht, was ein Grundbaustein von Bildungsprozessen ist.

Es existieren bereits empirische *Wirksamkeitsnachweise* zu dieser Strategie. In zwei schulischen (Born 2007; Monetha 2009) und einer laborexperimentellen Interventionsstudie (Oschatz 2011) konnte gezeigt werden, dass ein Biologieunterricht, der die intuitiven Vorstellungen der Lernenden explizit zum Thema macht und immer wieder darauf zurückkommt, sinnhafter interpretiert wird, motivierender ist und darüber hinaus auch zu einem nachhaltigeren Lernerfolg führt. Die Ergebnisse lassen vermuten, dass das Nachdenken über die intuitiven Welt- und Menschenbilder die Reflexion verschiedener Perspektiven und die Verarbeitung der Lerninhalte befördert.

Literatur

Born, B. (2007). *Lernen mit Alltagsphantasien*. Wiesbaden: VS Verlag.
Burke, L., & Sadler-Smith, E. (2011). Integrating intuition into higher education: A perspective from business management. In M. Sinclair (Hrsg.), *Handbook of intuition research* (S. 237–246). Cheltenham: Elgar.
Cacioppo, J. T., & Petty, R. E. (1982). The need for cognition. *Journal of Personality and Social Psychology, 42*(1), 116–131.
Combe, A., & Gebhard, U. (2007). *Sinn und Erfahrung. Zum Verständnis fachlicher Lernprozesse in der Schule*. Opladen: Verlag Barbara Budrich.
Combe, A., & Gebhard, U. (2009). Irritation und Phantasie. Zur Möglichkeit von Erfahrungen in schulischen Lernprozessen. *Zeitschrift für Erziehungswissenschaft, 12*(3), 549–557.
Combe, A., & Gebhard, U. (2012). *Verstehen im Unterricht. Die Bedeutung von Phantasie und Erfahrung*. Wiesbaden: VS Verlag.
Deci, E. L., & Ryan, R. M. (1993). Die Selbstbestimmungstheorie der Motivation und ihre Bedeutung für die Pädagogik. *Zeitschrift für Pädagogik, 39*(2), 223–238.
Dijksterhuis, A., & Nordgren, L. F. (2006). A theory of unconscious thought. *Perspectives on Psychological Science, 1*, 95–109.
Dittmer, A., & Gebhard, U. (2012). Stichwort Bewertungskompetenz: Ethik im naturwissenschaftlichen Unterricht aus sozial-intuitionistischer Perspektive. *Zeitschrift für Didaktik der Naturwissenschaften, 18*, 81–98.

Epstein, S. (1994). Integration of the cognitive and the psychodynamic unconscious. *American Psychologist, 49*(8), 709–724.

Fiske, A. P. (2000). Complementarity theory: Why humans social capacities evolved to require cultural complements. *Personality and Social Psychology Review, 4*(1), 76–94.

Freud, S. (1900). *Die Traumdeutung.* GW Bd. II und III. Leipzig: Deuticke.

Gebhard, U. (2007). Intuitive Vorstellungen bei Denk und Lernprozessen: Der Ansatz der „Alltagsphantasien". In D. Krüger & H. Vogt (Hrsg.), *Theorien in der biologiedidaktischen Forschung* (S. 117–128). Berlin: Springer.

Gebhard, U. (2009). Alltagsmythen und Alltagsphantasien. Wie sich durch die Biotechnik das Menschenbild verändert. In S. Dungs, U. Gerber, & E. Mührel (Hrsg.), *Biotechnologien in Kontexten der Sozial- und Gesundheitsberufe* (S. 191–220). Frankfurt a. M.: Lang.

Gebhard, U. (2015). Sinn, Phantasie und Dialog. In U. Gebhard (Hrsg.), *Sinn im Dialog. Zur Möglichkeit sinnkonstituierender Lernprozesse im Fachunterricht* (S. 103–124). Wiesbaden: Springer-VS.

Gebhard, U. (2016a). Intuition und Reflexion. Der Ansatz Alltagsphantasien. In U. Eser (Hrsg.), *Jenseits von Belehrung und Bekehrung: Wie kann Kommunikation über Ethik im Naturschutz gelingen?* (S. 84–97). Bonn – Bad Godesberg: BfN-Skripten.

Gebhard, U. (2016b). Bildung und Biologieunterricht. In U. Gebhard & M. Hammann (Hrsg.), *Lehr- und Lernforschung in der Biologiedidaktik* (Bd. 7, S. 13–22)., Bildung durch Biologieunterricht Innsbruck: Studienverlag.

Gebhard, U., Höttecke, D., & Rehm, M. (2017). *Pädagogik der Naturwissenschaften. Ein Studienbuch.* Wiesbaden: Springer-VS.

Hodgkinson, G. P., & Sadler-Smith, E. (2011). Investigating intuition: Beyond self-report. In M. Sinclair (Hrsg.), *Handbook of intuition research* (S. 52–65). Cheltenham: Elga.

Hofstede, G. (1993). Cultural constraints in management theories. *The Executive, 7*(1), 81–94.

Holfelder, A.-K., & Gebhard, U. (2015). Alltagsphantasien und Bildung für nachhaltige Entwicklung. In M. Hamman, N. Wellnitz, & J. Mayer (Hrsg.), *Lehr- und Lernforschung in der Biologiedidaktik* (Bd. 6, S. 89–104). Innsbruck: Studienverlag.

Holfelder, A.-K. (2016). *Orientierungen von Jugendlichen zu Nachhaltigkeitsthemen. Zur didaktischen Bedeutung von impliziten Wissen im Kontext BNE.* Wiesbaden: Springer VS.

Iannello, P., Antonietti, A., & Betsch, C. (2011). Intuition in teaching. In M. Sinclair (Hrsg.), *Handbook of Intuition Research* (S. 168–179). Cheltenham: Elgar.

Kahneman, D., & Tversky, A. (1973). On the psychology of prediction. *Psychological Review, 80*(4), 237–251.

Klafki, W. (1970). *Studien zur Bildungstheorie und Didaktik* (19. Aufl.). Weinheim: Beltz.

Klein, G. A. (1998). *Sources of power: How people make decisions.* Cambridge: MIT Press.

Koller, H.-C. (2012). *Bildung anders denken.* Stuttgart: Kohlhammer.

Kuhnle, C. (2011). The benefit of intuition in learning situations. In M. Sinclair (Hrsg.), *Handbook of intuition research* (S. 227–236). Cheltenham: Elgar.

LeVine, R. A. (1984). Properties of culture: An ethnographic view. In R. A. Shweder & R. A. LeVine (Hrsg.), *Culture theory. Essays on mind, self and emotion* (S. 67–87). Cambridge: Cambridge University Press.

Lübke, B., & Gebhard, U. (2016). Nachdenklichkeit im Biologieunterricht. Irritation als Bildungsanlass? In U. Gebhard, M. Hammann, & M. Hammann (Hrsg.), *Lehr- und Lernforschung in der Biologiedidaktik* (Bd. 7, S. 23–38)., Bildung durch Biologieunterricht Innsbruck: Studienverlag.

Monetha, S. (2009). *Alltagsphantasien, Motivation und Lernleistung.* Opladen: Leske + Budrich.

Monetha, S., & Gebhard, U. (2008). Alltagsphantasien, Sinn und Motivation. In H.-C. Koller (Hrsg.), *Sinnkonstruktion und Bildungsgang. Zur Bedeutung individueller Sinnzuschreibungen im Kontext schulischer Lehr-Lernprozesse* (S. 65–86). Opladen: Verlag Barbara Budrich.

Nørretranders, T. (1998). *The user illusion.* New York: Penguin Press.

Oschatz, K. (2011). *Intuition und fachliches Lernen. Zum Verhältnis von epistemischen Überzeugungen und Alltagsphantasien.* Wiesbaden: VS Verlag.

Oschatz, K. (2015). Intuition und Lernen – Zur Bedeutung impliziter Prozesse in Lernkontexten. Nicht-diskursive pädagogisch relevante Wissensbestände. *Bildung & Erziehung, 68*(1).

Oschatz, K., Gebhard, U., & Mielke, R. (2010). Alltagsphantasien und Irritation – Die Effekte der Berücksichtigung intuitiver Vorstellungen beim Nachdenken über Gentechnik. In U. Harms & I. Mackensen-Friedrichs (Hrsg.), *Heterogenität erfassen – Individuell fördern im Biologieunterricht* (S. 55–70). Innsbruck: Studienverlag.

Oschatz, K., Mielke, R., & Gebhard, U. (2011). Fachliches Lernen mit subjektiv bedeutsamem implizitem Wissen – Lohnt sich der Aufwand? In E. Witte & J. Doll (Hrsg.), *Sozialpsychologie* (S. 246–254). Schule: Sozialisation.

Peukert, H. (2003). Die Logik transformatorischer Bildungsprozesse und die Zukunft von Bildung. In H. Peukert, E. Arens, J. Mittelstraß, & M. Ries (Hrsg.), *Geistesgegenwärtig. Zur Zukunft universitärer Bildung.* Luzern: Edition Exodus.

Reber, A. S. (1989). Implicit learning and tacit knowledge. *Journal of Experimental Psychology, 118*(3), 219–235.

Schneider, W., & Shiffrin, R. (1977). Controlled and automatic human information processing I. Detection, search and attention. *Psychological Review, 84,* 1–66.

Smith, E., & DeCoster, J. (2000). Dual process models in social and cognitive psychology. Conceptual integration and links to underlying memory systems. *Personality and Social Psychology Review, 4,* 108–131.

Strick, M., & Dijksterhuis, A. (2011). Intuition and unconscious thought. In M. Sinclair (Hrsg.), *Handbook of intuition research* (S. 28–36). Cheltenham: Elgar.

Terhart, E. (1999). Konstruktivismus und Unterricht. Gibt es einen neuen Ansatz in der Allgemeinen Didaktik? *Zeitschrift für Pädagogik, 45*(5), 629–647.

Vosniadou, S. (1999). Conceptual change research: State of the art and future directions. In W. Schnotz, S. Vosniadou, & M. Carretero (Hrsg.), *New perspectives on conceptual change.* Oxford: Elsevier Science.

Weinert, F. E. (2001). Vergleichende Leistungsmessung in Schulen – eine umstrittene Selbstverständlichkeit. In F. E. Weinert (Hrsg.), *Leistungsmessung in Schulen* (S. 17–31). Weinheim: Belz.

Biologiedidaktische Interessenforschung: Empirische Befunde und Ansatzpunkte für die Praxis

3

Annette Scheersoi, Susanne Bögeholz und Marcus Hammann

Inhaltsverzeichnis

Eine Gruppe besucht am Wochenende ein Naturkundemuseum. Die Besucherinnen und Besucher gehen an einigen Objekten achtlos vorbei. Andere Objekte hingegen wecken ihr Interesse und regen zum genaueren Hinsehen an. Dies kann an den Objekten bzw. Gegenständen selbst liegen („Der Löwe sieht aus, als ob er uns gleich anfallen würde!"). Das Interesse kann aber auch durch den Kontext („Ist schön gemacht hier!") oder durch bestimmte Tätigkeiten („Darf ich das Fernglas auch mal haben?") geweckt und aufrechterhalten werden.

Die Förderung von biologiebezogenen Interessen ist eines der zentralen Ziele des Biologieunterrichts, denn Interesse besitzt lernförderliche Wirkungen

A. Scheersoi (✉)
Nees-Institut, Fachdidaktik Biologie, Universität Bonn, Bonn,
Nordrhein-Westfalen, Deutschland
E-Mail: a.scheersoi@uni-bonn.de

S. Bögeholz
Albrecht-von-Haller-Institut für Pflanzenwissenschaften, Didaktik der Biologie,
Universität Göttingen, Göttingen, Deutschland
E-Mail: sboegeh@gwdg.de

M. Hammann
Zentrum für Didaktik der Biologie, Universität Münster, Münster, Deutschland
E-Mail: hammann.m@uni-muenster.de

© Springer-Verlag GmbH Deutschland, ein Teil von Springer Nature 2019
J. Groß et al. (Hrsg.), *Biologiedidaktische Forschung: Erträge für die Praxis*,
https://doi.org/10.1007/978-3-662-58443-9_3

(Renninger und Hidi 2016). Es wird daher auch als eine notwendige Voraussetzung für lebenslanges Lernen und Teilhabe an einer naturwissenschaftlich geprägten Welt angesehen (Swarat et al. 2012). Durch eine gezielte Auswahl von Gegenständen bzw. Themen, Kontexten und Tätigkeiten kann das Interesse von Lernenden geweckt und vertieft werden. Dazu werden im Folgenden Befunde fachdidaktischer Interessenforschung für den Biologieunterricht dargestellt.

3.1   Interessenabfall und Bedeutung von Interessen

Nicht alle Themenbereiche des Biologieunterrichts sind für Schülerinnen und Schüler gleichermaßen interessant. Schon früh konnte Löwe (1992) in einer Quasi-Längsschnittstudie zeigen, dass sich die Interessen der Schülerinnen und Schüler an bestimmten Themenbereichen im Laufe der Schulzeit verändern. Bei 505 Grundschülerinnen und -schülern und 1932 Realschülerinnen und -schülern kristallisierte sich heraus, dass das Interesse in der Gesamtschau an humanbiologischen, umweltbezogenen und zoologischen Themen im Verlauf der Schulzeit zunimmt, während das Interesse an botanischen Themen und am Schulfach Biologie sinkt. Dabei sind Biologieunterricht-relevante Interessen spezifisch für Themenbereiche und unterschiedlich in verschiedenen Phasen der Schulzeit. Während das Interesse an umweltbezogenen und humanbiologischen Themen kontinuierlich steigt, zeigen Interessenverläufe für zoologische Themen ein differenzierteres Bild: Nach einem Anstieg von Klassenstufe 4 bis 6 erfolgt ein Interessenabfall, bis die Interessen in Klassenstufe 10 wieder auf dem Niveau der Klassenstufe 5 liegen und sich auf dieser Höhe einpendeln. Das Interesse an botanischen Themen fällt hingegen von Klassenstufe 5 bis 7 und stagniert im Folgenden. Aufgrund des komplexen Bildes empfiehlt Krapp (1998), Interessenverläufe von Schülerinnen und Schülern differenziert zu betrachten.

Dieser Empfehlung folgten beispielsweise Leske und Bögeholz (2008) bei der Analyse von Interessen an der Natur im Verlauf der Schulzeit (N = 196 Schülerinnen und Schüler der 7. Klasse bis 12. Jahrgangsstufe). Die Autorinnen unterschieden zwischen drei Interessensqualitäten: dem wertbezogenen („Reine Luft, sauberes Wasser und unbelastete Böden sind mir wichtig"), dem emotionalen („Die Beschäftigung mit biologischer Vielfalt wirkt sich positiv auf meine Stimmung aus") und dem intrinsischen Interesse an der Natur („Auch außerhalb der Schule beschäftige ich mich mit biologischer Vielfalt, z. B. durch Bücher, durch Filme") (Leske 2009, S. 123/3, 125/3). Vergleicht man die Bildungsstandgruppen der 7./8. Klasse, 9./10. Klasse und 11./12. Jahrgangsstufe miteinander, ergibt sich folgendes Bild (Leske und Bögeholz 2008): Das wertbezogene Interesse an der Natur und das intrinsische Interesse an der Natur sind bei den Siebt- und Achtklässlern signifikant höher als bei den Neunt- und Zehntklässlern. Zu den Schülerinnen und Schülern der Oberstufe liegen keine nachweisbaren Unterschiede vor. Ebenso unterscheiden sich die drei Gruppen in Bezug auf das emotionale Interesse an der Natur nicht. Damit ergibt sich bei einer differenzierten Betrachtung der

Qualität des Interesses ein anderes Bild als bei einer Betrachtung des Interesses an unterschiedlichen Themenbereichen des Biologieunterrichts.

Die Abnahme des Interesses im Laufe der Schulzeit (Potvin und Hasni 2014) scheint mit der Art und Weise zusammenzuhängen, wie Schülerinnen und Schüler den naturwissenschaftlichen Unterricht wahrnehmen (Barmby et al. 2008): So liegen Gründe für sinkendes Interesse im Fehlen von praktischen Auseinandersetzungen mit den Themen (u. a. Laborarbeit), in unzureichenden, zu komplizierten Erklärungen durch Lehrkräfte und in für Schülerinnen und Schüler wenig lebensrelevanten naturwissenschaftlichen Lerngegenständen. Auch Christidou (2011, S. 143) schließt aus ihrer Metaanalyse zu *students' voices,* dass sich die Art des naturwissenschaftlichen Unterrichts stark auf das Interesse von Schülerinnen und Schülern auswirkt und dass Einstellungen von Lehrpersonen eine zentrale Rolle spielen. Wie auch Osborne et al. (2003) und Basl (2011) stellt sie heraus, dass naturwissenschaftliche Themen häufig zu abstrakt behandelt werden bzw. deren wissenschaftlicher Charakter zu stark im Vordergrund steht. Schülerinnen und Schüler empfinden folglich die Naturwissenschaften als Anhäufung von Fakten und Konzepten – fernab von Alltags- und Gesellschaftsbezügen oder von kreativen Auseinandersetzungsmöglichkeiten mit den Themen. Lehrkräfte und Unterrichtsgestaltung haben folglich einen beachtlichen Einfluss auf die Interessen von Schülerinnen und Schülern.

Befunde zum Interessenverfall in den Naturwissenschaften wurden durch eine Metaanalyse von 228 Studien der Jahre 2000 bis 2012 weitgehend bestätigt (Potvin und Hasni 2014). Grundsätzlich wurde eine Abnahme des Interesses der Schülerinnen und Schüler an Naturwissenschaften im Verlauf der Schulzeit beschrieben (Potvin und Hasni 2014). Dabei fand der Übergang von der Grundschule zu den weiterführenden Schulen besondere Beachtung, da in diesem Abschnitt (vgl. Löwe 1992) der größte Interessenverfall beobachtet wurde. Die Ergebnisse zu den Naturwissenschaften gelten auch für den Biologieunterricht, obwohl einige Studien abweichend eine Zunahme des Interesses an biologischen Themenbereichen der Klassenstufen 4 bis 8 beschrieben (Baram-Tsabari et al. 2006, 2010; Baram-Tsabari und Yarden 2007). Die Zunahme bezog sich auf relative Werte im Vergleich zu anderen Interessen (Potvin und Hasni 2014). Anhand dieser Befunde wird besonders deutlich, dass Überlegungen notwendig sind, wie Interesse gezielt aufrechterhalten bzw. gefördert werden kann.

Grundsätzlich führt Interesse zu einer intensiveren und längeren Auseinandersetzung mit einem fachlichen Gegenstand und dem Wunsch, mehr über diesen Gegenstand erfahren zu wollen (epistemische Tendenz; Prenzel 1988). Fehlendes Interesse hingegen kann eine fachliche Auseinandersetzung erschweren. In der PISA-2006-Studie (Prenzel et al. 2007) zeigte sich, dass Jugendliche mit hoher naturwissenschaftlicher Kompetenz ein höheres Interesse an Naturwissenschaften besaßen als weniger kompetente Jugendliche. Unter den hochkompetenten Jugendlichen in Deutschland gab es jedoch auch einen beachtlichen Anteil (43 %), der sich nicht bzw. nur geringfügig für Naturwissenschaften interessierte. Wie die quantitativen Ergebnisse zeigen, ist Interesse damit keine *conditio sine qua non* für Kompetenz. Eine Metaanalyse von Schiefele et al. (1993) zum Zusammenhang von Interesse und Schulleistung (21 Studien, 127 unabhängige Stichproben) zeigte ausnahmslos positive Korrelationen von durchschnittlich $r = .30$ (SD 0.13). Die höchsten Korrelationen (.34) zwischen Interesse und Leistung waren mittelstark und betrafen die naturwissenschaftlichen Fächer (Schiefele et al. 1992). Da ein Zusammenhang zwischen Interesse und Leistung bestehen *kann*, lässt sich das affektive Lernziel der Interessenförderung auch im Hinblick auf die kognitiven Lernziele begründen.

3.2   Interessen und empirische Befunde zu Interessengegenständen

In der pädagogischen Interessenforschung wird Interesse als eine Beziehung einer Person zu einem Gegenstand (Thema oder Objekt bzw. biologischem Phänomen, Tätigkeit, Kontext) definiert (Krapp 1992). Wesentliche Merkmale von Interesse sind die subjektive Wertschätzung des Gegenstands sowie die positiven emotionalen Erfahrungen während der Auseinandersetzung mit dem Gegenstand. Hinzu kommen die kognitive Erfassung des Gegenstands und die kognitive Ausrichtung auf das Handeln: Die an dem Gegenstand interessierte Person möchte mehr über den Gegenstand erfahren (Prenzel 1988). Interesse kann entweder einen vorübergehenden psychologischen Zustand (situationales Interesse) oder eine dauerhafte motivationale Disposition (individuelles Interesse) darstellen. Aus situationalem Interesse kann sich durch eine wiederholte Auseinandersetzung mit dem Interessengegenstand dauerhaftes individuelles Interesse entwickeln (Renninger und Hidi 2016). Dabei wird bei der Entstehung von individuellem Interesse aus situationalem Interesse zwischen vier Phasen unterschieden (Hidi und Renninger 2006; Renninger und Hidi 2016):

1. *triggered situational interest*
2. *maintained situational interest*
3. *emerging individual interest*
4. *well-developed individual interest*

3.2.1   Bedeutung von Themen

Studien zum themenspezifischen Biologieinteresse zeigen, dass deutliche Interessenschwerpunkte bestehen. In der Regel interessieren sich Schülerinnen und Schüler stärker für zoologische und humanbiologische als für botanische Themen. So ergab eine Auswertung von 1461 selbstformulierten Fragen, die israelische Schülerinnen und Schüler (M: 10,6 Jahre) über eine Internetplattform gestellt hatten, dass sich 49 % auf biologische Themen bezogen, und zwar vorwiegend auf zoologische und humanbiologische Themen. Nur 2 % biologiebezogener Fragen betrafen botanische Themen (Baram-Tsabari und Yarden 2005). Vergleichbare

Ergebnisse resultieren aus Studien zur *Relevance of Science Education* (ROSE): So zeigte Elster (2007) mit Daten aus Österreich und Deutschland (1247 Schülerinnen und Schüler, 14–17 Jahre), dass botanische Themen als weniger interessant als zoologische und humanbiologische eingestuft werden.

Mädchen und Jungen weisen unterschiedliche Interessenprofile auf. Beispielsweise zeigten Holstermann und Bögeholz (2007; N = 275 Schülerinnen und Schüler aus Deutschland, 15–17 Jahre) im Hinblick auf ROSE, dass sich Mädchen stärker als Jungen für Themen interessieren, die den menschlichen Körper betreffen, z. B. Krankheiten und Epidemien, Körperfunktionen und Fortpflanzung, Körperbewusstsein sowie Schädigungen des Körpers. Auch interessierten sich Mädchen stärker als Jungen für Naturphänomene. Jungen hingegen interessierten sich mehr als Mädchen für Forschung und gefährliche Anwendungen. Themen wie Tiere sowie Mensch und Umwelt waren demgegenüber für beide Geschlechter gleichermaßen interessant (Holstermann und Bögeholz 2007).

Im Rahmen der ROSE-Studien wurde analysiert, welche von 108 einzelnen MINT-Themen in verschiedenen Ländern besonders interessant für Mädchen bzw. für Jungen sind. Ein Vergleich zwischen England, Schweden und Deutschland ergab Folgendes (Holstermann und Bögeholz 2007): Die fünf für deutsche Mädchen interessantesten Themen (Träumen, Krebs, HIV/Aids, erste Hilfe, Körperfitness) rangieren auch unter den acht interessantesten Themen für britische und schwedische Mädchen. Die drei für deutsche Jungen interessantesten Themen (Atombombenfunktionsweise, Schwerelosigkeit im All, Computerfunktionsweise) gehören zu den acht interessantesten in England und Schweden. Unter den zehn interessantesten Themen für Jungen in Deutschland befinden sich weitere, die auch unter den ersten zehn in den beiden anderen europäischen Ländern liegen (biologische und chemische Waffen, explosive Chemikalien, Schwarze Löcher und Supernovae). Betrachtet man die für Mädchen am uninteressantesten Themen, so liegen unter den letzten fünf für Deutschland, England und Schweden die drei Themen Symmetrien/Muster bei Blättern und Blumen, Verarbeitung von Rohöl und berühmte Naturwissenschaftlerinnen und Naturwissenschaftler. Wachstum und Vermehrung von Pflanzen liegt in Deutschland und Schweden unter den zehn uninteressantesten Themen für Mädchen. Auch bei den Jungen sind die Symmetrien in der Botanik ausgesprochen uninteressant (letzter Rang, Nr. 108 in allen drei Ländern). Nahezu vergleichbar uninteressant erweisen sich das Wachstum und die Vermehrung von Pflanzen bzw. berühmte Naturwissenschaftlerinnen und Naturwissenschaftler für Jungen aus Deutschland, England und Schweden. Auch liegen Pflanzen der Umgebung bei Jungen unter den zehn uninteressantesten Themen in allen drei Ländern.

Insgesamt zeigt sich, dass bei den Interessenschwerpunkten deutliche Unterschiede in den Geschlechterprofilen vorliegen – auch vergleichsweise unabhängig vom nordeuropäischen Herkunftsland. Bei den uninteressanten Themen fällt auf, dass bestimmte botanikbezogene Themen als vergleichsweise uninteressant eingestuft werden. Das geringe botanische Interesse ist auch vor dem Hintergrund der sogenannten *plant blindness* (Wandersee und Schussler 1999) bedeutsam. *Plant blindness* äußert sich darin, dass Pflanzen in der eigenen Umwelt kaum wahrgenommen werden und ihre Bedeutung für die Biosphäre und den Menschen nicht erkannt wird.

Inwiefern geschlechtsspezifisch unterschiedliche Interessenschwerpunkte beschrieben werden, hängt auch davon ab, auf welcher Ebene die Themen des Biologieunterrichts betrachtet werden. Eine Studie mit 115 Schülerinnen und Schülern (Klassenstufe 5–6) zum landwirtschaftlichen Interesse zeigte, dass sich Mädchen und Jungen nicht unterscheiden, wenn ein Gesamtwert für Interesse an Landwirtschaft ermittelt wird (Bickel und Bögeholz 2013a). Bei einer genaueren Betrachtung ergab sich jedoch ein differenzierteres Bild: Tierhaltung interessierte Mädchen und Jungen am stärksten (mit signifikant höherem Interesse der Mädchen), gefolgt von Lebensmittelverarbeitung (keine Geschlechterunterschiede), Landtechnik (mit signifikant höherem Interesse der Jungen), Gemüse und Obstanbau (mit signifikant höherem Interesse der Mädchen) und Ackerbau (keine Geschlechterunterschiede).

Eine weitere Studie von Leske und Bögeholz (abgedruckt in Leske 2009, S. 68–88) analysierte Geschlechterunterschiede hinsichtlich der Interessen an der Natur von Lernenden an Gesamtschulen und Gymnasien (n = 297 Schülerinnen und Schüler der 7./8. Klasse, n = 147 Schülerinnen und Schüler der 11./12. Jahrgangsstufe). Während für Siebt- und Achtklässler keine Geschlechterunterschiede nachweisbar sind, liegen bei Oberstufenschülerinnen und -schülern für alle drei erhobenen Qualitäten des Interesses an der Natur (wertbezogen, emotional und intrinsisch) Geschlechterunterschiede von mittlerer Effektstärke vor (Leske 2009, S. 78 f.). Stets verfügen dabei Oberstufenschülerinnen über höhere Naturinteressen als Oberstufenschüler.

Für Schülerinnen und Schüler scheinen Themen grundsätzlich interessanter zu sein, wenn sie sich durch bestimmte Eigenschaften *(topic attributes)* auszeichnen. Swarat (2008) konnte belegen, dass Themen, die als dynamisch *(active)* und in der Peer-Gruppe beliebt *(cool)* gelten, als besonders interessant bewertet werden. Ebenso spielen die persönliche Bedeutung, die Bekannt- bzw. Vertrautheit mit dem Gegenstand und dessen herausfordernder Charakter *(challenging)* eine wichtige Rolle. Als interessant eingestuft wurde das Thema „Umweltbelastung", da Schülerinnen und Schüler erfahren wollten, was sie dagegen unternehmen können. Die Eigenschaften, die Themen interessant machen, wurden durch eine Interviewstudie von Jördens und Hammann (2019) bestätigt: Verschiedene evolutionsbiologische Phänomene werden von Schülerinnen und Schülern als interessant empfunden, wenn sie persönlich, für andere bzw. die Gesellschaft relevant sind, Aktualität aufweisen und/oder neuartig sind. Als weitere Eigenschaft, die ein Thema interessant macht, wurde die Zugehörigkeit zu einer biologischen Art ermittelt. Schülerinnen und Schüler sind an evolutionsbiologischen Phänomenen besonders dann interessiert, wenn sie die biologische Art interessierte. Beispielsweise begründen die Lernenden ihr geringes Interesse an der Evolution der Bighorn-Schafe (gegenüber der Evolution der Elefanten), indem sie sagen, dass sie Schafe langweilig fänden. Bei der Auswahl von Unterrichtsthemen sollten Lehrkräfte daher auf Eigenschaften von Themen und auf die Interessenlagen beider Geschlechter achten, besonders wenn Wahlmöglichkeiten bestehen.

3.2.2 Bedeutung von Kontexten

Häufig unterscheidet sich das Interesse von Schülerinnen und Schülern an einem Gegenstand im Biologieunterricht in Abhängigkeit von der Wahl des Kontexts, in dem das Thema bearbeitet wird. Wird das Thema Evolution – ein für Schülerinnen und Schüler vergleichsweise wenig interessantes Thema (vgl. Baram-Tsabari und Yarden 2007) – mit dem Kontext „aktuelle Entwicklungen in der Medizin" verknüpft, wie es in der HIV-Forschung der Fall ist, reagieren Schülerinnen und Schüler mit größerem Interesse als beim Kontext „Geschichte des evolutionären Phänomens" (Jördens et al. 2011; Jördens und Hammann 2019). Kontextbasierte Unterrichtsansätze können daher gezielt genutzt werden, um Themen des Biologieunterrichts auf aktuelle Entwicklungen sowie Erfahrungs- und Lebenswelten der Lernenden zu beziehen (Krapp 1992). Darüber hinaus können Themen durch authentische Kontexte als relevant erfahren werden. Grundsätzlich erwiesen sich kontextbasierte Unterrichtsansätze als positiv für die Interessenentwicklung von Schülerinnen und Schülern (Bennett et al. 2007; Potvin und Hasni 2014).

Es bestehen aber auch Hinweise auf sehr spezifische Interaktionen zwischen Thema und Kontext. Eine Fragebogenstudie (N = 982 Schülerinnen und Schüler, 17 Jahre) in Deutschland kombinierte das Interesse an acht evolutionären Phänomenen (Themen, u. a. Evolution des HIV) systematisch mit acht Kontexten (u. a. Ursachen des evolutionären Phänomens). Obwohl der Kontext „Anwendung von Wissen über das evolutionäre Phänomen in Medizin und Forschung" generell als sehr interessant eingestuft wurde, war der Kontext „Bedeutung des evolutionären Phänomens für den Menschen" der interessanteste Kontext für das Thema „Evolution des Vogelgrippe-Virus". „Ursachen des evolutionären Phänomens" war der interessanteste Kontext für das Thema „Evolution der Laktosetoleranz beim Menschen", und „Bedeutung für die Umwelt" war der interessanteste Kontext für das Thema „Evolutionärer Einfluss des größenselektiven Fischfangs auf den Kabeljau" (Jördens et al. 2011; Jördens und Hammann 2019). Beim Unterrichten eines spezifischen Themas erweist es sich daher als nützlich, spezifische Kombinationen von Thema und Kontext zu nutzen, um situationales Interesse bei Schülerinnen und Schülern zu schaffen.

3.2.3 Bedeutung von Tätigkeiten

Andere Studien widmen sich möglichen Interaktionen zwischen Themen, Lernzielen und Tätigkeiten im Biologieunterricht (Swarat et al. 2012). Die folgenden fünf Tätigkeiten wurden untersucht: Brainstorming/ diskutieren, Erstellen von Produkten (z. B. Postern), rezeptive Informationsaufnahme, Planen und Durchführen von Untersuchungen ohne Verwendung von Labormaterialien und elektronischen Medien, Planen und Durchführen von Untersuchungen mit deren Verwendung.

Es zeigte sich, dass Tätigkeiten den größten Teil der Varianz des Interesses der Schülerinnen und Schüler an Unterrichtsepisoden *(instructional episodes)* aufklären. Dagegen klären Themen und Lernziele keine bzw. vergleichsweise wenig

Varianz auf. Am interessantesten erwiesen sich praktische Tätigkeiten, die Labormaterialien und elektronische Medien einbeziehen. Allerdings treffen Potvin und
Hasni (2014) auf Basis ihrer Metaanalyse die Aussage, dass Hands-on-Aktivitäten,
die wenig Reflexion beinhalten, keinen positiven Effekt auf die Interessenentwicklung von Schülerinnen und Schülern haben.

Vermittlungsansätze, die *inquiry-based* oder *problem-based* ausgerichtet
sind und bei denen die Lernenden aktiv Themeninhalte erarbeiten, scheinen
sich hingegen förderlich auszuwirken. Diese Annahme bestätigten Hasni und
Potvin (2015) in ihrer Studie mit 1822 kanadischen Schülerinnen und Schülern unterschiedlicher Altersstufen (Grundschule, weiterführende Schulen). Sie
identifizierten Tätigkeiten, die sich besonders positiv auf das Interesse an den
naturwissenschaftlichen Fächern auswirken: Eigenständige Untersuchungen
spielen eine zentrale Rolle. Interessant ist hierbei die besondere Bedeutung des
anfänglichen Planungsprozesses (Fragestellungen formulieren, Untersuchungsmethoden und -materialien auswählen sowie Dokumentationsformen planen), der
für die positive Interessenentwicklung signifikant wichtiger zu sein scheint als die
eigentliche Durchführung der Untersuchungen.

Interaktionen zwischen Tätigkeiten und Themen wurden für den Evolutions-
unterricht genauer untersucht (Jördens et al. 2011; Jördens und Hammann 2019).
Acht Tätigkeiten (u. a. Filme anschauen, Texte lesen, im Internet recherchieren,
Simulationen durchführen, diskutieren) wurden mit acht evolutionsbiologischen
Phänomenen (u. a. Evolution des HIV, Evolution des Vogelgrippevirus, Evolution der Bighorn-Schafe) systematisch kombiniert. Schülerinnen und Schüler
(N = 982, 17 Jahren) wurden gebeten, ihr Interesse an den Kombinationen einzustufen. Dabei zeigte sich einerseits, dass die Schülerinnen und Schüler klar
zwischen Tätigkeiten unterscheiden. Filme anschauen wird grundsätzlich (d. h.
unabhängig vom Thema) als interessanteste Aktivität eingestuft und Texte lesen
als uninteressanteste. Weiterhin wurde ein Flaschenhalseffekt beschrieben: Die
uninteressanteste Aktivität (Texte lesen) ist bei einem interessanten Thema (Evolution des HIV) immer noch interessanter als die interessanteste Aktivität (Filme
anschauen) bei einem uninteressanten Thema (Evolution der Bighorn-Schafe). Ein
ähnlicher Befund wurde von Swarat et al. (2012) beschrieben: Die Probandinnen
und Probanden sagten explizit, dass das Interesse an einer Tätigkeit vom Thema
abhängt. Eine Internetrecherche sei beispielsweise dann interessant, wenn es sich
um ein interessantes Thema handele: „It depends on the topic" (Swarat et al. 2012,
S. 530). Für Lehrkräfte bedeutet dieser Befund, dass ein geringes Interesse an
einem Thema schwerlich durch die Wahl einer interessanten Tätigkeit kompensiert
werden kann.

3.2.4 Interesse und Handlungsbereitschaft

Die Bedeutung von Interessen für das Lernen von Biologie bzw. den Erwerb kognitiver Kompetenzen im Biologieunterricht ist eine Grundannahme, die die Förderung biologiebezogener Interessen motiviert. Bislang in diesem Beitrag noch

nicht vertieft wurde die Bedeutung von Interessen für volitionale Bereitschaften, die Bildungsziele von beispielsweise Biodiversitätsbildung bzw. Bildung für Nachhaltige Entwicklung (BNE) umsetzen. Auch in diesem Bereich liegen Evidenzen vor. So zeigte die Studie von Leske und Bögeholz (2008 N = 196), dass wertbezogenes und emotionales Interesse an der Natur zwei wirkmächtige Prädiktoren für Handlungsbereitschaften zum Erhalten der biologischen Vielfalt regional und weltweit darstellen (R^2: .45 bzw. .39). Dabei handelt es sich jeweils um einen starken Effekt. Eine Studie von Leske, Mackensen-Friedrichs und Bögeholz (abgedruckt in Leske 2009, S. 48–67) mit einer unabhängigen, größeren Stichprobe (N = 444 Schülerinnen und Schüler der 7./8. Klasse sowie der 11./12. Jahrgangsstufe) kam zu ähnlichen Ergebnissen: Auch hier zeigten sich starke Effekte von Interesse an der Natur für die Bereitschaft, biologische Vielfalt regional und weltweit zu erhalten (R^2: .49 bzw. .46). Betrachtet man die Prädiktoren aus dem Bereich des Interesses an der Natur, so erweist sich hier – neben dem wertbezogenen und emotionalen Interesse – auch das intrinsische Interesse an der Natur als einflussreich. Dieselbe Studie zeigt zudem, dass eine differenzierte Betrachtung der Qualität des Interesses an der Natur bedeutsam für die Art von Handlungsbereitschaften ist. So zeigen wertbezogenes, emotionales und intrinsisches Interesse an der Natur unterschiedliche Einflüsse für Bereitschaften, biologische Vielfalt in unterschiedlichen Kontexten zu erhalten, sei es im privaten oder öffentlichen Raum oder in Organisationen (Leske 2009, S. 62). Biologiedidaktische Forschung verdeutlicht damit, wo evidenzbasiert in der Biodiversitätsbildung bzw. BNE angesetzt werden kann.

3.3 Ansatzpunkte zur Interessenförderung

Im Folgenden werden Untersuchungsergebnisse vorgestellt, die sich interessenförderlichen Lernumgebungen, bedeutsamen Lernvoraussetzungen und der Verknüpfung von außerschulischer und schulischer Interessenförderung widmen.

3.3.1 Interessenförderliche Lernumgebungen

Evidenzen liegen für eine Reihe von interessenförderlichen Faktoren vor. Behandelt wurden in diesem Beitrag bereits lebensweltliche Herausforderungen bzw. authentische Kontexte sowie praktische Erfahrungen in *inquiry settings*. Noch nicht fokussiert wurde auf Lernumgebungen, die Hands-on-Erfahrungen ermöglichen, sowie die Erfüllung von Grundbedürfnissen und den Reiz von Neuem *(novelty)*. Diese Faktoren werden im Folgenden näher beleuchtet.

Für Lernumgebungen, die Hands-on-Erfahrungen zur Interessenförderung ermöglichen, bietet außerschulisches sowie schulisches Lernen Potenziale. Zum außerschulischen Lernen: In Zoos und Museen, in denen ein Anfassen von Lebewesen und Exponaten eher unüblich ist, wirken sich Hands-on-Erfahrungen positiv auf die Interessenentwicklung von Lernenden aus. Teilnehmende

Beobachtungen zeigen, dass neben berührbaren Modellen vor allem Originale wie Tierfelle oder Knochen bedeutsam sind (Wenzel et al. 2015; 13 Schulklassen, N = 225 Schülerinnen und Schüler der Primarstufe). Der Umgang mit diesen Objekten begeisterte Schülerinnen und Schüler. Sie befassten sich intensiv mit den Eigenschaften der Objekte und behandelten sie behutsam. Gründe dafür könnten die besondere und exklusive Erfahrung sein, andererseits auch das bessere Verständnis der Inhalte durch ein „Begreifen".

Bei Schulbauernhofaufenthalten gehören Hands-on-Aktivitäten zu den Charakteristika der Lernumgebung. Es werden beispielsweise Nutztiere versorgt, u. a. Hühner, Schafe, Schweine oder Rinder gefüttert, Gemüse gepflanzt, Beete gepflegt sowie Gemüse und Obst geerntet und verarbeitet (Bickel und Bögeholz 2013b). Hands-on-Erfahrungen erweisen sich dabei – je nach Geschlecht – unterschiedlich interessenförderlich (Bickel et al., abgedruckt in Bickel 2014, S. 53–70; N = 1000 Schülerinnen und Schüler der Klassen 5 und 6): So steigt das Interesse an Tierhaltung von Schülerinnen bei einem Schulbauernhofaufenthalt, wenn sie selbst mit Tieren gearbeitet haben. Besonders profitieren dabei Mädchen, die vorab geringes Interesse an Tierhaltung hatten. Statt mit Tieren arbeiten ist für Jungen der Schulbauernhofaufenthalt allgemein prädiktiv für Interesse an Tierhaltung und hier insbesondere für Jungen mit geringerem Interesse vor dem Schulbauernhofaufenthalt. Bei Jungen sind eigene Erfahrungen in Gartenarbeit für Interesse an Gemüse- und Obstanbau sowie im Verarbeiten landwirtschaftlicher Produkte für Interesse an Lebensmittelverarbeitung nachweislich relevant. Für Interesse an Ackerbau reicht hingegen allgemein ein Schulbauernhofaufenthalt aus. Besonders wirksam ist der Aufenthalt bei Jungen, die vorher geringes Interesse an Ackerbau zeigten. Die für Jungen berichteten Einflüsse sind für Mädchen nicht nachweisbar.

Zum schulischen Lernen: Holstermann et al. (2010) untersuchten bei Schülerinnen und Schülern der Oberstufe (N = 141, Jahrgangsstufe 11) den Einfluss klassischer Hands-on-Arbeitsweisen des Biologieunterrichts auf Interesse an biologierelevanten Tätigkeiten. Insgesamt zeigte sich: Je positiver Hands-on-Erfahrungen beim Experimentieren, Mikroskopieren, Präparieren und Bestimmen erlebt wurden (Qualität erlebter Erfahrung), desto höheres Interesse wurde an diesen Tätigkeiten berichtet. Ergebnisse der Studie verdeutlichten zudem, dass ein Vorhandensein bzw. Nichtvorhandensein von Erfahrungen mit den untersuchten Hands-on-Tätigkeiten das Interesse an diesen Tätigkeiten unterschiedlich – im Einzelfall auch negativ – beeinflussen kann. Im Folgenden wird dies an ausgewählten Beispielen konkretisiert: Schülerinnen und Schüler mit Erfahrungen im Nachweisen von Photosyntheseaktivität in Blättern durch Stärkeindikator, im Untersuchen von Osmose und Diffusion an Zellen, im Mikroskopieren von Blattquerschnitten, im Bestimmen von Schmetterlingen und im Entwickeln von einem Bestimmungsschlüssel für Pflanzen bekunden höheres Interesse an diesen Tätigkeiten als Schülerinnen und Schüler ohne diesbezügliche Erfahrungen. Im Gegensatz dazu zeigen Schülerinnen und Schüler mit Erfahrungen im Mikroskopieren von Mundschleimhautzellen geringeres Interesse an dieser Tätigkeit als

Schülerinnen und Schüler ohne eine solche Erfahrung. Letzteres kann auf intrapersonale Hürden – wie Ablehnung oder Ekel vor dem Gegenstand – bei der Entwicklung von Interessen hindeuten.

Eine interessenförderliche Gestaltung der Lernumgebung berücksichtigt die Erfüllung der drei Grundbedürfnisse bzw. *basic needs:* Autonomieerleben, Kompetenzerleben und soziale Eingebundenheit (Ryan und Deci 2000). Die Bedeutung der *basic needs* konnte insbesondere für außerschulische Lernorte belegt werden: Sowohl bei einem Bildungsprogramm für Vorschulkinder im Botanischen Garten (Scheersoi und Tunnicliffe 2014; $N = 192$) als auch bei Führungen mit Schülerinnen und Schülern der Primarstufe im Wildpark (Wenzel und Scheersoi 2018, 26 Schulklassen, $N = 339$ Schülerinnen und Schüler) spielten alle drei Grundbedürfnisse eine wichtige Rolle für die Entwicklung von situationalem Interesse: Beobachtungs- und Interviewdaten zeigten, dass das Kompetenzerleben aus Erfolgserlebnissen nach gemeisterten Aufgaben auf geeignetem Anspruchsniveau resultiert. Das Bedürfnis nach sozialer Eingebundenheit war bei dieser Altersgruppe besonders ausgeprägt. So wollten Kinder ihre Beobachtungen, Vermutungen und Erkenntnisse stets mit anderen Kindern bzw. Erwachsenen teilen und nutzten dafür vielfältige Gelegenheiten. Die Bedeutung des Autonomieerlebens zeigte sich in Situationen freien Spiels, das von den Kindergartenkindern sehr geschätzt wurde, bzw. beim individuellen Bearbeiten von Aufgaben während der Wildparkführung. Die Bedeutsamkeit des Autonomieerlebens unterstreichen zudem Skinner und Chi (2012) in Bezug auf den Kontext „Schulgarten".

Auch bezogen auf Schulbauernhofaufenthalte wurde die Bedeutung der *basic needs* für die Interessenförderung herausgestellt (Bickel et al., abgedruckt in Bickel 2014, S. 71–95, $N = 209$ Schülerinnen und Schüler der Klassen 5 und 6): Es zeigte sich, dass alle drei Grundbedürfnisse für situationales Interesse am Arbeiten auf dem Schulbauernhof (T_1) relevant sind. Ergänzend erweist sich die Interaktion zwischen sozialer Eingebundenheit beim Aufenthalt und vorherigem individuellen Interesse zu T_0 als bedeutsam. Am bedeutsamsten war jedoch unter den *basic needs* das Kompetenzerleben. Der Einfluss für situationales Interesse zu T_1 lag höher als der des individuellen Interesses an Landwirtschaft (T_0-Baseline). Situationales Interesse an T_1 zeigte sich als bedeutsam für das individuelle Interesse zu T_1 und zu späteren Messzeitpunkten.

Auch für den Schulunterricht werden die *basic needs* als interessenförderlich hervorgehoben – so wirkt es positiv auf die Interessenentwicklung, wenn Schülerinnen und Schüler sich von der Lehrkraft ernst genommen und verstanden fühlen. Einen negativen Einfluss hingegen hat es, wenn die Lehrkraft den Arbeitsrhythmus der Schülerinnen und Schüler unterbricht und ihnen keine Zeit für Reflexionen lässt (*autonomy-supportive climate* vs. *controlling behaviors;* Tsai et al. 2008, S. 469). Ein ähnliches Ergebnis beschrieben Großmann und Wilde (2018) für Schülerinnen und Schüler der Unterstufe, deren Interesse am Thema „Ernährung und Verdauung" stieg, wenn die Lehrkraft den Schülerinnen und Schülern Wahlmöglichkeiten gab und dadurch ihr Autonomiebedürfnis unterstützte.

Die Bedeutung des „Neuen" für die Entwicklung von situationalem Interesse wurde in mehreren Studien an außerschulischen Lernorten sowie im schulischen Kontext nachgewiesen (vgl. auch Renninger und Hidi 2011). Dabei spielen Diskrepanz- und Überraschungserlebnisse sowie das Einnehmen einer neuen, ungewohnten Perspektive, die neue Einsichten ermöglicht, eine wichtige Rolle. Es konnte gezeigt werden, dass „Insiderwissen", welches Expertinnen und Experten im Rahmen von Führungen vermitteln, von den Lernenden als besonders spannend empfunden wird (Dohn 2013). Ebenso weckten unerwartete Elemente in Museumsausstellungen die Aufmerksamkeit der Besucherinnen und Besucher, wie Beobachtungs- und Interviewstudien an naturkundlichen Dioramen zeigten. Eine Bierflasche im Elchdiorama des Senckenberg Museums Frankfurt oder das abgetrennte Horn des Nashorns im Savannendiorama im Museum Koenig in Bonn wurden von den Besucherinnen und Besuchern als unerwartet wahrgenommen und regten intensive Diskussionen an (Scheersoi 2015; Beobachtungen bei $N > 300$ Besucherinnen und Besuchern, Interviews mit $N = 276$ Besucherinnen und Besuchern; Scheersoi & Weiser 2019; Beobachtungen bei $N > 130$ Besucherinnen und Besuchern, Interviews mit $N = 27$ Besucherinnen und Besuchern). An manchen naturkundlichen Dioramen konnten auch ungewohnte Einblicke in Lebensräume gewonnen werden: Besucherinnen und Besucher unterhielten sich intensiv über Lebewesen und Lebensbedingungen im Boden oder unter Wasser. Beides wurde anschaulich durch angeschnittene Lebensraumdarstellungen präsentiert (Scheersoi 2015).

3.3.2 Zu berücksichtigende Lernvoraussetzungen

Tsai et al. (2008) weisen darauf hin, dass die Entwicklung von Interesse in Lernsituationen individuell sehr unterschiedlich ist. Neben dem Geschlecht spielt auch ein vorhandenes individuelles Interesse am Thema oder im umgekehrten Fall eine Abneigung gegenüber dem Thema eine wichtige Rolle. Die Gestaltung der Lernumgebung spielt für Lernende mit individuellem Interesse als situationsübergreifendem Persönlichkeitsmerkmal kaum eine Rolle. Aufgrund ihrer Beziehung zum Gegenstand setzen sie sich ohnehin mit dem Thema auseinander. Wichtig ist die Gestaltung der Lernumgebung, wenn Schülerinnen und Schüler über eine Abneigung gegenüber einem Gegenstand bzw. Thema oder biologischem Phänomen verfügen.

Abneigungen können mit negativen Emotionen wie Ekel zusammenhängen und bedeutsam für biologierelevante Interessenentwicklungen sein. Studien aus dem Bereich BNE und Humanbiologie widmen sich der Bedeutung von Ekel für biologierelevante Interessen. So zeigten Bickel und Bögeholz (2013b) bei Fünft- und Sechstklässlern, dass die Ekelsensitivität bezogen auf Situationen aus der Landwirtschaft das Interesse an Landwirtschaft negativ beeinflusst. Auch zeigte sich bei einer Herzpräparation ($N = 92$ Schülerinnen und Schüler der 7. Klasse), dass das Interesse am Herzen bei Schülerinnen und Schülern ohne Ekelempfindung signifikant von einer Messung vor der Präparation zu einer Messung während der Präparation anstieg und bei Schülerinnen und Schülern mit Ekelempfindungen nachweislich sank (Holstermann et al. 2009). Zudem wurde das Verhältnis von Ekel und Interesse in einer größeren Studie (N = 302 Schülerinnen und Schüler der Klassen 7 bis 10 von Gymnasien und Gesamtschulen) über fünf Messzeitpunkte analysiert (Holstermann et al. 2012): Baseline 1 Woche vor Präparation (T_0), unmittelbar vor Präparation (T_1), 5 Minuten nach Beginn Präparation (T_2), unmittelbar nach Präparation (T_3), 4 Wochen nach Präparation (T_4). Zu den verschiedenen Messzeitpunkten zeigten sich negative Korrelationen zwischen Ekelsensitivität (T_0) bzw. Ekelempfinden gegenüber der Herzpräparation (T_1–T_4) und Interesse am Herzen (Prädisposition: T_0, *state:* T_1–T_4). Bei geringem Ekelempfinden treten hohe Interessen auf, beschreibt das am weitesten verbreitete Muster. Mädchen empfinden bezogen auf die gesamte Intervention stärkeren Ekel als Jungen (T_1–T_4). Ekelempfinden stieg bei beiden Geschlechtern unmittelbar nach dem Kontakt mit dem Herzen und sank wieder mit Abschluss der Präparation. Mit Blick auf das Interesse am Herzen stieg dies für Mädchen erst von T_2 zu T_3, d. h., es entwickelte sich während der Präparation. Dabei liegt das Interesse direkt nach der Präparation und auch vier Wochen später höher als das der Jungen. Für beide Geschlechter sinkt jedoch das Interesse hin zum Follow-up. Die Studie deutet zudem darauf hin, dass hohes individuelles Interesse als Puffer fungieren kann, um negative Emotionen zu regulieren bzw. zu bewältigen (Holstermann et al. 2012).

Biologie- und BNE-bezogene Interessen stehen im Zusammenhang mit dem jeweiligen Vorwissen (für Themenfeld Landwirtschaft: Bickel und Bögeholz 2013b). So zeigten Bickel et al. (2015; N = 1085 Schülerinnen und Schüler der Klassen 5 und 6), dass Vorwissen bei der Erklärung von Interesse an Landwirtschaft den stärksten Prädiktor mit einer mittleren Effektgröße darstellt. Zusammen mit Gartenerfahrungen und Ekelsensitivität (negativer Zusammenhang) werden 22,2 % der Varianz erklärt. Auch wird die Interessenentwicklung stark vom Vorwissen bzw. dessen Berücksichtigung durch die Lehrkraft beeinflusst (Tsai et al. 2008). Fehlendes Vorwissen und unzureichende Kenntnisse können die Entwicklung von Interesse beeinträchtigen, zumal sie ein Kompetenzerleben verhindern. Wird das Vorwissen im Unterricht hingegen berücksichtigt und den Schülerinnen und Schülern verdeutlicht, warum sie eine bestimmte Aufgabe bearbeiten (*cognitive autonomy support;* Tsai et al. 2008, S. 469), kann sich das interessenförderlich auswirken. In dem Zusammenhang konnten Rotgans und Schmidt (2014) belegen, dass auch fehlendes Wissen zu situationalem Interesse führen kann. Anhand verschiedener Experimente wurde gezeigt, dass Schülerinnen und Schüler, die sich über fehlendes Wissen zur Lösung eines Problems bewusst waren, höheres situationales Interesse am Problem entwickelten als Schülerinnen und Schüler ohne ein vergleichbares Bewusstsein.

Auch bestimmte Persönlichkeitsmerkmale der Schülerinnen und Schüler können sich auf das Interesse auswirken. Schülerinnen und Schüler, die sich als erfolgreich im Bereich der Naturwissenschaften einschätzen, zeigen größeres Interesse als ihre Mitschülerinnen und Mitschüler (Potvin und Hasni 2014). Für die Entwicklung und Aufrechterhaltung von Interesse ist demnach ein Mindestmaß von Selbstwirksamkeit erforderlich (Krapp und Ryan 2002). Besonders Mädchen zweifeln jedoch häufig an ihren naturwissenschaftlichen Fähigkeiten (Christidou 2011; Krapp und Prenzel 2011). Hier ist es förderlich, das Selbstvertrauen der Schülerinnen zu stärken und auf diese Weise die Interessenentwicklung positiv zu beeinflussen. Besonders für Lernende mit geringer Selbstwirksamkeitserwartung in naturwissenschaftlichen Fächern ist es wichtig, dass sie Unterrichtsthemen als persönlich relevant wahrnehmen. Ergebnisse einer Studie von Hulleman und Harackiewicz (2009) mit Schülerinnen und Schülern der 9. Klasse (14–15 Jahre) unterstreichen ebenfalls die Bedeutung von Unterrichtsgegenständen mit Bezug zum Leben der Lernenden für Interessenentwicklung. Bei Lernenden mit geringer Selbstwirksamkeitserwartung werden der Interessenzuwachs und der Lernerfolg besonders deutlich.

Aktuelle Studien im Rahmen des EU-Projekts MultiCo (www.multico-project. eu) zeigen, dass auch Rollenvorbilder *(role models)* eine wichtige Rolle spielen. Rollenvorbilder helfen, stereotype Vorstellungen, die vielfach mit dem Selbstvertrauen – besonders von Mädchen – in Verbindung stehen, zu hinterfragen (Weiser et al. 2018). Durch den Kontakt mit Rollenvorbildern, wie Menschen in naturwissenschaftlichen Berufsfeldern, gelingt es Berührungsängste abzubauen. Ein eigenes Ausprobieren regt außerdem zu einer intensiven Auseinandersetzung mit komplexen Themen an. So befassten sich Schülerinnen und Schüler (N = 54, 8. Klasse) gemeinsam mit Forstingenieurinnen und -ingenieuren sowie Forstwirtinnen und -wirten mit der Aufnahme eines Waldstücks, u. a. durch Erstellung eines Bodenprofils und Untersuchungen zum Humusaufbau und Baumbestand. Zeichnungen der Schülerinnen und Schüler *(pre – post)* zeigen, dass sich die anfangs stereotypen Vorstellungen von der Försterin oder dem Förster (alter Mann mit Gewehr und Hund) durch die Intervention veränderten. Interviews mit den Schülerinnen und Schülern belegen, dass die Zusammenarbeit mit den Expertinnen und Experten sehr positiv wahrgenommen wurde. Auch hätten sie bei der Aufnahme des Waldstücks Fachinhalte anschaulich, mit Freude und intensiv bearbeitet. Dadurch hätten sie die Inhalte besser verstanden als mit dem Schulbuch und Arbeitsblättern im vorangegangenen Fachunterricht. Fragebogendaten weisen darauf hin, dass durch die eigenhändigen waldbezogenen Gruppenaktivitäten situationales Interesse geweckt wurde. Emotionale und epistemische Interessenkomponenten waren dabei besonders stark ausgeprägt.

Bezogen auf Lernumgebungen und -voraussetzungen wurden relevante Aspekte für die Interessenförderung in diesem Aufsatz eher isoliert betrachtet. Für die Praxis gilt: Verschiedene Einzelaspekte zu Lernumgebungen sollten unter Berücksichtigung der individuellen Lernvoraussetzungen gestaltet und gewinnbringend kombiniert werden.

3.3.3 Interessenförderung durch die Verknüpfung außerschulischer und schulischer Bildungsarbeit

Eine systematische Verknüpfung von außerschulischer und schulischer Bildungsarbeit – und damit verbunden eine mittelfristige Anlage von interessenförderlichen Maßnahmen – ist ein seit Langem bestehendes Desiderat. Letzteres wird zudem durch die Studie Holstermann et al. (2012) motiviert, in der es zwar zunächst gelang, Interesse zu fördern, sich aber in der Follow-up-Messung ein Interessenabfall zeigte.

Um herauszufinden, inwiefern außerschulisches mit schulischem Lernen im Dienste der Interessenförderung verknüpft werden kann, wurde eine Studie zur Interessenförderung an Landwirtschaft mit zwei Interventionen durchgeführt (Bickel et al., abgedruckt in Bickel 2014, S. 71–95, N = 209 Schülerinnen und Schüler der Klassen 5 und 6). Die eine Intervention bestand in einem einwöchigen Schulbauernhofaufenthalt mit Lerngelegenheiten, die basic needs erfüllten. Die andere Intervention bestand in verschiedenen unterrichtlichen Nachbereitungen landwirtschaftlicher Themen, die das Wecken und/oder Aufrechterhalten von Interesse an Landwirtschaft variierten (catch bzw. hold nach Mitchell 1993).

Als *catch*-Elemente zur Förderung situationalen Interesses dienten u. a. visuelle, kognitive und soziale Stimuli. Über *hold*-Elemente wurden die Schülerinnen und Schüler aktiv in die Lernprozesse einbezogen *(involvement)*, beispielsweise durch Hands-on, bzw. wurde die Lernumgebung persönlich bedeutsam gestaltet *(meaningfulness)*. Individuelles Interesse wurde zwei Wochen vor dem Schulbauernhofaufenthalt (T_0-Baseline), am Ende eines einwöchigen Aufenthalts (T_1), am Ende einer vierstündigen unterrichtlichen Nachbereitung (T_2, 3 Wochen nach T_1) und fünf Wochen nach T_2 (T_3 Follow-up) gemessen. Situationales Interesse wurde bezogen auf die Arbeiten auf dem Schulbauernhof (T_1) und bezüglich der interessenförderlichen Unterrichtseinheiten in der Schule (T_2) analysiert. Nachgewiesen werden konnte der Einfluss von situationalem Interesse zu T_1 auf individuelles Interesse an Landwirtschaft zu T_1 und auf folgende Messzeitpunkte. Der größte Einfluss war dabei auf individuelles Interesses zu T_1 (mittlerer Effekt). Der Einfluss von situationalem Interesse T_1 (Schulbauernhof) auf individuelles Interesse zu T_2 wurde durch situationales Interesse zu T_2 (an Unterrichtseinheit) größtenteils überdeckt. Das situationale Interesse zu T_2 resultierte aus dem kombinierten Einsatz von *catch* und *hold* zur Interessenförderung im Unterricht. Das situationale Interesse zu beiden Messzeitpunkten war bedeutsam für individuelles Interesse im Follow-up (T_3). Dabei war der Einfluss des situationalen Interesses am Arbeiten auf dem Schulbauernhof (T_1) deutlich höher als das situationale Interesse an der Unterrichtseinheit (T_2). Zudem zeigte sich erwartungsgemäß, dass das in jedem Messzeitpunkt dokumentierte individuelle Interesse hoch bedeutsam für alle folgenden Messzeitpunkte war. Deutlich wurde, wie durch die Erfüllung von *basic needs* und einen kombinierten Einsatz von *catch*- und *hold*-Elementen situationales Interesse – und in der Folge individuelles Interesse – gefördert werden kann. Zudem zeigt die Forschung exemplarisch, wie außerschulisches mit schulischem Lernen interessenförderlich verknüpft werden kann. Auch in der Praxis sollte Interessenförderung nach einem kohärenten und forschungsbasierten Ansatz mittel- bzw. längerfristig angelegt sein.

3.4   Zusammenfassung

Der Artikel fokussiert insbesondere darauf, 1) Wissen für die Gestaltung von Biologieunterricht und außerschulischen Bildungsmaßnahmen bereitzustellen, damit forschungsbasiert die Auswahl von Themen, Kontexten sowie Tätigkeiten erfolgen kann, und 2) evidenzbasiert Ansatzpunkte für Interessenförderung aufzuzeigen. Dabei werden Lernumgebungen, aufzugreifende Lernvoraussetzungen sowie das interessenförderliche Potential einer Verknüpfung außerschulischen und schulischen Lernens beleuchtet.

Um die *Ausgangslage* darzustellen und *Empfehlungen* für die Praxis zu geben, wurden Fragen beantwortet wie „Welche Gegenstände sind für einen interessenförderlichen Biologieunterricht auszuwählen?" und „Wie kann eine Lernumgebung gestaltet werden, um biologiebezogene Interessen zu fördern?", denn nicht alle Themen, Kontexte und Tätigkeiten werden von den Schülerinnen und Schülern als gleichermaßen interessant wahrgenommen. Auch liegen spezifische Interaktionen zwischen Themen, Kontexten und Tätigkeiten vor. Gleiches gilt für Lernumgebungen. So ist beispielsweise *Hands-on* nicht per se gleichzusetzen mit Verständnis (*Minds-on* bzw. Reflexion erforderlich), Involviertheit oder persönlicher Bedeutsamkeit. Auch sind Erfahrungen nicht per se interessenförderlich. Sobald man jedoch abschätzen kann, dass negative Emotionen wie Ekel auftreten können, kann man darauf reagieren. Kennt man zudem Geschlechterperspektiven, können Erfahrungen geschlechtersensibel interessenförderlich gestaltet werden. Und: Auch wenn Lernumgebungen zur Erfüllung der *basic needs* konzipiert sind, gelingt deren tatsächliche Erfüllung leichter bei gleichzeitiger Berücksichtigung von Lernvoraussetzungen.

Darüber hinaus wurden *Wirksamkeitsnachweise* beschrieben. Hier zeigte sich, dass trotz mittlerweile breiter Forschungsbasis evidenzbasiertes und erfolgreiches interessenförderliches Unterrichten in der Umsetzung eine Herausforderung darstellt. Denn Sachverhalte sind – wie auch der Interessenverfall – differenziert zu betrachten, um letztlich interessenförderlich agieren zu können. Zudem ist Unterricht ein hochkomplexes Geschehen. Gleichzeitig birgt das Unterrichten aber große Chancen, denn die Interessenentwicklung kann – unabhängig vom Thema – durch ein bewusstes Gestalten von Lernumgebungen beeinflusst werden (vgl. Christidou 2011). Das vorliegende Kapitel liefert zahlreiche Evidenzen für eine gezielte Förderung von Interessen. Deren Relevanz wird von Renninger und Hidi (2016, S. 25) unterstrichen: „[…] interest must be included in discussions of motivation, engagement, and learning. Interest has the potential to drive effective educational interventions."

Literatur

Baram-Tsabari, A., Sethi, R. J., Bry, L., & Yarden, A. (2006). Using questions sent to an ask-a-scientist site to identify children's interests in science. *Science Education, 90*(6), 1050–1072.

Baram-Tsabari, A., Sethi, R. J., Bry, L., & Yarden, A. (2010). Identifying students' interests in biology using a decade of self-generated questions. *Eurasia Journal of Mathematics, Science & Technology Education, 6*(1), 63–75.

Baram-Tsabari, A., & Yarden, A. (2005). Characterizing students' spontaneous interest in science and technology. *International Journal of Science Education, 27*(7), 803–826.

Baram-Tsabari, A., & Yarden, A. (2007). Interest in biology: A developmental shift characterized using self-generated questions. *The American Biology Teacher, 69*(9), 532–540.

Barmby, P., Kind, P., & Jones, K. (2008). Examining changing attitudes in secondary school science. *International Journal of Science Education, 30*(8), 1075–1093.

Basl, J. (2011). Effect of school on interest in natural sciences: A comparison of the Czech Republic, Germany, Finland, and Norway based on PISA 2006. *International Journal of Science Education, 33*(1), 145–157.

Bennett, J., Lubben, F., & Hogarth, S. (2007). Bringing science to life: A synthesis of the research evidence on the effects of context-based and STS approaches to science teaching. *Science Education, 91*(3), 347–370.

Bickel, M. (2014). *Students'Interests in Agriculture: The Impact of School Farms Regarding Fifth and Sixth Graders*. Dissertation, Georg-August-Universität Göttingen, Didaktik der Biologie. https://ediss.uni-goettingen.de/bitstream/handle/11858/00-1735-0000-0022-5DCF-7/Dissertation%20MBickel.pdf?sequence=1. Zugegriffen: 17. Juni 2018.

Bickel, M., & Bögeholz, S. (2013a). Schülerinteressen an landwirtschaftlichen Themen. In J. Friedrich, A. Halsband, & L. Minkmar (Hrsg.), *Biodiversität und Gesellschaft. Gesellschaftliche Dimensionen von Schutz und Nutzung biologischer Vielfalt* (S. 59–72). Göttingen: Universitätsverlag Göttingen.

Bickel, M., & Bögeholz, S. (2013b). Landwirtschaft als Bildungsgegenstand: Lernziele, Lerngelegenheiten auf Schulbauernhöfen, Schülerinteressen und Lernpotentiale. In D. Haubenhofer & I. Strunz (Hrsg.), *Raus auf's Land – Landwirtschaftliche Betriebe als zeitgemäße Erfahrungs- und Lernorte für Kinder und Jugendliche* (S. 117–138). Baltmannsweiler: Schneider Verlag Hohengehren.

Bickel, M., Strack, M., & Bögeholz, S. (2015). Measuring the interest of German students in agriculture: The role of knowledge, nature experience, disgust, and gender. *Research in Science Education, 45*(3), 325–344. https://doi.org/10.1007/s11165-014-9425-y.

Christidou, V. (2011). Interest, attitudes and images related to science: Combining students' voices with the voices of school science, teachers, and popular science. *International Journal of Environmental & Science Education, 6*(2), 141–159.

Dohn, N. B. (2013). Upper secondary students' situational interest: A case study of the role of a zoo visit in a biology class. *International Journal of Science Education, 35*(16), 2732–2751.

Elster, D. (2007). Student interests – the German and Austrian ROSE survey. *Journal of Biological Education, 42*(1), 5–10.

Großmann, N., & Wilde, M. (2018). Promoting interest by supporting learner autonomy: The effects of teaching behaviour in biology lessons. *Research in Science Education.* 1–26. https://doi.org/10.1007/s11165-018-9752-5.

Hasni, A., & Potvin, P. (2015). Student's interest in science and technology and its relationships with teaching methods, family context and self-efficacy. *International Journal of Environmental & Science Education, 10*(3), 337–366.

Hidi, S., & Renninger, K. (2006). The four-phase model of interest development. *Educational Psychologist, 42*(2), 111–127.

Holstermann, N., Ainley, M., Grube, D., Roick, T., & Bögeholz, S. (2012). The specific relationship between disgust and interest: Relevance during biology class dissections and gender differences. *Learning and Instruction, 22*(3), 185–192.

Holstermann, N., & Bögeholz, S. (2007). Interesse von Jungen und Mädchen an naturwissenschaftlichen Themen am Ende der Sekundarstufe I. *Zeitschrift für Didaktik der Naturwissenschaften, 13,* 71–86.

Holstermann, N., Grube, D., & Bögeholz, S. (2009). The influence of emotion on students' performance in dissection exercises. *Journal of Biological Education, 43*(4), 164–168.

Holstermann, N., Grube, D., & Bögeholz, S. (2010). Hands-on activities and their influence on students´ interest. *Research in Science Education, 40*(5), 743–757.

Hulleman, C. S., & Harackiewicz, J. M. (2009). Promoting interest and performance in high school science classes. *Science, 326*(5958), 1410–1412.

Jördens, J., Asshoff, R., Kullmann, H., Tyrrell, S., & Hammann, M. (2011). Situational interest in evolutionary topics, contexts and activities. In A. Yarden & G. S. Carvalho (Hrsg.), *Authenticity in biological education: Benefits and challenges. A selection of papers presented at the VIIIth conference of European Researchers in Didactics of Biology (ERIDOB)* (S. 225–236). Braga, Portugal: CIEC, Universidade do Minho.

Jördens, J., & Hammann, M. (2019). Driven by topics: Students' interest in evolutionary biology. *Research in Science Education,* 1–18. Online First.

Krapp, A. (1992). Das Interessenkonstrukt. Bestimmungsmerkmale der Interessenhandlung und des individuellen Interesses aus der Sicht einer Person-Gegenstands-Konzeption. In A. Krapp & M. Prenzel (Hrsg.), *Interesse, Lernen, Leistung* (S. 297–329). Münster: Aschendorff.

Krapp, A. (1998). Entwicklung und Förderung von Interessen im Unterricht. *Psychologie in Erziehung und Unterricht, 44,* 185–201.

Krapp, A., & Prenzel, M. (2011). Research on Interest in Science: Theories, methods, and findings. *International Journal of Science Education, 33*(1), 27–50.

Krapp, A., & Ryan, R. M. (2002). Selbstwirksamkeit und Lernmotivation. Eine kritische Betrachtung der Theorie von Bandura aus der Sicht der Selbstbestimmungstheorie und der pädagogisch-psychologischen Interessentheorie. *Zeitschrift für Pädagogik, 44,* 54–82.

Leske, S. (2009). Biologische Vielfalt weltweit und regional erhalten – Einflussfaktoren für Handlungsbereitschaften von Schüler(inne)n der Sekundarstufe I und II. Georg-August-Universität Göttingen, Didaktik der Biologie. Dissertation https://ediss.uni-goettingen.de/handle/11858/00-1735-0000-0006-AD68-2?locale-attribute=de. Zugegriffen: 17. Juni 2018.

Leske, S., & Bögeholz, S. (2008). Biologische Vielfalt lokal und global erhalten. Zur Bedeutung von Naturerfahrung, Interesse an der Natur, Bewusstsein über deren Gefährdung und Verantwortung. *Zeitschrift für Didaktik der Naturwissenschaften, 14,* 167–184.

Löwe, B. (1992). *Biologieunterricht und Schülerinteressen an Biologie.* Weinheim: Deutscher Studien Verlag.

Mitchell, M. (1993). Situational interest: Its multifaceted structure in the secondary school mathematics classroom. *Journal of Educational Psychology, 85*(3), 424–436.

Osborne, J. F., Ratcliffe, M., Collins, S., Millar, R., & Duschl, R. (2003). What 'ideas-about-science' should be taught in school science? A Delphi Study of the 'Expert' Community. *Journal of Research in Science Teaching, 40*(7), 692–720.

Potvin, P., & Hasni, A. (2014). Interest, motivation and attitudes towards science and technology at K-12-levels: a systematic review of 12 years of educational research. *Studies in Science Education, 50*(1), 85–129.

Prenzel, M. (1988). *Die Wirkungsweise von Interesse. Ein Erklärungsversuch aus pädagogischer Sicht.* Opladen: Westdeutscher Verlag.

Prenzel, M., Schöps, K., Rönnebeck, S., Senkbeil, M., Walter, O., Carstensen, C. H., et al. (2007). Naturwissenschaftliche Kompetenz im internationalen Vergleich. In M. Prenzel, C. Artelt, J. Baumert, W. Blum, M. Hammann, E. Klieme, & R. Pekrun (Hrsg.), *PISA 2006 – Die Ergebnisse der dritten internationalen Vergleichsstudie* (S. 63–105). Münster: Waxmann.

Renninger, K. A., & Hidi, S. (2011). Revisiting the conceptualization, measurement, and generation of interest. *Educational Psychologist, 46*(3), 168–184.

Renninger, K. A., & Hidi, S. (2016). *The power of interest for motivation and learning.* New York: Routledge.

Rotgans, J. I., & Schmidt, H. G. (2014). Situational interest and learning: Thirst for knowledge. *Learning and Instruction, 32,* 37–50.

Ryan, R. M., & Deci, E. L. (2000). Self-determination theory and the facilitation of intrinsic motivation, social development, and well-being. *American Psychologist, 55*(1), 68–78.

Scheersoi, A. (2015). Catching the visitor's interest. In S. D. Tunnicliffe & A. Scheersoi (Hrsg.), *Natural history dioramas. History, construction and educational role* (S. 145–160). Heidelberg: Springer.

Scheersoi, A., & Tunnicliffe, S. D. (2014). Beginning biology – interest and inquiry in the early years. In D. Krüger & M. Ekborg (Hrsg.), *Research in biological education. A selection of papers presented at the IXth conference of European Researchers in Didactics of Biology (ERIDOB)* (S. 89–100). Berlin.

Schiefele, U., Krapp, A., & Schreyer, I. (1993). Metaanalyse des Zusammenhangs von Interesse und schulischer Leistung. *Zeitschrift für Entwicklungspsychologie und Pädagogische Psychologie, 25*(2), 120–148.

Schiefele, U., Krapp, A., & Winteler, A. (1992). Interest as a predictor of academic achievement: A meta-analysis of research. In K. A. Renninger, S. Hidi, & A. Krapp (Hrsg.), *The role of interest in learning and development* (S. 183–212). Hillsdale: Erlbaum.

Scheersoi, A., & Weiser, L. (2019). Receiving the message – environmental education at Dioramas. In A. Scheersoi & S.D. Tunnicliffe (Hrsg.), *Natural history dioramas – Traditional exhibits for current educational themes. Socio-cultural aspects* (S. 163–174). Dordrecht: Springer.

Skinner, E. A., Chi, U., & The Learning-Gardens Educational Assessment Group (2012). Intrinsic motivation and engagement as "Active Ingredients" in garden-based education: Examining models and measures derived from self-determination theory. *The Journal of Environmental Education, 43*(1), 16–36.

Swarat, S. (2008). What makes a topic interesting? A conceptual and methodological exploration of the underlying dimensions of topic interest. *Electronic Journal of Science Education, 12*(2). http://ejse.southwestern.edu/article/view/7773. [01.06.2018].

Swarat, S., Ortony, A., & Revelle, W. (2012). Activity matters: Understanding student interest in school science. *Journal of Research in Science Teaching, 49*(4), 515–537.

Tsai, Y.-M., Kunter, M., Lüdtke, O., Trautwein, U., & Ryan, M. R. (2008). What makes a lesson interesting? The role of situational and individual factors in three school subjects. *Journal of Educational Psychology, 100*(2), 460–472.

Wandersee, J. H., & Schussler, E. E. (1999). Preventing plant blindness. *The American Biology Teacher, 61*(2), 82–86.

Weiser, L., Hense, J., & Scheersoi, A. (2018). MultiCo report D4.2: Country report (Germany) on second and third intervention in schools. www.multico-project.eu.

Wenzel, V., Klein, H. P., & Scheersoi, A. (2015). Konzeption und Evaluation eines handlungsorientierten Lernangebotes für die Primarstufe im außerschulischen Lernort Wildpark. *Erkenntnisweg Biologiedidaktik, 14,* 25–42.

Wenzel, V., & Scheersoi, A. (2018). Exploring a wildlife park with the ‚Discovery Cart' – materials to promote interest among primary school classes. *Journal of Emergent Science, 14,* 16–27.

Teil II
Vermittlung von Fachwissen und Wissenschaftsverständnis im Biologieunterricht

Lernstrategien für das Verstehen biologischer Phänomene: Die Rolle der verkörperten Schemata und Metaphern in der Vermittlung

4

Harald Gropengießer und Jorge Groß

Inhaltsverzeichnis

„Woher kommt die Masse?" wurden einzelne Harvard-Absolventen auf ihrer Graduierungsfeier gefragt, während man ihnen eine Eichel in die eine und einen armdicken Ast einer Eiche in die andere Hand legte. Wasser und/oder Stoffe aus dem Boden waren die Antworten (Schneps 1997). Keiner der befragten Absolventen konnte sagen, dass die Biomasse überwiegend aus dem Kohlenstoffdioxid (CO_2) im Prozess der Fotosynthese aufgebaut wird. Trotz hoch angesehener fachlicher Ausbildung fanden es die Harvard-Absolventen geradezu absurd, dass die feste Biomasse überwiegend aus einem Gas stammen soll. Typische Antworten waren dann: „Ich finde das sehr beunruhigend und wundere mich, wie das passieren kann" oder eben „A very strange idea!". Diese Lessons From Thin Air zeigen, wie dünn die Luft wird, wenn es um das grundlegende Verstehen zentraler

H. Gropengießer (✉)
Didaktik der Biologie, Leibniz Universität Hannover, Hannover, Niedersachsen, Deutschland
E-Mail: gropengiesser@idn.uni-hannover.de

J. Groß
Didaktik der Naturwissenschaften, Otto-Friedrich-Universität Bamberg,
Bamberg, Bayern, Deutschland
E-Mail: jorge.gross@uni-bamberg.de

© Springer-Verlag GmbH Deutschland, ein Teil von Springer Nature 2019
J. Groß et al. (Hrsg.), *Biologiedidaktische Forschung: Erträge für die Praxis,*
https://doi.org/10.1007/978-3-662-58443-9_4

biologischer Prozesse wie der Fotosynthese geht. Selbst wenn eine Schülerin die Fotosynthesegleichung aufschreiben kann, heißt das noch lange nicht, dass damit ein tieferes Verstehen einhergeht (vgl. Dannemann 2015; Messig und Groß 2018).

4.1 Fachliche Prozesse wie die Fotosynthese werden häufig alltagsweltlich verstanden

Naturwissenschaftliche Bildungsprozesse bleiben oft erstaunlich wirkungslos, wenn es um das adäquate Verständnis zentraler biologischer Konzepte geht. Ohne ein Verständnis der Fotosynthese ist es nicht möglich, das Entstehen von Biomasse, den Energiefluss in Nahrungsnetzen oder die Probleme der Welternährung zu verstehen. Nicht nur die Lessons From Thin Air, sondern auch die biologiedidaktische Forschung zeigen, dass Assimilationsprozesse wie die Fotosynthese häufig alltagsweltlich und damit fachlich nicht korrekt verstanden werden. So konnten beispielsweise nur 8 % der von Eisen und Stavy (1988) befragten Biologiestudierenden (n = 188) angeben, dass die Energie brennenden Holzes aus dem Licht der Sonne stammt. In einer anderen Untersuchung verfügten lediglich 19 % der interviewten 13-Jährigen über die Vorstellung, dass durch Fotosynthese Kohlenhydrate synthetisiert werden (Barker und Carr 1989). Anderson et al. (1990) fanden heraus, dass 98 % der Studierenden der Meinung waren, Pflanzen nähmen ihre Nahrung aus der Umgebung auf.

Das hier exemplarisch gewählte Thema Fotosynthese ist ein gut erkundetes Feld der Vorstellungsforschung (Kap. 2). Auch ist die Bedeutung von vorunterrichtlichen Vorstellungen für fruchtbares Lehren und Lernen anerkannt. Aber umso erstaunlicher ist die Tatsache, dass sich die Lernangebote zur Fotosynthese kaum oder gar nicht geändert haben (Messig et al. 2018). Die Schülervorstellungsstudien zeigen eben nicht, worin die Lernhürden bei der Vermittlung der Fotosynthese bestehen und wie diese überwunden werden können. Sie zeigen aber wohl, dass es für fruchtbare Vermittlungsprozesse nicht ausreicht, lediglich die fachliche Vorstellung richtig zu bezeichnen und (auswendig) lernen zu lassen. Dagegen erscheinen die Vorstellungen mit einer Verstehenstheorie in einem neuen Licht. Die themenbezogenen und interpretativ erschlossenen Vorstellungen werden erklärbar und Lernhürden voraussagbar. Lernangebote und ihre Wirkungen können verstehenstheoretisch analysiert und lernförderlich weiterentwickelt werden.

4.2 Charakterisierung der Ausgangslage

4.2.1 Eine Verstehenstheorie erklärt und interpretiert Vorstellungen zur Fotosynthese

Für das Verständnis der Fotosynthese ist die Rolle der Kohlenstoffverbindungen zentral. Dazu liegen Untersuchungen über Verstehensprozesse bei Kohlenstoffflüssen vor. In Schulbüchern (Eckebrecht 2013) und in Veröffentlichungen von

Wissenschaftlern (Niebert 2011) werden bei den Beschreibungen von Kohlenstoffflüssen häufig die Wörter „abgeben", „aufnehmen" oder „speichern" verwendet. Bezeichnet werden damit komplexe biochemische Prozesse, bei denen Stoffe reagieren, umgewandelt werden und dann als Verbindungen vorliegen. Die bei der Fotosynthese ablaufenden Vorgänge entziehen sich allerdings unserer direkten Erfahrung, denn die über einem Waldstück aufsteigende Sauerstoffwolke, die von den Blättern abgegeben wird, können wir weder sehen, riechen noch schmecken. Wissenschaftlich werden die Vorgänge der Fotosynthese abstrakt in Form von chemischen Gleichungen, Elektronentransportketten und Texten beschrieben. Wie können wir sie dennoch verstehen und fruchtbar vermitteln?

Aus der Perspektive der Theorie des erfahrungsbasierten Verstehens (TeV) sind die Äußerungen wie „abgeben", „aufnehmen" und „speichern" ein Fenster auf das dahinterstehende Denken (Lakoff und Johnson 2014). Diese Wörter sind aus dem Alltag bekannt und werden hier in einem übertragenen Sinn zur Beschreibung des abstrakten Vorgangs verwendet. Sie haben damit zwei Bedeutungen – eine ursprüngliche des tatsächlichen Gebens, Nehmens und Speicherns – und eine übertragene, die sich auf die Pflanzen bezieht. Im Zusammenhang mit Pflanzen drücken diese Wörter damit gedankliche Metaphern aus, mit denen ein Aspekt der Fotosynthese verstanden werden kann.

1. Die TeV erklärt, wie die ursprüngliche Bedeutung entsteht (die Genese unseres kognitiven Systems, „Embodied Cognition").
2. Sie erklärt, wie die Metaphern gedacht werden (kognitive Metapherntheorie).
3. Sie erklärt, wie die hier durch Wörter ausgedrückten Metaphern zu Denkfiguren verbunden werden.
4. Mithilfe der TeV kann vorausgesagt werden, welche Sachzusammenhänge und Lernangebote schwierig zu verstehen sind.
5. Darauf aufbauend lassen sich förderliche Lernangebote entwerfen.

Hierfür muss man sich zunächst verdeutlichen, dass Verstehensprozesse in alltäglichen Erfahrungen mit dem eigenen Körper sowie der sozialen und physischen Umwelt gründen (Lakoff und Johnson 1999; Gropengießer 2007). Wenn wir etwas zu einem abstrakten Inhalt wie Fotosynthese (dem „Zielbereich") verstehen wollen, greifen wir auf Basisbegriffe und Schemata zurück, die uns direkt verständlich sind. So verstehen wir beispielsweise direkt, was „abgeben" bedeutet. Denn wir können uns bildlich vorstellen, wie jemand z. B. von seiner Nahrung etwas abgibt. Die Bedeutung dieses Basisbegriffs zeigt sich in – oder entspricht der mentalen Simulation von – Prozessen der Weitergabe (Lakoff und Johnson 2014, S. 19). Das Wort „speichern" verweist auf einen Behälter zum Befüllen, Aufbewahren und Entnehmen. Einen Behälter verstehen wir direkt, weil wir Erfahrungen mit dem eigenen Körper bei der Nahrungsaufnahme machen und weil wir schon frühkindlich Dinge in einen Behälter legen und auch wieder herausnehmen. Aus diesen unseren wiederholten Interaktionen des Körpers mit der Welt, den Erfahrungen, entsteht das Schema des Behälters mit den Komponenten „innen", „Grenze" und „außen" (Abb. 4.1a). Somit konstituieren wiederkehrende sensomotorische

Ausgewählte Schemata

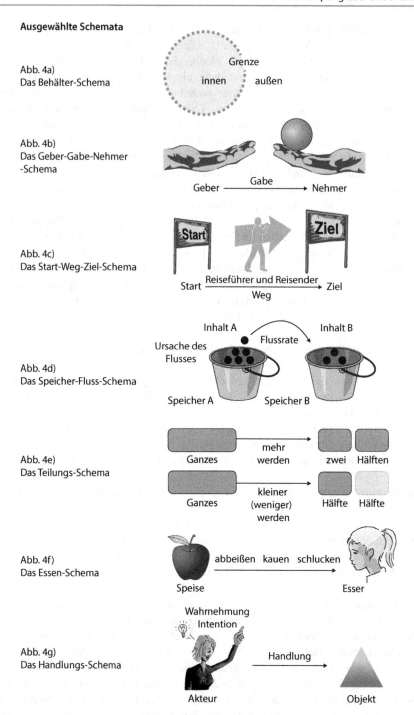

Abb. 4a)
Das Behälter-Schema

Abb. 4b)
Das Geber-Gabe-Nehmer
-Schema

Abb. 4c)
Das Start-Weg-Ziel-Schema

Abb. 4d)
Das Speicher-Fluss-Schema

Abb. 4e)
Das Teilungs-Schema

Abb. 4f)
Das Essen-Schema

Abb. 4g)
Das Handlungs-Schema

Abb. 4.1 Ausgewählte Schemata. **a** Behälter-Schema, **b** Geber-Gabe-Nehmer-Schema, **c** Start-Weg-Ziel-Schema, **d** Speicher-Fluss-Schema, **e** Teilungs-Schema, **f** Essen-Schema, **g** Handlungs-Schema

Erfahrungen eine verkörperte Vorstellung, die wir aus kognitionswissenschaftlicher Perspektive als Schema bezeichnen. Ein Schema besteht aus einer kleinen Anzahl von Komponenten und deren Beziehungen (Johnson 1992, S. 29). Es entsteht als Muster neuronaler Aktivität aus wiederholten Handlungen und Wahrnehmungen. Kognition ist grundsätzlich erfahrungsbasiert. Weil Erfahrungen als Wahrnehmungen und Bewegungen zentral mit der Tätigkeit des Gehirns verbunden sind, ist Kognition körperlich. Die unmittelbar aus dieser Tätigkeit entstandenen Basisbegriffe und Schemata kennzeichnen wir deshalb als verkörpert (Embodied Cognition).

Das verkörperte Behälter-Schema wird in unserem Beispiel genutzt um abstrakte Vorstellungen als „Ursprungsbereich" zu strukturieren. So auch die wissenschaftliche Idee, dass wir es beim Holz (oder umfassender bei der Vegetation) mit einem Kohlenstoffspeicher zu tun haben. Wir nutzen die Struktur des Behälter-Schemas, um die Vegetation von der Umgebung abzugrenzen, ihr ein Innen zuzuweisen, in dem Kohlenstoffdioxid oder Kohlenstoff als Inhalt gespeichert werden kann. Wir haben es hier mit einer gedanklichen Abbildung (Mapping) der Struktur des Ursprungsbereichs (Behälter) auf den Zielbereich (Vegetation als Kohlenstoffspeicher) zu tun. Die imaginative Abbildung der Struktur des Ursprungsbereichs auf den Zielbereich ist der Kern der kognitiven Metapherntheorie (Conceptual Metaphor Theory).

Im Zusammenhang mit dem Behälter-Schema gewinnen nun „abgeben" und „aufnehmen" ihre übertragene Bedeutung. Obwohl der Baum und die Vegetation weder Hände haben noch Personen sind, wird hier imaginativ das Geber-Gabe-Nehmer-Schema genutzt (Abb. 4.1b). Die Gabe kann dabei Kohlenstoffdioxid sein. Mitgedacht wird dabei auch das Start-Weg-Ziel-Schema (Abb. 4.1c), welches die Richtung bestimmt: von innen nach außen oder von außen in den Behälter. Wir verbinden somit verschiedene verkörperte Schemata als Ursprungsbereiche zu einer Denkfigur, um ein Verständnis der Situation im Zielbereich zu erlangen.

Eine deutlich andere Bedeutung bekommt die Beschreibung der Vorgänge bei der Fotosynthese und der (biologischen) Oxidation, wenn Produzenten anorganische Stoffe „fixieren" und Konsumenten und Destruenten sie wieder „freisetzen" (z. B. Beyer et al. 2005). Hier greifen wir im Ursprungsbereich auf die Denkfigur der persönlichen Bewegungsfreiheit zurück. Kleine Kinder erleben Einschränkungen ihrer persönlichen Bewegungsfreiheit (Tramowsky et al. 2016). Sie werden festgehalten, fixiert, in Tücher gebunden und wieder freigesetzt. Im Zielbereich steht vor allem die Bindung von Kohlenstoffdioxid (Gas) in Glucose und Stärke (Feststoffe) oder die Freisetzung von Kohlenstoffdioxid in die Atmosphäre im Vordergrund.

Weil Erfahrungen unser Denken konstituieren, zeigt die Erfahrbarkeit eines Gegenstands die Möglichkeiten und Schwierigkeiten des Verstehens an. „Baum", „Blatt",„Wurzel" oder „Wasser", „greifen", „reißen", „essen" oder „gießen" sind direkt verständlich; alle diese Wörter lösen ein mentales Bild aus. Ganz anders, wenn ein Lerner „Pflanzenzelle", „Chloroplast", „Membran" oder „ATP" hört. Diese Wörter gehören nicht zur lebensweltlichen Erfahrung – ebenso wenig die „Biosphäre" oder der „Kohlenstoffgehalt der Atmosphäre". Wir leben in einer

Welt der mittleren Dimensionen, dem Mesokosmos (Vollmer 1984). Der reicht von der Haaresbreite bis zum Horizont, von federleicht bis elefantenschwer, vom Nu bis zur Lebensspanne. Alles, was kleiner ist und dem Mikrokosmos angehört, und alles, was größer ist und dem Makrokosmos angehört, ist daher schwer zu verstehen. Jenseits des Mikrokosmos machen wir lebensweltlich keine Erfahrungen und bilden somit auch keine erfahrungsbasierten verkörperten Vorstellungen. Dies gilt ebenso für die innen liegenden Organe unseres Körpers und deren Funktionen. Für die Lerngegenstände aus diesen Bereichen – dem Mikrokosmos, dem Makrokosmos und einigen Teilbereichen des Mesokosmos – lassen sich Lernschwierigkeiten voraussagen (Niebert et al. 2012, 2013; Trauschke und Gropengießer 2014; Niebert und Gropengießer 2015; Trauschke 2016; Unger 2017).

Was aber kann aus der Perspektive der TeV Lernern beim Verstehen helfen? Grundsätzlich können Lehrende drei Angebote machen:

1. Sie können neue Erfahrungen stiften. Die Naturwissenschaften sind eine enge Verbindung mit der Technik eingegangen, und man kann beispielsweise mit einem Mikroskop eine völlig neue Welt erschließen. Dabei ist es noch nicht einmal notwendig, ein Elektronenmikroskop selbst bedienen zu können. Für diese Erfahrungsstiftung aus zweiter Hand genügt es zu wissen, wie es prinzipiell funktioniert, um mit den elektronenmikroskopischen Bildern zu arbeiten und entsprechende wissenschaftsorientierte Vorstellungen zu bilden.
2. Es ist lernförderlich, bei der Interpretation der elektronenmikroskopischen Bilder die Vorstellungen zu bezeichnen, die Wissenschaftler an diese Bilder herantragen. Dies kann durch Wörter geschehen, aber auch durch interpretierendes Einzeichnen der Zellmembranen und Zellorganellen (vgl. Gropengießer 2006, S. 97).
3. Es kann besonders hilfreich für das Verstehen eines biologischen Phänomens sein, wenn die verwendeten Metaphern aus ihrer unbefragten Vertrautheit hervorgezogen und bewusst betrachtet werden. Dazu werden die dabei metaphorisch verwendeten Schemata exemplarisch physisch bearbeitbar gemacht und reflektiert (Niebert et al. 2013).

Insbesondere das dritte Angebot – also der gezielte und reflektierte Umgang mit Metaphern und deren Schemata – stellt für biologiedidaktische Forschung eine Herausforderung dar. Weil die Ergebnisse für verstehendes Lernen in der Schulpraxis von besonderer Bedeutung sind, wird im Folgenden der Umgang mit den als Denkwerkzeuge verwendeten Schemata beispielhaft erläutert.

4.2.2   Verstehen wird in Vermittlungsprozessen analysiert

Um Wirkungszusammenhänge zwischen Erfahrungen, Sprache und Denken für den Biologieunterricht zu erkunden, wurden ausgewählte biologiedidaktische Themenfelder hinsichtlich der verwendeten Metaphern und Schemata systematisch untersucht. Dazu liegen zahlreiche biologiedidaktische Arbeiten vor, die vor allem auf die Methode des „Vermittlungsversuchs" zurückgreifen. Diese unterrichtsnahe Vorgehensweise ermöglicht durch die dialogische Kommunikationsform eine genaue Analyse der Lernwege. In den Vermittlungsversuchen wechseln sich Phasen der Ermittlung von Vorstellungen mit solchen der Vermittlung ab und ermöglichen so tiefe Einblicke in Verstehensmöglichkeiten, also dem Lernpotenzial der Lernenden in bestimmten Lernumgebungen (Gropengießer und Kattmann 2009). Das Untersuchungsdesign der Vermittlungsversuche orientiert sich am *teaching experiment,* wie es Steffe und D'Ambrosio (1996) für die Mathematikdidaktik vorgeschlagen haben. Lernende in Kleingruppen mit zwei bis drei Probanden werden ähnlich einer Unterrichtssituation in der Schule mit erklärungsbedürftigen Phänomenen, Experimenten oder Interventionen konfrontiert. Das Design des Vermittlungsversuchs ermöglicht hierbei sowohl ermittelnde Phasen, bei denen Äußerungen zu Lernervorstellungen erhoben werden, als auch vermittelnde Phasen, bei denen der individuelle Lernprozess untersucht wird. Dieses Vorgehen schafft Interaktionsmöglichkeiten zwischen den Lernenden analog eines originären Unterrichts, wobei im Vergleich zur Klassensituation die Kommunikation überschaubar bleibt und die individuellen Lernfortschritte anhand der Äußerungen interpretativ erschlossen werden können. Während der Vermittlungsversuche werden alle teilnehmenden Schülerinnen und Schüler videografiert, um einerseits die Sprecher zu identifizieren und andererseits nonverbale Kommunikationselemente wie Gestik und Mimik zu dokumentieren. Die Auswertung der Videodaten erfolgt mithilfe der qualitativen Inhaltsanalyse (Mayring 2002; Gropengießer 2008). Auf diese Weise kann das Lernpotenzial über die sprachlichen Elemente methodisch kontrolliert analysiert werden. Dieses umfasst erstens die Lernausgangslage der Lernenden, die als vorunterrichtliche Vorstellungen auf der Ebene der Konzepte interpretativ erschlossen werden, und zweitens den Lernprozess mit dem Lernweg und die nachunterrichtlichen Vorstellungen und damit die Lernmöglichkeiten. Im Rahmen der TeV können mit der Methode der Metaphernanalyse (Schmitt 2003) die Verstehensprozesse zugänglich gemacht werden. Die Metaphernanalyse führt mit der Suche nach dem Ursprungsbereich zu dem jeweilig verwendeten verkörperten Schema und dessen auf den Zielbereich übertragenen Strukturen. Dies gilt sowohl für die Analyse der Schülervorstellungen wie auch für die in Lehrbuchtexten ausgedrückten Wissenschaftlervorstellungen.

Alle im Folgenden vorgestellten Studien stammen aus unterrichtlichen Situationen, in denen der gezielte und reflektierte Umgang mit Metaphern und deren Schemata mit Blick auf die Verstehensprozesse analysiert werden. Der Vergleich der Lernausgangslage mit dem Lernziel einer fachlich korrekten Vorstellung liefert Aussagen über den Lernbedarf, der sich in vier Vermittlungsstrategien für den Umgang mit Schemata im Unterricht gliedern lässt:

1. Schema beibehalten und erfahrungsbasiert modifizieren
2. Schema vorlegen und reflektieren
3. Schema erweitern
4. Schema verwerfen

Auch wenn damit der Lernbedarf klar benannt werden kann, sind Lernangebote auf kreative Ideen angewiesen. Ob sie dann förderlich und lernwirksam sind, kann nur die empirische Prüfung zeigen.

4.3   Ursachen und evidenzbasierte Empfehlungen

Im Folgenden werden anhand von exemplarischen biologischen Themenfeldern vier zentrale Vermittlungsstrategien dargestellt. Mit Blick auf die metaphorisch verwendeten Schemata ergibt sich dabei ein spezifischer Lernbedarf, deren Ursachen und evidenzbasierte Empfehlungen erläutert werden.

4.3.1   Schema beibehalten und erfahrungsbasiert modifizieren

Nach den Ergebnissen des Fünften Sachstandsberichts des Weltklimarats (IPCC) ist der von Menschen verursachte globale Klimawandel eine der größten Herausforderungen des 21. Jahrhunderts (IPCC 2013). Es ist daher wichtig, dass die beim Klimawandel ablaufenden Prozesse verstanden werden, um entsprechende Gegenmaßnahmen entwickeln zu können und die negativen Auswirkungen menschlichen Handelns auf das Klima zu minimieren. Dem Schulsystem und insbesondere dem Biologieunterricht wird dabei eine zentrale Rolle zugeschrieben.

Befragt man allerdings Lernende, die zum Thema Klimawandel, Kohlenstoffkreislauf und Treibhauseffekt bereits unterrichtet wurden, verfügen sie nur über sehr wenige fachlich angemessene Vorstellungen (Niebert 2011). Beispielsweise wird der Treibhauseffekt entweder mit dem Loch in der Ozonschicht oder mit einer verdickten Treibhausgasschicht erklärt. Das Ozonloch lässt entweder mehr Sonnenstrahlen hinein oder wirkt als Strahlenfalle, wenn Sonnenstrahlen durch das Ozonloch hineinkommen, aber unter der Ozonschicht gefangen sind. Die Treibhausgasschicht wird in einer Variante als annähernd einseitig durchlässig gedacht – Sonnenstrahlen kommen zwar hinein, aber wegen der dickeren Schicht kaum hinaus. In einer den wissenschaftlichen Konzepten schon näheren Variante werden die Sonnenstrahlen an der Erdoberfläche in Wärmestrahlen umgewandelt und von der für Wärmestrahlen undurchlässigen Treibhausgasschicht zurückgehalten.

Diese Vorstellungen zur Erklärung des Treibhauseffekts lassen sich aus der Perspektive der TeV analysieren. In allen Varianten wird die Atmosphäre als Behälter mit einer Abdeckung (Schicht, Decke, Deckel) konzeptualisiert. Die Abdeckung macht den Unterschied: Die Ozonschicht wird als undurchlässig, aber mit Loch vorgestellt, die Treibhausgasschicht dagegen als fast undurchlässig, aber verdickt. Diese Schemata gedeckelter Behälter werden mit dem Speicher-Fluss-Schema (Abb. 4.1d) verknüpft: Der Behälter wird als ein Speicher angesehen, der Zu- und Abflüsse hat. Bei dieser Kombination des Behälter-Schemas mit dem Speicher-Fluss-Schema liegt es nahe, die Abdeckung, also den Ort, wo etwas hinein- oder herausströmen kann, als ursächlich für den Treibhauseffekt anzunehmen.

Tatsächlich nutzen auch Wissenschaftler das Behälter-Schema, um den Treib-
hauseffekt zu verstehen. Allerdings wird dort die Ursache am Inhalt festgemacht.
Die Konzentration des Kohlenstoffdioxids in der Atmosphäre ist entscheidend.
Kohlenstoffdioxid ist durchlässig für Licht, absorbiert aber Wärmestrahlung.
Je mehr Kohlenstoffdioxid, desto mehr Absorption und ein entsprechender
Temperaturanstieg.

Die Elemente des Behälter-Schemas werden von den Lernenden aber anders
auf den Zielbereich Treibhauseffekt übertragen als von den Wissenschaftlern (Niebert und Gropengießer 2015). Hier kann ein Lernangebot mit der Vermittlungs-
strategie, das Schema beizubehalten und erfahrungsbasiert zu modifizieren,
lernförderlich wirken. Dazu wurden zwei oben offene Behälter nebeneinander-
gestellt. Einer wird mit Kohlenstoffdioxid befüllt, der andere enthält Luft. Beide
Behälter haben einen schwarzen Boden und werden mit einer Lampe bestrahlt.
Die Temperatur des Behälters mit Kohlenstoffdioxid erreicht eine um 1–2°
höhere Temperatur als der mit Luft gefüllte. Max, ein Oberstufenschüler, versucht
zunächst noch, bei seiner Idee vom Ozonloch als Ursache zu bleiben. Erst auf die
Frage des Vermittlers, wo denn hier das Ozon sei, sagt Max: „Wir haben gesagt,
es wird wärmer, weil das CO_2 das Ozon zerstört. Aber es gibt hier kein Ozon und
Ozonloch. Der Behälter mit CO_2 ist fast 2° wärmer" (Niebert 2011, S. 159). Max'
Vorstellung von der Ursächlichkeit des Ozonlochs ist erschüttert; sie kann jetzt auf
das Kohlenstoffdioxid zurückgeführt werden, aber dieses Lernangebot liefert ihm
noch keine Erklärung für den Treibhauseffekt. Dazu ist ein weiteres Lernangebot
notwendig.

Dieses weitere Lernangebot stiftet die Erfahrung der unterschiedlichen Durch-
lässigkeit des Kohlenstoffdioxids für Licht und Wärmestrahlung. Dazu werden
zwei Plastikbeutel mit einer Lampe bestrahlt. Einer wird mit Kohlenstoffdioxid
gefüllt, der andere enthält Luft. Beide lassen gleich viel Licht durch. Die Temperatur hinter dem luftgefüllten Beutel ist allerdings höher als hinter dem Beutel mit
Kohlenstoffdioxid. Max überlegt dazu:

> Bei den Tüten sind – bis auf den Inhalt – dieselben Voraussetzungen gegeben. Sichtbares
> Licht geht durch. Auf den ersten Blick ist es bei der Tüte mit normaler Luft wärmer und
> mit CO_2 fast um 2° kälter. Das CO_2 absorbiert Infrarotstrahlung. Das würde für die Theo-
> rie sprechen, dass es durch die hohe CO_2-Belastung wärmer wird. Kurzwellige Strahlen
> treten in die Atmosphäre ein, strahlen auf die Erde, langwellige Strahlen werden wieder
> reflektiert und treten dann wieder in die Atmosphäre. Das CO_2 absorbiert die Wärme-
> strahlung dann (Redigierte Aussagen; Niebert 2011, S. 167).

Angeregt durch beide Erfahrungen konstruiert Max ausgehend vom gleichen
Ursprungsbereich die Struktur des Zielbereichs Treibhauseffekt neu. Jetzt steht
der Inhalt, das Kohlenstoffdioxid, im Fokus, und die Abdeckung gerät aus dem
Blick. Für Max geht es um die Erklärung des Treibhauseffekts, die Verstehensprozesse selbst bleiben – wie viele andere Kognitionen auch – unbewusst. Dass
eine Inszenierung des Ursprungsbereichs und die Reflexion des damit modellier-
ten Schemas besonders lernförderlich sein können, wird im folgenden Beispiel
gezeigt.

4.3.2   Schema vorlegen und reflektieren

Kennzeichnend für die Biologie ist die Forschung an Lebewesen und lebenden Systemen. Die kleinsten lebenden Einheiten aller Lebewesen sind ihre Zellen. Unabhängig davon, ob man sich mit Einzellern oder Mehrzellern, tierischen
oder pflanzlichen Organismen beschäftigt: Grundlegend für ein Verständnis von
Organismen ist die Zelltheorie. „Zellen entstehen aus Zellen" ist eine zentrale Aussage der Zelltheorie. Ob Lernende mit dem Konzept der Zellteilung Phänomene
wie Wurzelwachstum verstehen können, soll im Folgenden betrachtet werden.

In fünf Vermittlungsversuchen (Riemeier 2005) wurde jeweils zwei bis drei
Schülern (15–16 Jahre) eine Zwiebelknolle präsentiert, deren frisch gekeimte
Wurzeln in einen mit Wasser gefüllten Erlenmeyerkolben reichten. Die Schüler
wurden aufgefordert: „Überlegt und diskutiert, was ist hier passiert!" Hier werden
die typischen Äußerungen nur einer Gruppe mit drei Schülerinnen zum Wurzelwachstum dargestellt: Die Wurzeln kommen da raus, sie „wachsen", sie „entwickeln" sich, sie „reifen". Für die Lerner ist das ein normaler Prozess – Wurzeln
wachsen einfach. Es werden verkörperte Begriffe aufgerufen, aber Bezüge zu der
zellulären Ebene werden nicht hergestellt. Auf die Frage, wie die Wurzeln denn
rauskommen, werden Bedingungen genannt, wie Wasserbedarf oder Nährstoffe.
Nach einiger Zeit fällt einer Schülerin ein Trickfilm ein. Darin gehen Zellen in
der Gestalt von Männchen dahin, häufen sich an und vermehren sich, bis es ganz
viele sind und damit als Wurzel sichtbar werden. Auf die Frage, wie denn die Vermehrung der Zellen zustande kommt, wird das Fachwort „Zellteilung" genannt:
Eine Zelle teilt sich, dann sind das zwei, dann teilt sie sich noch mal, dann sind es
vier. Dabei malt die Schülerin erst zwei, dann vier gleich große rechteckige Zellen
aneinander.

Aus der Perspektive der TeV denken die Schülerinnen dieses Vermittlungsversuchs, dass die Wurzeln durch Vermehrung der Zellen wachsen. Sie nutzen dabei
das Teilungs-Schema (Abb. 4.1e), bei dem ein Ganzes in zwei Hälften geteilt werden kann, was zu mehr Teilen, d. h. zu mehr Zellen, führt. Die Anzahl der Zellen
vermehrt sich durch Teilung, was dann aus Sicht der Schülerinnen etwas kurz-
geschlossen zum Wachstum der Wurzel führt. Dass das Volumen bei der reinen
Teilung gleich bleibt, wird nicht bedacht. Das kognitive Teilungs-Schema bietet
hier zwei, auf den ersten Blick gegensätzliche Bedeutungen an: Teilung bedeutet
Mehrwerden und gleichzeitig *Kleinerwerden* der Teile. Es ist schwierig, beides
gleichzeitig zu denken. Aus verstehenstheoretischer Perspektive liegt es nahe, hier
eine Lernhürde zu vermuten.

Aus fachlicher Perspektive wird das Wachstum einer Zwiebelwurzel durch
Teilung von Zellen im Apikalmeristem bei gleichzeitigem und dann in der
Streckungszone fortgesetztem Zellwachstum erklärt. Aus der Perspektive der TeV
werden hier zwei Schemata spezifisch miteinander verknüpft: das Teilungs- und
das Wachstums-Schema. Fundiert durch wissenschaftliche Erfahrung (Mikroskopieren) entsteht bei Botanikern beim Hören der Fachwörter „Apikalmeristem"
und „Streckungszone" dazu ein mentales Bild, d. h. eine Vorstellung.

Ohne negativen Einzug die wissenschaftlichen Erfahrungen und die damit einhergehende Begriffsbildung können Lerner Fachwörter nicht in ihrer wissenschaftlichen Bedeutung verstehen. Wohl aber können sie erkennen, dass allein die Teilung der Zellen das Wachstum der Zwiebelwurzel nicht erklären kann. Dazu kann das Schema der Teilung, welches üblicherweise selbstverständlich und ohne große Aufmerksamkeit verwendet wird, der Reflexion zugänglich gemacht werden. Eingesetzt wird hierzu ein auf den ersten Blick fernliegendes Lernangebot: Eine Tafel Schokolade wird geteilt, und die Schülerinnen werden gefragt, was sich dabei verändert oder was unverändert bleibt (Riemeier 2005).

Sarah: Die Anzahl hat sich durch das Teilen verändert.
Ute: Es werden mehr Teile, aber [...] es ist ja immer noch Schokolade. [...]
Lisa: Das Gewicht bleibt gleich und die Teile sehen vollkommen identisch aus.
Sarah: Aber wenn das jetzt bei der Zelle wäre, dann würde das ja gar nichts bringen, weil dann wäre es ja genauso groß. Ich glaube, die teilt sich nicht in dem Sinne, dass sie kleiner wird, sondern dass es dann zwei gleich große sind. [...] Also, die kopiert sich eher. [...]
Lisa: Ja, genau. Wenn sich die Zelle immer nur in sich selbst teilt, würde das ja niemals größer werden. Und wenn sich das auch noch mal teilt, dann würde es ja immer noch die gleiche Größe haben. [...]
Ute: Also, die Zelle kopiert sich sozusagen. Sie teilt sich zwar in der Mitte durch, wird dann aber wieder größer, sie wächst wieder sozusagen auf Normalgröße. Die beiden Hälften wachsen wieder auf Normalgröße zurück. [...] (Redigierte Aussagen; Riemeier 2005, S. 261).

In diesem Ringen um Verständnis wird der Prozess des interaktiven Konstruierens von Vorstellungen (Ko-Konstruktion) deutlich. Ausgehend von der Reflexion des verfügbaren Teilungs-Schemas rekonstruieren die Schülerinnen ihre Vorstellungen von der Zellteilung im Zusammenhang mit dem Wurzelwachstum. Zunächst wird ein Widerspruch erkannt: Teilung allein kann nicht – wie vorher angenommen – zum Wachstum führen. Dann wird die Notwendigkeit des Zellwachstums erkannt. Hier führt die Reflexion des verwendeten Schemas zu einem vertieften und fachlich angemesseneren Verständnis. Schneeweiß (2010) hat eine Variante, bei der Papier zerrissen wurde, im Zusammenhang mit dem Wachstum von Bakterienkolonien in Vermittlungsversuchen eingesetzt. Auch in seiner Studie erwies sich die Reflexion des zugrunde liegenden Schemas als hilfreich.

4.3.3 Schema erweitern

Im Biologieunterricht stellt die Vermittlung von Symbiosen, also die Wechselbeziehung unterschiedlicher Organismen zum gegenseitigen Vorteil, ein wichtiges Thema dar. Nur mithilfe von Symbiosen konnten sich Lebewesen ganz unterschiedliche Biotope und Lebensweisen zugänglich machen. Eine biologisch bedeutsame Symbiose findet sich in den Tropen bei Blattschneiderameisen, weil diese mithilfe eines Pilzes eine ansonsten praktisch nicht erreichbare Ressource, nämlich Blätter, verwertbar machen. Die Ameisen nutzen dabei Blätter als Ernährungsgrundlage für den Pilz, den sie anbauen, ernähren und pflegen. Im Gegenzug erzeugt der Pilz sog. Nährkörperchen, die die Ernährungsgrundlage der Ameisen darstellen. Die Vermittlung dieser Wechselbeziehung hatte sich ein außerschulischer Lernort, das Regenwaldhaus Hannover, als Ziel gesetzt. Die folgende Studie (Groß und Gropengießer 2005; Groß 2004) gibt einen Einblick in die dabei ablaufenden Verstehensprozesse.

Markus (15 Jahre) war zu Besuch im Regenwaldhaus, ihn fasziniert insbesondere das Lernangebot zu Ameisen. Über 30 min. beobachtet er mit Begeisterung, wie Ameisen Blätter ausschneiden, Blattstücke – die ein Vielfaches der eigenen Körpergröße ausmachen – über lange Strecken balancieren. Er liest sich die Schilder durch und informiert sich ausführlich durch die Lernangebote im Exponat mit den lebenden Ameisen, dem Pilz, dem Audioguide und der multimedialen Beschilderung. Befragt zu seinen Vorstellungen am Exponat, äußert Markus Folgendes:

> Da war so ein Kasten, wo die Ameisen eingesperrt waren, und die haben da ihren Bau gebaut. Und dann waren da Verbindungsröhren zu anderen Teilen, wo sie dann ihr Futter und die ganzen Teile, die sie brauchen für das Haus, gekriegt haben. Und die haben sie dann zu der Röhre transportiert, zu dem Kasten […]. In dem einen Kasten war Styropor oder so was – wo die solche Gänge gebaut hatten drinnen. Und dann war da noch so ein ganz kleiner Kasten, da waren ganz viele auf einem Haufen. […] Ja, an Nahrung waren das ja Blätter. […] Und an Bauteilen waren das jetzt irgendwelche Äste oder Blätter (Redigierte Aussagen; Groß 2007, S. 103).

Diese Vorstellungen, die auch alle anderen befragten Schüler äußerten, verwundern. Zu erwarten wäre eine Erklärung, die auch sehr deutlich im Exponat genannt wurde: Blattschneiderameisen ernähren sich von einem Pilz – und nicht etwa von Blättern. Wie lässt sich dieser Befund erklären?

Aus Perspektive der TeV lässt sich die Vorstellung von Markus so interpretieren, dass er einerseits auf lebensweltliche Vorstellungen und verkörperte Erfahrungen zur Ernährung (Essen) und andererseits zum Hausbau zurückgreift, um sich die Lebensweise der Blattschneiderameisen zu erklären.

Am Exponat macht Markus eine Erfahrung bei der Beobachtung von Blattschneiderameisen: Sie beißen Blattmaterial in der Futterbox mit ihren Mundwerkzeugen ab und bringen diese in den „Bau" (die eigentliche Pilzkammer). In der Multimediastation hat er die virtuelle Erfahrung gemacht, dass Blattschneiderameisen das Blattmaterial zerkauen (um mit dem Brei den Pilz zu ernähren). Abbeißen, Zerkauen und Schlucken sind kognitive Bestandteile des Essen-Schemas (Abb. 4.1f). Markus nutzt dieses Schema und verknüpft dabei seine Beobachtung des Abbeißens und des Zerkauens direkt mit dem Schlucken, obwohl er diesen Vorgang tatsächlich nie direkt gesehen hat. Dabei überträgt er seine Vorstellungen vom Essen im Ursprungsbereich imaginativ auf einen Vorgang, der durch das Abbeißen initiiert worden ist, auf die Blattschneiderameisen.

Auch der direkt sichtbare Pilz und die Bezeichnung bzw. Nennung des Pilzes im Film und auf den Schildern führten nicht etwa dazu, dass der Pilz wahrgenommen wurde. Eine Lernbarriere stellen hierbei die Vorerfahrungen dar, die

Schüler mit Pilzen gemacht haben. Nach der lebensweltlichen Vorstellung besitzt ein Pilz einen „Hut" mit einem „Stiel". Für das, was Biologen als Pilz ansehen, was für Nichtfachleute aber überhaupt nicht nach einem Pilz aussieht, eine Vorstellung zu entwickeln, dazu besteht bei dem so erstellten Exponat bei Besuchern keine Notwendigkeit. Zwar haben die meisten Schüler durchaus eine Erfahrung mit einem Schimmelpilz (beispielsweise auf dem Brot), doch kann dieser Pilz nicht gegessen werden. Warum aber konstruiert Markus für die Pilzkammer kontrafaktisch in seiner Vorstellung eine Kammer mit „Styropor" oder von „Baumaterialien"? Lernende nutzen für das Verständnis des Exponats ihre Kenntnisse von einem Wohnraum. Ein Wohnraum ist demnach (wie auch das eigene Haus) vielfach aus Materialien wie Holz oder Styropor gebaut worden. Dem liegt die Metapher „Das Objekt entsteht aus der Substanz" zugrunde (Lakoff und Johnson 2014, S. 88). Da Markus in der Pilzkammer, in dem die Ameisen auch wohnen, durchaus ein geschlossenes System mit einem Wohnraum erkennt, sucht er intuitiv auch nach dem Baumaterial.

Im Gegensatz dazu ist das Exponat für Biologen verständlich und ist in sich logisch aufgebaut. Einerseits verfügen sie über die Vorstellung, dass praktisch alle tierischen Lebewesen nicht in der Lage sind, Blattmaterial zu verdauen, da es überwiegend aus Cellulose aufgebaut ist und außer Bakterien und Pilzen kein Organismus das für die Aufspaltung von Cellulose nötige Enzym, die Cellulase, besitzt (Ausnahmen im Bereich von wenigen Manteltieren, Mollusken, Würmern und Insekten werden diskutiert). Auch Kühe „fressen" daher kein Gras, sondern schließen dieses im Pansen mithilfe von Bakterien auf, um es dann wiederzukäuen. Weiterhin verfügen Biologen über Erfahrungen mit Pilzen und daher über eine Vorstellung, wie ein Pilzmycel aufgebaut ist, sie kennen den Bau und die Funktion von Fruchtkörpern.

In diesem Beispiel wird also deutlich, dass allein die Benennung der fachlichen (wenn auch richtigen) Zusammenhänge nicht zum gewünschten Lernerfolg führt. Lernende bleiben dabei in ihrem Schema von der Ernährung, aus dem heraus sie keinen fachlich richtigen Zusammenhang mit der Symbiose herstellen können. Erst auf Basis der TeV wird ersichtlich, dass ein erfolgreiches Lernangebot zur Vermittlung der Symbiose ganz woanders ansetzen muss, wozu die bestehenden Schemata erweitert werden müssen. Das Essen-Schema ist um das wissenschaftliche Verdauungsschema zu ergänzen. Basierend auf diesen Forschungsergebnissen wurde eine Unterrichtseinheit entwickelt (Angersbach und Groß 2005), die maßgeblich bei den Vorstellungen der Ernährung ansetzt. Im ersten Unterrichtsschritt wurde dabei die chemische Ebene der Ernährung auf Basis von Enzymen erweiternd eingeführt. Dabei wird deutlich, dass Ameisen keine Cellulasen besitzen und sich dementsprechend nicht von Blattmaterial ernähren können. Dieser kognitive Konflikt eröffnet die Fragestellung zur Quelle der Ernährung und leitet über zum Aufbau und zur Ernährung von verschiedenen Pilzen. Danach konnte die symbiotische Beziehung zwischen Blattschneiderameisen und Pilzen herausgearbeitet werden.

4.3.4 Schema verwerfen

Die Theorie der Evolution erklärt den Wandel und die Entstehung von Arten. Diese große Idee erschließt Bedeutung in der Biologie und hat maßgeblichen Einfluss auf unser Menschenbild. Die Evolutionstheorie ist zentral für die Biologie und allgemeinbildend für aufgeklärte Bürger. Trotz ihrer zentralen Bedeutung auch in Bezug auf die Basiskonzepte stellt ihre Vermittlung eine große Herausforderung dar.

Thorben, ein 13-jähriger Schüler eines Gymnasiums, erläutert schriftlich nach einer Unterrichtseinheit zur Evolution (Giffhorn und Langlet 2006), wie aus landlebenden Vorfahren die heutigen Wale entstehen konnten:

> Bei den Tieren auf dem Land fand die Selektion statt. Die Variabilität nahm überhand. Sie entwickelten sich über viele „Generationen" zum Land-Wasser-Tier um. Wegen der großen Gefahr zogen sie sich ins Wasser zurück. So bildeten sie ihre Vorderbeine zurück und die Hinterflosse weiter aus. Alle Organe [...] entwickelten sich um. Sie passten sich an das Meer [...] an. Die Evolution war nun fertig und die Tiere hatten den höchsten Entwicklungsgrad erreicht (Zabel 2009).

Auf der Grundlage von bedeutungsähnlichen Texten der Schülerinnen und Schüler können diese Erklärungen der Walevolution als Konzept „gezielte Anpassung über Generationen" verallgemeinert werden.

Andere Erklärungen wie beispielsweise die beiden folgenden lassen sich als „gezielte individuelle Anpassung" verallgemeinern und werden als Erklärungen im Sinne von „Umwelt bewirkt Evolution" zusammengefasst:

> Im Meer merkten wir jedoch, dass wir auch hier Feinde hatten. Deshalb wollten wir noch größer werden und in der Zeit von da an bis jetzt wurden wir zu dem was wir heute sind.
> Der Vorfahre des Blauwals lebte nah am Wasser. Dadurch, dass er oft mit dem Wasser in Berührung kam, bildeten sich im Laufe der Generationen Schwimmhäute und eine Hinterflosse. (Redigierte Aussagen; Zabel 2009).

Weitere Erklärungen wie beispielsweise die folgenden lassen sich zu „Notwendigkeit" verallgemeinern.

> Da sich die Meere immer weiter ausbreiteten, entwickelten sich die Tiere immer weiter zu Wassertieren. (Redigierte Aussage; Zabel 2009).

Was hier das Denken inspiriert und leitet, ist das Handlungs-Schema (Abb. 4.1g). Dieses Schema enthält einen Handelnden (Akteur), der an oder mit einem Objekt (Patient) etwas absichtlich (intentional) tut (Handlung, Aktion; vgl. Lakoff 1990, S. 54 f.). Wendet man dieses Handlungs-Schema analytisch auf die „gezielte Anpassung über Generationen" an, so zeigt sich, dass Tiere nach dieser Vorstellung ihre Organe über Generationen hinweg aus- und umbilden. Die Tiere werden hier als Akteure gedacht, die in der Lage sind, an ihren als Objekt gedachten Organen die Handlung des Umbildens und des Anpassens vorzunehmen. Ganz ähnlich trifft dies auf die Erklärung „gezielte individuelle Anpassung" zu – das

Individuum wird zum Handelnden (Akteur), indem es seinen eigenen Körper (Objekt) anpasst. Bei dem Erklärungsmuster „Umwelt bewirkt Evolution" wird der Umwelt oder der Natur die Rolle des Akteurs zugewiesen. Die Handlung besteht in der (aktiven) Anpassung der Arten, denen hier die Rolle des Objekts zukommt. Im Rahmen des Handlungs-Schemas geschieht dies absichtlich, beispielsweise aus dem Grund der „Notwendigkeit". Die Intentionalität ist deshalb ein guter Indikator für das Handlungs-Schema.

Das Handlungs-Schema ist nicht geeignet, den Vorgang der Evolution zu erklären und deshalb ausdrücklich zu verwerfen. Zwar liegt dieses Schema für Lernende im Zusammenhang mit dem evolutionären Wandel nahe, denn wenn sich etwas verändert, muss es eine Ursache oder einen Verursacher geben. Aus biologiedidaktischer Perspektive behindert es aber geradezu eine evolutionstheoretische Denkweise, da das Handlungs-Schema ohne das Denken in Populationen mit varianten Individuen auskommt und die individuelle aktive Anpassung die Idee der Selektion überflüssig macht. Solange das Handlungs-Schema das Denken strukturiert, kann keine evolutionsbiologische Erklärung konstruiert werden. Dem Denken im Handlungs-Schema steht eine evolutionsbiologische Erklärung gegenüber, die aus mehreren Elementen (wie insbesondere Denken in Populationen, Variation und Selektion) besteht, die je für sich allein durchaus verständlich sind, aber erst in ihrem Zusammenwirken im Sinne eines Mechanismus erklärungsmächtig werden.

Ein guter Startpunkt ist daher oft die Überlegung, dass eine Population aus vielen verschiedenen Individuen besteht. Allerdings steht dem vor allem das typologische Denken entgegen, welches es schwer verständlich macht, die Individuen natürlicher Populationen als variant und damit als unterschiedlich geeignet für bestimmte Umweltbedingungen zu erkennen. Zudem werden Arten von Lernenden häufig als Lebewesen gedacht, denen bestimmte Eigenschaften notwendigerweise zukommen (Groß 2007). Dieses essenzialistische Denken legt es nahe, sie als fertig und bestentwickelt zu betrachten, und macht es schwierig zu verstehen, dass die uns entgegentretenden Arten nur die Momentaufnahme eines laufenden Prozesses sind, deren Individuen mehr oder weniger für bestimmte Umwelten geeignet sind.

Der evolutive Mechanismus kann von Schülern der Oberstufe durchaus verstanden werden, wie am Beispiel der Anpassung gezeigt werden konnte (Weitzel 2006; Weitzel und Gropengießer 2009). Anpassung wird dabei zunächst als eine spezifische Handlung, nämlich die des Anpassens von Objekten an ein anderes, maßgebendes Objekt gedacht. In Vermittlungsversuchen wurden die Grenzen der lebensweltlichen Vorstellungen zum Anpassen deutlich. Anschließend wurde ein Mechanismus zur Entstehung veränderter Merkmale beschrieben. Abschließend wurden die Bedeutungen des Wortes „anpassen" reflektiert. Das Schema der Handlung ist hier also zu verwerfen, der evolutive Mechanismus einzuführen und das Vorgehen zu reflektieren.

4.4   Zusammenfassung

Die lebendige Welt sieht völlig anders aus, wenn man sie biologisch versteht. Aber dieses biologische Verstehen zu lernen, ist erstaunlich schwierig. Für Biologiedidaktiker stellt sich die noch schwierigere Aufgabe, den Prozess des (Miss-) Verstehens zu analysieren und förderliche Lernangebote zu entwerfen und empirisch zu prüfen. Dazu ist eine spezifische Lerntheorie, d. h. eine Verstehenstheorie, notwendig. Die Theorie des erfahrungsbasierten Verstehens (TeV) erklärt sowohl die Genese der verkörperten Schemata mit der Erfahrung wie auch die Prozesse abstrakten Verstehens mit der kognitiven Metapherntheorie. Grundsätzlich sind danach drei Angebote für verstehendes Lernen möglich: Erfahrungen stiften, Vorstellungen bezeichnen und Schemata reflektieren. Nur der gezielte und reflektierte Umgang mit den Schemata werden hier thematisiert.

Nach der TeV sind Lerner, Lehrer und Wissenschaftler für das Verstehen abstrakter Phänomene der Biologie auf imaginatives, hauptsächlich metaphorisches Denken angewiesen. Beim metaphorischen Verstehen bildet meist ein verkörpertes Schema den Ursprungsbereich, dessen Struktur gedanklich auf den abstrakten Zielbereich eines biologischen Themas projiziert wird. Dabei sind für das Verstehen biologischer Phänomene die Wahl des Ursprungsbereichs und die korrekte Projektion ausgewählter Strukturelemente entscheidend. Die von den Lernenden und Biologen metaphorisch verwendeten Schemata bilden den *Ausgangspunkt* für die Analyse der differenten Verstehensprozesse. Deren Vergleich führt zur Diagnose des (Miss-)Verstehens und zur Identifikation der Lernbedarfe, was Voraussetzung für die Entwicklung förderlicher Lernangebote ist. Dazu werden vier Vermittlungsstrategien als *Lösungsvorschläge* an Beispielen vorgestellt: 1) Schema beibehalten und erfahrungsbasiert modifizieren, 2) Schema vorlegen und reflektieren, 3) Schema erweitern oder 4) Schema verwerfen.

Für diese vier Vermittlungsstrategien liegen *Wirksamkeitsnachweise* vor. In empirischen Studien konnte lernprozessbasiert in Vermittlungsversuchen (teaching experiments) gezeigt werden, dass Lernende ein fachlich angemessenes Verständnis entwickeln können, wenn Schemata kritisch reflektiert werden.

Literatur

Anderson, C. W., Sheldon, T. H., & Dubay, J. (1990). The effects of instruction on college non-majors' conceptions of respiration and photosynthesis. *Journal of Research in Science Teaching, 27*(8), 761–776.

Angersbach, U., & Groß, J. (2005). *Blattschneiderameisen: schneiden, kauen – und essen? Unterricht Biologie, 30*(29), 34–40.

Barker, M., & Carr, M. (1989). Teaching and learning about photosynthesis. Part 1: An assessment in terms of students' prior knowledge. *International Journal of Science Education, 11*(1), 41–44.

Beyer, I., et al. (2005). *Natura Oberstufe*. Stuttgart: Klett.

Dannemann, S. (2015). Transkript und Beschreibung zu Videovignette 4 – Wachstum – Von der Eichel zur Eiche. Biologie lernen und lehren an Fällen. https://www.biodidaktik.uni-hannover.de/vignette1000.html.

Eckebrecht, D. (2013). Verständnisentwicklung zum Kohlenstoffkreislauf durch Schulbuchinhalte. Lehr-Lern-Forschung nach dem Modell der Didaktischen Rekonstruktion. http://edok01.tib.uni-hannover.de/edoks/e01dh13/773793100.pdf.

Eisen, Y., & Stavy, R. (1988). Students' understanding of photosynthesis. *The American Biology Teacher, 50*(4), 208–212.

Giffhorn, B., & Langlet, J. (2006). Einführung in die Selektionstheorie. So früh wie möglich! *Praxis der Naturwissenschaften – Biologie in der Schule, 55*(6), 6–15.

Gropengießer, H. (2006). *Lebenswelten. Denkwelten. Sprechwelten. Wie man Vorstellungen der Lerner verstehen kann* (Bd. 4). Oldenburg: Didaktisches Zentrum (BzDR Beiträge zur Didaktischen Rekonstruktion).

Gropengießer, H. (2007). Theorie des erfahrungsbasierten Verstehens. In D. Krüger & H. Vogt (Hrsg.), *Theorien in der biologiedidaktischen Forschung* (S. 105–116). Berlin: Springer.

Gropengießer, H. (2008). Qualitative Inhaltsanalyse in der fachdidaktischen Lehr-Lernforschung. In P. Mayring & M. Glaeser-Zikuda (Hrsg.), *Die Praxis der Qualitativen Inhaltsanalyse* (S. 172–189). Weinheim: Beltz.

Gropengießer, H., & Kattmann, U. (2009). Didaktische Rekonstruktion – Schritte auf dem Weg zu gutem Unterricht. In B. Moschner, R. Hinz, & V. Wendt (Hrsg.), *Unterrichten professionalisieren* (S. 159–164). Berlin: Cornelsen Scriptor.

Groß, J. (2004). Lebensweltliche Vorstellungen als Hindernis und Chance bei Vermittlungsprozessen. In H. Gropengießer, A. Janßen-Bartels, & E. Sander (Hrsg.), *Lehren fürs Leben. Didaktische Rekonstruktion in der Biologie* (S. 119–130). Köln: Aulis Verlag Deubner.

Groß, J. (2007). *Biologie verstehen: Wirkungen außerschulischer Lernorte. Beiträge zur Didaktischen Rekonstruktion* (Bd. 16). Oldenburg: Didaktisches Zentrum.

Groß, J., & Gropengießer, H. (2005). Warum Blattschneiderameisen besser Pilzfresserameisen heißen sollten. In R. Klee, A. Sandmann, & H. Vogt (Hrsg.), *Lehr- und Lernforschung in der Biologiedidaktik* (Bd. 2, S. 41–55). Innsbruck: StudienVerlag.

IPCC. (2013). Summary for Policymakers. In Stocker et al. (Hrsg.), *Climate change 2013: The physical science basis. contribution of working group I to the fifth assessment report of the intergovernmental panel on climate change.* Cambridge: Cambridge University Press.

Johnson, M. (1992). *The body in the mind – The bodily basis of meaning, imagination and reason.* Chicago: The University of Chicago Press.

Lakoff, G. (1990). *Women, fire and dangerous things. What categories reveal about the mind.* Chicago: The University of Chicago Press.

Lakoff, G., & Johnson, M. (1999). *Philosophy in the flesh.* New York: Basic Books.

Lakoff, G., & Johnson, M. (2014). *Leben in Metaphern.* Heidelberg: Carl Auer.

Mayring, P. (2002). *Qualitative Inhaltsanalyse.* Weinheim: Deutscher Studien Verlag.

Messig, D., & Groß, J. (2018). Understanding plant nutrition – The genesis of students' conceptions and the implications for teaching photosynthesis. *Education Science, 2018*(8), 132. https://doi.org/10.3390/educsci8030132.

Messig, D., Groß, J., & Kattmann, U. (2018). Fotosynthese verstehen – didaktische Rekonstruktion der Pflanzenernährung. In M. Hammann & M. Lindner (Hrsg.), *Lehr- und Lernforschung in der Biologiedidaktik: Bildung durch Biologieunterricht* (Bd. 8, S. 31–47). Innsbruck: StudienVerlag.

Niebert, K. (2011). *Den Klimawandel verstehen. Beiträge zur Didaktischen Rekonstruktion* (Bd. 31). Oldenburg: Didaktisches Zentrum.

Niebert, K., & Gropengießer, H. (2015). Understanding starts in the mesocosm: Conceptual metaphor as a framework for external representations in science teaching, *International Journal of Science Education,* https://doi.org/10.1080/09500693.2015.1025310.

Niebert, K., Marsch, S., & Treagust, D. F. (2012). Understanding needs embodiment: A theo-ry-guided reanalysis of the role of metaphors and analogies in understanding science. *Science Education, 96*(5), 849–877.

Niebert, K., Riemeier, T., & Gropengießer, H. (2013). The hidden hand that shapes conceptual understanding. Choosing effective representations for teaching cell division and climate change. In C.-Y. Tsui & D. Treagust (Hrsg.), *Multiple representations in biological educa-tion*. New York: Springer.

Riemeier, T. (2005). *Biologie verstehen: Die Zelltheorie. Beiträge zur Didaktischen Rekonstruk-tion* (Bd. 7). Oldenburg: Didaktisches Zentrum.

Schmitt, R. (2003). Methode und Subjektivität in der Systematischen Metaphernanalyse. *Forum Qualitative Sozialforschung, 4*(2), http://www.qualitative–research.net/fqs–texte/2–03.

Schneps, M. H. (1997). Lessons from thin air. Hrsg. Science Media Group, Harvard Smithsonian Center for astrophysics. http://www.learner.org/resources/series26.html#jump1.

Schneeweiß, H. (2010). *Biologie verstehen: Bakterien. Beiträge zur Didaktischen Rekonstruk-tion*. Oldenburg: Didaktisches Zentrum Carl von Ossietzky Universität.

Steffe, L. P., & D'Ambrosio, B. (1996). Using teaching experiments to understand students' mat-hematics. In D. Treagust, R. Duit, & B. Fraser (Hrsg.), *Improving teaching and learning in science and mathematics* (S. 65–76). New York: Teacher College Press.

Tramowsky, N., Paul, J., & Groß, J. (2016). Von Frauen, Männern und Schweinen – Moral-vorstellungen zur Nutztierhaltung und zum Fleischkonsum im Biologieunterricht. In U. Gebhard & M. Hammann (Hrsg.), *Lehr- und Lernforschung in der Biologiedidaktik* (Bd. 7, S. 171–187). Innsbruck: StudienVerlag.

Trauschke, M. (2016). *Biologie verstehen: Energie in anthropogenen Ökosystemen.* Berlin: Logos Verlag.

Trauschke, M., & Gropengießer, H. (2014). Sonnenstrahlung wird in Nahrung umgewandelt. In Krüger, D., Schmiemann, P., Dittmer, A., & Möller, A. (Hrsg.), *Erkenntnisweg Biologiedidaktik* (Bd. 13, S. 9–24). https://www.bcp.fu-berlin.de/biologie/arbeitsgruppen/didaktik/Erkenntnis-weg/2014/index.html. Berlin: Fachbereichsdruckerei FB Mathematik und Informatik.

Unger, B. (2017). *Biologie verstehen: Wie Lerner mikrobiell induzierte Phänomene erklären.* Baltmannsweiler: Schneider Verlag Hohengehren.

Vollmer, G. (1984). Mesocosm and objective knowledge. In F. Wuketits (Hrsg.), *Concepts and approaches in evolutionary epistemology* (S. 69–121). Dordrecht: Reidel Publishing Company.

Weitzel, H. (2006). *Biologie verstehen: Vorstellungen zu Anpassung* (Bd. 15). Oldenburg: Didak-tisches Zentrum der Carl von Ossietzky Universität.

Weitzel, H., & Gropengießer, H. (2009). Vorstellungsentwicklung zur stammesgeschichtlichen Anpassung: Wie man Lernhindernisse verstehen und förderliche Lernangebote machen kann. *Zeitschrift für Didaktik der Naturwissenschaften, 15,*285–303.

Zabel, J. (2009). *Biologie verstehen: Die Rolle der Narration beim Verstehen der Evolutions-theorie.* Oldenburg: Didaktisches Zentrum.

Organisationsebenen biologischer Systeme unterscheiden und vernetzen: Empirische Befunde und Empfehlungen für die Praxis

5

Marcus Hammann

Inhaltsverzeichnis

„Essen Zellen Schinkenbrote?" lautet der Titel eines Unterrichtsbausteins in der Materialsammlung *Biologie auf allen Ebenen* (Martinis und Truernit 2012). Die unterrichtliche Behandlung biologischer Themen und Fragestellungen beginnt häufig am konkreten Phänomen, erfordert aber dann alsbald den Wechsel zwischen den Organisationsebenen biologischer Systeme. Dabei müssen diese Ebenen unterschieden und vernetzt werden. Der angemessene unterrichtliche Umgang mit den Organisationsebenen biologischer Systeme ist daher seit einigen Jahren Gegenstand biologiedidaktischer Forschung und Entwicklung. Die empirische Beschreibung von Problemen, die Lernende beim Umgang mit Organisationsebenen haben, bildete den Ausgangspunkt der Bemühungen, den Unterricht durch fachdidaktische Forschung zu verbessern (z. B. Lijnse et al. 1990). Durch Ermittlung des Lernbedarfs wurde es möglich, Kompetenzen von Lernenden hinsichtlich des Umgangs mit Organisationsebenen zu beschreiben. Darauf aufbauend wurden biologiedidaktische Empfehlungen zu neuartigen Lehr- und Lernstrategien und alternativen Sequenzierungen entwickelt und in ihren Wirkungen evalu-

M. Hammann (✉)
Zentrum für Didaktik der Biologie, Universität Münster, Münster, Deutschland
E-Mail: hammann.m@uni-muenster.de

© Springer-Verlag GmbH Deutschland, ein Teil von Springer Nature 2019
J. Groß et al. (Hrsg.), *Biologiedidaktische Forschung: Erträge für die Praxis*,
https://doi.org/10.1007/978-3-662-58443-9_5

iert. Über diese Aspekte wird im vorliegenden Kapitel berichtet. Im Fokus steht dabei der Aspekt der vertikalen Vernetzung. Wie die einleitende Frage verdeutlicht, sind bei dieser Art der Vernetzung Vorstellungen von Lernenden betroffen, die auf unterschiedlichen Organisationsebenen liegen. In diesem speziellen Fall – „Essen Zellen Schinkenbrote?" – handelt es sich um die organismische Ebene, da die Nahrungsaufnahme angesprochen wird, und die zelluläre Ebene mit dem Konzept der Zellatmung. Die Beantwortung der Frage erfordert die Unterscheidung und Vernetzung dieser Organisationsebenen. Im Folgenden wird dargestellt, welcher Lernbedarf hierzu besteht und wie die Ergebnisse biologiedidaktischer Forschung in der Praxis genutzt werden können, um Wissen über die verschiedenen Organisationsebenen biologischer Systeme hinweg zu vernetzen.

5.1 Einleitung: Wissensvernetzung durch kumulatives Lernen

Wissensvernetzung wird seit vielen Jahren als eine grundsätzliche Möglichkeit angesehen, die Effizienz des Unterrichts in den naturwissenschaftlichen Fächern zu verbessern (z. B. Baalmann et al. 2005; Bransford et al. 2000). Zur Bedeutung der Wissensvernetzung findet man im Gutachten zur Vorbereitung des BLK-Modellversuchsprogramms „Effizienzsteigerung des mathematisch-naturwissenschaftlichen Unterrichts" die Aussage, dass ein „hinreichend breites, in sich gut organisiertes und vernetztes sowie in unterschiedlichen Anwendungssituationen erprobtes Orientierungswissen in zentralen Wissensdomänen unserer Kultur" eine Schlüsselrolle besitzt (BLK 1997, S. 11). Vernetztes Wissen resultiert aus kumulativem Lernen, das im Gegensatz zum additiven Lernen auf die Verknüpfung von Wissen ausgerichtet ist (Harms und Bünder 1999; Freimann 2001a, b; Ballmann et al. 2003). Wissensvernetzungen führen zu Vorteilen bei der Wissensanwendung, speziell bei der Vermeidung trägen Wissens, das u. a. auf Wissensstrukturdefizite zurückgeführt wird (Renkl 1996). Wissensvernetzung ist auch aus Sicht vieler Lehrkräfte ein Merkmal guten Fachunterrichts (Neuhaus und Vogt 2008). Bei einer Befragung von Biologielehrkräften gab ein überwiegender Teil (47 %) an, dass es das wichtigste Ziel des Unterrichts sei, Wissen zu vernetzen. Ergebnisse einer Videostudie belegen aber auch, dass im Biologieunterricht wenig vernetzt gelernt und hauptsächlich unverknüpftes Faktenwissen erworben wird (Wadouh et al. 2009). Diese Befunde lassen Diskrepanzen zwischen angestrebten Zielen und unterrichtlichen Vorgehensweisen vermuten.

Wichtige Organisationsebenen biologischer Systeme sind Biosphäre, Ökosystem, Lebensgemeinschaft (Biozönose), Organismus, Organsysteme und Organe, Gewebe, Zellen, Organellen und Moleküle. Bleiben diese Organisationsebenen im Biologieunterricht unvernetzt, ist dies nachteilig für die Fähigkeit der Lernenden, Phänomene angemessen zu erklären. Biologische Erklärungen erfordern nämlich die Fähigkeit, zwischen unterschiedlichen Organisationsebenen zu wechseln, besonders wenn das zu erklärende Phänomen auf einer höheren Ebene liegt und der zugrunde liegende Mechanismus auf einer niedrigeren:

> In biological systems, the explanations for, or mechanisms of, phenomena apparent at one scale often lie at a different scale (Parker et al. 2012, S. 49).

Beispielsweise ist es für die Erklärung der proximaten Ursachen der unterschiedlichen Fellfärbung von Braun- und Eisbären notwendig, von der Ebene des Organismus (weißes Eisbärfell) auf die molekulare Ebene zu wechseln (fehlende Pigmentierung der Haare). Für die Erklärung der ultimaten Ursachen der unterschiedlichen Fellfärbungen muss die genetische Ebene berücksichtigt werden. Auch das Phänomen der Emergenz setzt die Fähigkeit voraus, Organisationsebenen zu unterscheiden und aufeinander zu beziehen. Emergenz resultiert aus der hierarchischen Struktur biologischer Organisationsebenen und bezeichnet das Auftreten neuer qualitativer Eigenschaften, „die auf der vorausgegangenen, niedrigeren Hierarchieebene noch nicht existierten" (Campbell und Reece 2009, S. 5).

In der biologiedidaktischen Literatur zum Umgang mit den Organisationsebenen biologischer Systeme wird zwischen horizontaler und vertikaler Vernetzung unterschieden (z. B. Verhoeff 2003, S. 151). Darüber hinaus wird von mangelnder Kohärenz in den Erklärungen von Lernenden und von unterrichtlichen Maßnahmen zur Integration von Konzepten gesprochen. Diese Begriffe bedürfen einer Klärung. Zunächst zur Unterscheidung von horizontaler und vertikaler Vernetzung: Bestehen Wissensverknüpfungen zwischen Konzepten, die auf unterschiedlichen Organisationsebenen verortet sind, spricht man von vertikalen Vernetzungen. In Analogie dazu werden mit horizontalen Vernetzungen Wissensverknüpfungen zwischen Konzepten derselben Organisationsebene bezeichnet. Ein Beispiel für vertikale Vernetzung wurde einführend beschrieben, nämlich Zusammenhänge zwischen Nahrungsaufnahme (Organisationsebene Organismus) und Zellatmung (Organisationsebene Zelle). Weitere Beispiele sind Zusammenhänge zwischen Fotosynthese und Wachstum sowie zwischen Genen und Merkmalen. Beispiele für horizontale Vernetzungen sind Beziehungen, die zwischen verschiedenen Zellorganellen bestehen, und Prozesse, die an ihnen stattfinden, z. B. zwischen aufbauendem und abbauendem Stoffwechsel. Unzureichend vernetztes Wissen führt zum Problem mangelnder horizontaler und vertikaler Kohärenz in den Erklärungen der Lernenden. Gut dokumentiert wurden diesbezüglich die Verwechslung von Organisationsebenen und ihre Unvernetztheit. Beide Aspekte werden in den folgenden Abschnitten dargestellt, um Einblicke in den Förderbedarf zu geben, der bei Schülerinnen und Schülern bestehen kann. Unterrichtliche Maßnahmen zur Wissensvernetzung zielen auf Integration von Konzepten derselben Organisationsebene (horizontal) und unterschiedlicher Organisationsebenen (vertikal) ab. Ziel der **Wissensintegration** ist das Erreichen einer reich strukturierten und vernetzten Wissensbasis.

5.2   Charakterisierung der Ausgangslage

5.2.1   Unterscheiden Lernende Organisationsebenen?

Wissen über Organisationsebenen – sowie Wissen über die ihnen zugeordneten
Konzepte – bilden die Grundlage für die Fähigkeit, konsequent zwischen ihnen zu
unterscheiden. Als einen Teilaspekt mangelnder vertikaler Kohärenz beschreibt die
Verwechslung von Organisationsebenen (*confusion of levels* oder auch *slippage
of levels;* Wilensky und Resnick 1999) den Sachverhalt, dass Konzepte, die auf
unterschiedlichen Systemebenen liegen, bei der Erklärung eines biologischen Phänomens vertauscht werden. Am Beispiel der Diffusion soll dieses Problem näher
erläutert werden. Diffusion spielt bei vielen biologischen Prozessen eine wichtige
Rolle, auch beim Gasaustausch an den Lungenbläschen. Sie beruht ursächlich auf
der Zufälligkeit der Brown'schen Molekularbewegung sowie der Existenz eines
Konzentrationsgradienten. Somit ist Diffusion aus fachlicher Sicht als ein Netto-
fluss zu begreifen, d. h., Teilchen diffundieren mit höherer Wahrscheinlichkeit von
Orten hoher zu Orten niedriger Konzentration als umgekehrt. Im Gegensatz hierzu
denken viele Schülerinnen und Schüler aufbauend auf ihren Alltagsvorstellungen,
dass sich die Teilchen gerichtet, also mit einer Intention, von Orten hoher zu niedriger Konzentration bewegen.

Die Schülervorstellung der gerichteten Bewegung von Teilchen beinhaltet
eine Verwechslung von Organisationsebenen, da ein Prozess, der auf der Makroebene (d. h. auf der Ebene des makroskopisch zu beobachtenden Phänomens) als
gerichtet beobachtet werden kann, auch auf der Mikroebene (d. h. der Teilchen-
ebene) als gerichtet interpretiert wird (Chi 2005; Hammann und Asshoff 2014). Zu
erkennen ist dies an der Schüleraussage, dass die Teilchen einen Konzentrations-
ausgleich anstreben bzw. eine gerichtete Bewegung durchführen. Dabei werden
Eigenschaften, die auf der Makroebene liegen, in fachlich unzulässiger Art und
Weise auf die Mikroebene übertragen. Wird in einem Demonstrationsexperiment
beispielsweise Kaliumpermanganat in einen Wasserbehälter gegeben, kann man in
der Tat eine gerichtete Bewegung beobachten: Die Farbfront bewegt sich im Laufe
der Zeit gerichtet von Bereichen hoher zu Bereichen niedriger Konzentration.
Wird in Analogie dazu von den Lernenden eine gerichtete Kraft auf der Teilchen-
ebene für den Ausgleich des Konzentrationsgradienten verantwortlich gemacht,
liegt eine fachlich unzutreffende Übertragung von Eigenschaften der Makroebene auf die Mikroebene vor. Organisationsebenen werden nicht unterschieden.
Dies lässt sich auch als eine Verwechslung von Organisationsebenen bezeichnen,
da sich die Teilchen – im Gegensatz zur sichtbaren Farbfront – nicht gerichtet
bewegen, sondern zufällig. Betrachtet man die Gesamtheit aller Teilchen, ist die
Wahrscheinlichkeit für Teilchen größer, aus einem höher konzentrierten Bereich in
einen niedriger konzentrierten Bereich zu diffundieren, als die Wahrscheinlichkeit
für den entgegengesetzten Fall.

Verschiedene Ergebnisse der Schülervorstellungsforschung lassen sich anführen,
um die Bedeutung der Kompetenz zu unterstreichen, Organisationsebenen zu

unterscheiden. Berichtet wurde über Schülerinnen und Schüler, welche die physiologischen Leistungen von Einzellern (z. B. Atmung, Verdauung) auf den Besitz von Strukturen zurückführen, die nicht bei Einzellern, sondern bei Vielzellern auftreten (z. B. Lungen, Verdauungstrakt; vgl. Dreyfus und Jungwirth 1989; Flores et al. 2003). Das Beispiel zeigt die Verwechslung der zellulären und organismischen Ebene.

Ähnliches wurde beobachtet, als man Lernende aufforderte, Zellatmung beim Menschen zu definieren. Lernende führten zur Beantwortung dieser Frage den Gasaustausch an, der bei der äußeren Atmung zu beobachten ist. Sie verwechselten somit innere und äußere Atmung (Anderson et al. 1990; Songer und Mintzes 1994; Stavy et al. 1987). Ein weiteres prominentes Beispiel für die Verwechslung von Organisationsebenen sind die Schülervorstellungen der Merkmalsvererbung, d. h. die Vorstellung, dass Merkmale (und keine Gene) an die Nachkommen weitergegeben werden (Kattmann 2015; Manokore und Williams 2012; Marbach-Ad und Stavy 2000). Gleiches gilt für die Schülervorstellung der Vererbung erworbener Merkmale (Kargbo et al. 1980; Clough und Wood-Robinson 1985). Beide Schülervorstellungen beinhalten eine Verwechslung der phänotypischen und genetischen Ebene. Darüber hinaus besteht die Vorstellung, dass genetische Dominanz – ein Begriff, der ein molekularbiologisches Phänomen beschreibt – die Häufigkeit des Auftretens eines Merkmals in einer Population bezeichnet (Slack und Stewart 1990; Smith und Good 1984). Besondere Schwierigkeiten bereitet die Erklärung emergenter Phänomene, beispielsweise die Aggregation von Schleimpilzen oder der Formationsflug von Vögeln (Penner 2000; Resnick 1996; Wilensky und Resnick 1999). Schülerinnen und Schüler erklären diese Phänomene, indem sie die Eigenschaften der höheren Organisationebene auf dieselben (und bereits bestehenden) Eigenschaften der niedrigeren Organisationsebene zurückführen, obwohl Eigenschaften der höheren Organisationsebene durch das Zusammenwirken der Elemente der niedrigeren Organisationsebene neu entstehen.

5.2.2 Vernetzen Lernende Organisationsebenen?

Unvernetztheit von Organisationsebenen (*disconnect between levels;* vgl. Brown und Schwartz 2009; Jördens et al. 2016) bezeichnet das Problem, dass Lernende ein Phänomen ausschließlich auf der einen Organisationsebene erklären, obwohl zu seiner vollständigen Erklärung die Betrachtung verschiedener Organisationsebenen und der Wechsel zwischen ihnen notwendig wäre. Wie bei der Verwechslung von Organisationsebenen handelt es sich bei der Unvernetztheit um einen Teilaspekt des Problems mangelnder vertikaler Kohärenz in den Erklärungen von Lernenden. Das Problem der Unvernetztheit ist in Schwierigkeiten beim Wechsel zwischen Organisationsebenen begründet, wie die Ergebnisse der Schülervorstellungsforschung zeigen. Untersuchungen ergaben, dass Schülerinnen und Schüler bakterielle Zersetzung häufig ausschließlich als mechanische

Zerkleinerung und nicht auch als physiologisches Phänomen (Stoffumwandlung) begreifen (Hilge 1999; Leach et al. 1996). Am Beispiel des Komposthaufens lässt sich dies verdeutlichen: Mechanische Zersetzungsvorstellungen werden durch die Betrachtung der makroskopisch sichtbaren Ebene gestützt, da beobachtet werden kann, dass große Pflanzenteile zu kleinen zersetzt werden. Die Mineralisierung, d. h. die Nutzbarmachung von z. B. Kohlenstoffdioxid im Zuge der mikrobiellen Zersetzung, bleibt den Lernenden ebenso verborgen wie die ökologische Bedeutung der mikrobiellen Zersetzung für Stoffkreisläufe. Für den Biologieunterricht wurde daher gefordert, mechanische Zersetzungsvorstellungen physiologisch anschlussfähig zu machen (Hilge 1999).

Unvernetzte Organisationsebenen wurden auch bei biochemischen und ökologischen Betrachtungen des Stoffwechsels beobachtet. Beispielsweise wurde die Schülervorstellung beschrieben, dass die Sonne (und nicht die Zellatmung) den Pflanzen die Energie für zelluläre Prozesse bereitstellt (Brown und Schwartz 2009). Für Mitochondrien und Zellatmung sah ein Lernender bei Pflanzen deshalb keinen Bedarf. Da zwischen Sonnenenergie und chemischer Energie nicht unterschieden wurde, erübrigte sich die Betrachtung energetischer Prozesse auf zellulärer Ebene. Fehlende Vernetzungen werden auch deutlich, wenn die Lernenden die ökosystemare Bedeutung von Fotosynthese und Zellatmung nicht benennen können, obwohl ein Verständnis der Bedeutung dieser Stoffwechselvorgänge auf der Ebene des Organismus besteht (Brown und Schwartz 2009; Canal 1999; Waheed und Lucas 1992). Eine besonders eindrückliche Beschreibung unvernetzter Organisationsebenen betrifft den Kohlenstoffkreislauf. Lernende wurden aufgefordert, den Kohlenstoffkreislauf zu beschreiben (Hlawatsch et al. 2005). Sie blendeten dabei die Atmosphäre und Lithosphäre aus und beschrieben ausschließlich Wechselwirkungen von tierischen und pflanzlichen Organismen, d. h. den Austausch von Kohlenstoffdioxid zwischen Tieren und Pflanzen im Zuge der Zellatmung und der Fotosynthese.

Unvernetzte Organisationsebenen wurden auch beobachtet, wenn Schülerinnen und Schüler genetische Phänomene erklärten. Hilfreich für die Analyse dieses Problems ist der Begriff der Verkürzung (Duncan und Reiser 2007; van Mil 2013). In verkürzten genetischen Erklärungen *(truncated genetic explanations)* werden Gene und Merkmale direkt verknüpft (z. B. Gene kodieren für Merkmale), ohne dass diejenigen kausalen Mechanismen von den Lernenden angeführt werden, welche für die Merkmalsausprägung verantwortlich sind (z. B. Transkription und Translation). Ursächlich sind fehlende Vernetzungen zwischen zwei Organisationsebenen, nämlich „an information level containing the genetic information, and a physical level containing hierarchically organized biophysical entities such as proteins, cells, tissues, etc." (Duncan und Reiser 2007, S. 938). Zur Vermeidung des Problems verkürzter genetischer Erklärungen sollte jenes Wissen vermittelt werden, welches zur Vernetzung der angesprochenen Ebenen – und damit zur Verlängerung der Erklärungen – notwendig ist, nämlich „causal mechanistic explanations of how the genetic information brings about physical effects (feature or trait)" (Duncan und Reiser 2007, S. 947).

Darüber hinaus bleiben Organisationsebenen häufig unvernetzt, wenn Schülerinnen und Schüler evolutionsbiologische Probleme erklären. Aus fachlicher Sicht ist der Wechsel der Organisationsebenen jedoch unverzichtbar für evolutionsbiologische Erklärungen, da sich im Laufe der Zeit Allelfrequenzen im Genpool einer Population verändern. Selbstverständlich ist Artwandel auf der Organisationsebene des Organismus und der Population sichtbar und kann als Wandel der Phänotypen innerhalb einer Population beschrieben werden. Jedoch besteht aus fachlicher Sicht eine Voraussetzung für Artwandel im Vorliegen genetischer Unterschiede zwischen Individuen in Bezug auf ein Merkmal, auf das Selektion einwirkt. Selektion führt zu differenziellem Reproduktionserfolg. Daher kommt es im Laufe der Zeit zur Veränderung von Allelfrequenzen im Genpool und – als Folge – zu phänotypischen Änderungen.

Schülerinnen und Schüler greifen im Gegensatz hierzu nicht immer auf genetische Vorstellungen zurück, um Artwandel zu erklären. Das Problem wurde verschiedentlich bemerkt (z. B. Halldén 1988; Kampourakis und Zogza 2009). Beispielsweise wurde beobachtet, dass Lernende die Frage nach den Veränderungen erblich bedingter Merkmale im Laufe der Evolution nicht beantworten konnten, obwohl ihnen genetisches Wissen vor der Einheit zur Evolution vermittelt worden war (Halldén 1988). Weitere Hinweise auf träges Wissen stammen aus einer quantitativen Untersuchung zur vertikalen Kohärenz von evolutionsbiologischen Erklärungen (Jördens et al. 2016). Ein Drittel der Lernenden (12. Jahrgangsstufe) erklärte evolutiven Wandel rein phänotypisch, d. h. ohne Bezugnahme auf genetische Veränderungen durch Selektion. Das genetische Wissen (z. B. über Gene und Allele) stand den Lernenden aber zur Verfügung, da sie zuvor Genetikunterricht erhalten hatten. Zur genaueren Analyse ist anzumerken, dass Lernende in phänotypischen Erklärungen die genetische Organisationsebene (d. h. innerartliche genetische Variation als Voraussetzung für evolutiven Wandel) nicht vernetzten mit der Organisationsebene des Individuums (d. h. Selektion als Ursache für differenziellen Reproduktionserfolg und Unterschiede in der Überlebensrate) und mit der Organisationsebene der Population (d. h. Veränderungen von Allelfrequenzen in der Population).

Weitere Hinweise auf mangelnde vertikale Kohärenz stammen aus Studien, die belegen, dass Lernende evolutiven Wandel *einschrittig* erklären (Bishop und Anderson 1990; Shtulman 2006). Entweder wird dabei ausschließlich die Art als Ganzes in den Blick genommen, die sich verändert, oder es wird ausschließlich auf ein Individuum fokussiert, das sich im Laufe seines Lebens wandelt. Da Organisationsebenen nicht vernetzt betrachtet werden, stellt sich im ersten Fall nicht die Frage, wie das Merkmal entstand (Organisationsebene Individuum) bzw. wie im zweiten Fall Veränderungen eines Individuums zu Veränderungen der Art (Organisationsebene Population) führen. Evolutionsbiologische Erklärungen sind im Gegensatz hierzu *zweischrittig:* Sie fokussieren auf die Entstehung neuer genetisch bedingter Merkmale in Individuen und die Frequenz ihres Auftretens in einer Population.

5.3   Ursachen und evidenzorientierte Empfehlungen

5.3.1 Organisationsebenen im Unterricht

Empfehlungen für den unterrichtlichen Umgang mit den Organisationsebenen biologischer Systeme wurden von verschiedenen Arbeitsgruppen und Autoren – auch unabhängig voneinander – beschrieben. Spezifische Vorschläge erfolgten u. a. in Bezug auf Unterricht zur Zellbiologie (Verhoeff 2003), Fotosynthese (Parker et al. 2012), Ökologie (Ebert-May et al. 2003), Evolution (Halldén 1988; Kampourakis und Zogza 2009, Genetik (Knippels 2002; Duncan und Reiser 2007) sowie zum Systemdenken (Penner 2000; Verhoeff 2003; Resnick 1996; Wilensky und Resnick 1999) und zum Umgang mit multiplen Repräsentationen (Tsui und Treagust 2013). Grundsätzliche Übereinstimmung herrscht bezüglich der Tatsache, dass Organisationsebenen im Unterricht explizit thematisiert werden sollten, beispielsweise durch Strategien wie „organizing systems and identifying scale" (Parker et al. 2012, S. 48), „thinking across levels" (Penner 2000; Resnick 1996; Wilensky und Resnick 1999) und „vertical translation across levels of representations (VTL)" (Tsui und Treagust 2013, S. 10). Speziell wurde der Vorschlag gemacht, die folgenden Teilaspekte im Unterricht zu beachten (Verhoeff et al. 2008):

- Konzepte derselben Organisationsebene vernetzen (horizontale Kohärenz)
- Konzepte unterschiedlicher Organisationsebenen vernetzen (vertikale Kohärenz)
- Metareflexion über die Frage, welche Organisationsebenen vernetzt wurden

Verhoeff et al. (2008) führen weiterhin die Unterscheidung von Organisationsebenen an sowie das Hin- und Herwechseln zwischen den Organisationsebenen. Beide Teilaspekte können als Voraussetzungen für die Schaffung horizontaler und vertikaler Kohärenz angesehen werden und sind damit bereits in den oben angeführten Teilaspekten enthalten.

Fachdidaktische Empfehlungen zum angemessenen Umgang mit den Organisationsebenen biologischer Systeme beziehen sich im Wesentlichen auf zwei Aspekte: Einerseits wurde die Neu- bzw. Weiterentwicklung von Lehr- und Lernstrategien zur Vernetzung von Organisationsebenen beschrieben. Exemplarisch wird in diesem Beitrag die **Yo-Yo-Lehr- und -Lernstrategie** dargestellt, da sich diese vielseitig einsetzen lässt und weil Aspekte dieser Lehr- und Lernstrategie auf Lernwirksamkeit überprüft wurden (Knippels 2002). Andererseits wurden neuartige Ansätze zur Auswahl und Sequenzierung von Inhalten vorgeschlagen, um die Lernenden zu einem besseren Umgang mit Organisationsebenen zu befähigen. Es wird ein evaluierter Ansatz zur Umkehrung der üblichen Reihenfolge der Themen des Genetikunterrichts beschrieben (Gluhodedow 2012).

5.3.2 Lehr- und Lernstrategien zur Vernetzung von Organisationsebenen

Eine innovative Lehr- und Lernstrategie zur Vernetzung von Organisationsebenen biologischer Systeme wurde für den Genetikunterricht entwickelt. Aufgrund einer Analyse deskriptiver Befunde zu Schülervorstellungen vermutete Knippels (2002), dass Lehrerinnen und Lehrer beim Unterrichten genetischer Themen besondere Maßnahmen ergreifen müssen, um Lernenden den Abstieg auf eine tiefer liegende Organisationsebene zu ermöglichen. Diese theoretische Vorüberlegung wurde durch unterrichtliche Erprobungen im Rahmen fachdidaktischer Entwicklungs- forschung *(design-based research)* überprüft. Dabei erfolgte die Erkenntnis, dass der Wiederaufstieg auf eine höher liegende Organisationsebene ebenfalls eine Lernschwierigkeit darstellt. Nach erneuter Erprobung dieser Schlussfolgerung erfolgte die Beschreibung einer Lehr- und Lernstrategie zur Vernetzung von Organisationsebenen, die als Yo-Yo-Lehr- und -Lernstrategie (auch Yo-Yo-Ler- nen) bezeichnet wird. Sie wird von verschiedenen Autoren als eine Möglichkeit angesehen, Lernschwierigkeiten im Genetikunterricht zu überwinden (Ruppert 2004; Gluhodedow 2012).

Namensgebende Elemente dieser Lehr- und Lernstrategie sind der Abstieg und Wiederaufstieg zwischen den Organisationsebenen, ähnlich wie bei einem Yo-Yo, das an einem Faden auf- und absteigt. Zentraler Aspekt ist die Problem- orientierung des Unterrichts, d. h. die Ausrichtung des Unterrichts auf die Erklärung biologischer Phänomene durch Mechanismen der zugrunde liegenden Organisationsebenen. Aber auch die Fragetechnik ist entscheidend, denn Lehrende können Abstieg und Wiederaufstieg durch explizite Angabe der Organisations- ebene in ihren Fragestellungen leiten. Grundsätzlich beinhalten dabei Fragen nach der biologischen Funktion einen Aufstieg auf die höher gelegene Ebene; Fragen nach der Ursache (Kausalitätsprinzip) leiten einen Abstieg auf die tiefer gelegene Ebene ein (Knippels 2002, S. 92). Auf diese Art und Weise können Lehrkräfte dazu beitragen, Wissen über die verschiedenen Organisationsebenen biologischer Systeme hinweg zu vernetzen. Hiermit ist allerdings auch – nach Einschätzung der Autorin – eine gewisse Schwäche der Lehr- und Lernstrategie verbunden: Lehr- kräfte leiten Denkprozesse durch gezielte Fragestellungen an, und es ist fraglich, ob Lernende auch ohne Einhilfen Organisationsebenen vernetzen (Knippels 2002, S. 116). Später wurde die Lehr- und Lernstrategie daher um Metareflexion über die Frage ergänzt, welche Organisationsebenen betrachtet und vernetzt wurden (Verhoeff et al. 2008). Als Vorteil der Yo-Yo-Lehr- und -Lernstrategie wird ihre breite Einsatzmöglichkeit angesehen, denn sie ist anwendbar auf „biological topics that transsect the different levels of organization" (Knippels 2002, S. 154).

Aufbauend auf den Überlegungen zur Bedeutung des Wechsels zwischen den Organisationsebenen biologischer Systeme wurde ein postulierter Verursachungs- mechanismus für vertikale Kohärenz in den Erklärungen der Lernenden unter- sucht (Jördens et al. 2016). Dies erfolgte am Beispiel des Evolutionsunterrichts der Sekundarstufe II, für den seit Längerem gefordert wurde, genetische und evolutionsbiologische Ausbildungsinhalte stärker zu vernetzen. Es konnte gezeigt werden, dass Lernende Organisationsebenen signifikant besser unterscheiden und vernetzen, wenn der Unterricht Gelegenheit zur Analyse sowohl der phänotypischen als auch der genotypischen Auswirkungen von Selektion bietet. Zum Einsatz kamen zwei Simulationen, die sich hauptsächlich darin unterschieden, ob einzig und allein die phänotypischen Auswirkungen von Selektion auf den Artwandel thematisiert wurden (Vergleichsgruppe) oder auch zusätzlich die Veränderung von Allelfrequenzen (Experimentalgruppe). Letztere Simulation ermöglichte den Lernenden den wiederholten Auf- und Abstieg zwischen den verschiedenen beteiligten Ebenen (Allele, Organismen, Populationen), wobei die Organisationsebenen klar unterschieden, aber auch vernetzt wurden.

Die Untersuchung der Wirkungen dieser beiden Simulationstypen erfolgte begründet, da in der biologiedidaktischen Literatur unterschiedliche Vorschläge für Simulationen zum evolutiven Wandel unterbreitet wurden, ohne ihre Wirkungen empirisch zu überprüfen. Einige Autoren beschrieben Simulationen, welche evolutiven Wandel ausschließlich auf der phänotypischen Ebene darstellen (z. B. Stebbins und Allen 1975; Maret und Rissing 1998; Lauer 2000; Scheersoi und Kullmann 2007). Derartige Simulationen können nachteilig sein, da die Lernenden ohnehin dazu neigen, Organisationsebenen unvernetzt zu lassen (d. h. evolutiven Wandel rein phänotypisch zu erklären). Andere Simulationen wurden vorgeschlagen, die zwischen phänotypischem Wandel und Veränderung des Genpools unterscheiden (z. B. Fifield und Fall 1992; Christensen-Dalsgaard und Kanneworff 2009). Ein spezielles Beispiel dieses Simulationstyps ist problematisch: Individuen und Allele werden identisch repräsentiert, ohne die Lernenden aufzufordern, zwischen ihnen zu unterscheiden (Allen und Wold 2009). Dies kann die Neigung der Lernenden verstärken, Organisationsebenen zu verwechseln (d. h., Merkmale werden vererbt und nicht das Genom).

Zu den Ergebnissen der oben angeführten Untersuchung zur Verursachung vertikaler Kohärenz: Der Vergleich zwischen den Gruppen zeigte signifikante Unterschiede in Abhängigkeit von den Merkmalen der Simulation (Jördens et al. 2016). Untersucht wurden die Erklärungen der Lernenden auf mögliche Verwechslung und Unvernetztheit von Organisationsebenen als Probleme mangelnder vertikaler Kohärenz. Diesbezüglich verbesserten sich Lernende vom Vor- zum Nachtest, welche mit einer Simulation arbeiteten, die sie anleitete, Organisationsebenen zu unterscheiden und zu vernetzen. Sie erklärten evolutiven Wandel seltener ausschließlich auf der Ebene des Phänotyps und unterschieden zwischen Gen und Merkmal. Im Gegensatz hierzu blieben die beschriebenen Probleme vertikaler Kohärenz in den Erklärungen der Lernenden der Vergleichsgruppe bestehen. Diese arbeiteten mit einer Simulation, welche ausschließlich auf phänotypischen Wandel fokussierte. Generell kann daher empfohlen werden, die Organisationsebenen biologischer Systeme im Unterricht zu unterscheiden und zu vernetzen. Eine zentrale Hypothese zum angemessenen Umgang mit den Organisationsebenen biologischer Systeme wurde bestätigt: Unterscheidung und Vernetzung von Organisationsebenen sind Voraussetzungen für vertikale Kohärenz in den Erklärungen von Lernenden.

5.3.3 Auswahl und Sequenzierung von Inhalten zur besseren Vernetzung von Organisationsebenen

Eine alternative Sequenzierung von Inhalten zur Vernetzung von Organisationsebenen wurde für den Genetikunterricht erprobt (Gluhodedow 2012). Traditionellerweise orientiert sich die Abfolge der Themen an der historischen Entwicklung der Genetik: Themen der Mendel-Genetik werden vor Inhalten der Molekulargenetik behandelt. An dieser Sequenzierung wurde kritisiert, dass das Wissen, das zu den Teilbereichen der Genetik erworben wird, in vielen Aspekten unvernetzt bleibt (Allchin 2000; Knippels et al. 2005; Kattmann 2007; Gluhodedow 2012; Jamieson und Radick 2013). Als ein exemplarisches Detail kann das Phänomen der genetischen Dominanz angeführt werden, das in der Mendel-Genetik eingeführt wird, aber erst in der Molekulargenetik vollständig erklärt werden kann (und selten wird). Ein übergeordneter Aspekt der Kritik an der traditionellen Abfolge von Themen ist der Zusammenhang zwischen Genen und Merkmalen. Grundsätzlich wird in der Mendel-Genetik dieser Aspekt nicht behandelt. Vielmehr wird bei der Analyse monogener Erbgänge die folgende Strategie verwendet: Es wird von Genen auf Merkmale geschlossen und umgekehrt. Diese Vorgehensweise ermöglicht erfolgreiches Problemlösen in der Mendel-Genetik, birgt jedoch die Gefahr einer Gleichsetzung von Gen und Merkmal. Als mögliche Folge könnten Schülerinnen und Schüler Gene und Merkmale verwechseln („Merkmalsvererbung"; vgl. Kattmann 2015). Außerdem könnte der Eindruck entstehen, dass alle Merkmale monogen bedingt sind. Im Gegensatz hierzu sind die polygenen Erbgänge in der Natur häufiger als die monogenen. Darüber hinaus bleiben die Prozesse der Merkmalsausprägung (z. B. Transkription und Translation) in der Mendel-Genetik unbehandelt. Dies führt zu mangelnder Vernetzung der Ebene der Gene und der Ebene Merkmale sowohl im Unterricht als auch in den Erklärungen der Lernenden (**verkürzte Erklärungen**). Möglicherweise, so wurde vermutet, entsteht für die Lernenden nicht einmal der Hinweis auf die Bedeutung der Unterscheidung zwischen Genen und Merkmalen bzw. der Wunsch nach weiterführenden Informationen: „Wer glaubt, dass Gene und Merkmale ein und dasselbe sind, hat für den Weg vom Gen zum Merkmal keinen Erklärungsbedarf" (Kattmann 2007, S. 29).

Bei der Umkehrung der traditionellen Sequenz für den Genetikunterricht wurde das AB0-Blutgruppensystem an den Anfang gestellt (Gluhodedow 2012). Beispielsweise wurden Kenntnisse über den Bau der DNA, die Genexpression und über Enzymwirkungen vermittelt. Hierdurch wurden die Lernenden befähigt, die Vorgänge der Merkmalsausprägung zu beschreiben und zu erklären. Verschiedene Leitlinien wurden bei der Planung und Durchführung des Unterrichts beachtet, u. a. die ausdrückliche Unterscheidung der genotypischen und phänotypischen Ebene, die Vernetzung von Organisationsebenen und die Bezugnahme auf reale Phänomene. Als abhängige Variable wurde u. a. das Verständnis der Lernenden vom Zusammenhang zwischen Genen und Merkmalen untersucht, z. B. durch wiederholte Kartenabfragen und Interviews sowie durch Unterrichtsbeobachtungen. Untersucht wurde auch, ob die Lernenden am Ende des Genetikunterrichts die verschiedenen Aspekte vernetzen. Generell zeigte sich, „dass bei den Schülern eine Vorstellungsveränderung von der Merkmalsvererbung hin zur Genvererbung erreicht werden konnte" (Gluhodedow 2012, S. 117). Hierfür wird hauptsächlich die Vermittlung von Wissen und Verständnis über die an der Merkmalsausprägung beteiligten Strukturen und Prozesse verantwortlich gemacht, aber auch Wissen über die Struktur der DNA und über die Chromosomentheorie der Vererbung. Auch die Vorteile der neuartigen Sequenzierung von Inhalten für Wissensvernetzungen wurden dokumentiert. Berichtet wird beispielsweise über die Erarbeitung der molekularen Ursachen der Dominanz bzw. Rezessivität von Genen im Zusammenhang mit der Mendel-Genetik. Hierfür wurde auf Wissen über Genexpression und Enzymwirkungen zurückgegriffen, das zuvor im molekulargenetischen Teil der Einheit unterrichtet worden war. Andere Vernetzungen von Organisationsebenen betreffen Zusammenhänge zwischen Zellzyklus und Genexpression sowie die Betrachtung der molekularen Vorgänge der DNA-Replikation nach der Chromosomentheorie.

5.4   Zusammenfassung

Die Beschreibung mangelnder vertikaler Kohärenz in den Erklärungen von Lernenden bildete den *Ausgangspunkt* für Empfehlungen zum Umgang mit den Organisationsebenen biologischer Systeme. Die Schülervorstellungsforschung zeigte, dass Probleme vertikaler Kohärenz bestehen, wenn Konzepte vernetzt werden müssen, die auf unterschiedlichen Organisationebenen liegen. Als spezifische Probleme wurden die Verwechslung und Unvernetztheit von Organisationsebenen in den Erklärungen der Schülerinnen und Schüler identifiziert. Als *Empfehlungen* wurden innovative Lehr- und Lernstrategien und alternative Ansätze zur Auswahl und Sequenzierung von Inhalten beschrieben. Zur Vernetzung von Organisationebenen kann die Yo-Yo-Lehr- und -Lernstrategie eingesetzt werden. Sie wurde für den Genetikunterricht entwickelt, lässt sich aber auf viele Themen des Biologieunterrichts übertragen. Ein alternativer Sequenzierungsansatz wurde für den Genetikunterricht der Sekundarstufe I vorgeschlagen, indem die Molekulargenetik vor der Mendel-Genetik behandelt wird, um die damit verbundenen Organisationsebenen zu vernetzen. Für beide Aspekte bestehen *Wirksamkeitsnachweise*. Für den Evolutionsunterricht der Sekundarstufe II wurde gezeigt, dass sich Probleme vertikaler Kohärenz in den Erklärungen der Lernenden verringern, wenn Organisationsebenen vernetzt werden und der Unterricht die Gelegenheit zur Analyse sowohl der phänotypischen als auch der genotypischen Auswirkungen von Selektion bietet. Auch die Erwartungen zur alternativen Sequenzierung von Inhalten des Genetikunterrichts wurden bestätigt. Die Hypothese wurde gestützt, dass sich genetisches Wissen durch geeignete Anordnung von Themen prinzipiell vernetzen lässt. Durch die Behandlung molekulargenetischer Inhalte wurde den Lernenden deutlich, wie Merkmale entstehen und dass sich Gene und Merkmale unterscheiden. Ihre Vorstellungen veränderten sich von der Merkmalsvererbung hin zur Genvererbung.

Literatur

Allchin, D. (2000). Mending mendelism. *The American Biology Teacher, 62*(9), 633–639.

Allen, J. H., & Wold, J. (2009). Investigating contemporary evolution via size-selective harvesting. *The American Biology Teacher, 71*(3), 151–155.

Anderson, C. W., Sheldon, T. H., & Dubay, J. (1990). The effect of instruction on college non-majors' conceptions of respiration and photosynthesis. *Journal of Research in Science Teaching, 27*(8), 761–776.

Ballmann, R., Dieckmann, R., Freimann, T., Langlet, J., Lichtner, H., Ohly, P., et al. (2003). *Weniger (Additives) ist mehr (Systematisches) Kumulatives Lernen: Handreichung für den Biologieunterricht in den Jahrgängen 5–10*. München: VdBiol.

Baalmann, W., Frerichs, V., & Kattmann, U. (2005). Genetik im Kontext von Evolution – Oder: Warum die Gorillas schwarz wurden. *Der mathematische und naturwissenschaftliche Unterricht, 58*(7), 420–427.

Bishop, B. A., & Anderson, C. W. (1990). Student conceptions of natural selection and its role on evolution. *Journal of Research in Science Teaching, 27*(5), 415–427.

BLK (Bund-Länder-Kommission für Bildungsplanung und Forschungsförderung). (1997). *Gutachten zur Vorbereitung des Programms „Steigerung der Effizienz des mathematisch-naturwissenschaftlichen Unterrichts"*. Bonn: BLK.

Bransford, J. D., Brown, A. L., & Cocking, R. R. (Hrsg.). (2000). *How people learn: Brain, mind, experience, and school*. Washington, D.C.: National Academy Press.

Brown, M. H., & Schwartz, R. S. (2009). Connecting photosynthesis and cellular respiration: Pre-service teachers' conceptions. *Journal of Research in Science Teaching, 46*(7), 791–812.

Canal, P. (1999). Photosynthesis and ‚inverse respiration‘ in plants: An inevitable misconception? *International Journal of Science Education, 21*(4), 363–372.

Campbell, N. A., & Reece, J. B. (2009). *Biologie* (8. Aufl.). München: Pearson Studium.

Chi, M. (2005). Commonsense conceptions of emergent processes. Why some misconceptions are robust. *The Journal of the Learning Sciences, 14*(2), 161–199.

Christensen-Dalsgaard, J., & Kanneworff, M. (2009). Evolution in lego®: A physical simulation of adaptation by natural selection. *Evolution: Education and Outreach, 2*(3), 518–526.

Clough, E. E., & Wood-Robinson, C. (1985). Children's understanding of inheritance. *Journal of Biological Education, 19*(4), 304–310.

Dreyfus, A., & Jungwirth, E. (1989). The pupil and the living cell: A taxonomy of dysfunctional ideas about an abstract idea. *Journal of Biological Education, 23*, 49–55.

Duncan, R. G., & Reiser, B. J. (2007). Reasoning across ontologically distinct levels: Students' understandings of molecular genetics. *Journal of Research in Science Teaching, 44*(7), 938–959.

Ebert-May, D., Bazli, J., & Lim, H. (2003). Disciplinary research–strategies of assessment of learning. *BioScience, 53*, 1221–1228.

Fifield, S., & Fall, B. (1992). A hands-on simulation of natural selection in an imaginary organism Platysoma apoda. *The American Biology Teacher, 54*(4), 230–235.

Flores, F., Tovar, M., & Gallegos, L. (2003). Representation of the cell and its processes in high school students. An integrated view. *International Journal of Science Education, 25*(2), 269–286.

Freiman, T. (2001a). Kumulatives Lernen im Biologieunterricht. *Praxis der Naturwissenschaften – Biologie in der Schule, 50*(7), 1–2.

Freiman, T. (2001b). Kumulatives Lernen mit Hilfe von Erschließungsfeldern. *Praxis der Naturwissenschaften – Biologie in der Schule, 50*(7), 19–20.

Gluhodedow, M. (2012). *Biologie verstehen: Genetikunterricht in der Sekundarstufe I*. Oldenburg: Didaktisches Zentrum der Carl von Ossietzky Universität.

Halldén, O. (1988). The evolution of the species: Pupil perspectives and school perspectives. *International Journal of Science Education, 10*(5), 541–552.

Hammann, M., & Asshoff, R. (2014). *Schülervorstellungen im Biologieunterricht: Ursachen für Lernschwierigkeiten.* Seelze: Klett I Kallmeyer.

Harms, U., & Bünder, W. (1999). Erläuterungen zu Modul 5: Zuwachs von Kompetenz erfahrbar machen: Kumulatives Lernen. BLK-Modellversuchsprogramm „Effizienzsteigerung des mathematisch-naturwissenschaftlichen Unterrichts". http://www.sinus-transfer.de/module/modul_5kumulatives_lernen.html.

Hilge, C. (1999). *Schülervorstellungen und fachliche Vorstellungen zu Mikroorganismen und mikrobiellen Prozessen – Ein Beitrag zur Didaktischen Rekonstruktion.* Oldenburg: Didaktisches Zentrum der Carl von Ossietzky Universität.

Hlawatsch, S., Lücken, M., Hansen, K., Fischer, M., & Bayrhuber, H. (2005). Forschungsdialog: System Erde – Schlussbericht. Kiel: Christian-Albrechts-Universität zu Kiel, Leibniz-Institut für die Pädagogik der Naturwissenschaften (IPN). http://archiv.ipn.uni-kiel.de/System_Erde/Schlussbericht20_12_05-EF.pdf.

Jamieson, A., & Radick, G. (2013). Putting Mendel in his place: How curriculum reform in genetics and counterfactual history of science can work together. In K. Kampourakis (Hrsg.), *The philosophy of biology. A companion for educators* (S. 577–595). Dordrecht: Springer.

Jördens, J., Asshoff, R., Kullmann, H., & Hammann, M. (2016). Providing vertical coherence in explanations and promoting reasoning across levels of biological organization when teaching evolution. *International Journal of Science Education, 38*(6), 960–992.

Kampourakis, K., & Zogza, V. (2009). Preliminary explanations: A basic framework for conceptual change and explanatory coherence in evolution. *Science & Education, 18,* 1313–1340.

Kargbo, D. B., Hobbs, E. D., & Erickson, G. L. (1980). Children's beliefs about inherited characteristics. *Journal of Biological Education, 39,* 108–112.

Kattmann, U. (2007). Aspekt Genetik. *Unterricht Biologie, 329,* 24–34.

Kattmann, U. (2015). *Schüler besser verstehen. Alltagsvorstellungen im Biologieunterricht.* Hallbergmoos: Aulis.

Knippels, M.-C. P. J. (2002). *Coping with the abstract and complex nature of genetics in biology education: The yo-yo learning and teaching strategy.* Utrecht: CD-β Press.

Knippels, M.-C. P. J., Waarlo, A. J., & Boersma, K. T. (2005). Design criteria for learning and teaching genetics. *Journal of Biological Education, 39*(3), 108–112.

Lauer, T. E. (2000). Jelly Belly® Jelly Beans & evolutionary principles in the classroom: Appealing to the students' stomachs. *The American Biology Teacher, 62*(1), 42–45.

Leach, J., Driver, R., Scott, P., & Wood-Robinson, C. (1996). Children's ideas about ecology 2: ideas found in children aged 5–16 about the cycling of matter. *International Journal of Science Education, 18,* 19–34.

Lijnse, P. L., Licht, P., de Vos, W., & Waarlo, A. J. (Hrsg.). (1990). *Relating macroscopic phenomena to microscopic particles – a central problem in secondary science education.* Utrecht: CD-β Press.

Manokore, V., & Williams, M. (2012). Middle school students' reasoning about biological inheritance: Student's resemblance theory. *International Journal of Biology Education, 2*(1), 1–31.

Marbach-Ad, G., & Stavy, R. (2000). Students' cellular and molecular explanations of genetic phenomena. *Journal of Biological Education, 34*(4), 200–210.

Maret, T. J., & Rissing, S. W. (1998). Exploring genetic drift & natural selection through a simulation activity. *The American Biology Teacher, 60*(9), 681–683.

Martinis, D., & Truernit, L. (2012). Essen Zellen Schinkenbrote? In Akademie für Lehrerfortbildung und Personalführung (Hrsg.), *Biologie auf allen Ebenen: Unterrichtsbausteine für die Jahrgangsstufen 9 und 10 am Gymnasium* (S. 125–142). Dillingen: Akademie für Lehrerfortbildung und Personalführung.

Neuhaus, B., & Vogt, H. (2008). Qualität der Lehrerausbildung und des Biologieunterrichts aus der Sicht von Biologielehrkräften. *Der mathematische und naturwissenschaftliche Unterricht, 61,* 266–272.

Parker, J. M., Anderson, C. W., Heidemann, M., Merrill, M., Merritt, B., Richmond, G., et al. (2012). Exploring undergraduates' understanding of photosynthesis using diagnostic question clusters. *CBE-Life Sciences Education, 11*(1), 47–57.

Penner, D. E. (2000). Explaining systems: Investigating middle school students' understanding of emergent phenomena. *Journal of Research in Science Teaching, 37*(8), 784–806.

Renkl, A. (1996). Träges Wissen: Wenn Erlerntes nicht genutzt wird. *Psychologische Rundschau, 47*, 78–92.

Resnick, M. (1996). Beyond the centralized mindset. *Journal of the Learning Sciences, 5*(1), 1–22.

Ruppert, W. (2004). Lernschwierigkeiten im Genetik-Unterricht überwinden. *Der mathematische und naturwissenschaftliche Unterricht, 57*(5), 290–296.

Scheersoi, A., & Kullmann, H. (2007). Gendrift und Selektion spielerisch vermitteln. *Praxis der Naturwissenschaften – Biologie in der Schule, 56*(7), 45–47.

Shtulman, A. (2006). Qualitative differences between naïve and scientific theories of evolution. *Cognitive Psychology, 52*, 170–194.

Slack, S. J., & Stewart, J. (1990). High school students' problem-solving performance on realistic genetics problems. *Journal of Research in Science Teaching, 27*(1), 55–67.

Smith, M. U., & Good, R. (1984). Problem solving and classical genetics: Successful versus unsuccessful performance. *Journal of Research in Science Teaching, 21*(9), 895–912.

Songer, C. J., & Mintzes, J. J. (1994). Understanding cellular respiration: An analysis of conceptual change in college biology. *Journal of Research in Science Teaching, 31*(6), 621–637.

Stavy, R., Eisen, Y., & Yaakobi, D. (1987). How students aged 13–15 understand photosynthesis. *International Journal of Science Education, 9*(1), 105–115.

Stebbins, R. C., & Allen, B. (1975). Simulating evolution. *The American Biology Teacher, 4*, 206–211.

Tsui, C.-Y., & Treagust, D. F. (2013). Introduction to multiple representations: Their importance in biology and biology education. In D. F. Treagust & C.-Y. Tsui (Hrsg.), *Multiple representations in biology education* (S. 3–18). Dordrecht: Springer.

van Mil, M. H. W. (2013). *Learning and Teaching the Molecular Basis of Life.* Utrecht: Freudenthal Institute for Science and Mathematics Education, Faculty of Science, Utrecht University: FIsme Scientific Library.

Verhoeff, R. P. (2003). *Towards system-thinking in cell biology education.* Utrecht: CD-ß-Press.

Verhoeff, R. P., Waarlo, A. J., & Boersma, K. T. (2008). Systems modelling and the development of coherent understanding in biology. *International Journal of Science Education, 30*(4), 543–568.

Wadouh, J., Sandmann, A., & Neuhaus, B. (2009). Vernetzung im Biologieunterricht – Deskriptive Befunde einer Videostudie. *Zeitschrift für Didaktik der Naturwissenschaften, 15*, 69–87.

Waheed, T., & Lucas, A. (1992). Understanding interrelated topics: photosynthesis. *Journal of Biological Education, 20*(3), 193–198.

Wilensky, U., & Resnick, M. (1999). Thinking in levels: A dynamic systems approach to making sense of the world. *Journal of Science Education and Technology, 8*(1), 3–19.

Das Wesen der Biologie verstehen: Impulse für den wissenschaftspropädeutischen Biologieunterricht

6

Arne Dittmer und Jörg Zabel

Inhaltsverzeichnis

Diskutieren Sie manchmal mit Ihren Schülerinnen und Schülern über den Umgang mit homöopathischen Medikamenten oder mit gentechnisch veränderten Lebensmitteln? Und fällt es Ihnen dann leicht zu erläutern, wann etwas als wissenschaftlich belegt oder eben als nicht belegt gilt? Was antworten Sie als Biologielehrkraft, wenn eine Schülerin darauf verweist, dass die Evolutionstheorie doch eigentlich keine Theorie sei, denn sie lasse doch keine Prognosen zu? Im Alltag trifft man gerne mal auf einen so verengten Theoriebegriff, aus Zeiten, in denen es die Biologie schwer hatte, als eine Naturwissenschaft wahrgenommen zu werden. Und manchmal kann es für Schülerinnen und Schüler auch sehr unbefriedigend sein, dass der Verlauf und die Ursachen des Klimawandels oder die genetischen Grundlagen von Intelligenz, Depression oder Suchtanfälligkeit so vielseitig und kontrovers diskutiert werden. Auch wenn es um Fragen nach dem Beginn menschlichen

A. Dittmer (✉)
Fakultät für Biologie und Vorklinische Medizin, Universität Regensburg,
Regensburg, Deutschland
E-Mail: arne.dittmer@ur.de

J. Zabel
Institut für Biologie, Biologiedidaktik, Universität Leipzig, Leipzig, Deutschland
E-Mail: joerg.zabel@uni-leipzig.de

© Springer-Verlag GmbH Deutschland, ein Teil von Springer Nature 2019   93
J. Groß et al. (Hrsg.), *Biologiedidaktische Forschung: Erträge für die Praxis,*
https://doi.org/10.1007/978-3-662-58443-9_6

Lebens oder der Stellung des Menschen in der Natur geht, könnte der Eindruck entstehen, dass Diskussionen den Rahmen des Biologieunterrichts sprengen. Doch solche „großen Fragen" zu erörtern ist eine wichtige Aufgabe eines bildenden Biologieunterrichts, der über die Vermittlung fachlicher Inhalte hinausgeht und zu einem Nachdenken über das Wesen und die Bedeutung der Biologie anregt. Thematisch beziehen wir uns damit auf den Bereich der Wissenschaftspropädeutik bzw. den Lern- und Forschungsbereich Nature of Science. Zu den Erträgen biologiedidaktischer Forschung gehört es,

1. wissenschaftspropädeutisch relevante Lerninhalte für den Biologieunterricht zu identifizieren,
2. Hemmnisse eines wissenschaftspropädeutischen Unterrichts zu rekonstruieren sowie
3. evidenzbasierte Vermittlungsstrategien und -konzepte zu entwickeln. Das vorliegende Kapitel möchte skizzieren, wo wir derzeit bei diesen Aufgaben stehen.

6.1   Bildungsziel Wissenschaftsverständnis

6.1.1   Von der Wissenschaftspropädeutik zur Scientific Literacy: Befähigung zur Wissenschaftsreflexion ist ein Bildungsanspruch

In Deutschland hat die Forderung nach einem wissenschaftspropädeutischen Biologieunterricht eine lange Tradition (Falkenhausen 1985; Langlet 2001). Bereits 1977 wurde Wissenschaftspropädeutik durch die Konferenz der Kultusminister (KMK) als einer von drei Lernzielschwerpunkten der gymnasialen Oberstufe postuliert. Dieser Schwerpunkt zielt auf eine wissenschaftliche Grundbildung und Methodenkenntnis. Die Lernenden sollen an die „Strukturen und Methoden von Wissenschaften" sowie deren „komplexe Denkformen" (Falkenhausen 2000, S. 7) herangeführt werden. Neben einem Verständnis biologischer Denk- und Arbeitsweisen umfasst Wissenschaftspropädeutik aus biologiedidaktischer Sicht eine Erziehung zu ethisch fundiertem Verhalten genauso wie die Fähigkeit, wissenschaftliche Aussagen in historische, interdisziplinäre und außerwissenschaftliche Zusammenhänge einordnen zu können. Es ging also bereits damals nicht nur um eine der Fachkultur immanente Methodenlehre, sondern auch um Transzendenz des fachlichen Denkens: So soll naturwissenschaftliche Bildung zur Reflexion außerwissenschaftlicher Lebensaspekte, Werte und Perspektiven befähigen (Falkenhausen 1985; Langlet 2016).

Auch im angelsächsischen Raum wurde bereits sehr früh hervorgehoben, dass gesellschaftliche Aspekte von Naturwissenschaften Teil der Lehrpläne sein müssten (Hurd 1958). Zur Jahrtausendwende wurde das pragmatisch geprägte Konzept der Scientific Literacy (Bybee 1997) als erklärtes Bildungsziel zum Maßstab für die internationalen Bildungsstudien der OECD. Scientific Literacy bezeichnet:

die Fähigkeit, naturwissenschaftliches Wissen anzuwenden, naturwissenschaftliche Fragen zu erkennen und aus Belegen Schlussfolgerungen zu ziehen um Entscheidungen zu verstehen und zu treffen, welche die natürliche Welt und die durch menschliches Handeln an ihr vorgenommenen Veränderungen betrifft (vgl. Baumert et al. 2001, S. 198).

Verfügten deutsche Schüler über die hier erhobenen Teilaspekte naturwissenschaftlicher Grundbildung zunächst nur unterdurchschnittlich (Stanat et al. 2002, S. 28), so liegen sie mittlerweile im internationalen Vergleich der OECD-Länder in den oberen zehn Rängen (OECD 2014). In den Jahren 2006 und 2015 waren die Naturwissenschaften Schwerpunkt der PISA-Studie. Der Test unterscheidet dabei zwischen den beiden Konstrukten *knowledge of science* und *knowledge about science*. Wissen *über* Naturwissenschaften kann zunächst einmal fachimmanent gedacht werden, also als notwendig oder zumindest hilfreich, um das Faktenwissen der Biologie besser verstehen und in die Methoden und Theorien dieser Wissenschaft einordnen zu können. Entsprechend versteht Kattmann (2003) Scientific Literacy als einen Ansatz, im Schulfach Biologie kumulative Lern- und Verstehensprozesse gegenüber einem bloß additiven Wissenserwerb zu stärken.

Scientific Literacy und die deutsche Tradition der Wissenschaftspropädeutik verbindet der gemeinsame Gedanke, das Wissen *über* das Fach bzw. *über* die Naturwissenschaften gegenüber rein fachimmanenten Lernprozessen stärker zu fördern. Diesen Schwerpunkt setzten auch die Bildungsstandards im Fach Biologie für den Mittleren Bildungsabschluss (KMK 2005). Zu den vier Kompetenzbereichen dieser nationalen Bildungsstandards gehören neben dem Fachwissen auch die handlungsbezogenen Kompetenzbereiche „Kommunikation", „Bewerten" und „Erkenntnisgewinnung". Auch wenn die Bildungsstandards nicht explizit auf die Ansprüche eines wissenschaftspropädeutischen Biologieunterrichts eingehen, so sind die dort formulierten Ansprüche unmittelbar anschlussfähig an dessen Ziele und Inhalte.

6.1.2 Nature of Science: Der internationale Diskurs über Wissenschaftsreflexion im naturwissenschaftlichen Unterricht

Naturwissenschaftliche Bildung umfasst auch Kenntnisse über die Rahmenbedingungen von Wissenschaft, über ihre Kontroversen und Grenzen. International wird der Bildungswert der Wissenschaftsreflexion unter dem Begriff „Nature of Science" diskutiert (Höttecke 2001; Lederman und Lederman 2014). Nature of Science steht für den didaktischen Anspruch, wissenschaftstheoretische und wissenschaftshistorische Aspekte im Naturwissenschaftsunterricht zu integrieren und die Vermittlung naturwissenschaftlicher Mythen durch eine rein lehrbuchorientierte und von kochrezeptartigen Schulversuchen geprägte Unterrichtspraxis zu verhindern (McComas 1998). Zugleich steht Nature of Science für ein Forschungsprogramm, in dessen Rahmen das Wissenschaftsverständnis von Lernenden und Lehrenden an Schulen und Hochschulen sowie effektive Vermittlungsansätze untersucht werden (Lederman 1992; Höttecke 2001; Lederman und Lederman 2014).

In der deutschsprachigen Literatur wird die Wendung Nature of Science gemein-
hin als „Natur" oder „Wesen" der Naturwissenschaften übersetzt, wobei der Begriff
„Wesen" hier weniger ontologisch klingt. Es geht darum, wesentliche Merkmale
naturwissenschaftlichen Arbeitens und der Naturwissenschaften als soziale Institutionen zu thematisieren und hier auch variierende Merkmalsausprägungen zu verdeutlichen. Naturwissenschaften sind kein homogenes Gebilde, und ihr Wesen
bedingt sich durch die Art, wie Wissenschaftlerinnen und Wissenschaftler ihre
Wissenschaft verstehen und durch ihr Handeln Fachkulturen prägen. Daher ist die
Rede von der „Kultur der Naturwissenschaften" ebenfalls angemessen und betont
ein kultur- und handlungstheoretisches Verständnis von Naturwissenschaft (Janich
und Weingarten 1999; Langlet 2016).

Wissen über das Wesen der Naturwissenschaften beinhaltet eine Auseinandersetzung mit grundlegenden Fragen:

- Welche Fragen können Naturwissenschaftler beantworten, welche grundsätz-
  lich niemals?
- Welches Welt- und Menschenbild transportieren naturwissenschaftliche Theo-
  rien und Forschungsvorhaben?
- Worauf gründet naturwissenschaftliches Wissen, und welche Haltbarkeit und
  Reichweite hat es?
- Wie verhalten sich Naturwissenschaft und Religion zueinander?
- Was unterscheidet die naturwissenschaftliche Sicht auf die Welt beispielsweise
  von einer künstlerischen?

Naturwissenschaft stellt in den Gesellschaften der aufgeklärten Moderne eine
dominante und folgenreiche Perspektive auf die Welt dar. Naturwissenschaftliche
Entwicklungen verändern fortlaufend die globalen Lebensbedingungen, sei es
durch verheerende Waffentechnologien oder durch hilfreiche neue Medikamente.
Ihre Autorität gegenüber Laien verdankt sie nicht zuletzt auch dem Mythos einer
wissenschaftlichen Objektivität und einer vorgeblichen Wertefreiheit. Mündige
Staatsbürger benötigen deshalb eine informierte und wissenschaftskritische Perspektive (Langlet 2001; Dittmer 2010).

Die Herausforderung besteht darin, Schülerinnen und Schüler einerseits im
naturwissenschaftlichen Unterricht durch allzu elaborierte wissenschaftsphilosophische Zusammenhänge nicht zu überfordern und so das Bildungsziel Wissenschaftsverständnis überzustrapazieren, andererseits wissenschaftsphilosophische
Diskurse nicht simplifizierend darzustellen. Im Rahmen des naturwissenschaftlichen Unterrichts geht es vielmehr darum – und dies ist der naturwissenschaftsdidaktische Mindestanspruch – den Erwerb eines naiven oder szientistischen
Wissenschaftsverständnis zu vermeiden (Zeyer 2005) und den Lernenden den
Prozesscharakter und den gesellschaftlichen und historischen Kontext naturwissenschaftlicher Institutionen und deren Wissensbestände bewusst zu machen
(Erduran und Dagher 2014).

Die Nature-of-Science-Diskussion ist in weiten Teilen durch das Bestreben geprägt, einen Konsens darüber zu erzielen, was Schülerinnen und Schüler über das Wesen der Naturwissenschaften lernen sollen (Lederman und Lederman 2014). Zu diesem Mindestkanon gehören nach Lederman (2006) die Einsichten, dass:

1. naturwissenschaftliches Wissen vorläufig ist und Wissensstände sich dynamisch ändern,
2. Kreativität im Denken und Handeln von Wissenschaftlerinnen und Wissenschaftlern einen hohen Stellenwert hat,
3. Beobachtungen und Interpretationen zu unterscheiden sind,
4. wissenschaftliche Aussagen perspektivisch sind und von spezifischen Standpunkten aus getätigt werden (Subjektivität von Wissenschaft),
5. Theorie und Naturgesetze nicht dasselbe sind (ein Aspekt, der sich leichter in der Physik verorten lässt),
6. Naturwissenschaften in soziale und kulturelle Kontexte eingebettet sind und natürlich
7. empirische Daten die zentrale Grundlage naturwissenschaftlicher Erkenntnisse sind.

Auf Tagungen ist bezüglich dieser Auflistung gelegentlich von „Norman's seven norms" die Rede. Auch wenn die Darstellung dieser sog. Common-Sense-Auffassung variiert (vgl. Lederman und Lederman 2014), handelt es sich bei diesen Auflistungen stets um eine Reduktion auf wenige zentrale Merkmale, die aus Sicht von Kritikern selbst zu einem verkürzten Wissenschaftsverständnis führen kann und daher – ganz im Sinne humanwissenschaftlicher Diskurse – kontrovers diskutiert wird. So schlagen Irzik und Nola (2011) in Anlehnung an Wittgenstein (1958) vor, die Wesensmerkmale der naturwissenschaftlichen Disziplinen im Sinne von Familieneigenschaften zu beschreiben. Jede Disziplin ist durch spezifische Aktivitäten gekennzeichnet. Bei der Beschreibung dieser Aktivitäten können Ähnlichkeiten bei den Forschungsaktivitäten, den Zielen und Werten (z. B. intersubjektive Nachvollziehbarkeit), den Methoden und methodologischen Regeln, der Art und Weise, wie Wissen jeweils konzeptualisiert wird, und den in einer Wissenschaftsgemeinschaft geltenden sozialen Normen und Formen der Institutionalisierung gefunden werden. Auf diese Weise soll der Illusion entgegengewirkt werden, man könne *die* Naturwissenschaft als ein einheitliches Gebilde beschreiben oder gar definieren. Dieser Ansatz wurde erfolgreich von Erduran und Dagher (2014) weiterentwickelt und ausdifferenziert, insbesondere im Hinblick auf ein Verständnis der Naturwissenschaften als soziale Institution, auf die auch ökonomische und politische Einflüsse einwirken. Die mit diesem Ansatz proklamierte Diversität naturwissenschaftlicher Disziplinen wird in unserem Fall auch der Diversität biologischer Disziplinen und dem eigenständigen Charakter der Biologie als Lebenswissenschaft gerecht (Abb. 6.1).

Abb. 6.1 Wissenschaftspropädeutische Perspektiven für ein Verständnis der Biologie

6.1.3   Nature of Bioscience: Das Wesen der Lebenswissenschaft Biologie verstehen

Biologie unterscheidet sich von anderen Naturwissenschaften hinsichtlich ihrer Objekte, ihrer Methoden und ihrer Theorien. Bayertz und Nevers (1998) skizzieren die Geschichte der Biologie als einen historischen Dreischritt: Während die „beobachtende" Biologie bis ins 19. Jh. biologische Phänomene im Einklang mit der christlichen Schöpfungslehre untersuchte, kam es mit der Etablierung der Evolutionstheorie und dem „experimentellen" Zugriff auf biologische Phänomene zu einer Ausdifferenzierung der Biowissenschaften in ihrer heutigen Form (die „industrielle" Biologie). Entsprechend entwickelte sich in der Wissenschaftsphilosophie des 20. Jh. ein eigenständiger Fachdiskurs über die Geschichte und das Wesen der Biologie (Krohs und Toepfer 2005). Im Lernbereich Nature of Science wird bezüglich der zentralen Wesensmerkmale aber in der Regel nicht zwischen den naturwissenschaftlichen Disziplinen differenziert (vgl. McComas 1998; Lederman 2006).

Eine charakteristische Facette der Lebenswissenschaften ist, dass sie Einfluss auf die Art und Weise nehmen, wie wir uns als Menschen und wie wir nichtmenschliche Organismen und Naturphänomene wahrnehmen. Die ethischen Implikationen biologischer Forschung und Theoriebildung sind untrennbarer Teil der Entwicklung biologischer Disziplinen. Dies spiegelt sich in der wissenschaftsphilosophischen Literatur, in der beispielsweise das Leib-Seele-Problem oder das Thema Willensfreiheit im Hinblick auf neurobiologische Konzepte oder der Lebensbegriff in evolutions- und entwicklungsbiologischen Kontexten diskutiert wird. Die ethische Dimension der Biologie ist konstitutiv für ihr Wesen als eine naturwissenschaftliche Disziplin, die sich mit Lebensprozessen und Lebensphänomenen auseinandersetzt.

Um den besonderen Charakter biologischer Erkenntnisprozesse und Konzeptualisierungen hervorzuheben, werden im Folgenden ausgewählte Themen der Philosophie der Biologie skizziert. Die Phänomene des Lebendigen weisen besondere Merkmale auf, z. B. ihre Geschichtlichkeit, die Variabilität der Individuen sowie die Emergenz komplexer Vorgänge wie Fortpflanzung und Wachstum. Das führt dazu, dass die Erklärungen in der Biologie sich in vielen Forschungsfeldern deutlich von denen in der Physik und Chemie unterscheiden. Ein wesentlicher Unterschied besteht darin, dass es in der Biologie keine Naturgesetze im engeren Sinne gibt, die also ausnahmslos gelten und sichere Prognosen erlauben würden, wie beispielsweise in der Newton'schen Mechanik. Damit erweist sich das in den Naturwissenschaften des 20. Jh. lange vorherrschende deduktiv-nomologische Erklärungsmuster (DN-Schema) als für biologische Erklärungen weitgehend inadäquat (Schurz 2007; Wouters 2013). Zwar sind auch Physik, Chemie und Geografie heutzutage längst durch eine deutlich komplexere Epistemologie gekennzeichnet als nur die klassische Idee einer Anwendung von Naturgesetzen, und auch das DN-Schema selbst hat in der Wissenschaftsphilosophie eine Relativierung erfahren (z. B. Salmon 1998), aber dennoch erscheint in der stereotypen Unterscheidung von „harten" und „weichen" Naturwissenschaften bis heute vielen Zeitgenossen das Schulfach Biologie als weniger „exakt" und weniger kognitiv anspruchsvoll. Viele erinnern sich doch eher an Faktenlernen als an ein Denken und Verstehen im klassisch-naturwissenschaftlichen Sinne (Langlet 2002). So wird der Biologie auch von Lehrerseite gerne das Image eines Lernfaches zugeschrieben (Dittmer 2010).

Was aber konstituiert aus heutiger Sicht das Wesen bzw. die Kultur der Naturwissenschaften und was insbesondere die Kultur der Biologie? Und was davon ist bildungsrelevant? In der Philosophie der Biologie wird insbesondere die Bedeutung der Evolutionstheorie von Charles Darwin für die moderne Biologie unterstrichen (Dobzhansky 1973; Mayr 1988, 2004). So stellen der National Research Council und die National Academy of Sciences 2012 in den USA programmatisch fest: „Evolution is the central unifying theme of biology." Gemeint ist hier die sog. Synthese, an der Dobzhansky selbst beteiligt war, also die Verbindung von Populationsgenetik und klassischer Selektionstheorie, die für die moderne Biologie als konstitutiv angesehen wird. Der Charakter evolutionstheoretischer Erklärungen, zentrale Konzepte wie der Art- oder der Organismusbegriff oder die Frage des genetischen Determinismus werden in der Wissenschaftsphilosophie intensiv analysiert (z. B. Sterelny und Griffiths 1999).

Welche Erklärungsmuster werden in der Biologie verwendet?

Auffallend in der Biologie ist zudem eine Pluralität, also das gleichzeitige Nebeneinander verschiedener Erklärungsmuster. Ein historischer Meilenstein bei der Beschreibung dieser Erklärungsvielfalt war Mayrs (1961) Unterscheidung zwischen proximaten und ultimaten Ursachen. Seine klassische Dichotomie gilt heute aber im strikten Sinne als überholt, vor allem vor dem Hintergrund neuer Forschungsfelder wie der evolutionären Entwicklungsbiologie (Evo-Devo), die enge Beziehungen zwischen proximaten und ultimaten Ursachen aufzeigen (Laland et al. 2011). Potochnik (2013) ist dennoch der Ansicht, dass die Unterscheidung proximat-ultimat im Biologieunterricht nach wie vor ihre Berechtigung habe, auch zur Beschreibung der Schülerperspektive. Kampourakis und Zogza (2009) argumentieren, Schülerinnen und Schüler sollten einen Einblick in die spezifische Wesen der Biologie und ihre Fachkultur gewinnen, indem sie lernen, zwischen zwei Typen von Erklärungen zu unterscheiden: *Wie* ein Merkmal bei einem Individuum konkret entsteht und *warum* es in der Population überhaupt vorhanden ist – selbst wenn später Verbindungen und Grauzonen zwischen diesen Erklärungsmustern deutlich würden. Die volle Komplexität und Vielheit biologischer Erklärungsformen haben Wissenschaftsphilosophen bis heute nicht befriedigend kategorisieren können. Potochnik (2013) formuliert deshalb fünf Vorschläge zum didaktischen Umgang mit der biologischen Erklärungsvielfalt. Sie rät dazu,

1. sich im Biologieunterricht nicht auf Gesetzmäßigkeiten oder Regeln zu fixieren, sondern den Lernern eine vielfältige Auswahl biologischer Erklärungen vorzustellen (z. B. neben kausal-mechanistischen auch historische oder funktionale Erklärungen; Schlosser und Weingarten 2002);
2. dabei gerade die außergewöhnlichen, für die Biologie besonders charakteristischen Erklärungsformen zu betonen und miteinander zu kontrastieren. Potochnik nennt als Beispiele das Prinzip der Optimalität und die Spieltheorie in der Evolutionslehre auf der einen Seite sowie die mechanistische Erklärung für Stoffwechselphänomene wie die Fotosynthese auf der anderen;
3. die Vielfalt der oberflächlich „inkompatiblen" biologischen Erklärungsformen nicht didaktisch zu reduzieren, sondern diese Vielfalt als Ausdruck diverser Erklärungsstrategien mit jeweils unterschiedlichen Schwerpunkten und Eigenschaften aufzufassen;
4. im Unterricht anstelle von Gesetzmäßigkeiten stärker die Rolle von Modellen für die Biologie zu thematisieren: Modelle sind menschengemachte Denkwerkzeuge, die jeweils einem speziellen Erkenntniszweck dienen und dabei die Realität notwendigerweise vereinfachen und verkürzen (vgl. Upmeier zu Belzen und Krüger 2010; Kap. 8)
5. durch das Aufzeigen des Erklärungspluralismus in der Biologie die Lerner in die Lage zu versetzen, ideologische Scheingefechte als solche zu erkennen. Letztere entstünden nämlich oft daraus, dass einzelne Forschungsrichtungen wie z. B. Evo-Devo ihren Ansatz als den einzig erklärungsmächtigen ausriefen.

Gibt es biologische Naturgesetze, und was unterscheidet sie von den Gesetzen der Physik?

Gelegentlich begegnet man auch im 21. Jh. noch dem Vorurteil, die Biologie sei weniger exakt und damit weniger „wissenschaftlich" als die Physik; dies zeige sich u. a. an den fehlenden Naturgesetzen im engeren Sinne. Dieser Auffassung liegt zunächst die irrige Annahme zugrunde, Gesetze stellten ein epistemologisches Nonplusultra dar und würden einer Naturwissenschaft erst den Ritterschlag verleihen (Lange 2013). Naturgesetze sind aber zunächst nichts weiter als Verallgemeinerungen, und viele dieser Verallgemeinerungen werden in der Physik gar nicht „Gesetz" genannt (Lange nennt die Maxwell'schen Gleichungen). Auch Biologen nehmen ganz offensichtlich Generalisierungen vor, z. B. der Art „Das Ei des Rotkehlchens ist grünlich-blau". Der Aussagesatz, obwohl im Singular, meint ja nicht das Ei eines bestimmten Individuums, sondern Rotkehlcheneier im Allgemeinen. Es existieren aber auch anders gefärbte Rotkehlcheneier. Diese Einschränkung gilt für die meisten anderen Verallgemeinerungen in der Biologie. In ähnlicher Weise erlauben die Gesetzmäßigkeiten der Inselbiogeografie zwar eine ungefähre Aussage über die zu erwartende Artenzahl eines Eilandes bei gegebener Flächengröße und Entfernung vom Festland, aber keine exakte Berechnung dieser Artenzahl. Nach Lange (2013) wäre es allerdings verkürzt, biologischen Generalisierungen prinzipiell den Charakter von Naturgesetzen abzusprechen, nur weil sie Ausnahmen zulassen oder keine exakten Vorhersagen erlauben. Er legt dar, dass stattdessen ein wesentliches Merkmal von Naturgesetzen ihre Belastbarkeit unter abweichenden Bedingungen ist („resilience under counterfactual antecedents"; Lange 2013, S. 72). Aussagen über Artmerkmale wie die Färbung der Eier sind sinnvoll als eine Art „default reasoning": Sie gelten so lange, wie keine näheren Informationen über den speziellen Fall vorliegen, anders gesagt: Sie gelten ceteris paribus, also unter sonst gleichen Bedingungen. Auch die exakte Höhe und der Zeitpunkt von Ebbe und Flut können niemals ganz exakt vorhergesagt werden, obwohl die ihnen zugrunde liegenden Gesetze bekannt sind. Tidenkalender gelten also ebenfalls nur ceteris paribus. Biologische Gesetze und Regeln tolerieren „Ausnahmen", weil Variation eine inhärente Eigenschaft von Lebewesen ist, die Idee einer Ausnahme also dem Populationsdenken Darwins zuwiderläuft. Sie tolerieren aber auch deshalb abweichende Fälle, weil es in vielen Teilgebieten der Biologie gar nicht darauf ankommt, eine Aussage zu treffen, die für alle nur denkbaren Fälle wahr ist, so z. B. in der Neurowissenschaft, Physiologie oder Embryologie. Und auch im Darwin'schen Denken bzw. in der phylogenetischen Systematik gibt es trotz aller Bedeutung der individuellen Variation dennoch verallgemeinerte Merkmale, die eine geschlossene Abstammungsgemeinschaft wie die modernen Vögel auszeichnen. Andernfalls wäre auch der Homologiebegriff wertlos.

Diese und andere Spezifika biologischer Phänomene und Erklärungen zeigen hier exemplarisch, dass wissenschaftspropädeutischer Unterricht unbedingt auf ein fachspezifisches Wissenschaftsverständnis angewiesen ist, eine Nature of Bioscience. Wie aber sieht es in der Unterrichtspraxis und der Lehrerbildung aus?

6.2 Defizite im Biologieunterricht und in der Biologielehrerbildung

Zur aktuellen Praxis des wissenschaftspropädeutischen Biologieunterrichts liegen nur vereinzelt Studien und Diskussionsbeiträge vor. Jedoch konnten zentrale Herausforderungen identifiziert werden. Dazu gehören:

1. Die Dominanz einer stoffzentrierten Unterrichtsdidaktik,
2. die statische Vermittlung dynamischer Prozesse und

3. die Randständigkeit bzw. Abwesenheit wissenschaftsphilosophischer Reflexionen in der Biologielehrerausbildung.

6.2.1 Kritik an einer vorwiegenden Abbilddidaktik und einer Stoffüberfrachtung des Biologieunterrichts

Bezogen auf den wissenschaftspropädeutischen Biologieunterricht beklagt Langlet (2001, S. 7) eine Verkürzung und Trivialisierung der epistemologischen und wissenschaftstheoretischen Aspekte der Biologie. Wissenschaftspropädeutik gehört, neben vertiefter Allgemeinbildung und Studierfähigkeit, zu den drei grundlegenden Zielsetzungen der gymnasialen Oberstufe (KMK 2018, S. 5) und ist auch in vielen Curricula der Sekundarstufe I verankert. Dennoch ist sie unter Lehrkräften wenig bekannt und bleibt deshalb häufig ein rein rhetorischer Präambelbegriff der Lehrpläne (Dittmer 2010). Zwar übten die Schülerinnen und Schüler fachspezifische Arbeitsweisen wie das Beobachten, Mikroskopieren und Experimentieren ein, aber dies geschehe in der Regel ohne kritische Reflexion der Erkenntnismethoden, ihrer soziokulturellen Bedingtheit oder ihrer Grenzen. Die spezifischen Modelle und Erklärungsformen der Biologie, wie z. B. proximate und ultimate Erklärungen, würden nicht deutlich. Diese Kritik geht bereits auf die 1990er Jahre zurück. Fölling (1995) nennt diese Praxis eine „Abbilddidaktik" und schreibt sie der Tendenz der Lehrenden zu, die Inhalte und Methoden ihres Fachstudiums später im eigenen Unterricht unhinterfragt zu reproduzieren. Idealerweise aber sollte Wissenschaftspropädeutik auch die Grenzen und die historische Bedingtheit wissenschaftlicher Erkenntnisse deutlich machen sowie durch eine Metareflexion der Fachstruktur zum Weltverständnis beitragen (Falkenhausen 1985). Diesem Anspruch an ihren Unterricht halten die Lehrenden gerne die Überfrachtung der Lehrpläne entgegen, die eine Konzentration auf die fachlichen Inhalte erzwinge.

6.2.2 Ahistorischer Biologieunterricht

Für Biologen ist es selbstverständlich, dass alles Leben eine gemeinsame evolutionäre Geschichte hat (Kattmann 1995). Sie beziehen diese Tatsache in die Erklärung biologischer Phänomene in der Regel implizit oder explizit mit ein. Schüler werden jedoch meist mit einer weitgehend ahistorischen Biologie konfrontiert. Bereits 1995 bemängelte Kattmann eine auf Regel- und Prinzipiensuche fokussierte Unterrichtspraxis, die ein auf Typen und Mechanismen basierendes, ahistorisches Verständnis von Biologie zementiert. Dies führe letztlich zu großen Verstehenshürden in evolutionären und ökologischen Kontexten, weil diese ein Denken in Populationen und in zeitlicher Dynamik erfordern (Kattmann 1995; Sander et al. 2006). Zu einem wissenschaftspropädeutischen Biologieunterricht bzw. einem Lernbereich Nature of Bioscience gehören daher grundlegende Konzepte der Evolutionstheorie sowie explizites Wissen über historische und funktionale Erklärungen (Mayr 1988; Krohs 2004).

6.2.3 Wissenschaftsphilosophie in der Biologielehrerbildung?

Die Vermittlung eines adäquaten Wissenschaftsverständnisses im Fach Biologie bedarf adäquater Grundkenntnisse. Kenntnisse über das spezifische Wesen der Biologie können als Teilbereich des fachdidaktischen Professionswissens aufgefasst werden (Erduran et al. 2007). Denn so wie die Gestaltung von lernförderlichem Unterricht auch lernpsychologischer Grundkenntnisse bedarf, so bedarf der wissenschaftspropädeutische Unterricht auch wissenschaftsphilosophischer Grundkenntnisse, beispielsweise über die Bedeutung historischer oder funktionaler Erklärungen in der Biologie. Dies entspräche zumindest dem Selbstverständnis einer professionsorientierten Lehrerbildung. Wie umfangreich und wie tiefgreifend aber ein solches wissenschaftsphilosophisches Hintergrundwissen sein sollte, ist eine noch offene und zu guter Letzt auch empirische Frage, mit der sich die biologiedidaktische Professionsforschung – gerade auch mit Bezug zum Kompetenzbereich „Erkenntnisgewinnung" – in Zukunft noch verstärkt zu beschäftigen hat (Dittmer 2010, 2012). Ein empirisches Bezugsfeld, aus dem sich die Bedeutung wissenschaftsphilosophischer Grundkenntnisse ableiten lässt, ist die Schülervorstellungsforschung (Kap. 1. Hier bedient man sich bereits seit Längerem der Wissenschaftsphilosophie, wenn es darum geht, Vorstellungen über den Einfluss von Erbe und Umwelt oder die Dynamik von Ökosystemen und Evolutionsprozessen zu kategorisieren und fachlich adäquat zu vermitteln (Kattmann 2015). Ähnliches gilt für die Biologielehrerbildung. Der Evolutionsunterricht nimmt eine Schlüsselstellung dabei ein, das Wesen der Biologie und biologisches Denken zu vermitteln (Dobzhansky 1973; Mayr 2004; Zabel 2009).

Ein anderer Aspekt, der den besonderen Stellenwert der Wissenschaftsphilosophie in der Biologielehrerbildung hervorhebt, ist der Modus des Philosophierens selbst. Dieser Gedanke wird im Hinblick auf den Ansatz „Philosophieren mit Kindern und Jugendlichen" am Ende dieses Kapitels noch ausführlicher behandelt, soll hier aber auf den Ansatz des „reflective practitioner" (Schön 1983) bezogen werden. Diesem Leitbild zufolge tragen Lehrkräfte, die regelmäßig und systematisch ihre eigene Unterrichtspraxis reflektieren, zu ihrem eigenen Professionalisierungsprozess bei. Copeland et al. (1993) sprechen diesbezüglich von der Förderung einer reflektierten Haltung („reflective stance"). Eine solche Haltung kann im Hinblick auf den Charakter philosophischer Auseinandersetzungen (Klärung von Begriffen und Kontexten, Pluralität von Weltzugängen, Offenheit gegenüber Ideen) und im Zusammenhang mit den Bildungszielen des wissenschaftspropädeutischen Biologieunterrichts auch als Förderung einer philosophischen Haltung von Fachlehrkräften aufgefasst und in der Biologielehrerbildung eingefordert werden.

Die Ausbildung von Naturwissenschaftslehrerinnen und -lehrern im Hinblick auf deren wissenschaftspropädeutischen Fähigkeiten profitiert nachweisbar davon, wenn auch Aspekte der Geschichte und der Philosophie der Naturwissenschaften integriert werden. Unterstützt man Nachwuchslehrkräfte beispielsweise dabei, den Prozess der naturwissenschaftlichen Erkenntnisgewinnung nachzuvollziehen, indem sie wissenschaftshistorische Fallstudien kennenlernen, so verbessert dies signifikant ihr Wissenschaftsverständnis gegenüber einer Kontrollgruppe (Lin und Chen 2002). Zusätzliche Instruktion in der allgemeinen Wissenschaftsphilosophie verbesserte den Erfolg eines fachspezifischen forschungsmethodischen Seminars für Lehramtsstudierende. Sie entwickelten dadurch ein deutlich profunderes Verständnis der Naturwissenschaft als alleine durch einen Methodenkurs (Abd-El-Khalick 2005). Ein direkter Zusammenhang zwischen dem wissenschaftspropädeutischen Wissen der Lehrkräfte und ihrer konkreten Unterrichtspraxis kann allerdings nicht gezeigt werden (Lederman 1999), offenbar weil es den Lehrenden häufig nicht gelingt, ihr verbessertes Wissen auch in konkrete Unterrichtsschritte umzusetzen.

6.3   Methodische Zugänge zur Wissenschaftsreflexion im Unterricht

Das Wesen und die Bedeutung der Biologie bewusst und explizit zu reflektieren, ist das zentrale Ziel eines wissenschaftspropädeutischen Unterrichts. Der letzte Abschnitt dieses Kapitels widmet sich Unterrichtsansätzen, die Schülerinnen und Schüler zu einer Auseinandersetzung mit dem Wesen der Biologie anleiten können. Zwei Ansätze möchten wir hier hervorheben:

1. Das Argumentieren und Diskutieren als naturwissenschaftliche Arbeitsweise, als Form der Wissenschaftskommunikation und als Ausdruck einer forschenden Haltung.
2. Die Narration als Medium der Welterschließung und als Anlass zur Reflexion über biologische Konzepte sowie zur Veranschaulichung des Prozesscharakters und der Bedeutung von Forschungskontexten.

6.3.1   Argumentieren lernen, Diskussionskultur praktizieren

Das Argumentieren gehört zu den naturwissenschaftlichen Denkweisen. In den Naturwissenschaftsdidaktiken haben Studien zur Bedeutung des Argumentierens in den letzten Jahren an Bedeutung gewonnen (Osborne 2010; Kap. 10). Erduran und Jimenéz-Aleixandre (2007) fassen den didaktischen Wert des Argumentierens im Unterricht in fünf Punkten zusammen:

1. Es fördert logisches Denken und rationales Begründen.
2. Kognitive Prozesse, die sonst im Hintergrund des Fachunterrichts verbleiben, werden für Lehrende, aber auch für Lernende sichtbar.
3. Es fördert kommunikative Fähigkeiten.
4. Es fördert den Aufbau eines Wissenschaftsverständnisses.
5. Es trägt über die explizite Einübung naturwissenschaftlichen Denkens zur wissenschaftlichen Sozialisation bei.

Im Gegensatz zur klassischen Argumentationstheorie wird in der naturwissen-schaftsdidaktischen Diskussion ein partizipatives Verständnis des Argumentie-rens vertreten, da Argumentationsfähigkeit häufig mit kooperativen Formen der Erkenntnisgewinnung in Zusammenhang gebracht wird. Dies ist sowohl im Hin-blick auf die soziale Dimension naturwissenschaftlicher Erkenntnisprozesse von Bedeutung als auch für den Beitrag des Biologieunterrichts zur Demokratie-erziehung.

Einen methodischen Zugang bietet hierzu das Philosophieren mit Kindern und Jugendlichen (Nevers 2009; Michalik 2012) – ein Ansatz, bei dem philosophische Diskussionen genutzt werden, um biologische Konzepte oder lebensweltlich und ethisch bedeutsame Fragen begrifflich zu klären, eigene Vorstellungen zu artikulie-ren sowie die Bedeutung und die Komplexität der diskutierten Themen gemeinsam auszuhandeln (Kap. 12). Das Philosophieren wird hier als eine diskursive und krea-tive Praxis des gemeinsamen Nachdenkens („community of inquiry"; Sprod 2014) und somit der Erkenntnisgewinnung verstanden. Die Öffnung des wissenschaftspro-pädeutischen Unterrichts für offene Fragen und strittige Themen folgt dem Slogan „Teach as you preach!" (Struyven et al. 2010), da intellektuelle Anstrengung, krea-tives Denken und die Bereitschaft, zuzuhören und Sachverhalte aus verschiedenen Perspektiven zu sehen, zum Kerngeschäft wissenschaftlichen Handelns zählen. Empirische Befunde zu der Wirksamkeit philosophischer Diskussionen sind in Übersichten von Michalik (2013) und Sprod (2014) dokumentiert.

6.3.2 Narrative Zugänge: Schülerinnen und Schüler schreiben über biologische Phänomene und arbeiten an historischen Fallbeispielen

Neben dem Argumentieren kann auch die Arbeit mit frei verfassten Schülertexten dabei helfen, den Lernern fachspezifische Denkmuster und Erklärungen der Bio-logie zu vermitteln (Zabel 2009; Zabel und Gropengießer 2015). Empirische Ergebnisse (Zabel 2009) weisen darauf hin, dass Lerner in der Sekundarstufe I noch sehr unsicher dabei sind, Erklärungen von bloßen Beschreibungen eines bio-logischen Phänomens zu unterscheiden. Eine der Vermittlungsstrategien, die hier helfen kann, besteht in der bewussten Kontrastierung unterschiedlicher Denk-modi: Die Schülerinnen und Schüler bekommen die Aufgabe, ein bestimmtes Naturphänomen zu erklären, wobei ihnen ausdrücklich das Erzählen in Form einer Geschichte als Alternative zum üblichen Sachtext freigestellt wird (narrative Option; vgl. Zabel 2009). So können später im Unterricht wissenschaftliche und nichtwissenschaftliche Erklärungsmuster auf lehrreiche Weise miteinander kont-rastiert werden. Die Schülerinnen und Schüler lernen bei der Arbeit mit ihren eige-nen Texten und denen ihrer Mitschüler, Erklärungen von bloßen Beschreibungen eines Phänomens sowie physische Ursachen *(causes)* von psychischen Beweg-gründen *(reasons)* zu unterscheiden. Ursachen sind für naturwissenschaftliche Erklärungen konstitutiv, Beweggründe dagegen für Geschichten: Hinter jeder Handlung steht dort ein Motiv.

Der Evolutionsunterricht ist für die Wissenschaftspropädeutik im Fach Biologie ein besonders interessantes und lohnendes Gebiet. Das liegt zum einen an der zentralen Bedeutung der Evolutionstheorie für die Biologie schlechthin (Mayr 2004; Kampourakis 2013). Zum anderen fordert der Evolutionsunterricht die Unterscheidung zwischen narrativem und naturwissenschaftlichem Denkmodus (Bruner 1996) in besonderer Weise heraus. Denn Evolutionsphänomene zu erklären erfordert neben allgemeingültig formulierten Mechanismen wie der natürlichen Selektion auch historische Erklärungen, die in ihren Grundmustern durchaus Ähnlichkeiten zu Narrationen aufweisen (vgl. Kattmann 1995; Norris et al. 2005). Naturgeschichtliche Erklärungen sind plausible Rekonstruktionen von Kausalketten, die zum heutigen Zustand führten. Solche Erklärungen müssen letztlich immer spekulativ bleiben, womit sie eben charakteristisch für eine historische Naturwissenschaft wie die Biologie sind und damit aus wissenschaftspropädeutischer Sicht exemplarisch (Langlet 2016).

Die Erklärungen der Schülerinnen und Schüler für Evolutionsphänomene unterscheiden sich stark in ihrer Qualität und geben Aufschluss über spezifische Lernhürden, beispielsweise das Problem, sich Vorgänge über mehrere Generationen und lange Zeiträume hinweg vorstellen zu können. Wie aber können Lehrende schnell und unkompliziert den Lernstand in ihren Klassen diagnostizieren? Zabel und Gropengießer (2011) bewerteten Erklärungen für ein Evolutionsphänomen in narrativen und nichtnarrativen Schülertexten aus fachlicher Sicht und ordneten sie als Erklärungsmuster auf einer „konzeptuellen Landkarte" an. Die Schlüsselkonzepte der Darwin'schen Selektionstheorie erscheinen auf dieser Landkarte als Grenzen oder Lernhürden zwischen verschiedenen Arealen (Kap. 1 Schülervorstellungen). Die erste Lernhürde trennt bloße Beschreibungen von echten Erklärungen, eine weitere unterscheidet dann zwischen teleologischen Erklärungen, wie sie im Alltagsdenken häufig sind, und mechanistischen Ursachenerklärungen, wie sie die Naturwissenschaft fordert. Derzeit wird daran gearbeitet, solche konzeptuellen Diagnosewerkzeuge auch direkt im Unterricht einsetzbar zu machen.

Geschichten zeigen also die Denkweisen des Alltags und machen sie kontrastierbar mit dem Wesen der Biologie. Eine andere Form, in der Narrationen zu einem Nachdenken über das Wesen und die Bedeutung der Biologie anregen, sind historische Fallbeispiele. Im Sinne eines Rollenspiels versetzen sich Schülerinnen und Schüler hier in historische, authentische Entdeckungskontexte und werden mit der Komplexität interagierender Akteure und Institutionen und mit Entwicklungsdynamiken konfrontiert, in denen beispielsweise auch Zufall, Politik oder vorherrschende Paradigmen den Forschungsprozess beeinflussen (Hagen et al. 1996; Allchin 2013). Mit dem Ansatz, dass sich die Schülerinnen und Schüler in die historische Situation hineinversetzen und die Perspektiven des Forschers oder der Forscherin übernehmen, verfolgt Allchin (2013) das Ziel, Wissenschaft in ihrer Gesamtheit, mit ihren politischen und kulturellen Bezügen und bezüglich der Eigendynamik sozialer Interaktionen und kontingenter Ereignisse darzustellen.

6.4   Zusammenfassung

Schülerinnen und Schüler zu einem Nachdenken und einer gemeinsamen Reflexion über das Wesen und die Bedeutung der Biowissenschaften anzuregen, ist ein zentrales Ziel naturwissenschaftlicher Bildung und markiert damit die *Ausgangslage*. Die prozessorientierten Kompetenzbereiche „Erkenntnisgewinnung", „Bewertung" und „Kommunikation" der KMK-Bildungsstandards Biologie (KMK 2005) schaffen dafür gute curriculare Voraussetzungen. Sie dienen als Türöffner für eine verbindliche und systematisch angeleitete Wissenschaftsreflexion und letztlich den Erwerb eines Wissenschaftsverständnisses der Biologie.

Im Sinne eines *Lösungsvorschlages* wurden bis dato zunächst einmal relevante Inhalte der Wissenschaftsphilosophie und Wissenschaftsforschung identifiziert und Vermittlungsansätze entwickelt, die Schülerinnen und Schülern Denkanstöße geben und sie für Prozesse und Kontexte sensibilisieren. Wissenschaftspropädeutik steht also sowohl für einen Lerninhalt als auch dafür, dass Schülerinnen und Schüler lernen, Fragen zu stellen sowie gemeinsam und kreativ nachzudenken. Mit dieser Ausrichtung werden zugleich die emanzipatorischen Ziele naturwissenschaftlicher Bildung und die Interessen an einer Qualifikation zum Studium der Naturwissenschaften gefördert, da Schülerinnen und Schüler hier als „community of inquiry" (Sprod 2014) lernen, dass der Kern wissenschaftlicher Arbeitsweisen darin besteht zu argumentieren, zu diskutieren und genau hinzuschauen und hinzuhören. Der wissenschaftspropädeutische Bildungsanspruch, die Grenzen und die historische Bedingtheit biologischer Erkenntnisse deutlich zu machen, wird aber wohl in den meisten Fällen erst im Ansatz verwirklicht. Empirische *Wirksamkeitsnachweise* sind in der deutschsprachigen Biologiedidaktik bisher stark vernachlässigt worden, da der wissenschaftspropädeutische Diskurs stark bildungstheoretisch und konzeptionell geprägt war und erst in jüngster Zeit sich Biologiedidaktikerinnen und Biologiedidaktiker – auch inspiriert durch die internationale Nature-of-Science-Forschung – dem Thema Wissenschaftsreflexion mit einer erhöhten Aufmerksamkeit zuwenden. Hier gilt es verstärkt, Implementationsforschung voranzutreiben und auch die Biologielehrerbildung dahingehend weiterzuentwickeln, dass wissenschaftsphilosophische Reflexionen curricular und methodisch zu einem vertrauten Lehr- und Lernbereich des Biologieunterrichts werden.

Literatur

Abd-El-Khalick, F. (2005). Developing deeper understandings of nature of science: the impact of a philosophy of science course on preservice science teachers' views and instructional planning. *International Journal of Science Education, 27*(1), 15–42.

Allchin, D. (2013). *Teaching the nature of science: Perspectives & resources.* Saint Paul: Ships Education Press.

Baumert, J., Klieme, E., Neubrandt, M., et al. (Hrsg.). (2001). *PISA 2000: Basiskompetenzen von Schülerinnen und Schülern im internationalen Vergleich.* Opladen: Leske + Budrich.

Bayertz, K., & Nevers, P. (1998). Biology as technology. In K. Bayertz & R. Porter (Hrsg.), *From physio-theology to bio-technology. Essays in the social and cultural history of biosciences: A Festschrift for Mikuláš Teich* (S. 108–132). Amsterdam: Rodopi.

Bruner, J. (1996). *The culture of education* (2. Aufl.). Cambridge: Harvard University Press.

Bybee, R. W. (1997). Toward an understanding of scientific literacy. In W. Gräber & C. Bolte (Hrsg.), *Scientific literacy – An international symposium* (S. 37–68). Kiel: IPN.

Copeland, W. D., Birmingham, C., de la Cruz, E., & Lewin, B. (1993). The reflective practitioner in teaching: Toward a research agenda. *Teaching & Teacher Education, 9*(4), 347–359.

Dittmer, A. (2010). *Nachdenken über Biologie. Über den Bildungswert der Wissenschaftsphilosophie in der akademischen Biologielehrerbildung.* Wiesbaden: VS Verlag.

Dittmer, A. (2012). Wenn die Frage nach dem Wesen des Faches nicht zum Wesen des Faches gehört. Über den Stellenwert der Wissenschaftsreflexionen in der Biologielehrerbildung. *Zeitschrift für interpretative Schul- und Unterrichtsforschung, 1,* 127–141.

Dobzhansky, T. (1973). Nothing in biology makes sense except in the light of evolution. *The American Biology Teacher, 35,* 10–21.

Erduran, S., & Dagher, Z. R. (2014). *Reconceptualizing the nature of science for science education. Scienitifc knowledge, practices and other family categories.* New York: Springer.

Erduran, S., & Jimenéz-Aleixandre, M. P. (2007). *Argumentation in science education* (Bd. 35). Netherlands: Dordrecht.

Erduran, S., Adúriz-Bravo, A., & Naaman, R. M. (2007). Developing epistemologicaly empowered teachers: Examining the role of philosophy of chemistry in teacher education. *Science & Education, 16,* 975–989.

Fölling. (1995). Unterricht, wissenschaftspropädeutischer. In H. D. Heller & H. Meyer (Hrsg.), *Enzyklopädie Erziehungswissenschaft* (Bd. 3, S. 649–655)., Ziele und Inhalte der Erziehung und des Unterrichtens Stuttgart: Klett.

Hagen, J. B., Allchin, D., & Singer, F. (1996). *Doing biology.* Glenview: Harper Collins.

Höttecke, D. (2001). Die Vorstellungen von Schülern und Schülerinnen von der „Natur der Naturwissenschaften". *Zeitschrift für Didaktik der Naturwissenschaften, 7,* 7–23.

Hurd, P. D. (1958). Science literacy: Its meaning for American schools. *Educational Leadership, 16*(1), 13–16.

Irzik, G., & Nola, R. (2011). A family resemblance approach to the nature of science for science education. *Science & Education, 20,* 591–607.

Janich, P., & Weingarten, M. (1999). *Wissenschaftstheorie der Biologie.* München: Wilhelm Fink Verlag.

Kampourakis, K. (2013). Philosophy of biology and biology education: an introduction. In K. Kampourakis (Hrsg.), *The philosophy of biology. History, philosophy and theory of the life sciences* (Bd. 1). Dordrecht: Springer.

Kampourakis, K., & Zogza, V. (2009). Preliminary evolutionary explanations: A basic framework for conceptual change and explanatory coherence in evolution. *Science & Education, 18,* 1313–1340.

Kattmann, U. (1995). Konzeption eines naturgeschichtlichen Biologieunterrichts: Wie Evolution Sinn macht. *Zeitschrift für Didaktik der Naturwissenschaften, 1*(1), 29–42.

Kattmann, U. (2003). „Vom Blatt zum Planeten" – Scientific Literacy und kumulatives Lernen im Biologieunterricht und darüber hinaus. In B. Moschner, H. Kiper, & U. Kattmann (Hrsg.), *PISA 2000 als Herausforderung* (S. 115–138). Baltmannsweiler: Schneider Hohengehren.

Kattmann, U. (2015). *Schüler besser verstehen. Alltagsvorstellungen im Biologieunterricht.* Hallbergmoos: Aulis.

KMK (Sekretariat der Ständigen Konferenz der Kultusminister der Länder in der Bundesrepublik Deutschland). (Hrsg.). (2005). Beschlüsse der Kultusministerkonferenz: Bildungsstandards im Fach Biologie für den Mittleren Bildungsabschluss. Beschluss vom 16.12.2004. München: Luchterhand. http://www.kmk.org/schul/Bildungsstandards/Biologie_MSA_16-12-04.pdf.

KMK (Sekretariat der Ständigen Konferenz der Kultusminister der Länder in der Bundesrepublik Deutschland). (Hrsg.). (2018). Vereinbarung zur Gestaltung der gymnasialen Oberstufe und der Abiturprüfung. Beschluss der Kultusministerkonferenz vom 07.07.1972 i. d. F. vom 15.02.2018. https://www.kmk.org/fileadmin/Dateien/veroeffentlichungen_beschluesse/1972/1972_07_07-VB-gymnasiale-Oberstufe-Abiturpruefung.pdf.

Krohs, U. (2004). *Eine Theorie biologischer Theorien*. Berlin: Springer.

Krohs, U., & Toepfer, G. (Hrsg.). (2005). *Philosophie der Biologie*. Suhrkamp: Frankfurt a. M.

Laland, K., Sterelny, K., Odling-Smee, J., Hoppitt, W., & Uller, T. (2011). Cause and effect in biology revisited: Is Mayr's proximate-ultimate dichotomy still useful? *Science, 334*, 1512–1516.

Lange, M. (2013). Biological explanation. In K. Kampourakis (Hrsg.), *The philosophy of biology. History, philosophy and theory of the life sciences* (Bd. 1, S. 67–86). Dordrecht: Springer.

Langlet, J. (2001). Wissenschaft – Entdecken und begreifen. *Unterricht Biologie, 25*(268), 4–12.

Langlet, J. (2002). „Biologie muss man verstehen!" Zum wissenschaftstheoretischen und bildenden Gehalt der Biologie. *Der mathematische und naturwissenschaftliche Unterricht, 55*(8), 481–485.

Langlet, J. (2016). Kultur der Naturwissenschaften. In H. Gropengießer, U. Harms, & U. Kattmann (Hrsg.), *Fachdidaktik Biologie* (S. 80–97). Hallbergmoos: Aulis.

Lederman, N. G. (1992). Students and teachers conceptions of the nature of science: A review of the research. *Journal of Research in Science Teaching, 29*(4), 331–359.

Lederman, N. G. (1999). Teachers' understanding of the nature of science and classroom practice: Factors that facilitate or impede the relationship. *Journal of Research in Science Teaching, 36*, 916–929.

Lederman, N. G. (2006). Research on nature of science: Reflections on the past, anticipations of the future. *Asia-Pacific Forum on Science Learning and Teaching, 7*(1), 1–11.

Lederman, N. G., & Lederman, J. S. (2014). Research on teaching and learning of nature of science. In N. G. Lederman & S. K. Abell (Hrsg.), *Handbook of research on science education* (Bd. II, S. 600–620). New York: Routledge.

Lin, H.-S., & Chen, C.-C. (2002). Promoting preservice chemistry teachers' understanding about the nature of science through history. *Journal of Research in Science Teaching, 39*, 773–792.

Mayr, E. (1961). Cause and effect in biology. *Science, 134*, 1501–1506.

Mayr, E. (1988). *Toward a new philosophy of biology: Observations of an evolutionist*. Cambridge: Havard University Press.

Mayr, E. (2004). *What makes biology unique? Considerations on the autonomy of a scientific discipline* (S. 21–38). New York: Cambridge University Press.

McComas, W. F. (Hrsg.). (1998). *The nature of science in science education. rationales and strategies*. Dordrecht: Kluwer.

Michalik, K. (2012). Fragen und Philosophieren im Fachunterricht. Zur Bedeutung des Philosophierens als Unterrichtsprinzips. In B. Neißer & U. Vorholt (Hrsg.), *Kinder philosophieren* (S. 37–54). Berlin: LIT.

Michalik, K. (2013). Philosophieren mit Kindern als Unterrichtsprinzip: Bildungs- und lerntheoretische Begründungen und empirische Fundierungen. *Pädagogische Rundschau, 6*, 635–649.

National Research Council and National Academy of Sciences. (2012). *Thinking evolutionarily. Evolution education across the life sciences*. Washington D.C.: The National Academies Press.

Nevers, P. (2009). Transcending the factual in biology by philosophizing with children. In G. Y. Iversen, G. Mitchell, & G. Pollard (Hrsg.), *Hovering over the face of the deep. Philosophy, theology and children* (S. 147–160). Waxmann: Münster.

Norris, S. P., Guilbert, S., Smith, M. L., Hakimelahi, S., & Phillips, L. M. (2005). A theoretical framework for narrative explanation in science. *Science Education, 89*(4), 535–563.

OECD. (2014). PISA 2012 Ergebnisse: Was Schülerinnen und Schüler wissen und können (Bd. I, Überarbeitete Ausgabe, Februar 2014). Schülerleistungen in Lesekompetenz, Mathematik und Naturwissenschaften. Bertelsmann. http://dx.doi.org/10.1787/9789264208858-de. Zugegriffen: 6 Juli 2017.

Osborne, J. (2010). Arguing to learn in science: The role of collaborative, critical discourse. *Science, 328*(5977), 463–466.

Potochnik, A. (2013). Biological explanation. In M. R. Natthews (Hrsg.), *The philosophy of biology. History, philosophy and theory of the life sciences* (Bd. 1, S. 49–66). Dordrecht: Springer.

Salmon, W. C. (1998). *Causality and explanation.* Oxford: Oxford University Press.

Sander, E., Jelemenská, P., & Kattmann, U. (2006). Towards a better understanding of ecology. Results of two studies conducted within the framework of the Model of Educational Reconstruction. *Journal of Biological Education, 40,* 119–123.

Schlosser, G., & Weingarten, M. (2002). *Formen der Erklärung in der Biologie.* Berlin: VWB – Verlag für Wissenschaft und Bildung.

Schön, D. A. (1983). *The reflective practitioner: How professionals think in action.* New York: Basic Books.

Schurz, G. (2007). Wissenschaftliche Erklärungen. In A. Bartels & M. Stöcker (Hrsg.), *Wissenschaftstheorie. Ein Studienbuch* (S. 68–88). Paderborn: Mentis.

Sprod, T. (2014). Philosophical inquiry and critical thinking in primary and secondery science education. In M. R. Natthews (Hrsg.), *International handbook of research in history, philosophy and science teaching* (S. 1531–1564). Dordrecht: Springer.

Stanat, P., Artelt, C., Baumert, J., Klieme, E., Neubrand, M., Prenzel, M., et al. (2002). *PISA 2000: Die Studie im Überblick: Grundlagen, Methoden und Ergebnisse.* Berlin: Max-Planck-Institut für Bildungsforschung.

Sterelny, K., & Griffiths, P. E. (1999). *Sex and death. An introduction to philosophy of biology.* Chicago: The University of Chicago Press.

Struyven, K., Dochy, F., & Janssens, S. (2010). ‚Teach as you preach': The effects of student-centred versus lecture-based teaching on student teachers' approaches to teaching. *European Journal of Teacher Education, 33*(1), 43–64.

Upmeier zu Belzen, A., & Krüger, A. (2010). Modellkompetenz im Biologieunterricht. *Zeitschrift für Didaktik der Naturwissenschaften, 16,* 41–57.

von Falkenhausen, E. (1985). *Wissenschaftspropädeutik im Biologieunterricht der gymnasialen Oberstufe.* Köln: Aulis.

von Falkenhausen, E. (2000). *Biologieunterricht: Materialien zur Wissenschaftspropädeutik.* Köln: Aulis.

Wittgenstein, L. (1958). *Philosophical investigations.* Oxford: Blackwell.

Wouters, A. (2013). Explanation in biology. In W. Dubitzky, O. Wolkenhauer, H. Yokota, & K.-H. Cho (Hrsg.), *Encyclopedia of systems biology* (S. 706–709). New York: Springer.

Zabel, J. (2009). *Die Rolle der Narration beim Verstehen der Evolutionstheorie. Didaktisches Zentrum der Carl von Ossietzky.* Oldenburg: Universität Oldenburg.

Zabel, J., & Gropengießer, H. (2011). Learning progress in evolution theory: Climbing a ladder or roaming a landscape? *Journal of Biological Education, 45*(3), 143–149.

Zabel, J., & Gropengießer, H. (2015). What can narrative contribute to students' understanding of scientific concepts, e.g. evolution theory? *Journal of the European Teacher Education Network, 10,* 136–146.

Zeyer, A. (2005). Szientismus im naturwissenschaftlichen Unterricht? Konsequenzen aus der politischen Philosophie von John Rawls. *Zeitschrift für Didaktik der Naturwissenschaften, 11,* 193–206.

Teil III
Kompetenzförderung im Biologieunterricht

Kompetenzförderung beim Experimentieren

7

Kerstin Kremer, Andrea Möller, Julia Arnold und Jürgen Mayer

Inhaltsverzeichnis

„Mir hat gefallen, dass wir eigenständig rausfinden konnten, was in der Natur passiert." „Es wurde nicht nur unterrichtet, wir mussten auch selber denken." – Mit diesen Aussagen beschreiben Schülerinnen und Schüler in der Mittelstufe

K. Kremer (✉)
IPN – Leibniz-Institut für die Pädagogik der Naturwissenschaften und Mathematik, Christian-Albrechts-Universität, Kiel, Deutschland
E-Mail: kremer@ipn.uni-kiel.de

IDN – Institut für Didaktik der Naturwissenschaften, Leibniz Universität, Hannover, Deutschland
E-Mail: kremer@idn.uni-hannover.de

A. Möller
Österreichisches Kompetenzzentrum für Didaktik der Biologie (AECC Biologie), Universität Wien, Wien, Österreich
E-Mail: andrea.moeller@univie.ac.at

J. Arnold
Zentrum Naturwissenschafts- und Technikdidaktik, Pädagogische Hochschule Fachhochschule Nordwestschweiz, Muttenz, Schweiz
E-Mail: julia.arnold@fhnw.ch

J. Mayer
Didaktik der Biologie, Universität Kassel, Kassel, Deutschland
E-Mail: jmayer@uni-kassel.de

© Springer-Verlag GmbH Deutschland, ein Teil von Springer Nature 2019
J. Groß et al. (Hrsg.), *Biologiedidaktische Forschung: Erträge für die Praxis*,
https://doi.org/10.1007/978-3-662-58443-9_7

eines Gymnasiums in einer fachdidaktischen Studie ihre positiven Erlebnisse beim Durchführen von Experimenten im Biologieunterricht (Schmidt 2016). Diese Schüleraussagen decken sich mit empirischen Befunden, die zeigen, dass Experimente im Biologieunterricht von Lernenden als besonders positiv bewertet werden (Vogt et al. 1999). Durch das Experimentieren kann so situationales Interesse entstehen, das wiederum zu individuellem Interesse am Fach Biologie führen kann und damit einen Einfluss auf die zukünftige Beschäftigung mit biologischen Themen hat (Vogt et al. 1999; Kap. 5). Doch die Bedeutung der Einbindung von Schülerexperimenten in den Biologieunterricht geht weit über die Interessensentwicklung hinaus. Das Wissen über diese naturwissenschaftliche Erkenntnismethode ermöglicht es Schülerinnen und Schülern, naturwissenschaftliche Erkenntnisgewinnung zu verstehen, zu bewerten und schließlich für ihre persönliche Lebensgestaltung nutzbar zu machen. In einer von Naturwissenschaften und Technik geprägten Gesellschaft gehören Kompetenzen im Bereich der Erkenntnisgewinnung neben naturwissenschaftlichem Fachwissen sowie einem grundsätzlichen Verständnis über die Charakteristika der Naturwissenschaften (Nature of Science) zu einer naturwissenschaftlichen Grundbildung, international auch als Scientific Literacy bezeichnet (Bybee 2002, S. 23 ff.; Kap. 7). Vor diesem Hintergrund sind die Entwicklung eines Verständnisses über den Experimentierprozess sowie die Fähigkeit zur Durchführung der einzelnen Teilschritte (Fragen stellen, Hypothesen formulieren, Experimente planen und durchführen, Daten erheben, analysieren und Schlussfolgerungen ziehen) zentrale Ziele im Kompetenzbereich „Erkenntnisgewinnung" der deutschen Bildungsstandards Biologie (KMK 2005). Das Experimentieren ist hier, entsprechend dem Kompetenzbegriff nach Weinert (2001), allerdings nicht als ein kochrezeptartiges Abarbeiten von Arbeitsaufträgen zu verstehen, sondern als spezifischer Problemlöseprozess (Hofstein und Lunetta 2004; Mayer 2007; Millar 2009; Di Fuccia et al. 2012; Kremer et al. 2014; Schmidt 2016).

Bereits seit vielen Jahrzehnten gibt es eine Forschungstradition in der Didaktik der Biologie und auf dem Gebiet der Science Education, die sich mit der Analyse von Lernschwierigkeiten und Problemen auseinandersetzt, mit denen Lernende beim problemorientierten Experimentieren konfrontiert sind. Um das Erreichen der oben genannten Lernziele, die mit dem Experimentieren verbunden sind, im Biologieunterricht zu ermöglichen, wird empfohlen, den Experimentierprozess in das Konzept des Forschenden Lernens einzubetten (Schmidkunz und Lindemann 1992; Mayer 2014). Kennzeichen des Forschenden Lernens ist die Vermittlung von fachgemäßen Denk- und Arbeitsweisen in einer konstruktivistisch geprägten und an der idealisierten Grundstruktur echter Forschungsprozesse orientieren Weise (Hmelo-Silver et al. 2007; Kap. 17). Im Rahmen dieser Methode führen Schülerinnen und Schüler die Untersuchungen selbstständig durch und reflektieren Erkenntnisschritte und -methoden (z. B. Mayer und Ziemek 2006; Mayer 2014). Vergleicht man jedoch fachdidaktische Studien zur Wirksamkeit des Forschenden Lernens, so zeigt sich eine große Spannweite hinsichtlich der Lerneffektivität von Lernformaten, die den Ansatz des Forschenden Lernens aufgreifen (Schmidt 2016).

In diesem Kapitel werden die wissenschaftlichen Erkenntnisse aus Wirksamkeitsstudien zur Ausgestaltung eines Unterrichts nach dem Prinzip des Forschenden Lernens vorgestellt und im Hinblick auf die Gestaltung von schulpraktischen Experimentiereinheiten diskutiert. Dabei wird ebenfalls dargelegt, welcher Lernbedarf besteht und wie die Ergebnisse biologiedidaktischer Forschung in der Praxis genutzt werden können, um Kompetenzen naturwissenschaftlicher Erkenntnisgewinnung durch Forschendes Lernen zu erwerben und zu sichern.

7.1 Experimentieren und Forschendes Lernen

7.1.1 Experimentieren als naturwissenschaftliche Arbeitsweise

Innerhalb der naturwissenschaftlichen Grundbildung nimmt das Experimentieren als zentrale naturwissenschaftliche Erkenntnismethode einen hohen Stellenwert ein und sollte daher auch von Schülerinnen und Schülern beherrscht werden (Osborne et al. 2003). Es setzt sowohl kognitive als auch manuelle Fähigkeiten voraus (Hofstein und Lunetta 2004). Obwohl der Begriff „Experiment" im Schulkontext häufig für alle Arten von naturwissenschaftlichen Untersuchungen verwendet wird (Mayer und Ziemek 2006), ist das Experiment im engeren Sinne eine Methode, um die Frage nach kausalen Zusammenhängen zu untersuchen (Wellnitz und Mayer 2013). Das Experiment geht dabei über die Beobachtung hinaus, da ein Experimentator künstlich veränderte Bedingungen kontrolliert und absichtsvoll in den Ablauf eingreift (Wellnitz und Mayer 2013; Schmidt 2016). Bei einem Experiment werden zunächst die abhängige Variablen als Messgröße identifiziert und unabhängige Variablen als Einflussgrößen isoliert und systematisch variiert. Alle anderen potenziell beeinflussende Variablen müssen dagegen konstant gehalten bzw. kontrolliert werden. Somit kann der ursächliche Einfluss der unabhängigen Variablen auf die abhängige Variable systematisch erforscht werden. Dies wird allgemein als Variablenkontrollstrategie (Chen und Klahr 1999; Schwichow et al. 2016) und im internationalen Diskurs auch als *fair testing* bezeichnet.

Darüber hinaus können besonders für den Biologieunterricht diverse Arten von Experimenten unterschieden werden, die jeweils in ihren Anforderungen an die Schülerinnen und Schüler variieren. Roberts und Gott (2004) entwickelten eine Aufgabentypisierung, nach der Experimente anhand der Variablenstruktur untergliedert werden. Es werden acht Typen von Experimenten unterschieden, abhängig davon, ob abhängige und unabhängige Variablen kategorisch oder kontinuierlich sind und ob der Umgang mit den Variablen geplant ist oder die Variablen post hoc kontrolliert werden. Die Kategorie „Umgang mit Variablen" bezieht sich dabei darauf, ob die Variablen manipulierbar sind oder nicht; dementsprechend wird u. a. zwischen Laboruntersuchung und Felduntersuchung unterschieden (Roberts und Gott 2004). So stellt z. B. die experimentelle Untersuchung von förderlichen und hemmenden Faktoren für die Keimung und Entwicklung eines Bohnensamens als

klassischer Lerngegenstand des biologischen Anfangsunterrichts eine geeignete
variablenmanipulative Laboruntersuchung dar. Ein Beispiel für eine klassische
Felduntersuchung wäre die (quasiexperimentelle) Beschreibung der Pflanzenarten
in Abhängigkeit zum Boden-pH an unterschiedlichen Standorten (dabei sollten
Störvariablen wie z. B. die Temperatur, wenn sie nicht zu kontrollieren sind, mindestens erfasst werden).

7.1.2   Kompetenzerwerb beim Forschenden Lernen

Naturwissenschaftliche Untersuchungen sind nicht nur eine Methode der Wissenschaft, sie sind Wissenschaft (Suchman 1968). Das Experimentieren als zentrale
naturwissenschaftliche Untersuchungsmethode hat einen großen Stellenwert innerhalb des Biologieunterrichts und birgt das Potenzial, sowohl Fachwissen als auch
ein angemessenes Bild von Wissenschaft und wissenschaftlichem Arbeiten sowie
die Fähigkeit, selbst wissenschaftlich zu arbeiten, fördern zu können. Dabei wird
zugleich deutlich, dass unterschiedliche Teildisziplinen der Biologie, wie etwa die
Ökologie, die Verhaltensforschung oder die Physiologie, die Grundidee des Experimentierens im Hinblick auf die spezifischen Fragestellungen ihrer Teildisziplin
abwandeln, um zu Erkenntnissen zu gelangen. Somit kann das Experimentieren
auf einer Metaebene betrachtet zugleich einen wichtigen Beitrag zum Verständnis
von biologiespezifischen Charakteristika von Naturwissenschaften (Nature of Science) leisten (Paul et al. 2016; Kap. 7). Bei der Gestaltung des Experimentalunterrichts kann zwischen Experimentieren als Zweck zur methodischen Erarbeitung
von konzeptuellem Verständnis (z. B. Fotosynthese) und Experimentieren als
eigenständigem Lernziel (z. B. Variablenkontrollstrategie) unterschieden werden
(Abd-El-Khalick et al. 2004). Soll das Experimentieren mehr als nur biologische
Inhalte verdeutlichen und manuelle Fertigkeiten schulen, muss es als Erkenntnismethode in den Unterricht eingebunden werden (Lind et al. 1998). Das Forschende Lernen wird hier als Instruktionsansatz empfohlen, zumal es auch einen
positiven Einfluss auf Lernmotivation und Interessensentwicklung haben kann
(KMK 2005; Mayer und Ziemek 2006; Welzel et al. 1998).

Beim Forschenden Lernen wird das Experiment in der Unterrichtsstruktur eingebunden. Diese Einbindung erfolgt im Sinne des idealisierten Verlaufs eines hypothetisch-deduktiven Erkenntnisprozesses (Abb. 7.1). Die Lernenden formulieren je
nach Erfahrungsstand mehr oder weniger selbstständig Fragestellungen und Hypothesen, planen Untersuchungen, führen diese durch und werten sie aus (Mayer und
Ziemek 2006). Das Forschende Lernen ist eine konstruktivistische, kollaborative und
problemorientierte (Hmelo-Silver et al. 2007) sowie schülerzentrierte (Gijbels et al.
2005) Methode des Lernens. Beim forschenden Lernen ist das Experiment möglichst ergebnisoffen angelegt (Arnold et al. 2014), und die Lernenden entscheiden
im Rahmen instruktionaler Maßnahmen oftmals selbst über die Ausgestaltung
des Experiments. Die Versuche werden idealerweise mehrmals bzw. in parallelen
Arbeitsgruppen durchgeführt und ausgewertet, wobei das Vorgehen anschließend
kritisch reflektiert, die Sicherheit der gewonnenen Ergebnisse diskutiert und ein

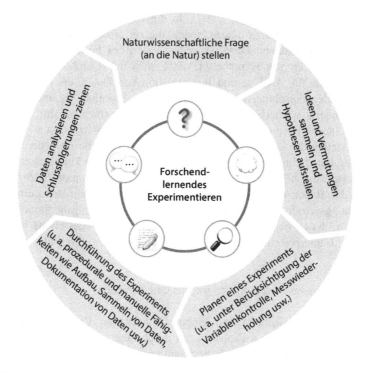

Abb. 7.1 Förderung der Kompetenz der naturwissenschaftlichen Erkenntnisgewinnung im Biologieunterricht durch die Methode des Forschend-Lernenden Experimentierens

Ausblick auf weitere Versuche gegeben wird (Arnold et al. 2014). Durch den Fokus auf das selbstständige Arbeiten der Schülerinnen und Schüler tritt die Lehrperson zurück und fungiert als Moderator und Unterstützer (Gijbels et al. 2005; Hof 2011), wobei die Lernenden aktiv und eigenständig Wissen und Fähigkeiten erwerben (Gijbels et al. 2005; Hof 2011; Mayer und Ziemek 2006). Dabei arbeiten sie häufig in arbeitsteiligen Gruppen, wodurch Dynamiken der kooperativen Ausgestaltung und des sozialen Austauschs im gemeinsamen Forschungsprozess ebenfalls Einfluss auf das Lernergebnis haben (z. B. Kammann 2012; Kaufmann et al. 2016; Sherman 1994).

7.2 Charakterisierung der Ausgangslage

7.2.1 Anforderungen an die Lernenden beim forschenden Experimentieren

Kompetenzen der naturwissenschaftlichen Erkenntnisgewinnung, konkret das wissenschaftliche Denken, werden als die Fähigkeit zum Lösen naturwissenschaftlicher Probleme beschrieben (Abd-El-Khalick et al. 2004; Hammann 2007;

Klahr und Dunbar 1988; Mayer 2007). In diesem Prozess werden unterschiedliche Problemlöseprozeduren unterschieden, die zur erfolgreichen Problemlösung
beherrscht werden müssen. Diese Prozeduren sind das Formulieren von Fragen
bzw. das Generieren von Hypothesen, das Planen und Durchführen von Untersuchungen sowie die Analyse und Interpretation von Daten, die im Sinne eines
wiederkehrenden Forschungskreislaufes *(inquiry cycle)* nicht als lineare Prozess-
abfolge, sondern wiederkehrend und reziprok zu verstehen sind (Abb. 7.1).
Diese einzelnen Prozeduren im Sinne eines hypothetisch-deduktiven Erkenntnisprozesses stellen die Lernenden jeweils vor unterschiedliche Anforderungen, die
in der Literatur umfangreich beschrieben und im Folgenden kurz dargestellt werden (für eine ausführliche Übersicht vgl. Arnold 2015; Schmidt 2016). Im Hinblick auf das Experimentieren ist es allgemein entscheidend, dass Lernende bei
der Forschungsprozedur den kausalen Charakter der Forschungsmethode erkennen
und in allen Phasen des Forschungsprozesses – von der Fragestellung bis hin zur
Analyse und Interpretation der Daten – berücksichtigen (Wellnitz und Mayer
2013).

Folgende Forschungsprozessphasen werden unterschieden:

1. *Fragestellung:* Ausgehend von einem beobachteten Phänomen ergibt sich
   als Motivationsgrund ein Problem, das durch eine ausgewählte Fragestellung
   adressiert werden kann. Beim Experimentieren beinhaltet die Fragestellung ein
   kausales Verhältnis (Ursache–Wirkung) zwischen zwei Variablen (z. B. Germann und Aram 1996a; Mayer et al. 2008; Phillips und Germann 2002). Für
   die weitere Ausgestaltung des Experiments werden unabhängige und abhängige
   Variablen abgeleitet.
2. *Hypothesen:* Sie unterscheiden sich von der experimentellen Fragestellung
   dadurch, dass sie einen prüfbaren Zusammenhang zwischen abhängiger und
   unabhängiger Variable formulieren (z. B. Beaumont-Walters und Soyibo 2001;
   Germann und Aram 1996a; Lawson 2000; Mayer und Ziemek 2006) und potenziell falsifizierbar (Gegenhypothese) sind. Bei der Begründung von Hypothesen
   bringen Schülerinnen und Schüler idealerweise Vorwissen aus dem bisherigen
   Unterrichtsverlauf oder aus dem Alltag ein (z. B. Klahr und Dunbar 1988;
   Mayer und Ziemek 2006; Meier und Mayer 2011; Temiz et al. 2006). Auf diese
   Weise kann der Unterricht kumulativ vernetzt werden, indem Wissen aus einer
   Unterrichtseinheit in einem anderen Zusammenhang wieder gebraucht wird.
3. *Planung eines Experiments:* Sie folgt dem Weg der Hypothesenprüfung. Große
   Herausforderungen sind hierbei die Kontrolle und Identifikation von Stör-
   variablen (Phillips und Germann 2002), die Festlegung von sinnvollen Messzeiten (Wellnitz und Mayer 2013) und Messwiederholungen (Arnold et al.
   2014; Lin und Lehman 1999; Wellnitz und Mayer 2013) zur Sicherstellung von
   Objektivität und Reliabilität des Experiments. Für das Gelingen einer experimentellen Planung ist eine geeignete Operationalisierung der abhängigen

und unabhängigen Variablen bedeutsam (Germann et al. 1996; Tamir et al. 1982; Wellnitz und Mayer 2013). Gerade im Klassenzimmer ist zudem die experimentelle Ausstattung häufig begrenzt, sodass die Festlegung von aussagekräftigen Messwerten für die zu messenden Variablen und deren spätere Interpretation häufig explizit im Unterricht thematisiert werden müssen, damit die Lernenden die Validität ihres Experiments später angemessen einschätzen und diskutieren können.

4. *Praktische Durchführung:* Für die praktische Durchführung eines selbst geplanten Experiments, beispielsweise in einer Praxisphase im Biologieunterricht, spielen neben den Fähigkeiten zum wissenschaftlichen Denken *(abilities)* auch manuelle Fertigkeiten *(skills)* eine wichtige Rolle, die im Unterricht ebenso systematisch eingeübt werden müssen. Hierzu zählen Fertigkeiten zum Aufbau des Experiments, zum Umgang mit Versuchsobjekten (z. B. Organismen), zur Durchführung von Beobachtungen und Messungen sowie zur Dokumentation des Experiments und der Ergebnisse (Meier und Mayer 2012; Schmidt 2016). Für die Fehlerdiskussion müssen im Prozess des Experiments mögliche Fehlerquellen (durch den Experimentator, das Umfeld und den Untersuchungsgegenstand) wahrgenommen und zu den gemessenen Ergebnissen in Beziehung gesetzt werden (Schmidt 2016).

5. *Auswertung:* Die gesammelten Messdaten werden beschrieben (z. B. Mayer et al. 2008; Tamir et al. 1982; Temiz et al. 2006) und interpretiert (z. B. Beaumont-Walters und Soyibo 2001; Dillashaw und Okey 1980; Fraser 1980). Eine Diskussion der methodischen Genauigkeit und der Interpretation (Chinn und Malhotra 2002; Lin und Lehman 1999; Mayer und Ziemek 2006) sowie ein Ausblick auf weiterführende Untersuchungen (Hofstein et al. 2005; Meier und Mayer 2011) runden die Auswertung ab.

Die Auswertungsphase wird im Schulunterricht aus Zeit- und Motivationsgründen häufig vernachlässigt. Sie ist jedoch für das Verständnis der wissenschaftlichen Güte des Experiments von entscheidender Bedeutung. Weiterhin sind Präsentation und Kommunikation beim Forschenden Lernen wichtige zu berücksichtigende Elemente (Bruckermann et al. 2017). Für die grafische Darstellung experimenteller Daten sind häufig mathematische Grundfähigkeiten notwendig, die je nach Altersstufe explizit gelehrt werden müssen.

Die oben beschriebenen Phasen sind charakteristisch für experimentelle Erkenntnisprozesse. Sie sind jedoch, wie bereits erwähnt, nicht als streng lineare Abfolge zu verstehen, da sonst die Authentizität des Forschungsprozesses verloren geht. Ebenso sollte bei der Ausführung der einzelnen Schritte die kognitive Beteiligung der Lernenden beachtet werden, z. B. indem Phasen im Unterricht eingeführt werden, die die Schüler zum Nachdenken anregen. Bloßes Abarbeiten von Experimentieranleitungen stellt keine kognitive Aktivierung im Sinne des Forschenden Lernens dar.

7.2.2 Schülerfähigkeiten beim Experimentieren

Vor dem Hintergrund von Bildungszielen und Lernanforderungen wurden die
Kompetenzen von Lernenden zum Experimentieren intensiv untersucht und
wesentliche Verständnisschwierigkeiten identifiziert. So konnte gezeigt werden,
dass es Lernenden schwerfällt, Forschungsfragen zu generieren und dabei auf
einen Faktor zu fokussieren (Kuhn und Dean 2005). Hypothesen werden häufig
nicht als zu prüfender Zusammenhang zwischen Variablen gesehen, weshalb es
Schülerinnen und Schülern auch schwerfällt, alternative Hypothesen zu formulieren (de Jong und van Joolingen 1998; Klahr und Dunbar 1988). Beim Planen
und Durchführen von Untersuchungen arbeiten die Lernenden häufig nur mit
einer Variation der Variable, also ohne Kontrollversuch (Hammann et al. 2008),
variieren gleich mehrere Variablen (Chen und Klahr 1999) oder kontrollieren die
Störvariablen nicht (Duggan et al. 1996). Die Operationalisierung von Variablen,
hauptsächlich von kontinuierlichen Variablen, bereitet Lernenden Schwierigkeiten
(Schauble et al. 1995; Duggan et al. 1996). Letztlich beschreiben Duggan und
Gott (2000), dass Schüler nur selten Wiederholungen einplanen, was von Lubben und Millar (1996) ebenfalls gezeigt wurde. Generell konnte in der Phase der
Durchführung beim Sammeln von Daten eine größere Leistungsheterogenität festgestellt werden als beim Aufbau von Experimenten oder beim Dokumentieren von
Daten (Schmidt 2016). Bei der Datenauswertung nehmen Lernende kaum Bezug
zur Hypothese und begründen selten ihre Schlüsse (Germann und Aram 1996b).
Roberts und Gott (2004) zeigten zudem, dass Lernende Probleme haben, Stichpro-
bengröße, Repräsentativität und Validität ihrer Untersuchung bei der Datenanalyse
zu berücksichtigen. Insgesamt sind die Leistungen der Schülerinnen und Schüler in den Teilkompetenzen Hypothese und Deutung ausgeprägter als bei Fragestellung und Planung eines Experiments und korrelieren mit Jahrgangsstufe und
Schulform (Mayer et al. 2008).

Für die Sekundarstufe II konnte gezeigt werden, dass die Lernenden in der
Lage sind, einfache Untersuchungen durchzuführen und dabei abhängige und
unabhängige Variable im Rahmen der Hypothese zu nennen und die Hypothese zu
begründen, bei der Planung die unabhängige Variable variieren und die abhängige
Variable erfassen und bei der Datenauswertung die Daten beschreiben und interpretieren können (Arnold 2015). Probleme haben die Lernenden hingegen mit
komplexen Untersuchungen und dabei alternative Hypothesen zu benennen und
die zu prüfenden Zusammenhänge als Vorhersage zu formulieren, bei der Planung
Störvariablen, Messzeiten und Messwiederholungen zu berücksichtigen sowie bei
der Datenauswertung Methodenkritik zu äußern, die Sicherheit der Interpretation
zu reflektieren und einen Ausblick auf weitere Untersuchungen zu geben (Arnold
2015). Diese Ergebnisse weisen auf einen allgemeinen Förderbedarf im Bereich
der Kompetenzen der naturwissenschaftlichen Erkenntnisgewinnung im Rahmen
des Forschenden Lernens hin.

7.3 Ursachen und evidenzbasierte Empfehlungen

7.3.1 Wirksamkeit des Forschenden Lernens

Bisherige Untersuchungen zur Effektivität des Forschenden Lernens fokussieren meist auf dessen instrumentelle Funktion für den Erwerb von Fachwissen (Rönnebeck et al. 2016). Nur selten wurde bislang der Einfluss auf den Erwerb von Kompetenzen naturwissenschaftlicher Erkenntnisgewinnung untersucht (Blanchard et al. 2010; Sadeh und Zion 2009). Metaanalysen wie beispielsweise von Dochy et al. (2003) sowie Furtak et al. (2009) weisen jedoch darauf hin, dass das problemorientierte bzw. Forschende Lernen in Bezug auf die Kompetenzen der Erkenntnisgewinnung und speziell des Experimentierens (Rieß und Robin 2012) lernförderlich sein kann. Allerdings ist die Studienlage nicht eindeutig, was nicht zuletzt darauf zurückzuführen ist, dass Forschendes Lernen unterschiedlich gefasst wird und die Studien sich in den abhängigen Variablen und deren Operationalisierung teils stark unterscheiden (Hattie 2009). Außerdem hängt die Effektivität von der Umsetzung (Blanchard et al. 2010) und dem Grad der Offenheit (Dean und Kuhn 2007; Hof 2011; Kirschner et al. 2006; Klahr und Nigam 2004) ab.

Im Folgenden werden exemplarisch Studien zum Experimentieren unter den Rahmenbedingungen des deutschen Schulsystems im Fach Biologie zur Effektivität Forschenden Lernens in Bezug auf Kompetenzen der naturwissenschaftlichen Erkenntnisgewinnung dargestellt. Dabei wird auf Studien fokussiert, die die Kompetenzen der Erkenntnisgewinnung ganzheitlich fassen, d. h. mindestens die Planung und Datenanalyse des Experimentierens und Forschenden Lernens in den Blick nehmen, und es werden Studien außer Acht gelassen, die ausschließlich die Variablenkontrollstrategie untersuchen (z. B. Dean und Kuhn 2007; Klahr und Nigam 2004).

7.3.2 Öffnungsgrad

Einige Studien beschäftigen sich mit dem Effekt der Öffnung der forschenden Lerneinheit auf die Lernleistung. Eine Studie von Blanchard et al. (2010) untersuchte die Effektivität des Forschenden Lernens (Problemstellung wurde vorgegeben, für die Auswahl der Methoden zur Datenerfassung und die Interpretation waren die Schüler verantwortlich) im Vergleich zur direkten Instruktion. Der thematische Schwerpunkt der Studie lag auf forensischen Untersuchungen. Die Ergebnisse zeigen, dass die Experimentalgruppe (offenes Forschendes Lernen) im Vergleich zur Kontrollgruppe (direkte Instruktion) im prozeduralen Wissen größere Behaltensleistungen aufwies, wenn der Unterricht von den Lernenden als entsprechend offen-forschend eingeschätzt wurde (z. B. wenn sie das Gefühl hatten, dazu angeregt zu werden, selbst alternative Untersuchungs- und Problemlösungswege zu suchen). Wenn dies nicht der Fall war, schnitten die Lernenden im Mittel schlechter ab als die Kontrollgruppe. Die Ergebnisse sprechen dafür, den Schülerinnen und Schülern den offenen Forschungsprozess transparent zu vermitteln und ihnen den Forschungscharakter der Lerneinheit bewusst werden zu lassen, damit Lernergebnisse nachhaltig behalten werden können.

In einer Studie von Hof (2011) wurde die Effektivität des Forschenden Lernens beim Experimentieren in zwei Öffnungsgraden im Vergleich zu einem fragend-entwickelnden Unterrichtsverfahren untersucht. Die Öffnungsgrade unterschieden sich in der Anzahl der Phasen, die durch die Lehrkraft angeleitet wurden. Das Untersuchungsdesign bestand aus einem Pretest, einem Posttest und einem Follow-up-Test, der die Behaltensleistung nach einigen Wochen überprüfte. Die Intervention, bestehend aus acht experimentellen Lernsequenzen zum Themenbereich Fotosynthese, wurde entwickelt und in Klasse 7 unterrichtet. Der Forschungsprozess mit den einzelnen Phasen zog sich dabei in der Instruktion über den Zeitraum eines Schulhalbjahres, wobei in jedem der acht in die Lernsequenz eingebauten Experimente zur Fotosynthese eine andere Teilkompetenz des Forschungsprozesses schwerpunktmäßig gefördert und geöffnet wurde. Beispielsweise wurde einmal die Planung des Experiments in die Hände der Schüler gegeben, ein anderes Mal die korrekte Formulierung von Hypothesen und deren Begründung auf Basis von Vorwissen.

Die Effekte der genannten Unterrichtsvarianten wurden mittels eines Multiple-Choice-Instruments zu wissenschaftsmethodischen Kompetenzen (Teilbereiche: Fragen, Hypothesen, Planung von Experimenten und Deutung von Ergebnissen) sowie eines Wissenstests im Bereich der Fotosynthese erfasst. Im Ergebnis zeigte sich, dass der Zuwachs von wissenschaftsmethodischen Kompetenzen in beiden Öffnungsvarianten des Forschenden Lernens (sowohl offen als auch stärker angeleitet) höher war als in der Kontrollgruppe. Dies deutet darauf hin, dass die Unterrichtsmethode des Forschenden Lernens per se dem Erwerb von Kompetenzen der Erkenntnisgewinnung zugutekommt. Jedoch hat der Öffnungsgrad beim Forschenden Lernen einen entscheidenden Einfluss darauf, zu welchen Anteilen Fachwissen und wissenschaftsmethodische Kompetenzen bei den Lernenden jeweils gefördert werden. So führt ein von der Lehrkraft eher angeleiteter Forschender Unterricht zu einem stärkeren fachwissenschaftlichen Kompetenzzuwachs (Fachwissen) und weniger stark zum Zuwachs von wissenschaftsmethodischen Kompetenzen. Ein eher offener Forschender Unterricht ist hingegen in der Lage, sowohl Fachwissen als auch wissenschaftsmethodische Kompetenz der Lernenden nahezu zu gleichen Anteilen zu fördern.

7.3.3 Lernunterstützung

Beim Forschenden Lernen stellt die Lernunterstützung bei der Gestaltung der Instruktion ein geeignetes Mittel dar, die kognitive Belastung der Lerneinheit zu reduzieren. In einer weiteren Studie (Arnold 2015; Arnold et al. 2016a) wurde das offene Forschende Lernen (die Lernenden formulierten auf Grundlage einer vorgegebenen Forschungsfrage Hypothesen, planten Untersuchungen, führten diese durch und werteten sie aus) mit unterschiedlichen Unterstützungsformaten im Gegensatz zum offenen Forschenden Lernen ohne Lernunterstützung exemplarisch am Thema Enzymatik untersucht. Dazu wurde eine Schülergruppe mit gestuften Lernhilfen („Forschertipps") zur Förderung des prozeduralen Wissens, eine Schülergruppe mit diskursiv-reflexiven Szenarien (Concept Cartoons) zur Förderung des Methodenwissens (Arnold et al. 2016b) und eine Gruppe mit beiden Lernangeboten unterstützt, wobei die Vergleichsgruppe keine zusätzlichen Materialien erhielt. Es konnte gezeigt werden, dass die Lernzuwächse mit Lernunterstützungen im Bereich der Kompetenzen der naturwissenschaftlichen Erkenntnisgewinnung signifikant höher ausfielen als ohne Lernunterstützungen. Die Gruppe, der beide Lernunterstützungen zur Verfügung standen, zeigte im Vergleich zur Vergleichsgruppe zwar größere Lernzuwächse, diese waren jedoch nicht signifikant. Trotzdem berichteten alle Gruppen signifikant geringere kognitive Belastungen als die Vergleichsgruppe. Auch im Methodenwissen konnten alle Schülergruppen mit Lernunterstützungen (wenn auch nicht signifikant) höhere Lernzuwächse erzielen als die Vergleichsgruppe. Im Fachwissen zum Thema Enzyme profitierte hauptsächlich die Gruppe, die Concept Cartoons zur Verfügung hatte. Somit kann aus dieser Studie geschlossen werden, dass Lernunterstützungen wie Forschertipps und Concept Cartoons lernwirksam sein und die Lernenden im Forschungsprozess unterstützen können, ohne den forschenden Charakter des Vorgehens zu beeinträchtigen.

7.3.4 Papierbasierte und reale Experimente

Nicht immer gelingt es, den Experimentierprozess im Biologieunterricht in das Konzept des Forschenden Lernens einzubetten oder überhaupt Experimente durchzuführen. Als mögliche Gründe dafür werden von Lehrkräften vor allem schwierige unterrichtliche Rahmenbedingungen genannt, z. B. Materialbeschaffungsprobleme, defizitäre Raum- und Mittelausstattung sowie Zeitmangel. Eine mögliche Lösung dieses Problems stellen sog. papierbasierte Experimente dar, die ohne reale Versuchsobjekte durchgeführt werden, aber dennoch einen forschend-lernenden Ansatz ermöglichen. Hier sammeln Schülerinnen und Schüler ihre Daten – im Gegensatz zu der Durchführung mit einem Realexperiment – auf der Basis von Bildmaterialien, die durch die Lehrkraft in Papierform zur Verfügung gestellt wird. Es handelt sich also um eine unterschiedliche Art der Performanz in der Phase der Durchführung der Experimente. In Abgrenzung zum Gedankenexperiment nutzt das papierbasierte Experiment wie ein real durchgeführtes Experiment geschilderte Beobachtungen, ohne jedoch das Experiment real durchzuführen (Schmidt und Möller 2019).

In einer Studie von Schmidt (2016) wurde der Einfluss von Realexperimenten und papierbasierten Experimenten beim Forschenden Lernen auf die Ausbildung experimenteller Kompetenzen des Durchführens und des wissenschaftlichen Denkens (Teilbereiche: Fragen, Hypothesen, Planung von Experimenten und Deutung von Ergebnissen) untersucht. Hierzu wurde in einer Unterrichtsintervention mit Pre-, Post- und Follow-up-Test im Themengebiet der Fotosynthese unterrichtet. In drei Schülergruppen wurde innerhalb der inhaltlich konstant konzipierten Unterrichtseinheit die Anzahl bzw. das Verhältnis von Real- zu papierbasierten Experimenten variiert (3:0; 1:2; 0:3). Durch die Intervention konnten in allen Gruppen vergleichbare Zuwächse bei der praktischen Experimentierkompetenz verzeichnet werden; der Zuwachs blieb auch über die Unterrichtseinheit hinaus im Follow-up-Test konstant. Jedoch sind die Schülerinnen und Schüler der Realexperimentgruppe deutlich höher motiviert als diejenigen in der Gruppe mit den papierbasierten Experimenten. Das wissenschaftliche Denken konnte in keiner der Gruppen signifikant gesteigert werden. Bezogen auf die Geschlechter zeigt die Intervention, dass Jungen wie Mädchen in allen Treatmentgruppen durch die Intervention von wenigen Schulexperimenten ihre praktische Experimentierkompetenz steigern konnten. Dieser Effekt ist gleich stark ausgeprägt, egal ob die Experimente selbst durchgeführt oder nur auf dem Papier nachvollzogen wurden. Damit kann evidenzbasiert argumentiert werden, dass eine Förderung von Kompetenzen der Erkenntnisgewinnung (KMK 2005) im Biologieunterricht bereits mit fünf, möglicherweise auch schon drei Experimenten und ebenfalls mit kostengünstigen und zeitökonomischen Unterrichtsverfahren möglich ist. Eine wünschenswerte Förderung der Schülerinnen und Schüler hinsichtlich ihrer intrinsischen Motivation setzt jedoch das reale Experimentieren voraus. Somit kann abgeleitet werden, dass ein Mischkonzept im Biologieunterricht ein sinnvoller Weg sein kann, beiden Erfordernissen der Praxis gerecht zu werden.

7.4   Zusammenfassung

Wissen und Kompetenzen zu der naturwissenschaftlichen Erkenntnismethode des Experimentierens ermöglichen es Schülerinnen und Schülern, die naturwissenschaftliche Erkenntnisgewinnung zu verstehen, zu bewerten und schließlich in Problemsituationen nutzbar zu machen. Vor diesem Hintergrund sind die Entwicklung eines Verständnisses über den Experimentierprozess sowie Kompetenzen zur Anwendung der einzelnen Teilschritte (Fragen stellen, Hypothesen formulieren, Experimente planen und durchführen, Daten erheben, analysieren und Schlussfolgerungen ziehen) zentrale Ziele im Kompetenzbereich „Erkenntnisgewinnung" der deutschen Bildungsstandards Biologie. Dass Schülerinnen und Schüler trotz dieses Anspruches die geforderten Kompetenzen beim Experimentieren oft nicht erreichen, bildet den *Ausgangspunkt* für Empfehlungen einer Ausgestaltung des Biologieunterrichts, der diese Kompetenzen gezielt fördern kann.

Fachdidaktische Forschungsstudien in diesem Bereich zeigten, dass es Lernenden schwerfällt, Forschungsfragen zu generieren, alternative Hypothesen zu formulieren, Untersuchungen systematisch zu planen, dabei Störvariablen zu berücksichtigen und Daten zu dokumentieren. In der Sekundarstufe II haben die Lernenden außerdem Probleme mit komplexen Untersuchungen und bei der

Methodenkritik. Die Ergebnisse weisen auf Förderbedarf im Bereich der Kompetenzen der naturwissenschaftlichen Erkenntnisgewinnung hin.

Als *Empfehlung* wird in diesem Kapitel die Unterrichtsmethode des Forschenden Lernens beschrieben, die im Sinne des inquiry cycle die Schülerinnen und Schüler in weitgehend offenen Lerngelegenheiten naturwissenschaftliche Fragestellung, Hypothesen, Untersuchungsplanung und Auswertung erfahren lässt.

Für alle oben genannten Aspekte bestehen *Wirksamkeitsnachweise*. So kann für den Öffnungsgrad von Forschendem Lernen abgeleitet werden, dass eher offener Forschender Unterricht sowohl Fachwissen als auch wissenschaftsmethodische Kompetenzen gleichermaßen fördern kann. Lernunterstützungen in Form von beispielsweise Forschertipps und Concept Cartoons können die Lernenden im Forschungsprozess unterstützen. Schülerinnen und Schüler konnten schließlich ihre Fähigkeiten beim Durchführen von Experimenten auch dann steigern, wenn sie die im Unterricht durchgeführten Experimente auf dem Papier nachvollzogen, wobei sie beim Durchführen von realen Experimenten motivierter waren.

Literatur

Abd-El-Khalick, F., BouJaoude, S., Duschl, R., Lederman, N. G., Mamlok-Naaman, R., Hofstein, A.,. Niaz, M., Treagust, D., & Tuan, H. l. (2004). Inquiry in science education: International perspectives. *Science Education, 88*(3), 397–419.

Arnold, J. (2015). *Die Wirksamkeit von Lernunterstützungen beim Forschenden Lernen: Eine Interventionsstudie zur Förderung des Wissenschaftlichen Denkens in der gymnasialen Oberstufe.* Berlin: Logos.

Arnold, J., Kremer, K., & Mayer, J. (2014). Schüler als Forscher – Experimentieren kompetenzorientiert unterrichten und beurteilen. *Der mathematische und naturwissenschaftliche Unterricht (MNU), 67*(2), 83–91.

Arnold, J., Kremer, K., & Mayer, J. (2016a). Scaffolding beim Forschenden Lernen – Eine empirische Untersuchung zur Wirkung von Lernunterstützungen. *Zeitschrift für Didaktik der Naturwissenschaften.* https://doi.org/10.1007/s40573-016-0053-0.

Arnold, J., Kremer, K., & Mayer, J. (2016b). Concept Cartoons als diskursiv-reflexive Szenarien zur Aktivierung des Methodenwissens beim Forschenden Lernen. *Biologie Lehren und Lernen – Zeitschrift für Didaktik der Biologie, 20*(1), 1–43.

Beaumont-Walters, Y., & Soyibo, K. (2001). An analysis of high school students' performance on five integrated science process skills. *Research in Science & Technological Education, 19*(2), 133–145.

Blanchard, M. R., Southerland, S. A., Osborne, J. W., Sampson, V. D., Annetta, L. A., & Granger, E. M. (2010). Is inquiry possible in light of accountability?: A quantitative comparison of the relative effectiveness of guided inquiry and verification laboratory instruction. *Science Education, 94*(4), 577–616.

Bruckermann, T., Arnold, J., Kremer, K., & Schlüter, K. (2017). Forschendes Lernen in der Biologie. Theoretische Fundierung und didaktische Formate für die Hochschule. In T. Bruckermann & K. Schlüter (Hrsg.), *Forschendes Lernen im Experimentalpraktikum Biologie* (S. 11–26). Berlin: Springer Spektrum.

Bybee, R. W. (2002). Scientific Literacy – Mythos oder Realität? In W. Gräber, P. Nentwig, T. Koballa, & R. Ewans (Hrsg.), *Scientific Literacy – Der Beitrag der Naturwissenschaften zur Allgemeinen Bildung* (S. 21–43). Leske + Budrich: Opladen.

Chen, Z., & Klahr, D. (1999). All other things being equal: Acquisition and transfer of the control of variables strategy. *Child Development, 70*(5), 1098–1120.

Chinn, C. A., & Malhotra, B. A. (2002). Epistemologically authentic inquiry in schools: A theoretical framework for evaluating inquiry tasks. *Science Education, 86*(2), 175–218.

de Jong, T., & van Joolingen, W. R. (1998). Scientific discovery learning with computer simulations of conceptual domains. *Review of Educational Research, 68*(2), 179–201.

Dean, D., & Kuhn, D. (2007). Direct instruction vs. discovery: The long view. *Science Education, 91*(3), 384–397.

Di Fuccia, D., Witteck, T., Markic, S., & Eilks, I. (2012). Trends in practical work in german science education. *Eurasia Journal of Mathematics, Science & Technology Education, 8*(1), 59–72.

Dillashaw, F. G., & Okey, J. R. (1980). Test of the integrated science process skills for secondary science students. *Science Education, 64*(5), 601–608.

Dochy, F., Segers, M., Van den Bossche, P., & Gijbels, D. (2003). Effects of problem-based learning: A meta-analysis. *Learning and Instruction, 13*(5), 533–568.

Duggan, S., & Gott, R. (2000). Intermediate General National Vocational Qualification (GNVQ) science: A missed opportunity for a focus on procedural understanding? *Research in Science and Technological Education, 18*(2), 201–214.

Duggan, S., Johnson, P., & Gott, R. (1996). A critical point in investigative work: Defining variables. *Journal of Research in Science Teaching, 33*(5), 461–474.

Fraser, B. J. (1980). Development and validation of a test of enquiry skills. *Journal of Research in Science Teaching, 17*(1), 7–16.

Furtak, E. M., Seidel, T., Iverson, H., & Briggs, D. C. (2009). *Recent experimental studies of inquiry-based teaching: A meta-analysis and review.* Paper presented at the European Association for Research on Learning and Instruction, Amsterdam, Netherlands.

Germann, P. J., & Aram, R. J. (1996a). Student performance on asking questions, identifying variables, and formulating hypotheses. *School Science and Mathematics, 4*, 192–201.

Germann, P. J., & Aram, R. J. (1996b). Student performances on the science processes of recording data, analyzing data, drawing conclusions, and providing evidence. *Journal of Research in Science Teaching, 33*(7), 773–798.

Germann, P. J., Aram, R., & Burke, G. (1996). Identifying patterns and relationships among the responses of seventh-grade students to the science process skill of designing experiments. *Journal of Research in Science Teaching, 33*(1), 79–99.

Gijbels, D., Dochy, F., Van den Bossche, P., & Segers, M. (2005). Effects of problem-based learning: A meta-analysis from the angle of assessment. *Review of Educational Research, 75*(1), 27–61.

Hammann, M. (2007). Das Scientific Discovery as Dual Search-Modell. In D. Krüger & H. Vogt (Hrsg.), *Theorien in der biologiedidaktischen Forschung – ein Handbuch für Lehramtsstudenten und Doktoranden* (S. 187–196). Berlin: Springer.

Hammann, M., Hoi Phan, T. T., Ehmer, M., & Grimm, T. (2008). Assessing pupils' skills in experimentation. *Journal of Biological Education, 42*(2), 66–72.

Hattie, J. (2009). *Visible learning: A synthesis of over 800 meta-analyses relating to achievement.* London: Routledge.

Hmelo-Silver, C. E., Duncan, R. G., & Chinn, C. A. (2007). Scaffolding and achievement in problem-based and inquiry learning: A response to Kirschner, Sweller, and Clark (2006). *Educational Psychologist, 42*(2), 99–107.

Hof, S. (2011). *Wissenschaftsmethodischer Kompetenzerwerb durch Forschendes Lernen: Entwicklung und Evaluation einer Interventionsstudie.* Kassel: University Press.

Hofstein, A., & Lunetta, V. N. (2004). The laboratory in science education: Foundation for the 21st century. *Science Education, 88*, 28–54.

Hofstein, A., Navon, O., Kipnis, M., & Mamlok-Naaman, R. (2005). Developing students' ability to ask more and better questions resulting from inquiry-type chemistry laboratories. *Journal of Research in Science Teaching, 42*(7), 791–806.

Kammann, C. (2012). *Analyse der Erkenntnisprozesse von Schülerinnen und Schülern in offen gestalteten Lernumgebungen – Eine qualitative Studie* (Bd. 62)., Didaktik in Forschung und Praxis Hamburg: VDK.

Kaufmann, K., Chernyak, D., & Möller, A. (2016). Rollenzuteilungen in Kleingruppen beim Forschenden Lernen im Schülerlabor: Wirkung auf Aktivitätstypen, intrinsische Motivation und kooperative Lernprozesse. In U. Gebhard & M. Hammann (Hrsg.), *Bildung durch Biologieunterricht* (Bd. 7, S. 355–371). Innsbruck: Studienverlag.

Kirschner, P. A., Sweller, J., & Clark, R. E. (2006). Why minimal guidance during instruction does not work: An analysis of the failure of constructivist, discovery, problem-based, experiential, and inquiry-based teaching. *Educational Psychologist, 41*(2), 75–86.

Klahr, D., & Dunbar, K. (1988). Dual space search during scientific reasoning. *Cognitive Science, 12*(1), 1–48.

Klahr, D., & Nigam, M. (2004). The equivalence of learning paths in early science instruction – Effects of direct instruction and discovery learning. *Psychological Science, 15*(10), 661–667.

KMK (Sekretariat der Ständigen Konferenz der Kultusminister der Länder in der Bundesrepublik Deutschland) (Hrsg.). (2005). *Beschlüsse der Kultusministerkonferenz: Bildungsstandards im Fach Biologie für den Mittleren Schulabschluss. Beschluss vom 16.12.2004*. München: Luchterhand.

Kremer, K., Specht, C., Urhahne, D., & Mayer, J. (2014). The relationship in biology between the nature of science and scientific inquiry. *Journal of Biological Education, 48*(1), 1–8.

Kuhn, D., & Dean, D. (2005). Is developing scientific thinking all about learning to control variables? *Psychological Science, 16*(11), 866.

Lawson, A. E. (2000). The generality of hypothetico-deductive reasoning: Making scientific thinking explicit. *The American Biology Teacher, 62*(7), 482–495.

Lin, X., & Lehman, J. D. (1999). Supporting learning of variable control in a computer-based biology environment: Effects of prompting college students to reflect on their own thinking. *Journal of Research in Science Teaching, 36*(7), 837–858.

Lind, G., Kroß, A., & Mayer, J. (1998). BLK-Programmförderung „Steigerung der Effizienz des mathematisch-naturwissenschaftlichen Unterrichts" Erläuterungen zu Modul 2: Naturwissenschaftliche Arbeitsweisen im Unterricht: Institut für dei Pädagogik der Naturwissenschaften an der Universität Kiel.

Lubben, F., & Millar, R. (1996). Children's ideas about the reliability of experimental data. *International Journal of Science Education, 18*(8), 955–968.

Mayer, J. (2007). Erkenntnisgewinnung als wissenschaftliches Problemlösen. In D. Krüger & H. Vogt (Hrsg.), *Theorien in der biologiedidaktischen Forschung* (S. 177–186). Berlin: Springer.

Mayer, J. (2014). Forschendes Lernen. In U. Spörhase & W. Ruppert (Hrsg.), *Biologie Methodik. Handbuch für die Sekundarstufe I und II* (S. 107–113). Berlin: Cornelsen.

Mayer, J., & Ziemek, H.-P. (2006). Offenes Experimentieren. *Forschendes Lernen im Biologieunterricht. Unterricht Biologie, 317,* 4–12.

Mayer, J., Grube, C., & Möller, A. (2008). Kompetenzmodell naturwissenschaftlicher Erkenntnisgewinnung. In U. Harms & A. Sandmann (Hrsg.), *Lehr- und Lernforschung in der Biologiedidaktik* (S. 63–79). Innsbruck: Studienverlag.

Meier, M., & Mayer, J. (2011). Gewusst Vee! – Ein Diagnoseinstrument zur Erfassung von Konzept- und Methodenwissen im Biologieunterricht. *Schulpädagogik-heute, 1*(3), 1–12.

Meier, M., & Mayer, J. (2012). Experimentierkompetenz praktisch erfassen – Entwicklung und Validierung eines anwendungsbezogenen Aufgabendesigns. In U. Harms & F. X. Bogner (Hrsg.), *Lehr- und Lernforschung in der Biologiedidaktik* (Bd. 5, S. 81–98). Innsbruck: Studienverlag.

Millar, R. (2009). *Analysing practical activities to assess and improve effectiveness: The Practical Activity Analysis Inventory (PAAI)*. York: Centre for Innovation and Research in Science Education, University of York.

Osborne, J., Collins, S., Ratcliffe, M., Millar, R., & Duschl, R. (2003). What "Ideas-about-Science" should be taught in school science? A delphi study of the expert community. *Journal of Research in Science Teaching, 40*(7), 692–720.

Paul, J., Lederman, N. G., & Groß, J. (2016). Learning experimentation through science fairs. *International Journal of Science Education, 38*(15), 2367–2387.

Phillips, K. A., & Germann, P. J. (2002). The inquiry "I": A tool for learning scientific inquiry. *The American Biology Teacher, 64*(7), 512–520.

Rieß, W., & Robin, N. (2012). Befunde aus der empirischen Forschung zum Experimentieren im mathematisch-naturwissenschaftlichen Unterricht. In W. Rieß, M. Wirtz, B. Barzel, & A. Schulz (Hrsg.), *Experimentieren im mathematisch-naturwissenschaftlichen Unterricht. Schüler lernen wissenschaftlich denken und arbeiten* (S. 129–152). Münster: Waxmann.

Roberts, R., & Gott, R. (2004). Assessment of SC1: Alternatives to coursework. *School Science Review, 85*(313), 103–108.

Rönnebeck, S., Bernholt, S., & Ropohl, M. (2016). Searching for a common ground – A literature review of empirical research on scientific inquriy activities. *Studies in Science Education, 52*(2), 161–197.

Sadeh, I., & Zion, M. (2009). The development of dynamic inquiry performances within an open inquiry setting: A comparison to guided inquiry setting. *Journal of Research in Science Teaching, 46*(10), 1137–1160.

Schauble, L., Glaser, R., Duschl, R. A., Schulze, S., & John, J. (1995). Students' understanding of the objectives and procedures of experimentation in the science classroom. *Journal of the Learning Sciences, 4*(2), 131–166.

Schmidkunz, H., & Lindemann, H. (1992). *Das forschend-entwickelnde Unterrichtsverfahren. Problemlösen im naturwissenschaftlichen Unterricht.* Magdeburg: Westarp.

Schmidt, D. (2016). Modellierung experimenteller Kompetenzen sowie ihre Diagnostik und Förderung im Biologieunterricht. In A. Sandmann & P. Schmiemann (Hrsg.), *Biologie lernen und lehren* (Bd. 18). Berlin: Logos.

Schmidt, D., & Möller, A. (2019). Mit Mikroalgen die Welt retten? Papierbasierte Experimente zur Photosynthese. *Der Mathematische und Naturwissenschaftliche Unterricht (MNU), 2*, 147–153.

Schwichow, M., Croker, S., Zimmerman, C., Höffler, T., & Härtig, H. (2016). Teching the control-of-variables strategy: A meta-analysis. *Developmental Review, 39*, 37–63.

Sherman, S. (1994). Cooperative learning and science. In S. Sharan (Hrsg.), *Handbook of cooperative learning methods*. Westport: Greenwood Press.

Suchman, J. R. (1968). *Developing Inquiry in Earth Science*: Science Research Associates.

Tamir, P., Nussinovitz, R., & Friedler, Y. (1982). The design and use of a practical tests assessment inventory. *Journal of Biological Education, 16*(1), 42–50.

Temiz, B. K., Tasar, M. F., & Tan, M. (2006). Development and validation of a multiple format test of science process skills. *International Education Journal, 7*(7), 1007–1027.

Vogt, H., Upmeier zu Belzen, A., Schröer, T., & Hoek, I. (1999). Unterrichtliche Aspekte im Fach Biologie, durch die Unterricht aus Schülersicht als interessant erachtet wird. *Zeitschrift für Didaktik der Naturwissenschaften, 5*(3), 75–85.

Weinert, F. E. (2001). Vergleichende Leistungsmessung in Schulen: Eine umstrittene Selbstverständlichkeit. In F. E. Weinert (Hrsg.), *Leistungsmessungen in der Schule* (S. 17–31). Weinheim: Beltz.

Wellnitz, N., & Mayer, J. (2013). Erkenntnismethoden in der Biologie – Entwicklung und Evaluation eines Kompetenzmodells. *Zeitschrift für Didaktik der Naturwissenschaften, 19*, 315–345.

Welzel, M., Haller, K., Bandiera, M., Hammelev, D., Koumaras, P., Niedderer, H., Paulsen, A., Robinault, K., & Aufschnaiter, S. (1998). Ziele, die Lehrende mit dem Experimentieren in der naturwissenschaftlichen Ausbildung verbinden. Ergebnisse einer europäischen Umfrage. *Zeitschrift für die Didaktik der Naturwissenschaften, 4*(1), 29–44.

Modelle als methodische Werkzeuge begreifen und nutzen: Empirische Befunde und Empfehlungen für die Praxis

8

Annette Upmeier zu Belzen und Dirk Krüger

Inhaltsverzeichnis

In der 8c steht am Dienstagmorgen eine Doppelstunde Biologie auf dem Stundenplan. Das Thema lautet „Erarbeitung und Vertiefung der spezifischen Immunabwehr". 23 Schülerinnen und Schüler sichern das erworbene Fachwissen der vergangenen Woche: die primäre Immunantwort bei der Erstinfektion eines Menschen mit einem Krankheitserreger, dem Masernvirus. Dafür stellen die Schülerinnen und Schüler Zelltypen vor, welche sie mithilfe einer Rollenkarte körperlich repräsentieren: Wirtszelle mit Oberflächenmerkmalen, Virus, Makrophage, Plasmazelle, Antikörper, cytotoxische T-Zelle, T-Helferzelle. Damit sind grundlegende Strukturen modellhaft repräsentiert, und der Prozess der Immunantwort kann im Rollenspiel durchlaufen werden.

Lernende benötigen für den beschriebenen Arbeitsauftrag das relevante Fachwissen, um die eigene Rolle fachlich adäquat auszufüllen, weshalb sich die-

A. Upmeier zu Belzen (✉)
Institut für Biologie, Humboldt-Universität zu Berlin, Berlin, Deutschland
E-Mail: annette.upmeier@biologie.hu-berlin.de

D. Krüger
Fachbereich Biologie, Chemie und Pharmazie, Institut für Biologie, Didaktik der Biologie,
Freie Universität Berlin, Berlin, Deutschland
E-Mail: dirk.krueger@fu-berlin.de

© Springer-Verlag GmbH Deutschland, ein Teil von Springer Nature 2019
J. Groß et al. (Hrsg.), *Biologiedidaktische Forschung: Erträge für die Praxis*,
https://doi.org/10.1007/978-3-662-58443-9_8

ses Szenario insbesondere für die Sicherung oder auch für das Präsentieren der Immunabwehr eignet. Weitzel (2012) bietet mit seinem kreativen Unterrichtsvorschlag eine Möglichkeit, Fachwissen durch ein im Rollenspiel expliziertes Modell zu festigen. Die Möglichkeit, etwas über die Epistemologie der Modellierung zu lernen, ist in diesem Vorschlag nicht vorgesehen.

Im Rahmen einer entsprechenden Erweiterung des Ansatzes werden das Modell und die Modellierung selbst sowie der damit induzierte Prozess wissenschaftlichen Denkens in den Mittelpunkt der Betrachtung gerückt. Dafür wird die Unterrichtseinheit um eine Sequenz verlängert, in der über den Prozess der Erkenntnisgewinnung mit den Modellen reflektiert wird. Welche Eigenschaften hat ein Modell? Inwiefern wurden alternative Modelle „gespielt" und geprüft? Zu welchem Zweck wurde ein Modell geprüft und geändert?

Die Erarbeitung und Beantwortung dieser Fragen, aufbauend auf die mit den Modellen generierten fachlichen Erkenntnisse unter jeweils anderen, variierten Bedingungen, sind Ausgangspunkt für eine Reflexion bezüglich des Vorgehens beim Erkenntnisgewinn mithilfe von Modellen. Sekundäre Immunantwort sowie passive und aktive Immunisierung, aber auch der Einsatz von Medikamenten bei Infektionen und die Folgen einer Autoimmunerkrankung können solche veränderten Bedingungen sein. Anhand einer „eingefrorenen" Szene im Prozess der Immunantwort können auf der Modellebene zu einem bestimmten Szenario Voraussagen über den weiteren Verlauf des Prozesses abgeleitet werden. Dies geschieht auf der Basis des Vorwissens und möglicherweise unterstützt durch die Lehrkraft, hier beispielsweise zum Szenario eines Zweitkontakts mit dem Erreger. Eine Hypothese zur adaptiven Immunität zeigt sich dann im Spiel, wenn die Abwehrreaktion schneller, stärker und effizienter erfolgt. Eine sich anschließende explizite Reflexion des Vorgehens trägt zur Beantwortung der oben genannten Fragen bei und damit zum Lernen über den Erkenntnisprozess mit Modellen. Andererseits unterstützt sie den Aufbau von Wissenschaftsverständnis.

8.1   Einleitung

8.1.1   Modell *von* und *für* etwas, Modell als *Medium* und Modell als *Methode*

Wie im Beispiel von Weitzel (2012) beginnt die unterrichtliche Behandlung biologischer Strukturen und Prozesse häufig am konkreten Phänomen, erfordert aber oft, wenn Strukturen oder Prozesse nicht zugänglich sind, den Wechsel auf die Modellebene. Dabei können vielfältige Repräsentationen als Modelle fungieren, z. B. ein magnetischer Tafelsatz, eine Schemazeichnung oder auch ein szenisches Spiel. In einem Wechsel zwischen Phänomen (Infektion mit dem Masernvirus), Modell (Modellvorstellung vom Prozess der Immunabwehr) und Repräsentationen des Modells (gespielte Immunabwehr) werden neue Erkenntnisse über das Phänomen generiert (vgl. Mahr 2011; Upmeier zu Belzen 2013). Dies folgt dem traditionellen Verständnis von einem Modell als Modell *von* etwas (Stachowiak 1973), hier im Sinne eines Mediums zum Erwerb von Fachwissen. Darüber hinaus werden Modelle als Modelle *für* etwas eingesetzt, dann auch im Sinne von Forschungswerkzeugen zur Generierung von neuen Erkenntnissen und damit verbunden zum Erwerb von wissenschaftsmethodischen Kompetenzen (z. B. elaborierte Modellkompetenz; Upmeier zu Belzen und Krüger 2010; umfassendes Verständnis im Sinne der *learning progression for scientific modeling;* Schwarz et al. 2009). Während der mediale Einsatz von Modellen inklusive Modellkritik zum Erwerb von Fachwissen im Biologieunterricht bereits gut etabliert ist, rückte der methodische Einsatz als Möglichkeit der Generierung neuer Erkenntnisse – auch über den Prozess der Modellierung selbst und damit verbunden zum Aufbau eines Wissenschaftsverständnisses – in Deutschland erst im Zuge der Implementierung der Bildungsstandards für den Mittleren Schulabschluss (KMK 2005) in den Blick, das heißt mit gut zehnjähriger Verspätung im Vergleich zu anderen Ländern (vgl. Barrow 2006; Upmeier zu Belzen 2013).

In Bezug auf das Lehren und Lernen zeigt sich die Erweiterung der medialen um die methodische Perspektive auch durch eine Entwicklung von stärker am Produkt (dem externalisierten Modellobjekt) orientierten Ansätzen beim Arbeiten mit Modellen, oft verbunden mit einer Schwerpunktsetzung auf den Erwerb von Fachwissen in authentischen Situationen (Forbes et al. 2015; Louca et al. 2011), hin zu stärker am Prozess (den Modellierungsschritten) orientierten Ansätzen, bei denen es mehr auf den Erwerb eines epistemologischen Verständnisses über Modelle ankommt (Nicolaou und Constantinou 2014). In jüngeren Arbeiten wird der Entwicklung eines epistemologischen Verständnisses (Passmore et al. 2014) insofern eine größere Bedeutung eingeräumt, als dass Kompetenzen in diesem Bereich ein eigener Bildungswert zugeschrieben wird. Häufig wird in diesem Zusammenhang von *modeling competence* oder Modellkompetenz gesprochen (Jong et al. 2015; Nicolaou und Constantinou 2014; Upmeier zu Belzen und Krüger 2010), wenn handelnde Aspekte wie der konkrete Umgang mit dem Modell *(modeling practice)* und die übergeordnete Reflexionsebene *(metamodeling knowledge)* zusammengefasst werden (Schwarz et al. 2009; Schwarz und White 2005).

8.1.2 Zum Modellbegriff

Mit der Verschiebung hin zu prozessorientierten Ansätzen hat sich auch die fachdidaktisch-theoretische Perspektive auf den Modellbegriff weiterentwickelt. So werden Modelle nach Mahr (2011) beispielsweise eher von einem urteilenden Subjekt aus gedacht und weniger vom (gedachten) Modell bzw. (repräsentierten) Modellobjekt und dessen Eigenschaften. Auch Mittelstraß (2004) stellte sich gegen die rein fachbezogenen Versuche einer Definition des Modellbegriffs und formulierte vielmehr das Desiderat, Modelle und ihren Einsatz nach übergreifenden Kriterien zu fassen. Eine solche übergreifende Klassifizierung bietet Mahr (2011) in seinem Ansatz des Modellseins, wobei ein Subjekt ein Urteil über das Modellsein eines Objektes für einen bestimmten Zweck in einer bestimmten Situation fällt.

Eine Lehrkraft kann im oben genannten Beispiel einerseits entscheiden, das Rollenspiel zur Immunantwort als Demonstrationsmodell zu nutzen, und Schülerinnen und Schülern auf diese Weise helfen, Fachwissen zu festigen (im Fokus: Modell als Repräsentation von etwas; Darstellung des Prozesses der Immunantwort). Andererseits kann sie das Rollenspiel als Erkundungsmodell nutzen und den Modellierungsprozess zum Aufbau eines Wissenschaftsverständnisses mit den Schülerinnen und Schülern reflektieren (im Fokus: Modell für den Prozess der Erkenntnisgewinnung; Reflexion über das Modellieren). Dabei sollen die Schülerinnen und Schüler lernen, dass die Funktion des Modells als Erkundungsmodell einen Erkenntnisprozess anstößt, bei dem sie nicht nur das mit dem Modell transportierte Fachwissen lernen, sondern dieses Wissen im Modell nutzen, um neue Fragen zu untersuchen (z. B. den Zweitkontakt bei der Immunabwehr zu analysieren) und dabei über den Erkenntnisprozess nachzudenken bzw. über ihn zu lernen.

8.2 Charakterisierung der Ausgangslage

8.2.1 Beobachtungsstudien belegen Förderbedarf

In einer Reihe von Studien wird deutlich, dass sowohl Schülerinnen und Schüler (Grosslight et al. 1991; Grünkorn et al. 2014a; Meisert 2008; Mikelskis-Seifert und Leisner 2005; Trier und Upmeier zu Belzen 2009) als auch angehende Lehrkräfte (Borrmann et al. 2014; Crawford und Cullin 2004, 2005; van Driel und Verloop 2002; Justi und Gilbert 2002, 2003; Krell und Krüger 2016) Modelle nur selten als methodische Werkzeuge für die wissenschaftliche Erkenntnisgewinnung einsetzen. Dabei fällt die Mehrzahl der Forschungsarbeiten zur Reflexion über Modelle mit Schülerinnen und Schülern oder Lehrkräften in den Bereich der Chemie und Physik (z. B. Chittleborough und Treagust 2007; Leisner-Bodenthin 2006; Mikelskis-Seifert und Leisner 2005). Bezogen auf den Biologieunterricht in Deutschland untersucht Meisert (2008, 2009) Modellkompetenz ebenfalls empirisch, wobei sie aus Schülersicht den Status von Objekten als Modelle oder Nichtmodelle untersucht und dieser Kategorisierung eine vermittlungsrelevante Bedeutung zuschreibt. Unter der Perspektive des Modellseins (Mahr 2011) ist dies zumindest fragwürdig, weil es prinzipiell möglich ist, ein Objekt unter bestimmten Bedingungen als Modell und dann wieder auch als Nichtmodell aufzufassen. Die Zuschreibung erfolgt durch ein Individuum oder eine Gruppe zeitlich befristet.

Ergebnisse von empirischen Studien mit Lehrkräften stützen die These, dass Demonstrationsmodelle bei der Erarbeitung fachwissenschaftlicher Inhalte genutzt werden, während ein Modelleinsatz zum Aufstellen von Hypothesen, zur Initiierung von Untersuchungen und zum Ändern und Verwerfen von Modellen im zyklischen Prozess der naturwissenschaftlichen Erkenntnisgewinnung im Unterricht kaum reflektiert wird (Borrmann et al. 2014; van Driel und Verloop 2002; Krell und Krüger 2016). Konsistent dazu sind die Ergebnisse von PISA 2000 (Artelt et al. 2001) und PISA 2003 (Prenzel et al. 2004), die für den naturwissenschaftlichen Bereich zeigen, dass deutsche Schülerinnen und Schüler nur vereinzelt den Zweck von Modellen als Erkundungswerkzeuge zum Aufklären neuer naturwissenschaftlicher Fragestellungen reflektieren.

In einer für folgende Arbeiten initialen Interviewstudie befragten Grosslight et al. (1991) Schülerinnen und Schüler der Jahrgangsstufen 7 (n=33) und 11 (n=22) sowie vier Expertinnen und Experten (z. B. Wissenschaftlerinnen und Wissenschaftler) in den USA, ordneten die Antworten in verschiedene Kategorien *(kinds of models, purpose of models, designing and creating models, changing a model, multiple models)* und identifizierten dabei drei kategorienübergreifende Niveaus im Denken über Modelle:

- Niveau I: Die Modelle werden als Kopien der Realität aufgefasst.
- Niveau II: Es wird bereits ein expliziter Zweck der Modellierung anerkannt.
- Niveau III: Es wird gesehen, dass das Modell zur Entwicklung und Testung von Ideen beitragen kann.

Dabei war das Ergebnis der Schülerantworten für die Jahrgangsstufe 7 (Niveau I: 67 %, Niveau I/II 18 %, Niveau II: 12 %) leicht niedriger als für die Jahrgangsstufe 11 (Niveau I: 23 %, Niveau I/II: 36 %, Niveau II: 36 %). Das elaborierte Niveau III erreichten lediglich die Expertinnen und Experten. Die empirische Untersuchung brachte einen datengestützten Entwurf zur Strukturierung und Graduierung des Denkens über Modelle hervor.

In einer darauf aufbauenden Studie (Treagust et al. 2002) wurden mit 27 Items (SUMS; *students' understanding of models in science*) 228 Schülerinnen und Schüler im Alter zwischen 13 und 15 Jahren schriftlich befragt. Eine Faktorenanalyse brachte fünf Faktoren hervor, die im Vergleich zum Modell der Modellkompetenz (Upmeier zu Belzen und Krüger 2010) sowohl Strukturelemente (alternative Modelle: *models as multiple representations*, Ändern von Modellen: *the changing nature of models*) als auch Hinweise auf eine Graduierung (Eigenschaften, Niveau I: *models as exact replicas*, Zweck von Modellen, Niveau II: *models as explanatory tools*) enthalten. Darüber hinaus zeigte sich ein Faktor der Metaebene (*uses of scientific modeling*; vgl. Schwarz et al. 2009). Die Arbeit von Treagust et al. (2002) lieferte Hinweise sowohl für eine Strukturierung in Elemente als auch für eine Einteilung in Niveaus.

Durch Arbeiten mit offenen Aufgaben (Grünkorn et al. 2014a; Grünkorn und Krüger 2012) liegen Häufigkeitsverteilungen von Schülerinnen und Schülern in Bezug auf drei theoretisch definierte Niveaustufen im Modell der Modellkompetenz vor (Upmeier zu Belzen und Krüger 2010). Im Rahmen der Studie wurden 1177 Schülerinnen und Schüler im Alter von 11 bis 19 Jahren schriftlich befragt und deren Antworten inhaltsanalytisch ausgewertet. Die Ergebnisse in den Teilkompetenzen Eigenschaften von Modellen (E) in den drei Niveaus I, II und III (EI: 69 %, EII: 17 %, EIII: 4 %) und alternative Modelle (A; AI: 44 %, AII: 31 %, AIII: 8 %) deuten auf ein vergleichbar niedriges Niveau hin. Beim Zweck von Modellen (Z; ZI: 25 %, ZII: 43 %, ZIII: 23 %) wird Niveau II (Modelle dienen dem Erklären von Zusammenhängen) vergleichsweise oft erreicht. Auch die Niveauverteilungen beim Testen von Modellen (T; TI: 30 %, TII: 68 %, TIII: 8 %) und

Ändern von Modellen (Ä; ÄI: 31 %, ÄII: 68 %, ÄIII: 1 %) ähneln sich, wobei die aus Vermittlungssicht wünschenswerte Perspektive im Niveau III nur selten identifiziert wurde. Diese Arbeiten stützen die Annahme, dass die im Kompetenz-modell vorgestellte Strukturierung in theoretische Perspektiven eine Beurteilung von Aussagen zulässt und damit eine Grundlage für *assessment* und Diagnostik ist.

Zusammenfassend zeigt sich somit wiederholt ein Förderbedarf beim Umgang mit Modellen im Unterricht gemessen an dem in verschiedenen Vorgaben geteilten Ziel, bei Schülerinnen und Schülern im Rahmen des Biologieunterrichts natur-wissenschaftsmethodische Kompetenzen zu entwickeln (z. B. KMK 2005; NGSS Lead States 2013).

8.2.2   Strukturierung und Graduierung von Aspekten beim Umgang mit Modellen

Kompetenzen im Bereich Erkenntnisgewinnung zu fördern wurde nach Implemen-tierung der nationalen Bildungsstandards auch in Deutschland zunehmend zum Gegenstand biologiedidaktischer Forschung (z. B. Modellieren: Krell et al. 2016; Experimentieren: Grube 2010; Mayer 2007; Ordnen und Vergleichen: Hammann 2002; Nature of Science: Kremer und Mayer 2013; Kap. 8). In diesen Arbei-ten wurde die jeweils angestrebte Kompetenz in Teilkompetenzen strukturiert (Strukturmodelle) sowie in Niveaus graduiert (z. B. *competence development;* vgl. Koeppen et al. 2008). Mit solchen Kompetenzmodellen wird es möglich, die ent-sprechenden Kompetenzen in der Schule empirisch zu untersuchen und die Struk-turierung, gestützt durch Daten, zu untermauern oder zu verändern und darauf aufbauend die Fähigkeiten der Schülerinnen und Schüler zu diagnostizieren und spezifische Fördermaßnahmen zu entwickeln.

Im US-amerikanischen Raum werden häufig sog. *learning progressions* for-muliert (z. B. Schwarz et al. 2009, 2012). Sie beschreiben Stufen zunehmender Elaboriertheit im Handeln und Verstehen von Schülerinnen und Schülern *(more sophisticated levels of engagement)*. Bei der *learning progression* von Schwarz et al. (2009, 2012) geht es darum, in den Stufen um das Konstruieren und Nutzen von Modellen zum Beschreiben, Erklären oder Voraussagen verschiedene Modelle bewertend zu vergleichen, um Muster oder Strukturen in Phänomenen zu erkennen und vorauszusagen und Modelle zu ändern, um deren erklärende oder voraus-sagende Aussagekraft zu erhöhen. Hierbei sollen in einer ausgewogenen Balance praktische wie metakognitive Fähigkeiten entwickelt werden *(reflective practice;* Schwarz et al. 2012).

In einem weiteren Ansatz wird versucht, Prozessbeschreibungen des Model-lierens in den Blick zu nehmen. Ein prominentes Beispiel dafür ist das *model of modelling* von Justi und Gilbert (2002; Gilbert und Justi 2016), das auf Clements (1989) *model construction cycle,* auch GEM-Ansatz *(generation, evaluation, modification of models)* genannt, beruht. Es strukturiert eine Abfolge von Elemen-ten im Denk- und Handlungsprozess und erlaubt damit, den Prozess des Modellie-rens zu beurteilen.

Damit liegen die folgenden drei Ansätze zur Strukturierung von Aspekten beim Umgang mit Modellen vor:

1. *Learning progressions,* die sich oft an den Konzepten Lernender orientieren
2. Prozessbeschreibungen, die sich auf kognitive Aspekte beim Ablauf wissenschaftlichen Modellierens orientieren
3. Kompetenzmodelle, die im Wesentlichen auf Theorien zu Modellen oder Modellierungen aufbauen

In der Literatur zu diesen drei Ansätzen wird das Denken über Modelle nach jeweils spezifischen Kriterien in Strukturelemente gegliedert und in Stufen graduiert. So lassen sich verschiedene Studien verbinden (Crawford und Cullin 2004; Grosslight et al. 1991; Grünkorn et al. 2014a; Justi und Gilbert 2003; Krell et al. 2016; Oh und Oh 2011; Treagust et al. 2002; Trier und Upmeier zu Belzen 2009), die zur Strukturierung in fünf Teilkompetenzen (Eigenschaften von Modellen, alternative Modelle, Zweck von Modellen, Testen von Modellen und Ändern von Modellen) mit jeweils drei Graduierungen (vereinfacht: Niveau I: Blick auf das Modellobjekt, Niveau II: Blick auf die Beziehung zwischen Original und Modell, Niveau III: Blick auf die Ideen im Modell) führen und, die im Modell der Modellkompetenz differenziert beschrieben werden (Upmeier zu Belzen und Krüger 2010; Krüger et al. 2018). Die Graduierungen umspannen die Bandbreite von Demonstrationsmodellen als „Transportmittel" für Fachwissen bis hin zu Erkundungsmodellen, die methodisch und zur Reflexion von Prozessen der Erkenntnisgewinnung genutzt werden. Dieses Modell der Modellkompetenz wurde im Kern aus einer theoretischen Perspektive heraus entwickelt und anschließend empirisch untersucht.

8.2.3 Empirische Untersuchung von Strukturierungen als Grundlage für Förderung

Mit Daten zu Häufigkeitsverteilungen von Probandenaussagen auf unterschiedlichen Niveaus lassen sich weitergehend die theoretisch angenommene Strukturierung und Graduierung der Modellkompetenz empirisch überprüfen (vgl. Krell 2013; Terzer 2013; Zusammenfassung in Krell et al. 2016). Im Falle der Trennbarkeit von Teilkompetenzen bei der Strukturierung und von Niveaus bei der Graduierung können die Teilkompetenzen für jedes Niveau als eigenständig betrachtet werden. Dies ist die Grundlage für eine theoriebasierte Diagnose sowie Förderung, die dann wiederum zum Aufbau eines Wissenschaftsverständnisses in den Teilkompetenzen beiträgt. Im Ergebnis zeigt sich, dass die Strukturierung sowie Graduierung derzeit als insgesamt belastbar betrachtet werden können (vgl. Krell et al. 2016). Damit stellen sie eine Grundlage für die evidenzbasierte Entwicklung unterrichtspraktischer Konzepte dar (Abschn. 8.3).

Die Strukturierung von Schülerperspektiven über Modelle in einer *learning progression* erfolgt bei Schwarz et al. (2012) auf der Basis von theoretischen

Strukturierungen sowie Schülerzeichnungen und Interviewdaten, die sich auf das praktische Arbeiten und das Verständnis von Modellen auf der Metaebene *(metamodeling knowledge)* beziehen. Den Autorinnen und Autoren geht es um den Aufbau einer umfassenden Kompetenz, wobei die Dimensionen (z. B. *understanding models as generative tools for predicting and explaining*) in der Regel in vier Niveaus graduiert werden. Mit diesem qualitativen, empirischen Ansatz *(design research)* wurde geprüft, inwiefern Schülerperspektiven und theoriebezogene Graduierungen in Niveaus inhaltlich korrespondieren, was zur Überarbeitung der *learning progression* führt. Der Forschungsansatz vollzieht sich in mehreren Iterationen und trägt zur Theoriebildung bei: „The theories constructed from studies of learning progressions are arguments, supported by evidence, about possible pathways and their associated challenges" (Schwarz et al. 2012, S. 31).

Insofern kann die Modellierung von Perspektiven in einer *learning progression* als vorläufig betrachtet werden.

Das *model of modelling* ist ein zyklisches Modell (Justi und Gilbert 2002; Gilbert und Justi 2016; S. 32), das in der ersten Fassung aus der Literatur abgeleitet und durch Antworten von Lehrkräften aus Interviews über notwendige Fähigkeiten beim erfolgreichen Umgang mit Modellen ergänzt wurde. Das Modell in einer neuen Fassung wurde auf der Basis von Daten, die im Rahmen von *modelling-based teaching* (MBT) erhoben wurden, sowie auf der Basis einer Untersuchung zu philosophischen und kognitiven Aspekten bei der Modellnutzung weiterentwickelt. In der Folge wurde darauf aufbauend eine Vielzahl von Untersuchungen im Rahmen von *modelling-based teaching*-Ansätzen durchgeführt, die positive Lerneffekte beim Lernen nach dem *model of modelling* zeigen. So untersuchten Mendonça und Justi (2013) beispielsweise die Rolle der Lehrkraft beim Argumentieren ihrer Schülerinnen und Schüler im Lernprozess. In diesem Ansatz wurden die Lernenden zunehmend autonomer und unabhängiger von der Lehrkraft bei ihrer Arbeit mit Modellen.

Es liegen also qualitativ sowie quantitativ entwickelte Modelle zur Strukturierung und Graduierung von Kompetenzen beim Umgang mit Modellen vor. Im deutschsprachigen Raum wurden mit Bezug zum Kompetenzmodell der Modellkompetenz Unterrichtsvorschläge entwickelt (für die Sekundarstufe I: z. B. Fleige et al. 2012a, b; Grünkorn et al. 2014b; für die sechsjährige Grundschule: z. B. Upmeier zu Belzen und Krüger 2013), von denen angenommen werden kann, dass sie Modellkompetenz theorie- und evidenzbasiert fördern (vgl. Günther et al. 2016).

Eine Voraussetzung für die Weiterentwicklung von Biologieunterricht mit Modellen ist u. a. die Erfassung des Ist-Standes der Modellkompetenz Lernender, um ausgehend davon Förderung differenziert und auf einer theoretischen Grundlage, z. B. basierend auf dem Kompetenzmodell der Modellkompetenz (Upmeier zu Belzen und Krüger 2010), zu konzipieren. Möglichkeiten einer solchen Erfassung von Modellkompetenz werden im Rahmen eines Review-Artikels von

Nicolaou und Constantinou (2014) beschrieben. In den dort präsentierten Studien kommen beispielsweise Zeichnungen, offene oder geschlossene Fragen in Fragebögen, Interviews, selbst gebaute Modelle, Videos von modellierenden Schülerinnen und Schülern und Concept Maps für die Diagnose von Modellkompetenz zum Einsatz.

8.3 Evidenzbasierte Empfehlungen für die Praxis

Neben den Befunden aus Beobachtungsstudien (Abschn. 8.2) sind Erkenntnisse über die zugrunde liegenden Wirkmechanismen eine zentrale Grundlage für eine gezielte Förderung. Streng kausale Ursachenzuschreibungen sind jedoch lediglich aus experimentell angelegten Interventionsstudien möglich. Dies sind meistens Studien im Kontrollgruppendesign mit Pre- und Posttests und ggf. Follow-up-Erhebungen mit in der Regel kleinen Stichproben, welche im Feld durchgeführt wurden. Diese Studien liefern Erkenntnisse für die jeweils befragten Probandinnen und Probanden in Bezug auf die zugrundeliegenden Fragestellungen, die allerdings aufgrund der nicht repräsentativen Stichproben nicht generalisiert und auf andere Probandengruppen übertragen werden können. Nutzbar wird die Diskussion der Befunde solcher Interventionsstudien, wenn sich neue Fragestellungen ergeben oder wenn es lohnenswert erscheint, größere darauf aufbauende Studien zu initiieren.

Darüber hinaus kann die Zusammenstellung von Einzelbefunden aus Beobachtungsstudien oder auch Interventionsstudien Hinweise liefern, die als vorläufig beste theoretische Grundlage bei der Entwicklung von Modellkompetenz berücksichtigt werden, ohne dass diese Aspekte notwendigerweise kausal verbunden wären.

8.3.1 Ursachen für gering ausgeprägte Modellkompetenz

Die Kenntnis der Ursachen einer wenig ausgeprägten Modellkompetenz ist sowohl in der konkreten Lehr- und Lernsituation mit Schülerinnen und Schülern als auch für die Aus- und Fortbildung von Lehrkräften bedeutend. So diskutieren Treagust et al. (2002) sprachlich-semantische Aspekte beim Austausch über Modelle im alltäglichen Leben als einen relevanten Ursachenbereich für die verbreitet limitierte Sicht auf Modelle. Die Autorinnen und Autoren sehen Schülerinnen und Schüler vor dem Dilemma, dass sie ein Modell einerseits als exakte Replikation des Originals erwarten und andererseits mit Modellen als Ideen konfrontiert werden, denen immanent die Exaktheit fehlt. Außerdem diskutieren die Autorinnen und Autoren potenzielle Missverständnisse bei Schülerinnen und Schülern zwischen dem eher engen Modellbegriff im alltäglichen Leben und dem Modellbegriff in der Wissenschaft, der breiter aufgefasst wird und viele Repräsentationsformen zulässt (vgl. Trier und Upmeier zu Belzen 2009). Treagust et al. (2002) konstatieren, dass für das Lehren im Unterricht vorrangig Demonstrationsmodelle genutzt werden und es an Lerngelegenheiten mangelt, Modelle darüber hinaus anzuwenden und die Aussagekraft von Modellen zu explizieren.

Grünkorn et al. (2014a) bieten mit ihrer Beobachtungsstudie keine Ursachenzuschreibung, sondern konzentrieren sich auf die Ableitung von Maßnahmen aus den Beobachtungsdaten für Publikationen, die an Lehrkräfte gerichtet sind. Interessant ist der Befund, dass für viele Befragte das Parallelisieren zwischen Modell und Original (Niveau II) beim Testen von Modellen eine bedeutende Rolle spielt. Es lässt sich schließen, dass das Parallelisieren von Modell und Original, was fachdidaktisch als Modellkritik (vgl. Upmeier zu Belzen 2013) bezeichnet wird, als Unterrichtselement in Deutschland gut etabliert ist. Gleichzeitig lassen sich daraus auch Maßnahmen der Förderung ableiten.

Der zuvor beschriebene, empirisch belegte Förderbedarf erfordert mit Blick auf die Schülerinnen und Schüler eine Diagnostik der individuellen Kompetenzstände (z. B. Gogolin und Krüger 2015; Nicolaou und Constantinou 2014), die zur Grundlage für differenzierte Fördermöglichkeiten wird (vgl. Fleige et al. 2012b). Solche Instrumente sind mittlerweile für die Teilkompetenzen Eigenschaften und Zweck von Modellen entwickelt und für die Praxis zu nutzen (Gogolin und Krüger 2015, 2017).

8.3.2 Interventionsstudien lassen Implikationen für die Praxis zu

Im Folgenden werden einige erfolgversprechende Interventionsstudien exemplarisch und in chronologischer Reihenfolge vorgestellt. Im Anschluss an die Vorstellung der Designs, der Erhebungsinstrumente sowie der Kernergebnisse wird zusammengefasst, welche Evidenzen aus diesen Daten abgeleitet werden können.

Cartier (2000) führte Genetikunterricht mit 26 Schülerinnen und Schülern einer weiterführenden Schule durch, bei dem mit Modellen zu den Mendel'schen Vererbungsregeln gearbeitet wurde. Auf epistemologischer Ebene wurde zur Frage des Modellbegriffs erst nach einer Phase der fachlichen, auf Genetik beschränkten, Auseinandersetzung in Gruppendiskussionen explizit reflektiert. Daten zur Wirksamkeit des Unterrichts wurden im Rahmen von sieben Interviews, Gruppendiskussionen, Gruppenarbeiten im Labor sowie durch Mitschriften der Schülerinnen und Schüler qualitativ erhoben und zeigen ein positives Lernergebnis bezüglich ihres Verständnisses über Modelle und zum Fachwissen in Genetik. Es kann gefolgert werden, dass die Phase des offenen Umgangs mit den Modellen eine positive Wirkung auf die Phase der Reflexion über den Modellbegriff hatte.

Saari und Viiri (2003) führten eine Unterrichtsreihe mit 31 Schülerinnen und Schülern der Jahrgangsstufe 9 zum Thema Aggregatzustände (gasförmig, fest, flüssig) mit verschiedenen methodischen Elementen (u. a. Rollenspiel, Blackbox, Computersimulation) durch. Die Daten wurden durch ein Pre-Post-Follow-up-Design mit Interviews sowie Fragebögen mit offenen Fragen erhoben. Im Ergebnis zeigten sich Fortschritte im Denken über das Modellieren in der Interventionsgruppe gegenüber einer Kontrollgruppe aus 81 Schülerinnen und Schülern, die

„normalen" Unterricht erhielten. Die Autoren leiten eine Vielzahl von Schluss-folgerungen indirekt aus ihren Erfahrungen ab, die ebenfalls in den Abschn. 8.3 einfließen.

Gobert und Pallant (2004) förderten in ihrem Ansatz 1100 Schülerinnen und Schüler einer weiterführenden Schule mit den pädagogischen Ansätzen *make thinking visible* (z. B. beim Zeichnen) und *help students learning from one another* (z. B. beim Kommentieren der Modelle von Mitschülerinnen und Mitschülern). Die Schülerinnen und Schüler durchliefen sog. *modeling-based acitvities,* eingerahmt durch Pre-Post-Fragebögen über Modelle *(nature of models).* Es zeigte sich, dass Probandinnen und Probanden mit einem ausgeprägten epistemologischen Verständnis *(sophisticated epistemology)* ihr Fachwissen stärker entwickelten als solche mit einem wenig ausgeprägten epistemologischen Verständnis *(less-sophisticated epistemology).*

Schwarz und White (2005) untersuchten die Wirkung einer Intervention *(model-enhanced thinkertool curriculum)* unter Nutzung eines Computer-programms mit Simulationen zu physikalischen Problemstellungen (Kraft, Reibung und Bewegung). Die Effekte wurden mit einem Modelltest, einem *Inquiry*-Test und einem Physiktest sowie in Post-Interviews erhoben. Aufgrund der Dauer der Studie liegen Ergebnisse in verschiedenen Teilstichproben von zwölf bis 87 Schülerinnen und Schülern vor. Sie verbesserten ihre Ergebnisse im Modelltest im Bereich Erkenntnisgewinnung und im Fachwissen Physik. Dieses Curriculum führt nach Ansicht der Autorinnen zu einer koordinierten Entwicklung des Fachwissens durch die Verbesserungen beim Wissen im Bereich Modelle und Erkenntnisgewinnung.

Sins et al. (2009) untersuchten 26 Schülerinnen und Schüler der 11. Jahrgangsstufe, die mit einer Computersimulation zum Thema Mechanik arbeiteten. Die Erhebungen der Schülerperspektiven *(students' epistemological understanding)* erfolgten mit offenen Fragen im Fragebogen *(nature of models, purposes of models, process of modelling, evaluation of modelling),* durch die Aufzeichnung der Tätigkeiten am Computer sowie durch verbale Protokolle der Dialoge der Schülerinnen und Schüler bei der Arbeit am Computer. Bei der Auswertung mit einem *scoring rubric* wurde auf die Bezüge zum fachlichen Wissen geachtet, um zu identifizieren, inwieweit oberflächliche (ohne Bezug zum Fachwissen) und vertiefte (mit Bezug zum Fachwissen) Vorgehensweisen mit dem Niveau des epistemologischen Verständnisses (nach Grosslight et al. 1991) der Schülerinnen und Schüler korrelieren. Es zeigten sich eine positive Korrelation zwischen dem epistemologischen Verständnis und vertieften Vorgehensweisen sowie eine negative in Verbindung mit oberflächlichen Vorgehensweisen.

Al-Balushi (2013) untersuchte 302 Schülerinnen und Schüler des 10. Jahrgangs bezüglich ihres Misstrauens *(distrust)* gegenüber wissenschaftlichen Modellen. Die Untersuchung der Beziehung zwischen ihrem Misstrauen, ihrem räumlichen Vorstellungsvermögen und der Klarheit ihrer mentalen Bilder in Bezug auf mikroskopische und submikroskopische Strukturen und Phänomene war das leitende Ziel. Das Ergebnis ist eine signifikant negative Korrelation zwischen Misstrauen gegenüber wissenschaftlichen Modellen und dem räumlichen

Vorstellungsvermögen sowie eine positive Korrelation zwischen Misstrauen und der Klarheit von mentalen Bildern und eine schwach negative Korrelation zwischen räumlichem Vorstellungsvermögen und der Klarheit von mentalen Bildern.

Jong et al. (2015) arbeiteten bei der Förderung von Schülerinnen und Schülern im Alter von 15 bis 16 Jahren mit einem *modeling-based text* und erfassten von ihnen so bezeichnete *modeling competencies* im Rahmen von halbstrukturierten Interviews sowie das Fachwissen *(gas particle concepts)* mit 43 Multiple-Choice-Items. Sie fanden positive Effekte sowohl in Bezug auf das Fachwissen als auch in Bezug auf Kompetenzen im Umgang mit Modellen.

Tasquier et al. (2016) förderten 28 Schülerinnen und Schüler im Alter von 16 bis 17 Jahren mit *model-based science* zum Thema Klimaveränderungen mit dem Ziel, das epistemologische Verständnis über Modelle zu fördern. Begleitend wurde die Wirksamkeit mit offenen Fragen im Pre-Middle-Post-Test erfasst. Die Autorinnen und Autoren stellen fest, dass die Schülerinnen und Schüler ihre *epistemological language* in einem zweischrittigen Prozess erweiterten, erst durch *enrichment* (mehr Modelltypen und -funktionen kennen) und dann durch *refinement* (Entwicklung epistemologischer Perspektiven). *Enrichment* wurde durch praktische Laborarbeit ausgelöst und *refinement* in komplexen politischen und ökonomischen Szenarios (z. B. Klimaveränderung). Die Auswertung zeigt, dass die Lernenden ihre statische Idee der M-E-R *(model-experiment-reality) relationship* überwinden und das Modellieren zunehmend als eine Brücke zwischen Wissen, der realen Welt und dem Experiment wahrnehmen.

8.3.3   Implikationen

Die aufgeführten Studien liefern Hinweise zur Entwicklung von Aspekten von Modellkompetenz. Weitere solche Hinweise stammen aktuell auch von Gilbert und Justi (2016, S. 253 ff.). Sie benennen Herausforderungen und neue Perspektiven für Vermittlungssituationen, die hier ebenfalls einfließen.

Schlussfolgerungen aus den aufgeführten Quellen lassen sich grob in zwei Kategorien strukturieren:

1. Implikationen zur Erweiterung von Perspektiven auf Modelle
2. Implikationen im Sinne von Handlungsoptionen für Lehrkräfte.

Sie alle sollen zum professionellen Repertoire von Lehrkräften gehören.

Implikationen zur Erweiterung von Perspektiven auf Modelle

Im Unterricht soll epistemologisches Verständnis über Modelle gefördert werden, weil Lernende, die über ein stark ausgeprägtes epistemologisches Verständnis verfügen, unter Rückgriff auf ihr Fachwissen vertiefter bewerten, erklären, schlussfolgern und analysieren als Lernende mit einem weniger ausgeprägten epistemologischen Verständnis (Sins et al. 2009). Eine Möglichkeit zum Aufbau eines epistemologischen Verständnisses über Modelle besteht darin, Schülerinnen und Schülern die Gelegenheit zu geben, die Beziehungen zwischen der Realität, Experimenten und Modellen (M-E-R *relationship*) zu problematisieren (Tasquier et al. 2016). Darüber hinaus fördert ein ausgeprägtes epistemologisches Verständnis über Modelle die Entwicklung von Fachwissen (Gobert und Pallant 2004; vgl. Schwarz und White 2005).

Über Demonstrationsmodelle zum Zeigen und Belegen von Fachwissen hinaus sollen Modelle als Erkundungsmodelle zum Voraussagen und Vergleichen verschiedener Modellierungen genutzt werden (Cartier 2000; vgl. Treagust et al. 2002). Auf diese Weise wird der im Biologieunterricht verbreitete Einsatz von Modellen als Medium um Lerngelegenheiten ergänzt, bei denen das Modell methodisch eingesetzt wird (siehe die vorgeschlagene Erweiterung zum Beispiel zu Beginn des Kapitels; vgl. Fleige et al. 2012a, b).

Schülerinnen und Schüler sollen mit alternativen Modellen (Fleige et al. 2012a) sowie mit verschiedenen Modelltypen arbeiten, darunter auch mathematischen Modellen (Tasquier et al. 2016). Dies bietet einen Anlass zur expliziten Reflexion und Diskussion über den Einsatz von Modellen (Cartier 2000; Fleige et al. 2012a). Dabei wird epistemologisches Verständnis aufgebaut, z. B. indem über alternative Modelle zu einer Hypothese nachgedacht wird, aber auch über verschiedene Hypothesen (siehe Beispiel zu Beginn des Kapitels).

Implikationen für Handlungsoptionen für Lehrkräfte
Im Folgenden wird eine strukturierte Liste möglicher Implikationen für Handlungsoptionen für die Unterrichtsplanung von Lehrkräften präsentiert, die aus einer Vielzahl von relevanten Studien zusammengetragen wurden, ohne dabei einen Anspruch auf Vollständigkeit zu erheben.

Für die Unterrichtsplanung bezüglich fachlicher Aspekte:

- Einen leicht zugänglichen und wenig komplexen biologischen Inhalt beim Arbeiten mit Modellen mit dem Ziel des Erwerbs von Modellkompetenz wählen (Fleige et al. 2012a, b)
- Von einem Phänomen ausgehen, das für Lernende als authentisch eingestuft wird (vgl. Gilbert und Justi 2016, S. 258)
- Alternative Modelle nutzen, um das gleiche Phänomen zu modellieren (Saari und Viiri 2003)

Für die Unterrichtsplanung bezüglich didaktischer Aspekte:

- Phasen einplanen, die ausschließlich auf Modellkompetenz fokussieren (Cartier 2000; Fleige et al. 2012a, b)
- Teilkompetenzen differenziert fördern, wobei die Teilkompetenzen Eigenschaften von Modellen und alternative Modelle sowie Testen und Ändern von Modellen gut zu kombinieren sind (Fleige et al. 2012a, b)

- Räumliches Vorstellungsvermögen fördern, z. B. mit computergestützten Visualisierungen, dabei insbesondere 3-D-Objekte mental manipulieren lassen (Al-Balushi 2013)

Für Instruktionen zum Modellverständnis (theoretisch):

- Die Frage, was ein Modell ist, thematisieren (Cartier 2000; Mahr 2011; Meisert 2009), darauf hinweisen, wann Modelle sinnvoll eingesetzt werden, und die Art der Modelle, die verwendet werden, erklären (Saari und Viiri 2003)
- Nutzen und Grenzen von Modellen diskutieren (Saari und Viiri 2003)
- Das Ableiten von Hypothesen aus einem Modell sowie das Testen und Ändern des Modells bezogen auf eine ausgewählte Hypothese im Rahmen von Reflexionsaufgaben üben (Reflexionsschema nach Fleige et al. 2012b)
- Lerngelegenheiten zur Reflexion und zur Diskussion über den Einsatz von Modellen anbieten und damit zum Aufbau eines Wissenschaftsverständnisses beitragen (Cartier 2000; Fleige et al. 2012a)
- Lerngelegenheiten bieten, eigene Modelle auf der Basis von empirischer und konzeptueller Konsistenz zu bewerten (Cartier 2000)

Für Instruktionen zum Modellverständnis (praktisch):

- Lernende Modelle konstruieren und bewerten lassen (vgl. Gilbert und Justi 2016, S. 258)
- Lerngelegenheiten mit verschiedenen Medien (Computerumgebungen, *modeling-based text*) einsetzen, die den Modellierungsprozess explizit machen (vgl. Bollen und van Joolingen 2013; Jong et al. 2015; Schwarz und White 2005)
- Zeit für praktische Erfahrungen zum Verstehen von Modellierungsprozessen in verschiedenen Kontexten geben, Modellierung wiederholt praktizieren (Fleige et al. 2012a, b; Saari und Viiri 2003)

Letztlich weisen sowohl die Interpretationen von Ursachen zu Befunden aus Beobachtungsstudien als auch kausal generierte Aussagen aus Interventionsstudien sowie theoretische Ableitungen aus den beschriebenen Ansätzen der Strukturierung relevanter Kompetenzen in eine Richtung, die Gilbert und Justi (2016) als „learning to model de novo" bezeichnen. Gemeint ist damit ein Ansatz des *modelling-based teaching* (MBT), der auf das Lehren und Lernen nach dem *model of modelling,* und damit auf ein prozessbezogenes Modell, zurückgeht und authentisches Lernen, orientiert an der wissenschaftlichen Praxis, vorschlägt. Gobert und Buckley (2000, S. 892) definieren MBT als „*implementation that brings together information resources, learning activities, and instructional strategies intended to facilitate mental model-building both in individuals and among groups of learners*". Damit werden Lernende aktiv in ihren Lernprozess einbezogen, indem sie Modelle generieren und bewerten. MBT fördert somit die Ko-Konstruktion von Wissen.

8.4 Zusammenfassung

Die Beschreibung theoretischer Strukturierungen von notwendigen Perspektiven beim Verstehen und Nutzen von Modellen als Mittel der Erkenntnisgewinnung bildete den Ausgangspunkt für Untersuchungen zum Umgang mit Modellen im naturwissenschaftlichen Unterricht. Befunde aus Beobachtungsstudien, oft in groß angelegten Studien generiert, zeigen, dass Schülerinnen und Schüler überwiegend eine limitierte Sicht auf Modelle und ihren Einsatz zur Generierung neuer Erkenntnisse haben. Als Empfehlungen werden im vorliegenden Beitrag innovative Lehr- und Lernstrategien sowie alternative Ansätze zum Einsatz von Modellen im Unterricht beschrieben. Zur Förderung kann auf prozessbezogene Ansätze, auf theoriebasierte und auf schülerorientierte Strukturierungen zurückgegriffen werden. Für alle drei Zugänge bestehen *Wirksamkeitsnachweise,* die jeweils mit Methoden erbracht wurden, die von qualitativen über quantitative Methoden bis zu Kombinationen beider reichen. Für die Weiterentwicklung von Unterricht werden aus exemplarisch ausgewählten Studien ohne Anspruch auf Vollständigkeit zwei Felder identifiziert, die jeweils konkrete Implikationen formulieren: Implikationen zur Erweiterung von Perspektiven auf Modelle im Unterricht als Grundlage für Implikationen für Handlungsoptionen für Lehrkräfte. Sämtliche Vorschläge dürfen als theorie- bzw. evidenzbasiert bezeichnet werden und sollen helfen, den Modelleinsatz als Möglichkeit der Erkenntnisgewinnung im naturwissenschaftlichen Unterricht zu stärken.

Literatur

Al-Balushi, S. (2013). The relationship between learners' distrust of scientific models, their spatial ability, and the vividness of their mental images. *International Journal of Science and Mathematics Education, 11,* 707–732.

Artelt, C., Baumert, J., Klieme, E., Neubrand, M., Prenzel, M., Schiefele, U., Schneider, W., Schümer, G., Stanat, P., Tillmann, K.-J., & Weiß, M. (Hrsg.). (2001). *PISA 2000: Zusammenfassung zentraler Befunde.* Berlin: Max-Planck-Institut für Bildungsforschung. http://www.mpib-berlin.mpg.de/pisa/ergebnisse.pdf.

Barrow, L. H. (2006). A brief history of inquiry: From dewey to standards. *Journal of Science Teacher Education, 17*(3), 265–278.

Bollen, L., & van Joolingen, W. R. (2013). SimSketch: Multi-agent simulations based on learner-created sketches for early science education. *IEEE Transactions on Learning Technologies, 6,* 208–216.

Borrmann, J. R., Reinhardt, N., Krell, M., & Krüger, D. (2014). Perspektiven von Lehrkräften über Modelle in den Naturwissenschaften: Eine generalisierende Replikationsstudie. *Erkenntnisweg Biologiedidaktik,* 57–72.

Cartier, J. (2000). *Using a modeling approach to explore scientific epistemology with high school biology students (Research Report).* Madison: University of Wisconsin-Madison.

Chittleborough, G., & Treagust, D. F. (2007). The modelling ability of non-major chemistry students and their understanding of the sub-microscopic level. *Chemistry Education Research and Practice, 8*(3), 274–292. http://www.rsc.org/Education/CERP/index.asp http://www.uoi.gr/cerp.

Clement, J. (1989). Learning via model construction and criticism. In J. A. Glover & R. F. Coburn (Hrsg.), *Perspectives on individual differences. Handbook of creativity* (S. 341–381). New York: Plenum Press.

Crawford, B. A., & Cullin, M. (2004). Supporting prospective teachers' conceptions modelling in science. *International Journal of Science Education, 26*(11), 1379–1401. http://www.informaworld.com/smpp/content~content=a713864355~db=all~order=page.

Crawford, B. A., & Cullin, M. J. (2005). Dynamic assessments of preservice teachers' knowledge of models and modelling. In K. Boersma, M. Goedhart, O. de Jong, & H. Eijkelhof (Hrsg.), *Research and the quality of education* (S. 309–323). Dordrecht: Springer.

Driel, J. H., & Verloop, N. (2002). Experienced teachers' knowledge of teaching and learning of models and modelling in science education. *International Journal of Science Education, 24*(12), 1255–1272.

Fleige, J., Seegers, A., Upmeier zu Belzen, A., & Krüger, D. (2012a). Förderung von Modellkompetenz im Biologieunterricht. *Der mathematische und naturwissenschaftliche Unterricht, 65*(1), 19–28.

Fleige, J., Seegers, A., Upmeier zu Belzen, A., & Krüger, D. (Hrsg.). (2012b). *Modellkompetenz im Biologieunterricht Klasse 7–10: Phänomene begreifbar machen – In 11 komplett ausgearbeiteten Unterrichtseinheiten* (1. Aufl.). Donauwörth: Auer.

Forbes, C. T., Zangori, L., & Schwarz, C. V. (2015). Empirical validation of integrated learning performances for hydrologic phenomena: 3rd-grade students' model-driven explanation-construction. *Journal of Research in Science Teaching, 52*(7), 895–921.

Gilbert, J. K., & Justi, R. (2016). *Modelling-based teaching in science education* (Bd. 9). Cham: Springer.

Gobert, J. D., & Buckley, B. C. (2000). Introduction to model-based teaching and learning in science education. *International Journal of Science Education, 22*(9), 891–894. http://www.informaworld.com/smpp/content~content=a713864399~db=all~order=page.

Gobert, J., & Pallant, A. (2004). Fostering students' epistemologies of models via authentic model-based tasks. *Journal of Science Education and Technology, 13*(1), 7–22.

Gogolin, S., & Krüger, D. (2015). Nature of models – Entwicklung von Diagnoseaufgaben. In M. Hammann, J. Mayer, & N. Wellnitz (Hrsg.), *Lehr- und Lernforschung in der Biologiedidaktik 6* (S. 27–41). Studienverlag: Innsbruck.

Gogolin, S. & Krüger, D. (2017). Modellverstehen im Biologieunterricht diagnostizieren und fördern. *Der mathematische und naturwissenschaftliche Unterricht.*

Grosslight, L., Unger, C., Jay, E., & Smith, C. L. (1991). Understanding models and their use in science: Conceptions of middle and high school students and experts. *Journal of Research in Science Teaching, 28*(9), 799–822.

Grube, C. (2010). *Kompetenzen naturwissenschaftlicher Erkenntnisgewinnung. Untersuchung der Struktur und Entwicklung des wissenschaftlichen Denkens bei Schülerinnen und Schülern der Sekundarstufe I* (Dissertation). Universität Kassel, Kassel.

Grünkorn, J., & Krüger, D. (2012). Entwicklung und Evaluierung von Aufgaben im offenen Antwortformat zur empirischen Überprüfung eines Kompetenzmodells zur Modellkompetenz. In U. Harms & F. Bogner (Hrsg.), *Lehr- und Lernforschung in der Biologiedidaktik 5* (S. 9–27). Studienverlag: Bayreuth.

Grünkorn, J., Upmeier zu Belzen, A. & Krüger, D. (2014a). Assessing students' understandings of biological models and their use in science to evaluate a theoretical framework. *International Journal of Science Education, 34*(10), 1651–1684. https://doi.org/10.1080/0950069 3.2013.873155.

Grünkorn, J., Lotz, A., & Terzer, E. (2014b). Erfassung von Modellkompetenz im Biologieunterricht. *Der mathematische und naturwissenschaftliche Unterricht, 67*(3), 132–138.

Günther, S. L., Fleige, J., Upmeier zu Belzen, A., & Krüger, D. (2016). Interventionsstudie mit angehenden Lehrkräften zur Förderung von Modellkompetenz im Unterrichtsfach Biologie. In C. Gräsel & K. Trempler (Hrsg.), *Entwicklung von Professionalität pädagogischen Personals* (S. 215–236). Wiesbaden: Springer Fachmedien Wiesbaden.

Hammann, M. (2002). *Kriteriengeleitetes Vergleichen im Biologieunterricht.* (Unveröffentlichte Dissertation). Leibniz-Institut für die Pädagogik der Naturwissenschaften, Kiel.

Jong, J.-P., Chiu, M.-H., & Chung, S.-L. (2015). The use of modeling-based text to improve students' modeling competencies. *Science Education, 99*(5), 986–1018.

Justi, R. S., & Gilbert, J. K. (2002). Modelling, teachers' views on the nature of modelling, and implications for the education of modellers. *International Journal of Science Education, 24*(4), 369–387.

Justi, R. S., & Gilbert, J. K. (2003). Teachers' view on the nature of models. *International Journal of Science Education, 25*(11), 1369–1386.

KMK (Sekretariat der Ständigen Konferenz der Kultusminister der Länder in der Bundesrepublik Deutschland (Hrsg.). (2005). *Beschlüsse der Kultusministerkonferenz: Bildungsstandards im Fach Biologie für den Mittleren Schulabschluss. Beschluss vom 16.12.2004.* München: Luchterhand.

Koeppen, K., Hartig, J., Klieme, E., & Leutner, D. (2008). current issues in competence modeling and assessment. *Zeitschrift für Psychologie/Journal of Psychology, 216*(2), 61–73.

Krell, M. (2013). *Wie Schülerinnen und Schüler biologische Modelle verstehen: Erfassung und Beschreibung des Modellverstehens von Schülerinnen und Schülern der Sekundarstufe I* (Dissertation). Logos, Berlin.

Krell, M., & Krüger, D. (2016). Testing models: A key aspect to promote teaching-activities related to models and modelling in biology lessons? *Journal of Biological Education, 50,* 160–173.

Krell, M., Upmeier zu Belzen, A., & Krüger, D. (2016). Modellkompetenz im Biologieunterricht. In A. Sandmann & P. Schmiemann (Hrsg.), *Biologie lernen und lehren* (Bd. 1). Berlin: Logos.

Kremer, K., & Mayer, J. (2013). Entwicklung und Stabilität von Vorstellungen über die Natur der Naturwissenschaften. *Zeitschrift für Didaktik der Naturwissenschaften, 19,* 77–101.

Krüger, D, Kauertz, A., & Upmeier zu Belzen, A. (2018). Modelle und das Modellieren in den Naturwissenschaften. In D. Krüger, H. Schecker, & I. Parchmann (Hrsg.), *Theoretische Rahmungen in der naturwissenschaftsdidaktischen Forschung* (S. 141–157). Berlin: Springer.

Leisner-Bodenthin, A. (2006). Zur Entwicklung von Modellkompetenz im Physikunterricht. *Zeitschrift für Didaktik der Naturwissenschaften, 12,* 91–109. http://www.ipn.uni-kiel.de/zfdn/jg12.htm#Art006.

Louca, L. T., Zacharia, Z. C., & Constantinou, C. P. (2011). In quest of productive modeling-based learning discourse in elementary school science. *Journal of Research in Science Teaching, 48*(8), 919–951.

Mahr, B. (2011). On the Epistemology of Models. In G. Abel & J. Conant (Hrsg.), *Rethinking epistemology* (S. 301–352). Berlin: De Gruyter.

Mayer, J. (2007). Erkenntnisgewinnung als wissenschaftliches Problemlösen. In D. Krüger & H. Vogt (Hrsg.), *Theorien in der biologiedidaktischen Forschung. Ein Handbuch für Lehramtsstudenten und Doktoranden* (S. 177–186). Berlin: Springer.

Meisert, A. (2008). Vom Modellwissen zum Modellverständnis – Elemente einer umfassenden Modellkompetenz und deren Fundierung durch lernerseitige Kriterien zur Klassifikation von Modellen. *Zeitschrift für Didaktik der Naturwissenschaften, 12,* 243–261.

Meisert, A. (2009). Modelle in der Biologie. *Der mathematische und naturwissenschaftliche Unterricht, 62*(7), 424–430.

Mendonça, P. C. C., & Justi, R. (2013). The relationships between modelling and argumentation from the perspective of the model of modelling diagram. *International Journal of Science Education, 35*(14), 2007–2034.

Mikelskis-Seifert, S., & Leisner, A. (2005). Investigation of effects and stability in teaching model competence. In K. Boersma, M. Goedhart, O. de Jong, H. Eijkelhof, & O. Jong (Hrsg.), *Research and the quality of science education* (S. 337–351). Dordrecht: Springer. http://www.springerlink.com/content/g4v2013124116r14/.

Mittelstraß, J. (2004). *Modell; Modelltheorie.* Enzyklopädie Philosophie und Wissenschaftstheorie. Bd. 2 (S. 911–913, 913–914). Ulm und Stuttgart: Metzler.

NGSS Lead States. (2013). *Next generation science standards: For states, by states.* Washington DC: The National Academies Press.

Nicolaou, C., & Constantinou, C. P. (2014). Assessment of the modeling competence: A systematic review and synthesis of empirical research. *Educational Research Review, 13,* 52–73.

Oh, P. S., & Oh, S. J. (2011). What teachers of science need to know about models: An overview. *International Journal of Science Education, 33*(8), 1109–1130.

Passmore, C., Gouvea, J. S., & Giere, R. (2014). Models in science and in learning science: Focusing scientific practice on sense-making. In M. R. Matthews (Hrsg.), *International handbook of research in history, philosophy and science teaching* (S. 1171–1202). Dordrecht: Springer.

Prenzel, M., Baumert, J., Blum, W., Lehmann, R., Leutner, D., Neubrand, M., et al. (Hrsg.). (2004). *PISA 2003: Ergebnisse des zweiten Ländervergleichs.* Kiel: Zusammenfassung.

Saari, H., & Viiri, J. (2003). A research-based teaching sequence for teaching the concept of modelling to seventh-grade students. *International Journal of Science Education, 25*(11), 1333–1352.

Schwarz, C., & White, B. (2005). Metamodeling knowledge: Developing students' understanding of scientific modeling. *Cognition and Instruction, 23,* 165–205.

Schwarz, C. V., Reiser, B. J., Davis, E. A., Kenyon L., Achér, A., Fortus, D., Shwartz, Y., Hug, B., & Krajcik, J. (2009). Developing a learning progression for scientific modeling: Making scientific modeling accessible and meaningful for learners. *Journal of Research in Science Teaching, 46*(6), 632–654. http://deepblue.lib.umich.edu/bitstream/2027.42/63556/1/20311_ftp.pdf.

Schwarz, C. V., Reiser, B. J., Achér, A., Kenyon, L., & Fortus, D. (2012). Models: Challenges in defining a learning progression for scientific modeling. In A. Alonzo & A. W. Gotwals (Hrsg.), *Learning progressions in science: Current challenges and future directions* (S. 101–138). Rotterdam: Sense Publishers.

Sins, P. H., Savelsbergh, E. R., van Joolingen, W. R., & van Hout-Wolters, B. H. (2009). The relation between students' epistemological understanding of computer models and their cognitive processing on a modelling task. *International Journal of Science Education, 31*(9), 1205–1229.

Stachowiak, H. (1973). *Allgemeine Modelltheorie.* Wien: Springer.

Tasquier, G., Levrini, O., & Dillon, J. (2016). Exploring students' epistemological knowledge of models and modelling in science: Results from a teaching/learning experience on climate change. *International Journal of Science Education, 38*(4), 539–563.

Terzer, E. (2013). *Modellkompetenz im Kontext Biologieunterricht. Empirische Beschreibung von Modellkompetenz mithilfe von Multiple-Choice Items* (Dissertation). Humboldt-Universität zu Berlin, Berlin.

Treagust, D. F., Chittleborough, G., & Mamiala, T. L. (2002). Students' understanding of the role of scientific models in learning science. *International Journal of Science Education, 24*(4), 357–368.

Trier, U., & Upmeier zu Belzen, A. (2009). „Die Wissenschaftler nutzen Modelle, um etwas Neues zu entdecken, und in der Schule lernt man einfach nur, dass es so ist." Schülervorstellungen zu Modellen. In D. Krüger, A. Upmeier zu Belzen, S. Hof, K. Kremer, & J. Mayer (Hrsg.), *Erkenntnisweg Biologiedidaktik* (8. Aufl., S. 23–37). Kassel: Universitätsdruckerei.

Upmeier zu Belzen, A. (2013). Unterrichten mit Modellen. In H. Gropengießer, U. Harms, & U. Kattmann (Hrsg.), *Fachdidaktik Biologie* (S. 325–334). Freising: Aulis.

Upmeier zu Belzen, A., & Krüger, D. (2010). Modellkompetenz im Biologieunterricht. *Zeitschrift für Didaktik der Naturwissenschaften, 15,* 41–57.

Upmeier zu Belzen, A., & Krüger, D. (Hrsg.). (2013). *Grundschule: Modellhaft – Aufbau von Modellkompetenz im Sachunterricht.* Braunschweig: Westermann.

Weitzel, H. (2012). Einer für alle, alle für einen. *Gespielte Immunabwehr. Unterricht Biologie kompakt, 376,* 18–23.

Kompetenzen beim Umgang mit Abbildungen und Diagrammen

Claudia Nerdel, Sandra Nitz und Helmut Prechtl

Inhaltsverzeichnis

Abb. 9.1 zeigt eine Aufgabe zur Vererbung einer Form der Nachtblindheit, die X-chromosomal-dominant vererbt wird, z. B. bei dem Alport-Syndrom, einer Erbkrankheit mit Fehlbildungen der Kollagenfasern. In der Aufgabe waren die Lernenden aufgefordert, die Geschlechter zu benennen, auf die die Krankheit durch Mütter bzw. Väter vererbt wird, und den Erbgang zu bestimmen. Mit diesem offenen Antwortformat wurden 37 Bachelorstudierende befragt, davon knapp die Hälfte ohne das Studienfach Biologie. Neben der richtigen Beantwortung und zutreffender Nennung des X-chromosomal-dominanten Erbgangs (N=7, 18,9 %) wurden alle anderen möglichen Erbgänge als Antworten geboten. Eine detaillierte

C. Nerdel (✉)
Technische Universität München, München, Deutschland
E-Mail: nerdel@tum.de

S. Nitz
Institut für naturwissenschaftliche Bildung, Universität Koblenz-Landau, Landau, Deutschland
E-Mail: nitz@uni-landau.de

H. Prechtl
Didaktik der Biologie, Universität Potsdam, Golm, Deutschland
E-Mail: prechtl@uni-potsdam.de

© Springer-Verlag GmbH Deutschland, ein Teil von Springer Nature 2019
J. Groß et al. (Hrsg.), *Biologiedidaktische Forschung: Erträge für die Praxis*,
https://doi.org/10.1007/978-3-662-58443-9_9

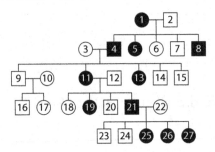

Abb. 9.1 Stammbaumaufgabe zur Vererbung der Nachtblindheit; Kreise stellen Frauen, Quadrate Männer dar. Erkrankte Personen werden durch ein ausgefülltes Symbol visualisiert, alle anderen sind gesund

Analyse der Antworten deutet darauf hin, dass die Symbole, anhand derer sich Aussagen über das Geschlecht und den Phänotyp machen lassen, zum Teil nicht richtig von den Probandinnen und Probanden erkannt und gedeutet werden (s. Julia und Sabine in Tab. 9.1) und/oder sie nicht mit den Konventionen der Stammbauminterpretation vollständig vertraut waren bzw. diese zusätzlich gegebenen Informationen nicht zur Problemlösung nutzen konnten. Darüber hinaus ist knapp die Hälfte der Probandinnen und Probanden nicht in der Lage, auf der Basis der

Tab. 9.1 Exemplarische Antworten von Studierenden mit Häufigkeiten zur Aufgabe aus Abb. 9.1

Schülerantwort von	Vererbung der Mütter auf	Vererbung der Väter auf	Erbgang	Häufigkeit des Erbgangs ($N_{ges}=37$)
Bettina	Töchter und Söhne	Töchter	Gonosomal-dominant	7 (18,9 %)
			Richtige Antworten	**7 (18,9 %)**
Julia	4, 5, 19	25, 26, 27	Autosomal-dominant	3 (8,1 %)
Denis	Töchter und Söhne	Töchter	Autosomal-rezessiv-	5 (13,5 %)
Sabine	Töchter und Söhne	Söhne	Gonosomal-rezessiv	6 (16,6 %)
Max	Töchter und Söhne	Töchter	Gonosomal	1 (2,7 %)
Christoph	Töchter und Söhne	Töchter	Keine Nennung	2 (5,4 %)
			Falsche Antworten	**17 (46 %)**
	Keine Nennung	**Keine Nennung**	**Keine Nennung**	**13 (35,1 %)**

Die Untersuchung wurde an 37 Bachelorstudierenden durchgeführt (davon ohne Biologie N = 17; Biologie Lehramt N = 5; Biologie B.Sc. N = 15); die Antwort der Probandin Bettina ist richtig

Phänotypen und den verwandtschaftlichen Beziehungen auf die korrekten Geno-
typen zu schließen und so den Erbgang richtig zu bestimmen.[1]

Dieses Beispiel zeigt, dass biologietypische Abbildungen wie Familienstammbäume nicht selbsterklärend sind. Zum Verständnis des biologischen
Konzepts Erbgang, das in dieser Aufgabe in der dominanten und geschlechts-
gebundenen Variante auftritt, sind sowohl die Kenntnis der Darstellungskon-
ventionen erforderlich als auch die inhaltsbezogene Selektion und Organisation
der Stammbaummerkmale sowie ggf. auch die semantische Verarbeitung zusätzlicher Erläuterungen, z. B. in Textform. Selbst wenn die Symbole in der bildlichen
Darstellung richtig zugeordnet werden, gelingt es vielen Lernenden nicht, ein
adäquates mentales Modell von dem biologischen Sachverhalt zu generieren, das
die erforderlichen Schlussfolgerungen in Bezug auf den Erbgang ermöglicht. Die
Verarbeitung der bildlichen Repräsentation verbleibt damit auf der Bildoberfläche;
auch evtl. vorhandenes Vorwissen kann in der Mehrzahl der Fälle nicht zur ver-
ständnisvollen Verarbeitung der bildlichen Repräsentation genutzt werden.

Medien des alltäglichen Gebrauchs, z. B. Zeitungen, Fernsehbeiträge und
webbasierte Informationsquellen, sind durch viele unterschiedliche Darstellungsformen und ihre Kombinationen geprägt. Texte werden in schriftlicher und mündlicher Form präsentiert, Bilder können mehr oder weniger abstrakt dargestellt und
strukturiert sein. Darüber hinaus bieten insbesondere digitale Medien die Möglichkeit, realistische Bilder oder schematische Darstellungen als Film oder Animation
zu präsentieren und damit zeitabhängige Dynamik sichtbar zu machen. Auch die
Vermittlung von räumlichen Eindrücken auf zweidimensionalen Displays (3-D-Si-
mulationen und Virtual Reality) sind gängige Anwendungen digitaler Computer-
technik. Des Weiteren gehören auch spezifische Symbole aus der Mathematik oder
den Wirtschafts- oder Naturwissenschaften zu alltäglichen Visualisierungen im
öffentlichen Raum und stellen feste Größen in Schule und Unterricht dar.

Daher ist es nicht verwunderlich, dass die Lernwirksamkeit der in Lehr- und
Lernmaterialen präsentierten Darstellungsformen und ihrer Kombinationen,
sog. multiple externe Repräsentationen (MERs), mit Bezug zu den Naturwissenschaften und insbesondere zur Biologie ein intensiv beforschtes Themenfeld ist.
Viele empirische Untersuchungen aus der Kognitionspsychologie sowie der
bildungswissenschaftlichen und fachdidaktischen Lehr- und Lernforschung zeigen
jedoch, dass die MERs häufig nicht ohne weitere Erläuterung verständlich sind,
sondern Lernenden verschiedener Altersstufen unterschiedliche Schwierigkeiten
bereiten können (Ainsworth 2006, 2014; Baumert et al. 2000; Kozma und Russell
1997, 2005). Insbesondere sind das Lesen und In-Beziehung-Setzen von Texten
und Bildern für Schülerinnen und Schüler kognitiv herausfordernd (Ainsworth
2006, 2014).

---

[1]Wichtige Kennzeichen von Erbgängen aus der biologisch-konzeptuellen Perspektive, die sich
im Allgemeinen aus der Visualisierung eines Familienstammbaums ablesen lassen, können
abgerufen werden unter https://goo.gl/oVjRyy.

Für die Biologie und andere Naturwissenschaften sind diese unterschiedlichen Darstellungsformen ein konstituierendes Merkmal ihrer Fachsprache, und der versierte Umgang mit ihnen ist zur Entwicklung einer *representational competence* unbedingt erforderlich (Nitz et al. 2014). Diese steht im engen Zusammenhang mit dem Erwerb von Scientific Literacy und einer Kommunikationsfähigkeit im Fach: Dem Biologieunterricht kommt daher die zentrale Aufgabe zu, Schülerinnen und Schüler in die Lage zu versetzen, Texte, Bilder, Diagramme und symbolische Darstellungen mit naturwissenschaftlichen Inhalten zu verwenden und zu reflektieren, um naturwissenschaftliche Konzepte und Prozesse zu verstehen und sie fachlich korrekt interpretieren zu können. Lernförderlich ist der Umgang mit Darstellungsformen nur dann, wenn es den Schülerinnen und Schülern gelingt, die einzelnen Repräsentationen zu verstehen, zu verarbeiten und in ein mentales Modell zu integrieren (Mayer 2009, 2014; Schnotz und Bannert 2003). Daher sollten Schülerinnen und Schüler Fähigkeiten und Fertigkeiten im Biologieunterricht entwickeln, um naturwissenschaftliche multiple externe Repräsentationen themenbezogen zu interpretieren, zu erstellen und ihre Informationen wechselseitig aufeinander beziehen zu können.

Dieses Kapitel klärt daher wesentliche Begriffe zum Lernen mit biologiespezifischen Abbildungen und Diagrammen, greift gängige Schwierigkeiten von Schülerinnen und Schülern auf und leitet aus diesen Befunden geeignete, evidenzbasierte Lehr- und Lernstrategien zur fachangemessenen Interpretation von Bildern und Diagrammen sowie deren Integration mit Texten ab.

9.1 Einleitung

9.1.1 Klärung zentraler Begriffe: Familienstammbäume und Achsendiagramme

Biologietypische Bilder lassen sich in realistische und logische Bilder unterscheiden (Schnotz und Bannert 2003; Brandstetter et al. 2016), wobei die Übergänge zwischen beiden Varianten fließend sind. Realistische biologische Bilder haben große Ähnlichkeiten mit dem originalen Objekt, z. B. ein Foto einer Blüte oder eine Schemazeichnung vom Blutkreislauf, während logische Bilder auf Analogierelationen zwischen dem Original und der Abbildung beruhen. Um logische Bilder biologisch korrekt interpretieren zu können, sind darstellungsspezifische Konventionen erforderlich. Beispiele hierfür sind unterschiedliche Diagrammarten, wie die biologiespezifischen Baumdiagramme (Familienstammbäume, Kladogramme) und die universell in den Naturwissenschaften angewendeten Achsendiagramme (für eine weitere Unterscheidung verschiedener Diagrammarten vgl. Kattmann 2013). Familienstammbäume und Achsendiagramme sollen daher im Folgenden näher betrachtet werden.

Bei Familienstammbäumen (Abb. 9.1) stehen verschiedene bildliche Symbole für die Kennzeichnung von Geschlecht (Quadrat: Mann, Kreis: Frau) und Gesundheitszustand auf der phänotypischen Ebene (ausgefülltes Symbol: krank, nicht ausgefülltes Symbol: gesund) zur Verfügung. Die räumliche Anordnung der Symbole verdeutlicht die Verwandtschaftsbeziehungen über die Generationen hinweg. Gelesen wird von oben nach unten: Zeile 1: Eltern; Zeile 2: Filialgeneration 1 (ggf. mit neuen Partnern); Zeile 3: Filialgeneration 2 (ggf. mit neuen Partnern) und so fort. Elternpaare werden in allen Generationen durch eine Gerade oder eine nach oben offene Klammer mit Verbindung zu den Kindern in der nächsten Generation dargestellt. In den Filialgenerationen werden Geschwister durch eine Gerade oder eine nach unten offene Klammer mit Verbindung zur Elterngeneration symbolisiert.

Unter Diagrammen sollen im Weiteren ausschließlich Achsendiagramme verstanden werden. Dabei handelt es sich um konventionalisierte Darstellungen, in denen die Beziehungen zwischen Variablen wiedergegeben werden. Achsendiagramme kommen besonders häufig in den Naturwissenschaften zum Einsatz. In der Biologie werden sie beispielsweise genutzt, um ökologische Zusammenhänge oder stoffwechselphysiologische Prozesse darzustellen (Von Kotzebue et al. 2015) oder um Daten wiederzugeben, die aus Experimenten gewonnen wurden (Mayer et al. 2013). Entsprechend müssen Schülerinnen und Schüler einerseits die allgemeinen mathematischen Konventionen verstehen, auf denen Diagramme beruhen, und andererseits die themenspezifische Kontextualisierung leisten können. Je nach Aufgabenstellung müssen sie dazu Diagramme richtig interpretieren oder selbst gestalten. Diagramminterpretation und -konstruktion beziehen sich auf den Diagrammrahmen und die eingetragenen Werte (Lachmayer et al. 2007; Lachmayer 2008). Der Diagrammrahmen beinhaltet den Diagrammtyp (z. B. Säulen-, Linien- oder Streudiagramm), die Festlegung der abhängigen und unabhängigen Variablen mittels Achsenbeschriftung, die Skalierung der Achsen sowie bei mehreren Datenreihen die Legende. In einem weiteren Schritt werden dann die Daten verarbeitet: ablesen bzw. eintragen von Wertepaaren, erkennen bzw. zeichnen von einem oder mehreren Trends.

9.1.2 Kognitive Verarbeitung von biologietypischen Bildern und Diagrammen

Bilder, Diagramme und Texte in einem biologischen Lernmedium werden gemäß der Cognitive Theory of Multimedia Learning (CTML; Mayer 2009, 2014) und dem Integrated Model of Text and Picture Comprehension (ITPC; Schnotz und Bannert 2003; Schnotz 2014) je nach Typ in unterschiedlichen Subsystemen des Arbeitsgedächtnisses getrennt voneinander verarbeitet und zum Teil währenddessen oder anschließend unter Rückgriff auf Schemata aus dem Langzeitgedächtnis aufeinander bezogen.

Die Erfassung von Bildern, Diagrammen und Texten erfolgt zunächst oberflächlich, indem Lernende Bildmerkmale und Textelemente wahrnehmen und auswählen sowie zu einer visuellen Vorstellung bzw. einer Textoberflächenrepräsentation formen (Selektion). Die Organisation und Analyse des Bedeutungsgehalts dieser ersten Informationen im Arbeitsgedächtnis führt im Fall der Bilder und Diagramme zu einem mentalen Modell, während aus Texten propositionale Repräsentationen als mentale Sprache generiert werden. Mentales Modell und propositionale Repräsentationen können durch Modellkonstruktion und Modellinspektion wechselseitig aufeinander bezogen werden und so das mentale Modell eines biologischen Sachverhalts im Arbeitsgedächtnis erweitern und vervollständigen. Dabei wird bereits vorhandenes biologisches und/oder repräsentationsspezifisches Vorwissen aus dem Langzeitgedächtnis abgerufen und in das mentale Modell integriert (Integration). Insbesondere das biologische Vorwissen kann auch schon zu einem früheren Zeitpunkt die Selektion und Organisation von Bild- bzw. Textelementen zu der gegebenen Thematik leiten und so eine effektive Prozessierung neuer Informationen ermöglichen.

Je komplexer und vielfältiger die inhaltlichen Bezüge innerhalb und zwischen den verwendeten Darstellungsformen sind, desto größer wird die Belastung des Arbeitsgedächtnisses (Instrinsic und Extraneous Cognitive Load; vgl. Cognitive Load Theory; Chandler und Sweller 1991; Sweller 2010). Lernförderlich ist der Umgang mit naturwissenschaftlichen Repräsentationen entsprechend nur dann, wenn es den Lernenden ggf. auch mit Unterstützung bei der Bearbeitung des biologischen Lernmaterials gelingt, die einzelnen Repräsentationen konzeptbezogen auszuwählen, zu verarbeiten und unter Berücksichtigung des Vorwissens in ein mentales Modell zu integrieren, um so ein tieferes Verständnis eines biologischen Sachverhalts zu erzeugen (Fiorella und Mayer 2016; Mayer 2014; Schnotz 2014; Schnotz und Bannert 2003).

9.2 Charakterisierung der Ausgangslage zum Lernen mit biologietypischen Abbildungen und Diagrammen

Viele empirische Untersuchungen aus der Kognitionspsychologie, der bildungswissenschaftlichen und fachdidaktischen Lehr- und Lernforschung zeigen, dass biologiespezifische und naturwissenschaftliche Darstellungsformen häufig nicht verständlich sind und dass die Beziehungen zwischen ihnen sowohl Schülerinnen und Schülern verschiedener Altersstufen als auch Studierenden Schwierigkeiten bereiten können (Ainsworth 2006; Kozma und Russell 1997, 2005; Renkl und Scheiter 2015). Insbesondere sind das Lesen von Texten und Bildern sowie das Übersetzen ineinander für die Lernenden kognitiv herausfordernd, da die Repräsentationen zunächst für sich genommen interpretiert und verstanden werden müssen, um sie nachfolgend sinnvoll aufeinander zu beziehen (Ainsworth 2006; Abschn. 9.3.2).

Interessant für die Gestaltung eines lernwirksamen Medieneinsatzes mit multiplen externen Repräsentationen im Biologieunterricht sind daher typische Interpretations- und Konstruktionsfehler in Bezug auf Schemazeichnungen und Diagramme mit biologischem Kontext, um lehrkraftseitig gezielte instruktionale Hilfen und Trainings bereitstellen zu können. Infolge unserer eigenen Untersuchungen zum Lernen mit multiplen externen Repräsentationen erhalten sich viele Fehlinterpretationen und Konstruktionsschwierigkeiten von Abbildungen und

Diagrammen über die gesamte Schulzeit bis zum Studienbeginn und stellen für das konzeptuelle Lernen in den naturwissenschaftlichen Unterrichts- und Studienfächern ein Problem dar (Lachmayer 2008; Von Kotzebue et al. 2015; Beck und Nerdel 2015; vgl. auch Eckebrecht 2013). Man kann daher für den naturwissenschaftlichen und insbesondere den Biologieunterricht von einem Repräsentationsdilemma sprechen: Schülerinnen und Schüler erlernen unbekannte biologische Konzepte und Prozesse mithilfe neuer bzw. wenig vertrauter Repräsentationen, die sie gleichfalls nicht oder nur wenig beherrschen (Rau 2016).

Lernerseitig spielt daher sowohl das repräsentationsbezogene als auch das konzeptuelle themenbezogene Vorwissen in der Regel eine Rolle, um visuelles Verstehen zu ermöglichen und visuelle Repräsentationen erfolgreich mit biologischen Konzepten und Prozessen zu verbinden (vgl. zu CTLM Mayer 2009, 2014; vgl. zu ITPC Schnotz 2014; Schnotz und Bannert 2003). Dabei scheint es zu einem Ausgleich zwischen externen und internen Repräsentationen zu kommen: Bei schwierigen Sachverhalten werden Bilder intensiver bearbeitet, wenn das Vorwissen gering ist (Carney und Levin 2002). Eye-Tracking-Studien zeigten, dass vertrautere Repräsentationen (z. B. Text) deutlich mehr Beachtung finden als unvertraute (z. B. Baumdiagramme), auch wenn die unvertrauten Repräsentationen ergänzende Informationen zur Bearbeitung des Themas bereithielten und besseres Konzeptverständnis mit einer umfassenderen visuellen Verarbeitung des dargebotenen Baumdiagramms einherging (Schwonke et al. 2009). Das hier beobachtete Ökonomieprinzip, einen möglichst geringen kognitiven Aufwand bei Verarbeitung von Bildern zu leisten, wurde in früheren Studien beschrieben (Weidenmann 1989; Cox 1999; Schnotz 2014); auch sind Abbildungen anfälliger für Verstehensillusionen (Weidenmann 1994).

Deklaratives Wissen über die Interpretation und Konstruktion von Diagrammen, das Schülerinnen und Schüler in der Regel schon in der Mittelstufe im Mathematikunterricht erwerben und kontinuierlich anwenden, kann häufig nicht auf fachfremde Inhaltsbereiche aus den Naturwissenschaften übertragen werden (Felbrich 2005). Während in der Mathematik Wertepaare, die durch eine Funktionsvorschrift miteinander verknüpft sind, in einem Diagramm dargestellt werden, beschreiben Diagramme in den Naturwissenschaften Zusammenhänge zwischen Daten aus realen biologischen, chemischen und physikalischen Kontexten (Lachmayer 2008). Die Identifikation relevanter Variablen und die Beschreibung ihres dargestellten Zusammenhangs fallen Schülerinnen und Schülern meist nicht leicht. Die Vorhersage von generellen Trends und zulässige Schlussfolgerungen aus Diagrammen werden jedoch wiederum durch besseres inhaltliches Vorwissen positiv beeinflusst (Shah und Hoeffner 2002). Bei Studierenden schwächt sich der Einfluss des Wissens um abbildungsspezifische Konventionen ab; es zeigen sich aufgrund eines Deckeneffekts kaum noch Auswirkungen auf die erfolgreiche Bewältigung von Aufgaben. Das themenspezifische Vorwissen beeinflusst die Integration von Text- und Bildinformationen bei der Verbalisierung einer Problemlösung jedoch weiterhin positiv (Von Kotzebue und Nerdel 2012, 2015). Entsprechend kann für fortgeschrittene Lernende angenommen werden, dass es ihnen durch *structure-mapping* (Gentner und

Markmann 1997, zit. nach Seufert 2003) besser gelingt, biologische Variablen auf die Darstellungsaspekte des Diagramms zu beziehen und somit ein kohärentes mentales Modell eines neuen Sachverhalts zu bilden.

Bei der Konstruktion von Diagrammen ist je nach darzustellendem Zusammenhang zunächst über die Wahl des Diagrammtyps zu entscheiden. Während Balkendiagramme den Zusammenhang zwischen kategorialen und metrischen Variablen darstellen, wird bei Liniendiagrammen ein Zusammenhang ausschließlich zwischen metrischen Variablen dargestellt, die auch das Ablesen von Trends erlauben. Wegen der größeren Bekanntheit bevorzugen Lernende auch bei nichtmetrischen Daten häufig Liniendiagramme (Von Kotzebue et al. 2015). Werden Elemente des Diagrammrahmens vorgegeben, z. B. Achsen und Skalen, sodass das Diagramm nur noch durch Achsenbeschriftung, Punktwerte und Trendlinien ergänzt werden muss, stellt dies eine geringere Anforderung dar als die Konstruktion eines vollständigen Diagramms ohne Vorgaben (Lachmayer 2008; Von Kotzebue et al. 2015; Beck und Nerdel 2015).

9.3 Ursachen und evidenzorientierte Empfehlungen für die Praxis

9.3.1 Aufgabenmerkmale

In der internationalen Forschung ist in den letzten 15 Jahren ein Trend vom Gebrauch hin zur aktiven Konstruktion insbesondere von Diagrammen in den naturwissenschaftlichen Unterrichtsfächern zu erkennen (Tippet 2016). Gleichwohl spielen die Interpretation von Abbildungen und Diagrammen sowie ihre Integration mit Textinformation im Biologieabitur eine zentrale Rolle (Florian et al. 2015). Untersuchungen zeigen, dass die Verarbeitung mehrerer Repräsentationen schwieriger ist, als Abbildungen zu konstruieren oder zu interpretieren (Beck und Nerdel 2015; Lachmayer 2008; Rau 2016; Von Kotzebue und Nerdel 2012, 2015). Die Kürzung von Informationsredundanzen, die aus mehrfacher Darstellung resultieren, spielen insbesondere für die effiziente Bearbeitung von Abiturprüfungen eine Rolle (Florian et al. 2015; s. unten). Ob realistische oder logische Bilder den Lernenden in der Interpretation oder Konstruktion leichter fallen, konnte dabei bisher nicht abschließend geklärt werden (Beck und Nerdel 2015). Realistische Bilder werden als komplexer angesehen, weil sie als authentisches Abbild eines Gegenstands, einer Struktur, eines Systems oder Prozesses alle Details in Form, Größe, Farbe etc. wiedergeben (Rieber 1994). Viele dieser Informationen sind häufig nicht für die Bearbeitung einer biologischen Aufgabenstellung erforderlich und verhindern, dass sich Lernende auf die wesentlichen und aufgabenrelevanten Merkmale und Eigenschaften konzentrieren. Am Beispiel von drei ausgewählten biologischen Themengebieten (Stoffwechselphysiologie, Ökologie und Genetik) konnten wir darüber hinaus feststellen, dass die Themenwahl keinen Einfluss auf die Schwierigkeit der von uns untersuchten Aufgabentypen hatte (Beck und Nerdel 2015).

9.3.2 Unterstützungsmaßnahmen für die Interpretation, Konstruktion und Integration multipler externer Repräsentationen im Biologieunterricht

Anhand der Befunde zum Einsatz von MERs im naturwissenschaftlichen Unterricht (Nitz et al. 2014), den Modellen zum Multimedia-Lernen (Mayer 2009, 2014; Schnotz 2014; Schnotz und Bannert 2003; Abschn. 9.3.2) sowie den berichteten Schülerschwierigkeiten (Abschn. 9.4) werden konkrete Empfehlungen für die didaktisch-methodische Gestaltung von biologiebezogenen Unterrichtsmedien und Unterrichtssequenzen mit Abbildungen und Diagrammen gegeben, um Schülerinnen und Schülern im Erwerb von *representational competence* im naturwissenschaftlichen Unterricht zu unterstützen (Renkl und Scheiter 2015; Nerdel 2014).

Unterstützung durch die Gestaltung des biologischen Lernmaterials

Gut durchdachte Lernmaterialen wie Unterrichtssequenzen, Trainings und Tutorings im Unterrichtsfach Biologie berücksichtigen in Bezug auf multiple externe Repräsentationen sowohl die Architektur des menschlichen Gedächtnisses als auch wesentliche Multimedia-Prinzipien. Ferner zeichnen sich solche Materialien dadurch aus, dass sie ziel- und aufgabenbezogen sowie effizient und ansprechend gestaltet sind (van Merriënboer und Kester 2014). Positive Effekte auf das Lernen durch die Kombination von Bildern bzw. Diagrammen mit Texten im Biologieunterricht können u. a. durch die Berücksichtigung der folgenden Multimedia-Prinzipien in biologischen Lernmaterialien erreicht werden (Mayer 2009, 2014; Schnotz 2014; Kalyuga und Sweller 2014).

Multimedia-Effekt

Schnotz (2014; Schnotz und Bannert 2003) geht anhand seines Modells von einem kompensatorischen Effekt der unterschiedlichen Informationsbereitstellung durch Texte, Abbildungen/Diagramme sowie das themen- und repräsentationsbezogene Vorwissen aus. Insbesondere Schülerinnen und Schüler mit geringem Vorwissen sollte daher die Bereitstellung von Abbildungen darin unterstützen, ein adäquates mentales Modell eines biologischen Sachverhalts zu konstruieren. Abbildungen stellen neben Informationstexten einen alternativen Weg zur Konstruktion eines mentalen Modells dar. Werden Abbildungen vor dem Text präsentiert, können sie das Verständnis von biologischen Texten vereinfachen, indem der visuelle Überblick mehr Assoziationen aus dem Langzeitgedächtnis anregt und mehr Anknüpfungspunkte für die neuen biologischen Konzepte erlaubt (Eitel und Scheiter 2015). Diese sequenzielle Darbietung kann gegenüber der synchronen oder sogar integrierten Darstellungsweise, die sich beide in vielen Studien als lernwirksam erwiesen haben (s. unten), den Vorteil bieten, dass es nicht zu einer Bevorzugung der vertrauteren Repräsentation (in der Regel Text) kommt (Schwonke et al. 2009). In diesem Fall ist darauf zu achten, dass die Abbildung einfach strukturiert und wenig komplex ist, leicht erkennbare Analogierelationen zum dargestellten Gegenstand aufweist und damit keine großen Anforderungen an das Vorwissen stellt (Abschn. 9.4). Dadurch ist die Konstruktion eines mentalen Modells eines neuen biologischen Sachverhalts mithilfe von Abbildungen möglich und erleichtert ggf. das Verständnis weiterer Informationen aus einem zusätzlichen Text. Die umgekehrte Reihenfolge, den Text vor dem semantisch zugehörigen Bildmaterial zu präsentieren, sollte besser vermieden werden, weil das zunächst aus dem Text generierte mentale Modell häufig nicht mit dem neu hinzukommenden bildbasierten in Einklang gebracht werden kann (Schnotz 2014; Eitel und Scheiter 2015).

Vermeidung von Redundanz
Lernende mit hohem Vorwissen profitieren in der Regel seltener von dem beschriebenen Multimedia-Effekt. Sie benötigen keine Unterstützung durch ein zusätzliches Bildmaterial, ihnen reicht zum Verständnis auch eine textliche Beschreibung (bzw., allgemeiner, eine einzige Repräsentationsform). Zusätzliches Bildmaterial kann sich daher auch negativ auswirken, da Lernzeit und kognitive Ressourcen unnötig gebunden werden. In der Regel ist daher eine Informationsquelle (d. h. Text oder Bild) für Experten ausreichend (*expertise reversal effect;* Kalyuga et al. 2003). Eine andere Variante von Redundanz zeigt sich in textlichem Detailreichtum. Im Vergleich zu informationsgleichen und erschöpfenden zusammenfassenden Betrachtungen schneiden detaillierte Schilderungen naturwissenschaftlicher Sachverhalte mit Blick auf das Verständnis der Schülerinnen und Schüler deutlich schlechter ab. Aufgabenbezogene Fokussierung und sinnvolle Reduktion von Informationen führen damit zu besseren Lernergebnissen (Kalyuga und Sweller 2014). Beispiel: Textliche Erläuterungen in Ergänzung zu einem (selbsterklärenden) Bild des Blutkreislaufs, in dem z. B. Pfeile die Fließrichtung des Blutes durch Herz, Körper- und Lungenkreislauf symbolisieren, sind überflüssig. Die selbsterklärende, rein bildliche Darstellung ist sogar einem integrierten Format überlegen (Kalyuga und Sweller 2014; Chandler und Sweller 1991). Was redundant in einem biologischen Lehr-/Lernkontext ist, hängt von den Lernzielen und assoziierten Aufgabenstellungen ab.

Kohärente Information, räumliches und zeitliches Zusammenspiel von biologischen Abbildungen und Texten (*contiguity principle*)
Texte und Bilder sollten konzeptuell und in ihrem inhaltlichen Bedeutungsgehalt aufeinander abgestimmt sein. Darüber hinaus kommt der Abstimmung von Bildmaterial und Aufgabenstellung eine zentrale Bedeutung zu. Biologische Bilder und Diagramme können ihre Lernwirksamkeit nur dann entfalten, wenn sie aufgabenadäquat sind. Anderenfalls wirken sie sich eher negativ auf den Lernprozess aus, weil aufgabeninadäquate Darstellungen keine für den Problemlöseprozess zielführenden mentalen Modelle induzieren (Larkin und Simon 1987).

Die räumliche Nähe von biologischen Abbildungen und Texten, die inhaltlich zusammengehören, erleichtert Schülerinnen und Schülern die Integration von Informationen in ein mentales Modell, weil die internen Repräsentationen aus

Text und Bild einfacher simultan im Arbeitsgedächtnis gehalten werden können. Dies gilt insbesondere, wenn Text und Bild beide visuell dargeboten werden, stellt aber in dem gängigen Unterrichtsmedium Schulbuch aufgrund eines optimalen und platzsparenden Drucklayouts ein ganz alltägliches Problem dar. Stehen zusammengehörige Informationen voneinander entfernt, gehen wichtige kognitive Ressourcen für die unproduktive Suche nach zusammengehörigen Elementen verloren (*split-attention effect;* Chandler und Sweller 1991). Eine optimale simultane Verarbeitung textlicher und bildlicher Information im Arbeitsgedächtnis ist gegeben, wenn für die Präsentation von Text der auditive statt des visuellen Modus genutzt wird, weil das Auge als visueller Kanal entlastet wird *(modality effect).*

Sequenzierung von Lerninhalten, grafische Hervorhebungen (*cueing*) und Segmentierung von biologischen Prozessen
In der Multimedia-Forschung findet man Hinweise darauf, dass die sequenzielle Präsentation vom Einfachen zum Komplexen in Abbildungen lernwirksamer ist, als einen neu zu lernenden Inhaltsbereich von vornherein in seiner ganzen Komplexität darzustellen (van Merriënboer und Kester 2014). Gleichwohl ist in manchen Themenbereichen der Biologie eine Vereinfachung der inhaltsbezogenen Komplexität in Abbildungen und Diagrammen nur schwer umzusetzen. Dies gilt insbesondere für vielschrittige biologische Prozesse, bei denen neben strukturellen Aspekten des relevanten Systems die Veränderung im zeitlichen Verlauf in gängigen analogen und digitalen Lernmedien in der Regel zweidimensional visualisiert werden muss. Zu diesem Zweck wurden grafische Hervorhebungen auf ihre Lernwirksamkeit überprüft, z. B. Pfeile für Bewegungsrichtungen bzw. sonstige zeitliche Abfolgen oder farbige Hervorhebungen von wichtigen Abbildungsdetails. Insbesondere bei statischen Abbildungen ließ sich dadurch eine Verbesserung des Lernerfolgs nachweisen (Renkl und Scheiter 2015). Dabei können Hervorhebungen auch in Kombination mit segmentierten Einzelbildern einer Prozessdarstellung wirksam sein, die die Aufmerksamkeit der Lernenden auf die relevanten Aspekte richten und so die Selektion und Organisation bei der kognitiven Verarbeitung von Abbildungen erleichtern. Allerdings bewirkt eine solche Bildersequenz, die visuelle Kontrastierungen für die jeweils funktional relevanten Strukturen aufweist und bei der die restlichen, in dem Moment nicht aktiven Elemente abgeblendet dargestellt werden, nicht unbedingt auch einen besseren aufgabenbezogenen Lernerfolg (De Koning et al. 2010; Brandstetter et al. 2016).

Effektive Lernstrategien beim Lernen mit multiplen externen Repräsentationen
Für den Biologieunterricht sind das verstehende Lernen von biologischen Konzepten und Prozessen und ihre Anwendbarkeit auf neue Problemstellungen in anderen biologischen, naturwissenschaftlichen und gesellschaftlichen Kontexten ein übergeordnetes Lernziel (vgl. KMK 2005). Diese bedeutungsvolle Form des Lernens (*generative learning;* Mayer 2014; Fiorella und Mayer 2016) geht damit deutlich über die Einübung von Routinen und Faktenwissen hinaus und soll Verstehensprozesse initiieren sowie einen Transfer des Gelernten ermöglichen. Mit Blick

auf das Verstehen von Abbildungen sind die Schritte Selektion und Organisation von Bildelementen sowie bei anspruchsvollen biologischen Problemstellungen die Integration des bestehenden Vorwissens in das zu entwickelnde mentale Modell erforderlich (Abschn. 9.3.2). Fiorella und Mayer (2016) beschreiben unterschiedliche Lernstrategien, die generatives Lernen mit Bildern und Texten ermöglichen können und von denen zwei im Folgenden wegen ihrer Bedeutung für den Umgang mit Abbildungen und Diagrammen im Biologieunterricht besonders hervorgehoben werden.

Schemata zeichnen und Diagramme konstruieren
Untersuchungen haben gezeigt, dass Zeichnungen das Verständnis von naturwissenschaftlichen Konzepten verbessern können (Fiorella und Mayer 2016; Van Meter und Garner 2005). Während Schülerinnen und Schüler Texte lesen und dabei Zeichnungen anfertigen, sind sie nicht mehr nur Rezipienten des Lesestoffs, sondern tragen durch die zeichnerische Umsetzung zusätzlich zur aktiven Konstruktion eines adäquaten mentalen Modells bei. Um dem textlichen Lernmaterial bei der bildlichen Gestaltung einen Sinn zu geben, sind auch die Aktivierung und Integration von Vorwissen erforderlich (Leutner und Schmeck 2014). Zeichnen erweist sich am effektivsten, wenn den Schülerinnen und Schülern klar ist, welche inhaltlichen Aspekte bildlich dargestellt werden sollen und wie die geforderte Zeichnung praktisch anzufertigen ist, d. h. mit welcher Technik, nach welchen Konventionen (Fiorella und Mayer 2016). Ist Letzteres unbekannt, werden zusätzliche kognitive Ressourcen verbraucht, die nicht für das verständnisvolle inhaltliche Lernen zur Verfügung stehen. Dieser Befund steht auch im Einklang mit der Schwierigkeit von Diagrammaufgaben, bei denen Achsendiagramme vollständig konstruiert werden müssen (Lachmayer 2008). Ist die technische Erstellung der Abbildung oder des Diagramms nicht geläufig, weisen viele Untersuchungen darauf hin, dass dies vorher geübt werden sollte, um konzeptuelles Verständnis und Transfer zu erleichtern (Leutner und Schmeck 2014; s. unten).

Selbsterklären und Lernstrategienutzung
Die Untersuchung des Selbsterklärens als wirksame Lernstrategie hat in der textbasierten Problemlöseforschung mit Bezug zum mathematischen und naturwissenschaftlichen Unterricht eine lange Tradition (Chi 2000; Chi et al. 1989). Unter Selbsterklären versteht man nach Chi et al. (1994) einen kontinuierlichen und konstruktiven Prozess, der sich schrittweise durch Interaktion mit Texten (und ggf. auch Bildern) im Lernmaterial vollzieht, sodass neue Informationen in bestehende Wissensstrukturen integriert werden (Ainsworth und Loizou 2003). Durch Lautes Denken können weitere Lernstrategien detaillierter sichtbar gemacht werden. Lind und Sandmann (2003) charakterisieren die folgenden Lernstrategien in Anlehnung an Friedrich und Mandl (1992; vgl. auch Weinstein und Mayer 1986).

- *Organisationsstrategien:* Sie werden vor allem für die Reduktion von Details im Lernmaterial und zum Zweck einer leichteren Informationsverarbeitung und -speicherung verwendet.

- *Elaborationsstrategien:* Sie dienen der Integration neuen Wissens in bestehende Wissensstrukturen.
- *Wiederholungsstrategien:* Sie haben die Verankerung neuen Wissens im Langzeitgedächtnis zum Ziel.

Unterschieden werden darüber hinaus allgemeine, inhaltsunabhängige und spezifische Strategien, die wissensgeladen sind und in engem Zusammenhang mit der Domäne und/oder der dargebotenen Situation stehen. Letztere werden von fortgeschrittenen Lernenden verwendet, sind auch routinisiert und führen so zu einer geringen Belastung des Arbeitsgedächtnisses (Chandler und Sweller 1991). Im Gegensatz dazu verwenden Anfängerinnen und Anfänger eher allgemeine Strategien, die das Arbeitsgedächtnis stark belasten. Während Oberflächenstrategien die Merkmale von Texten und Bildern erfassen und zu einer Textbasis bzw. einer Bildwahrnehmung führen, bewirken Tiefenstrategien den Aufbau eines mentalen Modells (Marton und Säljö 1984; Abschn. 9.3.2). Lewalter (1997, 2003) konnte zeigen, dass Schülerinnen und Schüler beim Lernen von Astrophysik mit Text-Bild-Kombinationen vorzugsweise Wiederholungsstrategien einsetzen; Elaborationsstrategien beobachtete sie deutlich seltener.

Die Anwendung von Elaborationsstrategien und anderen Tiefenstrategien hängt in der Regel mit dem Verständnis des Lerninhalts positiv zusammen (Marton und Säljö 1984). Kroß und Lind (2001) konnten zeigen, dass beim Lernen mit textbasierten biologischen Beispielaufgaben nicht allein die Selbsterklärungsquantität, sondern vielmehr die Qualität der Selbsterklärungen für das Verständnis und die Übertragbarkeit des neuen Lerninhalts von Bedeutung war. Diese stand im engen Zusammenhang mit dem domänenspezifischen Vorwissen. Biologieexpertinnen und -experten formulieren mehr und inhaltlich tiefgründigere Elaborationen als Novizen. Expertinnen und Experten elaborieren aktiver, erkennen inhaltliche Konzepte und Prinzipien und versuchen, sich das Lernmaterial selbst zu erschließen. Werden Lösungsbeispiele zu solchen Aufgaben angeboten, nutzen sie diese auch als Feedback (Renkl 1997). Novizen verharren häufig auf den Oberflächenmerkmalen von Texten (und ggf. auch Bildern). Leider finden sich bisher nur wenige Studien, die explizit die Wirkung des Selbsterklärens bzw. die Anwendung effektiver Lernstrategien beim Interpretieren und Konstruieren von Abbildungen und Diagrammen untersucht haben (z. B. Ainsworth und Loizou 2003; Cromley et al. 2013; Lewalter 1997, 2003; Ziepprecht 2016). Die Übertragbarkeit der Befunde aus der Textverstehensforschung wird aber angenommen (Fiorella und Mayer 2016)

Das Selbsterklären gilt damit insgesamt als eine wirksame Lernstrategie, die Schülerinnen und Schülern helfen kann, über ihre mentalen Modelle und das Verständnis biologischer Konzepte und Prozesse zu reflektieren. Es ist geeignet, fachlich falsche Vorstellungen aufzudecken und nicht geeignete Erklärungsansätze zu revidieren (Fiorella und Mayer 2016). Trainingsmaßnahmen zum Selbsterklären können sich daher sowohl auf die Erhöhung der Selbsterklärungsquantität als auch auf die Qualität beziehen (zusammenfassend bei Mackensen

2004; Mackensen-Friedrichs 2009). Geeignet sind Lernmaterialien mit Lösungsbeispielen, die als Feedback für die selbsterklärte Problemlösung genutzt werden
können (Renkl 1997). Stark (1999) konnte darüber hinaus zeigen, dass unvoll-
ständige Lösungsbeispiele, durch die die Elaborationsaktivität zusätzlich angeregt
werden sollte, einen positiven Effekt auf die unterschiedlichen Arten des Wissens-
transfers ausüben.

Weitere Trainingsmaßnahmen für den Unterricht

Conventions of Diagrams (COD) – Training

Logische Bilder, d. h. konventionalisierte Schemata wie Familienstammbäume
oder Achsendiagramme, erfordern für die Interpretation oder Konstruktion eine
genaue Kenntnis ihrer Konventionen. Zu den Konventionen gehören Markierun-
gen, Symbole oder auch Farbkodes, die bestimmten Regeln bei der Abbildungs-
gestaltung folgen. Dadurch sind diese im Gegensatz zu realistischen Bildern in der
Regel nicht selbsterklärend. Ohne diese Konventionen können Schülerinnen und
Schüler den Bedeutungsgehalt der genannten Darstellungen im biologischen, allgemeiner im naturwissenschaftlichen, Kontext nicht vollständig erfassen (Miller
et al. 2016). Der Umgang mit diesen Konventionen, die die inhaltliche Deutung
ermöglichen, sollte daher geübt werden (Larkin und Simon 1987; Schnotz und
Bannert 2003). In mehreren Studien konnte die Arbeitsgruppe um Cromley zeigen,
dass Trainingsmaßnahmen zu unterschiedlichen Abbildungskonventionen sowohl
bei Middle- und High-School-Schülerinnen und -Schülern wirksam sein können
(Cromley et al. 2013; Miller et al. 2016). Die verwendeten Trainingsmaßnahmen
wurden in den regulären Unterricht integriert, mit den Lerninhalten des Curri-
culums abgestimmt und dauerten bis zu 14 Wochen. Die Autoren stellten durch
die beiden Studien für die Middle und High School vergleichend fest, dass in den
verschiedenen Altersstufen Unterricht über einen längeren Zeitraum erforderlich
ist, um die Fähigkeiten und Fertigkeiten im Umgang mit naturwissenschaftlichen
Abbildungen in dem Maße zu schulen, dass die Interpretation verschiedener naturwissenschaftlicher Abbildungen – auch unabhängig vom ursprünglichen Lern-
kontext – möglich ist.

Prompting

Unter Prompting versteht man Unterstützungsmaßnahmen beim Lernen mit
Text-Bild-Kombinationen, bei der über explizite Aufforderungen eine produk-
tive kognitive Verarbeitung der verschiedenen Darstellungen angeregt werden
soll. Die Prompts können sich beispielsweise auf verschiedene Lernstrategien
beziehen, die die Schülerinnen und Schüler von sich aus beim Lernen nicht
anwenden, z. B. Anwendung einer Elaborations- statt einer Wiederholungs-
strategie bei Novizen. Darüber hinaus gibt es viele Studien, die über Prompts
die Verknüpfung von Texten und bildlichen Darstellungen zu stimulieren versuchen, um ein kohärentes mentales Modell des dargestellten Sachverhalts zu
erzeugen (Renkl und Scheiter 2015). Die Befunde der Studien sind gemischt.
Renkl und Scheiter (2015) führen dazu aus, dass die Art der Prompts sehr

unterschiedlich und damit die Vergleichbarkeit bezüglich einer allgemeinen Wirksamkeit erschwert ist. So können Prompts inhaltlich orientiert, sehr allgemein und domänenunspezifisch bis hin zu themenspezifisch ausgeprägt sein. Die Schülerinnen und Schüler werden aufgefordert, eine kognitive Lernstrategie umzusetzen oder etwas Praktisches zu tun, z. B. korrespondierende Elemente in Text und Abbildung farblich zu markieren.

Mit Blick auf die uneindeutige Befundlage schlagen die Autoren daher folgende Orientierungshilfen bei der Nutzung von Prompts vor:

- Prompts sollten so leicht verständlich formuliert werden, dass sie in erster Linie korrekte Reaktionen hervorrufen. Solche unterstützenden Aufforderungen können bei der Bewältigung von komplexen Aufgaben und schwierigen Materialien hilfreich sein.
- Die Anwendung von Prompts sollte keine hohe kognitive Belastung hervorrufen, z. B. durch Kombination mit komplexen oder suboptimal gestalteten Abbildungen.

9.4 Zusammenfassung

Die *Ausgangslage* zum Umgang mit Abbildungen und Diagrammen im biologischen Kontext ist durch unterschiedliche Schwierigkeiten von Schülerinnen und Schülern bei der Interpretation und Konstruktion dieser Darstellungen gekennzeichnet. Die Probleme können durch die Komplexität des Lerninhalts und/oder durch mangelndes Verständnis der Konventionen von biologiespezifischen Abbildungen wie Familienstammbäumen oder abstrakten Darstellungen wie Achsendiagrammen hervorgerufen werden. Im zweiten Fall gelingt es nicht, Diagramme auf einen biologischen Sachverhalt anzuwenden. Eine zusätzliche Herausforderung stellt die Integration von bildimmanenten Informationen und zusätzlicher Text- oder anderer symbolischer Information dar.

Ungeachtet der beobachteten Schwierigkeiten von Schülerinnen und Schülern kann das Lernen im Biologieunterricht durch Text-Bild-Kombinationen auch verbessert werden. Zahlreiche *Wirksamkeitsnachweise* beruhen auf den Erkenntnissen der Multimedia-Forschung, die die Erkenntnisse der Gedächtnisforschung und der Kognitionspsychologie berücksichtigen.

In diesem Zusammenhang wurden als *Lösungsvorschläge* für die Schülerschwierigkeiten und die Reduktion von kognitiver Belastung verschiedene Gestaltungsprinzipien formuliert, die bei der Erstellung von biologischem Lernmaterial mit Text-Bild-Kombinationen berücksichtigt werden sollten: Einsatz von Multimedia, Verwendung von Ton in Ergänzung zu Bildern, räumliche und zeitliche Nähe zusammengehöriger Information, Vermeidung von Redundanz in unterschiedlichen Repräsentationen. Mit Blick auf das didaktische Vorgehen empfehlen sich die Einübung und Anwendung der Abbildungskonventionen in vielfachen biologischen Kontexten. Auch die Nutzung von Lernstrategien und Prompts zur Text-Bild-Integration können hilfreich sein.

Literatur

Ainsworth, S. (2006). DeFT: A conceptual framework for considering learning with multiple representations. *Learning and Instruction, 16*(3), 183–198.

Ainsworth, S. (2014). The multiple representation principle in multimedia learning. In R. E. Mayer (Hrsg.), *The Cambridge handbook of multimedia learning* (2. Aufl., S. 464–486). New York: Cambridge University Press. https://doi.org/10.1017/cbo9781139547369.

Ainsworth, S., & Loizou, A. T. (2003). The effects of self-explaining when learning with text or diagrams. *Cognitive Science, 27*(4), 669–681. https://doi.org/10.1016/s0364-0213(03)00033-8.

Baumert, J., Bos, W., & Lehmann, R. (Hrsg.). (2000). *TIMSSS/III. Dritte international Mathematik- und Naturwissenschaftsstudie – Mathematische und naturwissenschaftliche Bildung am Ender der Schullaufbahn: Bd. 2. Mathematische und physikalische Kompetenzen am Ende der gymnasialen Oberstufe.* Opladen: Leske & Budrich.

Beck, C., & Nerdel, C. (2015). Integration of multiple external representations in biological education. In Lampiselkä et al. (Hrsg.), *11th conference of the European Science Education Research Association (ESERA)*. Helsinki: University of Helsinki.

Brandstetter, M., Florian, C., & Sandmann, A. (2016). Abbildungsmerkmale und Bildverstehen. In U. Gebhard & M. Hammann (Hrsg.), *Lehr- und Lernforschung in der Biologiedidaktik 7, Bildung durch Biologieunterricht.* Innsbruck: StudienVerlag.

Carney, R. N., & Levin, J. R. (2002). Pictorial illustrations still improve students' learning from text. *Educational Psychology Review, 14*, 5–26.

Chandler, P., & Sweller, J. (1991). Cognitive load theory and the format of instruction. *Cognition and Instruction, 8*(4), 293–332.

Chi, M. T. H. (2000). Self-explaining expository texts: The dual processes of generating inferences and repairing mental models. In R. Glaser (Hrsg.), *Advances in instructional psychology* (S. 161–238). Hillsdale: Lawrence Erlbaum Associates.

Chi, M. T. H., Bassok, M., Lewis, M. W., Reimann, P., & Bassok, R. (1989). Self-explanations: How students study and use examples in learning to solve problems. *Cognitive Science, 13*, 145–182.

Chi, M. T. H., De Leuuw, N., Chiu, M.-H., & LaVancher, C. (1994). Eliciting self-explanations improves understanding. *Cognitive Science, 18*, 439–477.

Cox, R. (1999). Representation construction, externalised cognition and individual differences. *Learning and Instruction, 9*(4), 343–363.

Cromley, J. G., Bergey, B. W., Fitzhugh, S., Newcombe, N., Wills, T. W., Shipley, T. F., et al. (2013). Effects of three diagram instruction methods on transfer of diagram comprehension skills: The critical role of inference while learning. *Learning and Instruction, 26*, 45–58. https://doi.org/10.1016/j.learninstruc.2013.01.003.

De Koning, B. B., Tabbers, H. K., Rikers, R. M. J. P., & Paas, F. (2010). Attention guidance in learning from a complex animation: Seeing is understanding? *Learning and Instruction, 20*, 111–122. https://doi.org/10.1016/j.learninstruc.2009.02.010.

Eckebrecht, D. (2013). Verständnisentwicklung zum Kohlenstoffkreislauf durch Schulbuchinhalte. Lehr-Lern-Forschung nach dem Modell der Didaktischen Rekonstruktion. http://edok01.tib.uni-hannover.de/edoks/e01dh13/773793100.pdf. Zugegriffen: 6. Juli 2017.

Eitel, A., & Scheiter, K. (2015). Picture or text first? explaining sequence effects when learning with pictures and text. *Educational Psychology Review, 27*, 153–180.

Felbrich, A. (2005). *Kontrastierungen als effektive Lerngelegenheiten zur Vermittlung von Wissen über Repräsentationsformen am Beispiel des Graphen einer linearen Funktion (Contrasting cases as an effective learning environment for fostering knowledge of representational forms – the case of the slope of linegraphs)*. Dissertation, Technische Universität Berlin, Berlin. https://depositonce.tu-berlin.de/handle/11303/1554. Zugegriffen: 8. Jan. 2017.

Fiorella, L., & Mayer, R. E. (2016). Eight ways to promote generative learning. *Educational Psychology Review, 28*, 717–741. https://doi.org/10.1007/s10648-015-9348-9.

Florian, C., Schmiemann, P., & Sandmann, A. (2015). Aufgaben im Zentralabitur Biologie – eine kategoriengestützte Analyse charakteristischer Aufgabenmerkmale schriftlicher Abituraufgaben. *Zeitschrift für die Didaktik der Naturwissenschaften, 21,* 69–86. https://doi. org/10.1007/s40573-015-0026-8.

Friedrich, H. F., & Mandl, H. (1992). Lern- und Denkstrategien – ein Problemaufriß. In H. Mandl & H. F. Friedrich (Hrsg.), *Lern- und Denkstrategien* (S. 3–54). Göttingen: Hogrefe.

Gentner, D., & Markmann, A. B. (1997). Structure mapping in analogy and similarity. *American Psychologist, 25,* 45–56.

Kalyuga, S., & Sweller, J. (2014). The redundancy principle in multimedia learning. In R. E. Mayer (Hrsg.), *The Cambridge handbook of multimedia learning* (2. Aufl., S. 247–262). New York: Cambridge University Press. https://doi.org/10.1017/cbo9781139547369.

Kalyuga, S., Chandler, P., & Sweller, J. (2003). The expertise reversal effect. *Educational Psychologist, 38*(1), 23–31. https://doi.org/10.1207/s15326985ep3801_4.

Kattmann, U. (2013) Vielfalt und Funktion von Unterrichtsmedien. In H. Gropengießer, U. Harms, & U. Kattmann U (Hrsg.), *Fachdidaktik Biologie* (9. Aufl., S. 344–349). Aulis-Verlag: Hallbergmoos.

KMK (Sekretariat der Ständigen Konferenz der Kultusminister der Länder in der Bundesrepublik Deutschland) (Hrsg.). (2005) Bildungsstandards im Fach Biologie für den Mittleren Schulabschluss. München: Luchterhand. https://www.kmk.org/fileadmin/Dateien/veroeffentlichungen_beschluesse/2004/2004_12_16-Bildungsstandards-Biologie.pdf Zugegriffen: 16. Jan. 2017.

Kozma, R., & Russell, J. (1997). Multimedia and understanding: Expert and novice responses to different representations of chemical phenomena. *Journal of Research in Science Teaching, 34*(9), 949–968.

Kozma, R., & Russell, J. (2005). Students becoming chemists: Developing representational competence. In J. K. Gilbert (Hrsg.), *Visualization in science and education* (S. 121–146). Dordrecht: Kluwer Academic.

Kroß, A., & Lind, G. (2001). Einfluss des Vorwissens auf Intensität und Qualität des Selbsterklärens beim Lernen mit biologischen Beispielaufgaben. *Unterrichtswissenschaft, 1,* 5–25.

Lachmeyer, S. (2008). *Entwicklung und Überprüfung eines Strukturmodells der Diagrammkompetenz für den Biologieunterricht.* Kiel: Universitätsbibliothek http://macau.uni-kiel.de/ receive/dissertation_diss_00003041. Zugegriffen: 8. Jan. 2017.

Lachmayer, S., Nerdel, C., & Prechtl, H. (2007). Modellierung kognitiver Fähigkeiten beim Umgang mit Diagrammen im naturwissenschaftlichen Unterricht. *Zeitschrift für Didaktik der Naturwissenschaften, 13,* 161–180.

Larkin, J. H., & Simon, H. A. (1987). Why a diagram is (sometimes) worth ten thousand words. *Cognitive Science, 11,* 65–99.

Leutner, D., & Schmeck, A. (2014). The generative drawing principle in multimedia learning. In R. E. Mayer (Hrsg.), *The Cambridge handbook of multimedia learning* (2. Aufl., S. 433–448). New York: Cambridge University Press. https://doi.org/10.1017/cbo9781139547369.

Lewalter, D. (1997). *Lernen mit Bildern und Animationen. Studie zum Einfluß von Lernermerkmalen auf die Effektivität von Illustrationen.* Münster: Waxmann.

Lewalter, D. (2003). Cognitive strategies for learning from static and dynamic visuals. *Learning and Instruction, 13*(2), 177–189. https://doi.org/10.1016/s0959-4752(02)00019-1.

Lind, G., & Sandmann, A. (2003). Lernstrategien und domänenspezifisches Wissen. *Zeitschrift für Psychologie, 211*(4), 171–192.

Mackensen, I. (2004). *Förderung des Expertiseerwerbs durch das Lernen mit Beispielaufgaben im Biologieunterricht der Klasse 9.* Dissertation, Universitätsbibliothek, Kiel. http://eldiss. uni-kiel.de/macau/receive/dissertation_diss_1303.

Mackensen-Friedrichs, I. (2009). Die Rolle von Selbsterklärungen aufgrund vorwissensangepasster, domänenspezifischer Lernimpulse beim Lernen mit biologischen Beispielaufgaben. *Zeitschrift für Didaktik der Naturwissenschaften, 15,* 155–172.

Marton, F., & Säljö, R. (1984). Approaches to learning. In F. Marton, D. Hounsell, & N. Entwistle (Hrsg.), *The experience of learning* (S. 36–55). Edinburgh: Scottish Academy Pr.

Mayer, R. E. (2009). *Multimedia learning* (2. Aufl.). New York: Cambridge University Press.

Mayer, R. E. (2014). Cognitive theory of multimedia learning. In R. E. Mayer (Hrsg.), *The Cambridge handbook of multimedia learning* (2. Aufl., S. 43–71). New York: Cambridge University Press. https://doi.org/10.1017/cbo9781139547369.

Mayer, J., Wellnitz, N., Klebba, N., et al. (2013). Kompetenzstufenmodelle für das Fach Biologie. In H. A. Pant, P. Stanat, U. Schroeders, A. Roppelt, T. Siegle, C. Pöhlmann (Hrsg.), *IQB-Ländervergleich 2012. Mathematische und naturwissenschaftliche Kompetenzen am Ende der Sekundarstufe I* (S. 74–83). Münster, Waxmann.

Merriënboer, J. J. G., & van und Kester, L. (2014). The four-component instructional design model: Multimedia principles in environments for complex learning. In R. E. Mayer (Hrsg.), *The Cambridge handbook of multimedia learning* (2. Aufl., S. 104–148). New York: Cambridge University Press. https://doi.org/10.1017/cbo9781139547369.

Miller, B. W., Cromley, J. G., & Newcombe, N. S. (2016). Improving diagrammatic reasoning in middle school science using conventions of diagrams instruction. *Journal of Computer Assisted learning, 32*(4), 374–390. https://doi.org/10.1111/jcal.12143.

Nerdel, C. (2014). Diagramme und Schemata interpretieren. In U. Spörhase & W. Ruppert (Hrsg.), *Biologie-Methodik: Handbuch für die Sekundarstufe I und II* (S. 127–131).

Nitz, S., Ainsworth, S., Nerdel, C., & Prechtl, H. (2014). Do student perceptions of teaching predict the development of representational competence and biological knowledge? *Learning and Instruction, 31*, 13–22.

Rau, M. (2016). Conditions for the effectiveness of multiple visual representations in enhancing STEM learning. *Educational Psychology Review*. https://doi.org/10.1007/S10648-016-9365-3.

Renkl, A. (1997). Learning from worked-out examples: A study on individual differences. *Cognitive Science, 21*, 1–29.

Renkl, A., & Scheiter, K. (2015). Studying visual displays: How to instructionally support learning. *Education Psychology Review*. https://doi.org/10.1007/S10648-015-9340-4.

Rieber, L. P. (1994). *Computers, graphics, and learning*. Madison: Brown & Benchmark.

Schnotz, W. (2014). Integrated model of text and picture comprehension. In R. E. Mayer (Hrsg.), *The Cambridge handbook of multimedia learning* (2. Aufl., S. 72–103). New York: Cambridge University Press. https://doi.org/10.1017/cbo9781139547369.

Schnotz, W., & Bannert, M. (2003). Construction and interference in learning from multiple representation. *Learning and Instruction, 13*, 141–156.

Schwonke, R., Berthold, K., & Renkl, A. (2009). How multiple external representations are used and how they can be made more useful. *Applied Cognitive Psychology, 23*, 1227–1243. https://doi.org/10.1002/acp.1526.

Seufert, T. (2003). Supporting coherence formation in learning from multiple representations. *Learning and Instruction, 13*, 227–237.

Shah, P., & Hoeffner, J. (2002). Review of graph comprehension research: Implications for instruction. *Educational Psychology Review, 14*(1), 47–69.

Stark, R. (1999). *Lernen mit Lösungsbeispielen – Einfluss unvollständiger Lösungsbeispiele auf Beispielelaboration, Lernerfolg und Motivation*. Göttingen: Hogrefe Verlag für Psychologie.

Sweller, J. (2010). Element Interactivity and Intrinsic, Extraneous, and Germane Cognitive Load. *Educational Psychology Review, 22*, 123–138. https://doi.org/10.1007/s10648-010-9128-5.

Tippett, C. D. (2016). What recent research on diagrams suggests about learning with rather than learning from visual representations in science. *International Journal of Science Education, 38*(5), 725–746. https://doi.org/10.1080/09500693.2016.1158435.

Van Meter, P., & Garner, J. (2005). The promise and practice of learner-generated drawing: literature review and synthesis. *Educational Psychology Review, 17*, 285–325. https://doi.org/10.1007/s10648-005-8136-3.

Von Kotzebue, L., & Nerdel, C. (2012). Professionswissen von Biologielehrkräften zum Umgang mit Diagrammen. *Zeitschrift für Didaktik der Naturwissenschaften, 18*, 181–200.

Von Kotzebue, L., & Nerdel, C. (2015). Modellierung und Analyse des Professionswissens zur Diagrammkompetenz bei angehenden Biologielehrkräften. *Zeitschrift für Erziehungswissenschaften, 18*(4), 687–712.

Von Kotzebue, L., Gerstl, M., & Nerdel, C. (2015). Common mistakes in the construction of diagrams in biological contexts. *Research in Science Education, 45,* 193–213.

Weidenmann, B. (1989). When good pictures fail: An information-processing approach to the effect of illustration. In H. Mandl & J. R. Levin (Hrsg.), *Knowledge acquisition from text and pictures* (S. 157–170). Amsterdam: North-Holland.

Weidenmann, B. (1994). Informierende Bilder. In: B. Weidenmann (Hrsg.), *Wissens-erwerb mit Bildern. Instruktionale Bilder in Printmedien, Film/Video und Computerprogrammen* (S. 9–58). Bern: Huber.

Weinstein, C. E., & Mayer, R. E. (1986). The teaching of learning strategies. In M. C. Wittrock (Hrsg.), *Handbook of research on teaching* (3. Aufl., S. 315–327). New York: Macmillan.

Ziepprecht, K. (2016). *Strategien und Kompetenzen von Lernenden beim Erschließen von biologischen Informationen aus unterschiedlichen Repräsentationen. Biologie lernen und lehren* (Bd. 15). Berlin: Logos Verlag.

Argumentieren als naturwissenschaftliche Praktik

Helge Gresch und Julia Schwanewedel

Inhaltsverzeichnis

> *Euglena* ist eine Pflanze. Wir haben doch unter dem Mikroskop die grünen Chloroplasten gesehen, und Lebewesen mit Chloroplasten sind Pflanzen (Lena, 7. Klasse, in Anlehnung an Osborne et al. 2004a).
>
> Aber die sind doch durchs Wasser geschwommen, und Nahrung aufnehmen können sie auch. Das muss ein Tier sein (Alexander, 7. Klasse, in Anlehnung an Osborne et al. 2004a).

Anhand der Kontroverse, ob es sich bei *Euglena* um eine Pflanze oder ein Tier handelt, lässt sich die Bedeutung des Argumentierens für die naturwissenschaftliche Erkenntnisgewinnung herausstellen. Den beiden Aussagen liegen zwei konkurrierende Vorstellungen über die taxonomische Einordnung zugrunde, für die jeweils Evidenz aus den zuvor unter dem Mikroskop gemachten Beobachtungen herangezogen wird. Das Beispiel von *Euglena* verweist darauf, dass Aussagen

H. Gresch (✉)
Zentrum für Didaktik der Biologie, Westfälische Wilhelms-Universität Münster, Münster, Deutschland
E-Mail: helgegresch@uni-muenster.de

J. Schwanewedel
Institut für Erziehungswissenschaften – Sachunterricht und seine Didaktik, Humboldt-Universität zu Berlin, Berlin, Deutschland
E-Mail: julia.schwanewedel@hu-berlin.de

© Springer-Verlag GmbH Deutschland, ein Teil von Springer Nature 2019
J. Groß et al. (Hrsg.), *Biologiedidaktische Forschung: Erträge für die Praxis*,
https://doi.org/10.1007/978-3-662-58443-9_10

zu naturwissenschaftlichen Phänomenen einer evidenzbasierten Begründung und Daten aus empirischen Untersuchungen sowie einer argumentativen Einordnung in bestehende Wissensbestände und Theorien bedürfen. Ein historischer Rückblick zeigt, dass Botaniker *Euglena* als Pflanze einordneten und Zoologen als Tiere (Purves et al. 2011). So teilte auch Linné im 18. Jh. die Lebewesen entweder dem Pflanzen- oder Tierreich zu – ohne Berücksichtigung der bereits bekannten einzelligen Lebewesen. Erst weitere Evidenz, generiert mithilfe neuer Methoden wie Elektronenmikroskopie und molekularer phylogenetischer Analysen, veränderte den wissenschaftlichen Diskurs dahingehend, dass *Euglena* heute weder zu den Pflanzen noch zu den Tieren, sondern vielmehr zu den *Excavata,* einer weiteren Großgruppe der Eukaryoten, gerechnet wird.

An diesem Beispiel zur Systematik der Gattung *Euglena* soll exemplarisch die Bedeutung naturwissenschaftlicher Argumentationen als einem zentralen Element des naturwissenschaftlichen Erkenntnisgewinnungsprozesses aufgezeigt werden. Auf diese Weise werden alternative Hypothesen und Theorien evidenzbasiert beurteilt und diskutiert (Driver et al. 2000). Argumentieren im Biologieunterricht hat somit einerseits eine wissenschaftspropädeutische Funktion, um die epistemologischen Grundlagen des naturwissenschaftlichen Erkenntnisgewinnungsprozesses zu verstehen (Sandoval und Millwood 2007). Andererseits dient das Argumentieren als sozial-konstruktivistischer Lernprozess ebenso wie in der Wissenschaft der Konstruktion von Wissen (Jiménez-Aleixandre 2007).

10.1 Einführung

10.1.1 Bedeutung des Argumentierens für den Biologieunterricht

Die Fähigkeit zu argumentieren gilt als zentrales Element der Wissenskonstruktion und Meinungsbildung, weshalb Lernprozesse vielfach auf argumentativen Auseinandersetzungen beruhen (z. B. Osborne et al. 2004b; Sampson und Clark 2008). Für den naturwissenschaftlichen Unterricht hat Argumentieren vielfältige Implikationen, da es beispielsweise zur Entwicklung von Kompetenzen naturwissenschaftlicher Erkenntnisgewinnung sowie zur Förderung von kommunikativen Fähigkeiten, kritischem Denken und wissenschaftlichem Sprachgebrauch beiträgt (Jiménez-Aleixandre und Erduran 2007). Lernende sollen befähigt werden, eine eigene Position mithilfe von (fachlichen) Argumenten darzustellen, zu reflektieren und ggf. zu revidieren (KMK 2005a, b, c). Dies ist insbesondere vor dem Hintergrund der stetigen Zunahme des verfügbaren naturwissenschaftlichen Wissens, das durch Informations- und Kommunikationstechnologien fortwährend einfacher zugänglich wird, von hoher gesellschaftlicher Relevanz. Die Befähigung zum Argumentieren zielt darauf ab, als mündige Bürgerinnen und Bürger aktiv an der gesellschaftlichen Meinungsbildung über Themen mit naturwissenschaftlichen Bezügen teilzuhaben. Die Fähigkeit zu argumentieren kann demnach als ein integraler Bestandteil von Naturwissenschaften und entsprechend auch von naturwissenschaftlichem Unterricht betrachtet werden (Jiménez-Aleixandre und Erduran 2007).

Im internationalen fachdidaktischen Diskurs werden hierbei zwei Bereiche des Argumentierens unterschieden: *scientific argumentation,* d. h. auf Erkenntnisgewinnung bezogenes Argumentieren, und *socioscientific argumentation,* die Teilhabe an naturwissenschaftsbezogenen, gesellschaftlich relevanten Diskursen, die nicht nur den Einbezug naturwissenschaftlicher Wissensbestände, sondern auch ethischer Werthaltungen erfordern (Zeidler et al. 2005; Kap. 11) In den nationalen Bildungsstandards für die Fächer Biologie, Chemie und Physik findet die Fähigkeit zu argumentieren explizit Berücksichtigung in den Kompetenzbereichen Erkenntnisgewinnung, Bewertung und Kommunikation (KMK 2005a, b, c). Wegen der sprachlichen Anforderungen, z. B. der spezifischen Struktur von Argumenten und der dialogischen Bedeutung des Argumentierens, hat das naturwissenschaftliche Argumentieren im Bereich der Kommunikationskompetenz seinen Schwerpunkt. Das Erörtern der Tragweite und Grenzen von Untersuchungsanlagen und Daten sowie die Beurteilung der Aussagekraft von Modellen bedürfen ebenfalls der Fähigkeit, naturwissenschaftlich argumentieren zu können (vgl. auch Böttcher und Meisert 2011); diese Kompetenzen sind wegen der spezifischen Bezüge zur naturwissenschaftlichen Arbeitsweise im Kompetenzbereich Erkenntnisgewinnung verortet. Argumentieren im Kontext naturwissenschaftsbezogener, gesellschaftlich relevanter Diskurse erfordert z. B. die Unterscheidung zwischen deskriptiven und normativen Aussagen und die Stützung von Argumenten durch Werte. Diese Facette des Argumentierens wird entsprechend als Teil von Bewertungskompetenz definiert.

Ein wesentlicher Aspekt des Argumentierens ist der Einbezug von Evidenz. Schülerinnen und Schüler müssen im Experimentalunterricht ihre Aussagen und Interpretationen auf der Basis der gewonnenen Ergebnisse begründen und alternative Hypothesen falsifizieren. Die Bedeutung von wissenschaftlichen Daten kann dabei nie direkt der Natur entnommen werden, sondern erfordert Interpretationen und Rechtfertigung durch Argumente (Norris et al. 2008). Bei dieser aktiven Konstruktion von evidenzbasierten Argumenten sprechen Roberts und Gott (2010; vgl. auch Gott und Duggan 2007) von einer vorwärtsgewandten Perspektive. Oft müssen Aussagen jedoch auch rückblickend beurteilt werden. In gesellschaftlich relevanten naturwissenschaftlichen Diskursen müssen Schülerinnen und Schüler Aussagen anderer Personen im Hinblick auf die Validität der zugrunde liegenden Evidenz und das methodische Vorgehen hinterfragen, auch wenn sie die Daten nicht selbst generiert haben (Roberts und Gott 2010). Die Kompetenz, Daten und Evidenz naturwissenschaftlich zu interpretieren, wird als ein zentraler Bestandteil von Scientific Literacy betrachtet und daher als eine von drei Teilkompetenzen in den PISA-Tests untersucht (Klieme et al. 2010; Prenzel et al. 2007; Reiss et al. 2016) sowie im Programm „Steigerung der Effizienz des mathematisch-naturwissenschaftlichen Unterrichts" (SINUS) gefördert (BLK 1997). Durch die Notwendigkeit, naturwissenschaftliche Evidenz in Argumentationen einzubeziehen, werden unmittelbar epistemologische Fragestellungen relevant:

- Was zählt als Evidenz?
- Inwiefern stützen oder widerlegen Daten eine Aussage?
- Auf welche Weise müssen Aussage und Evidenz vernetzt werden, um eine überzeugende Argumentation hervorzubringen (Sandoval und Millwood 2007)?

Somit ist naturwissenschaftliches Argumentieren eng vernetzt mit einem Verständnis der Natur der Naturwissenschaften (Nature of Science, NOS; Driver et al. 2000). Die Förderung des Argumentierens stellt insofern auch einen Beitrag zur demokratischen Bildung dar, als Schülerinnen und Schüler befähigt werden sollten, Aussagen im Hinblick auf zugrunde liegende Evidenz kritisch zu hinterfragen und nicht von Autoritäten kritiklos zu übernehmen (Simonneaux 2007).

10.1.2 Begriffsbestimmungen und Qualitätsmerkmale von Argumentationen

Argumentieren wird allgemein als sprachliche Handlung verstanden, in der Behauptungen oder Schlussfolgerungen durch Evidenzen gestützt werden (Sampson und Clark 2008). Sowohl der gesamte Prozess als auch das entstehende mündliche oder schriftliche Produkt selbst werden dabei als Argumentation bezeichnet. Eine Argumentation wiederum besteht aus einem Argument oder mehreren Argumenten (Argumentationskette). Kennzeichnend für Argumentationen ist die Bestreitbarkeit von Behauptungen und damit eine Haltung des Zweifelns (van Eemeren und Grootendorst 2004). Im Rahmen einer Argumentation müssen Gründe angeführt werden, die aufzeigen, welche Haltung die/der Argumentierende gegenüber einem strittigen Sachverhalt einnimmt und inwiefern diese begründet ist (Kuhn 1993; van Eemeren und Grootendorst 2004). Grundsätzlich ist dabei die Unterscheidung von Argumentationen und Erklärungen zu beachten, wobei sich Erklärungen dadurch auszeichnen, dass der zugrunde liegende Sachverhalt – in der Regel – nicht strittig ist (Jiménez-Aleixandre und Erduran 2007; Osborne und Patterson 2011; Riemeier et al. 2012).

Die Konzeptualisierung der Qualität von Argumenten lässt sich in der naturwissenschaftsdidaktischen Forschung grob den folgenden drei Fokussen zuordnen (für eine Übersicht vgl. Sampson und Clark 2008):

- *Argument structure* (Struktur des Arguments)
- *Content* (Inhalt)
- *Nature of the justification* (Art der Begründung)

Strukturelle Kriterien *(argument structure)* umfassen insbesondere das Vorhandensein und die Anzahl von Argumentationselementen (z. B. Riemeier et al. 2012; von Aufschnaiter et al. 2008). Dafür wird häufig auf Toulmins (1958) Argumentationsschema zurückgegriffen. Nach diesem besteht ein Argument aus einer Aussage oder Behauptung *(claim),* die mit Daten oder Fakten *(data)* belegt wird (deutsche Übersetzungen entsprechend Riemeier et al. 2012; ergänzt durch Toulmin 1975, übersetzt von Berk). Erläuterungen (*warrants,* auch Schlussregel genannt) können herangezogen werden, um darzustellen, inwiefern sich die Daten tatsächlich auf die Behauptung beziehen. Im eingangs dargestellten Argument „*Euglena* ist eine Pflanze. Wir haben doch unter dem Mikroskop die grünen Chloroplasten gesehen und Lebewesen mit Chloroplasten sind Pflanzen" wird die Behauptung „*Euglena* ist eine Pflanze" mit Daten aus der Untersuchung unter dem Mikroskop („Wir haben doch unter dem Mikroskop die grünen Chloroplasten gesehen") belegt, und durch die Erläuterung „Lebewesen mit Chloroplasten sind Pflanzen" wird ein Zusammenhang zwischen Daten und Aussage hergestellt. Wenn in einer Argumentation hinterfragt wird, warum diese Erläuterung prinzipiell Gültigkeit hat, kann diese durch eine Stützung *(backing)* gefestigt werden, z. B. durch den Verweis auf die Tabelle der vorherigen Unterrichtsstunde, in der die Zellorganellen von Pflanzen und Tieren gegenübergestellt wurden. Stützungen berufen sich z. B. auf fachliche Quellen oder Autoritäten, naturwissenschaftliche Gesetzmäßigkeiten oder können auch die Begründung der Methodenwahl eines Experiments sein. Einschränkungen *(qualifiers)* geben die Sicherheit an, mit der die Behauptung gilt, z. B. dass es sich bei *Euglena wahrscheinlich* um eine Pflanze handelt. Einschränkungen können auch durch die statistische Wahrscheinlichkeit im Rahmen eines Experiments vorgenommen werden (vgl. Gott und Duggan 2007). Die Einwände *(rebuttals,* auch Ausnahmebedingungen genannt) begrenzen die Gültigkeit der Aussage auf bestimmte Bedingungen und können dabei sowohl geäußert werden, um die eigene Position differenzierter darzustellen, als auch, um andere Positionen infrage zu stellen. Ein Einwand wäre hier, dass zwar viele, aber eben nicht alle Lebewesen mit Chloroplasten zugleich auch Pflanzen sind. Grundsätzlich können sich die Einwände sowohl gegen Daten als auch gegen Erläuterungen und Stützungen richten. Bei Experimenten können auch Einwände hinsichtlich der Verallgemeinerbarkeit entsprechend der Versuchsbedingungen und Stichprobe vorgebracht werden (vgl. Gott und Duggan 2007). Gegenbehauptungen *(counter-claims)* sind alternative Behauptungen, die selbst wieder einer Rechtfertigung durch Daten, Erläuterungen und Stützungen bedürfen und damit zu einem Gegenargument *(counterargument)* werden, z. B. durch neue experimentelle Daten und Erkenntnisse zur stammesgeschichtlichen Abstammung von *Euglena.* Die Maßstäbe zur Beurteilung der Güte einer Argumentation in Studien, die das skizzierte Schema anwenden, variieren stark. Neben der strukturellen Qualität einer Argumentation ist ihre inhaltliche Qualität *(content)* bedeutsam. Sie wird wiederum an der fachlichen Angemessenheit der Argumentationselemente (z. B. Zohar und Nemet 2002) oder der folgerichtigen, inhaltlichen Passung zwischen den Elementen gemessen (z. B. Means und Voss 1996). Der Ansatz zur *nature of the justification* umfasst, wie Lernende Ideen bzw. Behauptungen in einer Argumentation stützen. Generell wird empfohlen, eine möglichst umfassende Perspektive bei der Beurteilung von Argumentationen einzunehmen und neben strukturellen Aspekten auch epistemologische, fachliche und sprachliche Aspekte zu berücksichtigen (Heitmann et al. 2014).

10.2   Charakterisierung der Ausgangslage

10.2.1 Domänenspezifität naturwissenschaftlichen Argumentierens

Inwiefern es sich beim Argumentieren um eine domänenspezifische Fähigkeit handelt, welche Gemeinsamkeiten und Unterschiede zwischen verschiedenen Domänen bestehen und von welchen Faktoren die Fähigkeiten von Lernenden, zu naturwissenschaftlichen bzw. biologischen Themen zu argumentieren, beeinflusst wird, ist bis dato nur wenig bzw. oft auf geringer Datengrundlage beruhend untersucht worden. Im Rahmen einer größeren querschnittlich angelegten Studie wurde das schriftliche Argumentieren vergleichend zwischen den naturwissenschaftlichen Fächern Biologie, Chemie und Physik und dem Fach Deutsch untersucht (Heitmann et al. 2014). Die Ergebnisse weisen auf eine moderate Beziehung sowie gleichzeitig Eigenständigkeit der Konstrukte hin. Lernende mit hohen Argumentationsfähigkeiten in Deutsch verfügen generell auch über höhere Argumentationsfähigkeiten in den naturwissenschaftlichen Fächern. Dies deutet auf eine gemeinsame Fähigkeitsbasis des Argumentierens hin. Die Ergebnisse zeigen jedoch auch, dass sich das Argumentieren in den Fächern Biologie, Chemie und Physik nicht vollständig über die Argumentationsfähigkeiten im Fach Deutsch erklären lässt. Es scheint also domänenspezifische Anteile naturwissenschaftlichen Argumentierens zu geben. Darauf deuten auch Ergebnisse einer Studie von Herrenkohl und Cornelius (2013) hin, die die unterrichtliche Umsetzung des Argumentierens in den Naturwissenschaften und Geschichte miteinander vergleichen und neben ähnlichen Praktiken der Argumentation im Unterricht spezifische Unterschiede aufzeigen. Analysen der Argumentationspraktiken von Lehrkräften und Lernenden zeigen, dass im naturwissenschaftlichen Unterricht im Vergleich zum Geschichtsunterricht andere epistemische Ziele verfolgt werden und beispielsweise nicht explizit Wert auf den Aufbau einer skeptischen Haltung gegenüber Daten (Quellen) gelegt wird. Insgesamt werden in der Literatur als domänenspezifische Charakteristika das Vorhandensein naturwissenschaftlicher Daten, die Vertrautheit mit dem naturwissenschaftlichen Inhalt, das dem zu debattierenden Thema entgegengebrachte Interesse sowie die Einstellungen und Überzeugungen zum Fach (z. B. Biologie) diskutiert (z. B. Sockalingam und Schmidt 2013; von Aufschnaiter et al. 2008). Vor allem diese Charakteristika sollten mit Blick auf die unterrichtliche Förderung des Argumentierens besonders bedacht werden.

10.2.2 Bedeutung von Fachwissen und Wissen über die Natur der Naturwissenschaften beim Argumentieren

Inwiefern höheres Fachwissen zugleich auch höherwertige Argumentationsfähigkeit bedingt, ist aufgrund geringer und widersprechender Datenlage nicht abschließend geklärt: Zum einen zeigen Means und Voss (1996), dass höheres Fachwissen allein nicht automatisch zu qualitativ höherwertigen Argumentationen führt (vgl.

auch Sadler und Donnelly 2006); andererseits gibt es auch Belege für einen Zusammenhang zwischen konzeptuellem Verständnis und Argumentationsfähigkeit (Sadler und Zeidler 2005). Ein Stufenmodell von Sadler und Fowler (2006) integriert diese Befunde und postuliert, dass Fachwissen und Argumentationsfähigkeit nicht linear zusammenhängen, sondern Fachwissen erst ab einer bestimmten Stufe positiv auf die Argumentationsfähigkeit Einfluss nimmt. In ihrer Studie wurden daher sowohl Schülerinnen und Schüler einer US-amerikanischen High School (Alter durchschnittlich 16,5 Jahre) als auch Studierende aus naturwissenschaftlichen und nichtnaturwissenschaftlichen Fächern im Hinblick auf ihre Argumentationsfähigkeit und ihr Fachwissen im Kontext von Genetik untersucht. Die Schülerinnen und Schüler sowie Studierende aus nichtnaturwissenschaftlichen Fächern unterschieden sich voneinander nicht signifikant hinsichtlich des Argumentationsniveaus, während Studierende der Naturwissenschaften ihr Genetikfachwissen in die Argumentation einbrachten und auch ein hohes Niveau der Argumentationsfähigkeit erreichten. Andererseits konnten Interventionsstudien zeigen, dass die explizite Förderung von Argumentationsfähigkeit den Erwerb von Fachwissen begünstigt und somit die in das Argumentieren investierte Zeit nicht zuungunsten des Fachwissenserwerbs geht (Venville und Dawson 2010; Zohar und Nemet 2002). Dies ist aus sozial-konstruktivistischer Perspektive plausibel (Erduran et al. 2004; Jiménez-Aleixandre 2007), da Vorwissen auf hohem Abstraktionsniveau expliziert wird und sich durch die Rechtfertigung des eigenen konzeptuellen Verständnisses das Wissen festigt (von Aufschnaiter et al. 2008) oder Schwächen der eigenen Erklärung aufgedeckt werden.

Wegen der theoretischen Zusammenhänge von Argumentieren als Bestandteil naturwissenschaftlicher Praktik und dem Wissen über die Natur der Naturwissenschaften stellt sich auch die Frage, inwiefern sich das Wissen über die Natur der Naturwissenschaften und die Argumentationsfähigkeit gegenseitig beeinflussen. Studien zeigen, dass Schülerinnen und Schüler, die ein positivistisches Verständnis naturwissenschaftlicher Erkenntnisgewinnung besitzen und dazu neigen, Wissen als unumstößlich anzusehen, Schwierigkeiten haben, vermeintliche Fakten argumentativ zu hinterfragen (Driver et al. 2000; Khishfe 2012). Doch auch wenn grundlegendes Wissen über die Natur der Naturwissenschaften vorliegt, beziehen Schülerinnen und Schüler dieses Wissen oft wenig bis gar nicht in ihre Argumentation ein (Walker und Zeidler 2007). Es gibt dennoch einige Hinweise darauf, dass das Wissen über die Natur der Naturwissenschaften mit der Argumentationsfähigkeit korreliert ist (Bell und Linn 2000; Khishfe 2012). Die Befundlage zum Einfluss von Wissen über die Naturwissenschaften auf das Argumentieren ist insgesamt als heterogen zu bezeichnen.

10.2.3 Argumentationsfähigkeiten von Schülerinnen und Schülern

Zahlreiche Studien zur Argumentationsfähigkeit in den Naturwissenschaften zeigen, dass Schülerinnen und Schüler vor allem Schwierigkeiten mit spezifischen strukturellen Elementen haben. Argumentationen von Schülerinnen und Schülern weisen im Hinblick auf strukturelle Kriterien in den meisten Fällen eine geringe Komplexität auf, wobei vor allem Behauptungen, Gegenbehauptungen und Fakten enthalten sind (Riemeier et al. 2012). Höherwertige Elemente wie Erläuterungen, Stützungen, Einschränkungen oder Einwände werden kaum eingebracht (Riemeier et al. 2012).

Studien zeigen auch, dass Lernende sowohl bei schriftlichen als auch mündlichen Argumentationen zwar häufig Behauptungen aufstellen, diese jedoch selten elaboriert begründen (z. B. Basel et al. 2013; Jiménez-Aleixandre et al. 2000). Kuhn (1991) konnte zudem zeigen, dass Kinder und Jugendliche Probleme damit haben, eine Verbindung zwischen Theorie und Evidenz herzustellen. So wird beim Argumentieren häufig kein Bezug zu naturwissenschaftlichen Konzepten hergestellt (Sadler 2004), und das einbezogene Wissen hat eine geringe fachliche Qualität (Zohar und Nemet 2002). Andere Studien zeigen auf, dass Lernende beim naturwissenschaftlichen Argumentieren dazu tendieren, Daten, die der eigenen Position widersprechen, zu ignorieren (Evagorou et al. 2012). Diese Tendenz, auch als *confirmation bias* bezeichnet, zeigt sich auch im Zusammenhang mit dem Experimentieren und im Umgang mit nicht erwartungskonformen Daten (z. B. Hammann et al. 2006). Im Kontext des Experimentierens zeigt eine Studie von Kanari und Millar (2004), die sich mit dem Argumentieren mit eigenen/primären Daten beschäftigt, dass Lernende dazu tendieren, ihre Schlussfolgerungen aus Experimenten auf Trends in den Daten aufzubauen, die den eigenen Erwartungen entsprechen, oder Daten so auszuwählen, dass sie einem erwarteten Trend folgen.

Im Kontext von naturwissenschaftlich-gesellschaftlichen Themen zeigt eine Studie von Heitmann et al. (2014), dass Schülerinnen und Schüler in schriftlichen Argumentationen trotz expliziter Aufforderung, Vor- und Nachteile zu benennen, häufig nur einseitige Argumente liefern. Das explizite Abwägen von Argumenten und Gegenargumenten scheint eine weitere Schwierigkeit für Lernende darzustellen.

Kuhn (2010) sowie Kuhn und Udell (2007) kommen zum Ergebnis, dass Schülerinnen und Schüler eher auf die Formulierung eigener Argumente fokussieren und dabei vernachlässigen, auf Aussagen des Gegenübers einzugehen und dessen Argumente zu hinterfragen. In mündlichen Interaktionen stellt dies für die Lernenden u. a. deshalb eine große kognitive Herausforderung dar, weil eine Aussage, nachdem sie gemacht wurde, nicht wieder aufrufbar ist, da nicht alle Argumente erinnert werden.

Neben Schwierigkeiten mit strukturellen Argumentationselementen gibt es Hinweise darauf, dass Lernende zu naturwissenschaftlichen Argumentationsaufgaben sprachlich weniger elaborierte Argumentationen produzieren als zu vergleichbaren Argumentationsaufgaben im Fach Deutsch (Heitmann et al. 2014). Die Schülerinnen und Schüler der Jahrgangsstufen 9 und 10 nutzen in naturwissenschaftlichen Argumentationen beispielsweise deutlich weniger sprachliche Mittel (z. B. *discourse marker,* Konzidierungen, d. h. die sprachliche Integration möglicher Gegenargumente in die eigene Argumentation). Sprachliche Merkmale einer Argumentation hängen wiederum mit strukturellen Merkmalen zusammen.

Das Abwägen von Argumenten und Gegenargumenten sowie die daraus folgende Schlussfolgerung erfolgen immer auch mithilfe sprachlicher Mittel.

Auch Lehrkräfte führen geringe schriftsprachliche Fähigkeiten als eine Barriere bei der Integration naturwissenschaftlichen Argumentierens im Unterricht an (Sampson und Blanchard 2012). Daneben bemängeln sie ein geringes Fähigkeitslevel der Schülerinnen und Schüler auch in Bezug auf das (Fach-)Wissen und äußern die Sorge, dass die Auseinandersetzung mit alternativen Erklärungen Vorstellungen verstärken könne, die ein angemessenes fachliches Verständnis behindern. Kontroverse Positionen jedoch unberücksichtigt zu lassen, kann zu einer positivistischen Darstellung im Unterricht führen, in der die Erklärungen der Lehrkraft als Autorität nicht kritisch hinterfragt werden (Driver et al. 2000). Zusätzlich scheinen auch unterrichtsorganisatorische Aspekte wie Zeitmangel und fehlende Materialien Barrieren bei der Umsetzung darzustellen. So weisen Studien darauf hin, dass die schulische Praxis Gelegenheiten zum Argumentieren kaum ermöglicht (Kuhn 1992; Sampson und Blanchard 2012).

Ausgehend von den Ergebnissen zu Fähigkeiten und Schwierigkeiten von Lernenden wird für naturwissenschaftliches Argumentieren eine Lernumgebung als notwendig angesehen, in der strukturelle, fachliche und sprachliche Grundlagen naturwissenschaftlichen Argumentierens explizit erarbeitet und reflektiert werden und Schüler-Schüler-Interaktionen in größerem Umfang möglich sind (Jiménez-Aleixandre et al. 2000; Osborne et al. 2004b; Zohar und Nemet 2002).

10.3 Ursachen und evidenzorientierte Empfehlungen für die Praxis

Aus Studien der letzten zwei Jahrzehnte liegen evidenzorientierte Empfehlungen zur Förderung naturwissenschaftlichen Argumentierens vor. So wurden zahlreiche Interventionsstudien durchgeführt, in denen die Auswirkungen einer expliziten Erarbeitung der Struktur von Argumenten auf die Argumentationsfähigkeit, den Wissenserwerb oder das Wissen über die Natur der Naturwissenschaften untersucht wurden (z. B. Chin und Osborne 2010; Erduran et al. 2004; Osborne et al. 2004b, 2013; Venville und Dawson 2010; Zohar und Nemet 2002). Zudem gibt es eine Vielzahl an Empfehlungen zur Gestaltung von argumentationsförderlichen Lernumgebungen, die sich aus deskriptiven Studien und Erfahrungen, z. B. aus Lehrerfortbildungsprojekten, speisen (Bulgren und Ellis 2012; Dawson und Venville 2010; Erduran und Osborne 2005; Jiménez-Aleixandre 2007; Kim und Song 2006; Osborne et al. 2004a; Simon et al. 2006, 2012; Simonneaux 2001).

10.3.1 Rahmenbedingungen für argumentationsförderlichen Unterricht

Grundsätzlich ist es für die Unterrichtsplanung zentral, dass der Kontext es den Schülerinnen und Schülern ermöglicht, zwischen zwei oder mehr konkurrierenden

Erklärungen oder Theorien bzw. Handlungsmöglichkeiten wählen zu können und das Material eine evidenzbasierte Entscheidung unter Einbeziehung von empirischen Daten, Quellen oder Vorwissen erfordert (Baker 2002; Jiménez-Aleixandre 2007; Osborne et al. 2004b). Dies kann beispielsweise im Sinne naturwissenschaftlicher Erkenntnisgewinnung mithilfe des POE-Schemas (POE=*predict, observe, explain*) umgesetzt werden, das unterschiedliche Hypothesen ermöglicht (Osborne et al. 2004a). Die vielfältigen Hypothesen und Lösungsmöglichkeiten sollten dabei von verschiedenen Personen geäußert bzw. in Diskussionen vertreten werden (Baker 2002; Kuhn 2010).

Die Schaffung von Kommunikationsanlässen ist für die Förderung von Kompetenzen beim Argumentieren als sozialem Prozess essenziell, sodass Dialog, Interaktion und letztlich eine Ko-Konstruktion von Wissen ermöglicht werden (Jiménez-Aleixandre 2007). Aus einer sozial-konstruktivistischen Perspektive ist dies für Lernprozesse vielversprechend, da Lernen auch als innerer Dialog zwischen alten und neuen Vorstellungen gesehen werden kann, der beim Argumentieren in gemeinsamer Interaktion geführt wird (Jiménez-Aleixandre 2007).

Den dabei geäußerten Argumenten liegt in der Regel ein unterschiedlicher epistemischer Status zugrunde, d. h., die Begründungen sind mehr oder wenig plausibel, akzeptabel oder glaubwürdig. Folglich sollten Argumentationstrainings auf die Unterscheidung hochwertiger und weniger hochwertiger Argumente fokussieren (Jiménez-Aleixandre 2007; Osborne et al. 2004b).

10.3.2 Explizite Erarbeitung und Reflexion von Argumentationsstrukturen

In Studien konnte gezeigt werden, dass durch explizites Argumentationstraining und Reflexion von Argumentationsstandards die Komplexität und Qualität der Argumente gesteigert werden kann (Chin und Osborne 2010; Erduran et al. 2004; Osborne et al. 2004b; Venville und Dawson 2010; Zohar und Nemet 2002). Unter Einbezug von Toulmins Argumentationsschema (Abschn. 10.1.2) bildeten Osborne et al. (2004b) Lehrkräfte fort, die sowohl in einer Experimental- als auch einer Kontrollgruppe unterrichteten, wobei die Schülerinnen und Schüler der Experimentalgruppe explizit die Struktur von Argumenten erarbeiteten und sowohl bei naturwissenschaftlichen wie auch naturwissenschaftlich-gesellschaftlichen Themen anwendeten. Zentral war in der Intervention die Frage, inwiefern Daten die eine Erklärung, die andere, beide oder keine unterstützen. An Beispielaussagen wurden höherwertige und unzureichende Argumente kontrastiert und Regeln für die Entwicklung von Argumenten und Gegenargumenten entwickelt. Der Zuwachs an Argumentationsfähigkeit in einem Jahr war bei den Schülerinnen und Schülern der Experimentalgruppe größer als in der Kontrollgruppe. Insofern argumentieren Osborne et al. (2004b), dass eine explizite Auseinandersetzung mit Argumentationsstrukturen förderlich sei. Metakognitiven Reflexionen über den Argumentationsprozess und epistemischen Reflexionen über die zugrunde liegenden Wissensbestände wird somit ein hoher Wert beigemessen (vgl. auch Jiménez-Aleixandre 2007; Kuhn 2010).

Zohar und Nemet (2002) konfrontierten Schülerinnen und Schüler einer 9. Klasse mit genetischen Dilemmata, z. B. zu der Frage, ob bei bekanntem Vorkommen von Chorea Huntington in der Familie ein Gentest durchgeführt werden sollte. Die Experimentalgruppe erarbeitete zunächst die Struktur von Argumenten und Qualitätsmerkmale, wie z. B. dass gute Argumente zuverlässiger und vielfältiger Begründungen bedürfen und alternative Argumente einbezogen und hinterfragt werden müssen. Zu verschiedenen Kontexten aus dem Bereich Genetik erarbeiteten die Schülerinnen und Schüler Begründungen ihrer Argumente, die genetisches Fachwissen sowie alternative Argumente beinhalteten und wie diese begründet und auch widerlegt werden können. Fachwissen zu unterschiedlichen Erbgängen sowie zum Zusammenhang zwischen Genen, Umwelteinflüssen und Merkmalsausprägungen mussten für elaborierte Argumente einbezogen werden. Durch dieses Training nahm nicht nur die Argumentationsfähigkeit zu, sondern auch das genetische Fachwissen im Vergleich zu einer Kontrollgruppe.

Im Unterschied zu Trainings, die eine explizite Erarbeitung von Argumentationsstrukturen fokussieren, sieht Kuhn (2010) die Entwicklung argumentativer Kompetenzen durch die Reflexion eigener Erfahrungen beim Argumentieren als gewinnbringenden Ansatz. In der Intervention schlägt sie folgende sukzessive Vorgehensweise vor: Zunächst stellen die Schülerinnen und Schüler Argumente für ihre eigene Position dar und werden dann herausgefordert, Positionen anderer differenzierter wahrzunehmen, zu kritisieren und letztlich auch auf Gegenargumente zu reagieren. Erst zu einem späteren Zeitpunkt (im zweiten Jahr der Intervention) wurde die Bedeutung der Evidenz diskutiert und die Validität von Argumenten hinterfragt. Durch diese Vorgehensweise wurde nicht nur die Argumentationsfähigkeit gefördert, sondern auch das epistemologische Verständnis im Hinblick auf die Bedeutung und Validität von Evidenz. Ein übergeordnetes Prinzip des Trainings war die Metalevel-Reflexion über die Übungen, sodass die Schülerinnen und Schüler selbst zentrale Charakteristika des Argumentationsprozesses herausarbeiteten. Die Förderung metakognitiver Aktivitäten beim Argumentieren, insbesondere die Reflexion über Wissensbestände und die Thematisierung der Frage, durch welche Daten die Veränderung der eigenen Position hervorgerufen wird, wird daher als zentral für den Lernprozess angesehen (Jiménez-Aleixandre und Pereiro-Muñoz 2002). Damit werden auch epistemische Reflexionen (vgl. Sandoval und Reiser 2004) in den Blick genommen.

Von besonderer Bedeutung für den Erwerb von Argumentationskompetenz scheint weniger das Formulieren von Argumenten, die die eigenen Position stützen, zu sein als vielmehr die Entwicklung von Gegenargumenten, die die Argumente des anderen infrage stellen. So hatten Simon et al. (2006) den Unterricht von Lehrkräften, die an einer über ein Jahr stattfindenden Lehrerfortbildung zum Argumentieren teilnahmen, vorher und nachher videografiert und die Veränderungen hinsichtlich des Einsatzes und der Qualität von Argumentationen beschrieben. Der Kontext der videografierten Stunden war die kontroverse Frage, ob ein Zoo in der Region eröffnet werden sollte. Beim Vergleich von Lehrkräften, die unterschiedlich stark von der Fortbildungsmaßnahme profitierten, zeigte sich, dass die erfolgreichen Lehrkräfte die Schülerinnen und Schüler anregten, Argumente anderer im Hinblick auf die Validität zu hinterfragen, Gegenargumente in Diskussionen zu formulieren und selbst Gegenargumente anderer zu antizipieren. Dies ist vor dem Hintergrund, dass Schülerinnen und Schüler dazu tendieren, ihre eigene Position durch Evidenz zu stützen, nicht jedoch die Position des Gegenübers zu hinterfragen (Kuhn 2010; Kuhn und Udell 2007), von besonderer Bedeutung. Außerdem machten erfolgreiche Lehrkräfte den Argumentationsprozess und die Aspekte guter Argumentation transparent und reflektierten den Argumentationsprozess, indem sie die Meinungsbildung sowie die Veränderung der eigenen Meinung und der anderer thematisierten. Diese Aspekte beschreiben Simon et al. (2006, S. 253) als „higher order processes", die Lehrkräfte erst im Unterricht umsetzen können, wenn einfache Gruppendiskussionen und das Rechtfertigen von Aussagen mit Daten bereits etabliert sind.

Die besondere Bedeutung von Gegenargumenten hebt auch Khishfe (2012) in ihrer Studie mit Schülerinnen und Schülern der Jahrgangsstufe 11 hervor. Sie korrelierte die Anzahl der zum Kontext von genetisch verändertem Reis und Wasserfluoridierung genannten strukturellen Elemente von Argumenten mit dem Wissen über die Natur der Naturwissenschaften. Dabei zeigte sich, dass insbesondere die Qualität der Gegenargumente im Hinblick auf die Anzahl der Rechtfertigungen mit den Nature-of-Science-Aspekten Subjektivität, Vorläufigkeit und Bedeutung der empirischen Fundierung naturwissenschaftlichen Wissens korreliert war. Die Qualität von Argumenten, die die eigene Position stützen, oder die Qualität der formulierten Einwände *(rebuttals)* zu Einschränkungen der Gültigkeit der eigenen Argumente waren hingegen nur in geringem Maße mit diesen Nature-of-Science-Aspekten korreliert. Dies ist insofern plausibel, als der Einbezug von Gegenargumenten auch eine kritische Prüfung und Hinterfragung der eigenen Vorstellungen bedeutet und somit naturwissenschaftliche Aussagen nicht als objektiv wahr und unumstößlich wahrgenommen werden, sondern gegenüber anderen Erklärungsmöglichkeiten unter Einbezug von Evidenz abgewogen werden müssen. Die zuvor beschriebene Intervention von Kuhn (2010), die ebenfalls das Bezugnehmen auf andere Argumente sowie das Formulieren von Gegenargumenten fokussierte, stützt diese Aussage, da Kuhn zeigen konnte, dass die eigene Position im Posttest als weniger sicher wahrgenommen wurde als im Pretest und in der Kontrollgruppe, da die Komplexität und das Vorhandensein konträrer Argumente diese Sicherheit infrage stellten. Insofern führte das Argumentationstraining nicht nur zu komplexeren Argumenten, sondern wirkte einem positivistischen Verständnis im Sinne der Existenz einer einzig möglichen wahren Position entgegen.

Konstitutiv für das Argumentieren sind also konträre Positionen. Für die unterrichtliche Gestaltung erwies sich im Hinblick auf die Qualität der Argumentationsstruktur hierbei weniger das vorgegebene Ziel als günstig, den anderen von der eigenen Position zu überzeugen, als vielmehr ein Unterrichtsarrangement, das einen Konsens der Beteiligten anstrebt (Garcia-Mila et al. 2013). So ist in diesem Fall nicht das Ziel, eine Debatte zu „gewinnen", sondern das Wissen über das Thema zu vertiefen, z. B. in Form eines kooperativen Explorierens von

Lösungsmöglichkeiten (Baker 2002). Garcia-Mila et al. (2013) bildeten Tandems, in denen entweder der andere überzeugt oder ein Konsens gefunden werden musste. Es zeigte sich, dass die Schülerinnen und Schüler der Konsensgruppe signifikant häufiger komplexe und vielfältigere Argumentationsmuster nutzten, insbesondere unter der Berücksichtigung von Einwänden *(rebuttals)*. Die Qualität war insofern höher, als die Gültigkeit der eigenen Aussagen hinterfragt und eingeschränkt wurde. Dadurch war die Diskussion weniger polarisierend, und die Evidenz beider Seiten wurde stärker einbezogen, sodass auch ein Abrücken von der eigenen Position und eine Kompromissfindung erleichtert wurden. Im Gegensatz dazu zeigte die Überzeugungsgruppe eher repetitive Äußerungen von Argumenten und eine inhaltlich schwächere Argumentation. Konsensfindung fördert somit die vertiefte Auseinandersetzung mit der anderen Position, wodurch ein vertieftes Verständnis von Inhalten ermöglicht werden kann.

Über welchen Zeitraum ein Argumentationstraining erfolgen muss, um die Argumentationsfähigkeit zu fördern, ist strittig. So zeigen Venville und Dawson (2010) zwar, dass bereits ein dreistündiges Training von Argumentationsstrategien die Argumentationsfähigkeit fördern kann, doch in der Regel werden Langzeitinterventionsstudien durchgeführt, die über viele Wochen (zwölf Stunden bei Zohar und Nemet 2002), oft aber auch über ein Jahr oder länger laufen (z. B. Osborne et al. 2004b). Vielmehr als eine punktuelle Förderung scheint die Integration des Argumentierens in den Unterricht als Grundprinzip notwendig.

10.3.3 Unterrichtsmethodische Anregungen zur Förderung von Argumentation: Strukturierungshilfen, verbale Impulse und schriftliches Argumentieren

Aus unterrichtsmethodischer Sicht gibt es mehrere in deskriptiven Studien dargestellte Varianten, wie eine Kontroverse und damit auch eine Auseinandersetzung mit Gegenargumenten im Unterricht erreicht werden kann. Simon et al. (2006) beschreiben Plenumsdiskussionen, teils als Rollenspiele, die die Fähigkeit zur Perspektivenübernahme fördern, und teils als Kleingruppendiskussionen, in denen im geschützten Raum alternative Sichtweisen ausgetauscht werden können. Dabei können auch Rollen im Kontext historischer Kontroversen übernommen werden (Erduran und Osborne 2005). Gott und Duggan (2007) empfehlen, Schlussfolgerungen aus in Experimenten gewonnenen Ergebnissen zu präsentieren und in Form einer Gerichtsverhandlung zu verteidigen.

Simon et al. (2006, 2012) heben hierbei die Bedeutung der unterrichtlichen Interaktionen hervor und beschreiben auf der Basis der Unterrichtsbeobachtungen Impulse, die die Schülerinnen und Schüler herausfordern sollten, ihre Aussagen zu belegen, z. B. „Woher wissen wir das?", „Welche Belege gibt es für deine Aussage?", „Hast du noch ein weiteres Argument für deinen Standpunkt?", „Kannst du dir auch ein Argument vorstellen, das gegen deine Position spricht?", „Warum hältst du diese Daten für einen besonders wichtigen Beleg?", „Wie könnte man das Argument entkräften?" (vgl. auch Osborne et al. 2004a). Ebenso ist eine erfolgreiche Strategie, als Lehrkraft den Advocatus Diaboli zu spielen, der Argumente infrage stellt und Gegenargumente formuliert, um die Schülerinnen und Schüler herauszufordern (Osborne et al. 2004a). Häufig werden Impulse als Strukturierungshilfen in die Unterrichtsmaterialien integriert, z. B. in der Designstudie zur Analyse von Argumentationen von Bulgren und Ellis (2012), in der Unterrichtsmaterialien über drei Jahre optimiert wurden (vgl. ergänzend Dawson und Venville 2010 zum Einsatz von *writing frames*): Der *argumentation and evaluation guide* dient als Unterstützung, um die Komponenten eines Arguments zu identifizieren, die Art der angeführten Belege (Daten, Fakten, Meinung, Theorie) einzuordnen und zu analysieren, auf welche Art und Weise Evidenz und Aussage vernetzt aufeinander bezogen werden (z. B. durch eine Autorität, Theoriebezug oder logische Vernetzung wie Analogie, Korrelation, Verallgemeinerung oder Ursache-Wirkung).

Chin und Osborne (2010) untersuchten den Einfluss von Strukturierungshilfen in Form von kontextunabhängigen Prompts, die zur Analyse der Daten und des Zusammenhangs von Daten und Erklärungen anregen sollen, und Evidenzkarten mit kontextbezogenen fachlichen Hinweisen, die die Schülerinnen und Schüler für die Entwicklung von Argumenten einbeziehen sollten (zum Einsatz von Evidenzkarten vgl. auch Kuhn 2010). Hieraus leiteten die Schülerinnen und Schüler für sie bedeutsame kontextbezogene Leitfragen ab und ordneten sie in Form eines Fragenetzes, das ihre Diskussion strukturieren sollte. Konkret wurden sie aufgefordert zu entscheiden, welcher der zwei vorliegenden Graphen die Temperaturentwicklung von Wasser bei konstanter Erhitzung angibt, wobei die Temperatur linear ansteigt bzw. beim Wechsel des Aggregatzustands (0 °C und 100 °C) zunächst nicht ansteigt (Berücksichtigung der zusätzlichen Energie für die Auflösung der Bindungen). Den Diagrammen liegen somit zwei konkurrierende Vorstellungen zugrunde, die jeweils von unterschiedlichen Schülerinnen und Schülern in den Kleingruppen vertreten wurden. Je mehr fachliche Konzepte die Schülerinnen und Schüler in die Leitfragen einbezogen, umso höher war die Qualität der Argumente in Bezug auf ihre Struktur entsprechend dem Toulmin-Schema (für mehr Informationen zu Lernmaterialien vgl. Osborne et al. 2004a). Die Analysen der Kleingruppendiskussionen zeigten, dass durch die Leitfragen Schülervorstellungen und -überzeugungen offengelegt, fachliche Konzepte fokussiert und alternative Erklärungen diskutiert wurden.

Viele Studien setzen sich auch mit den Vorteilen schriftlichen Argumentierens auseinander, da im Unterricht schriftliche Argumente im Gegensatz zu mündlicher Interaktion wieder aufrufbar und damit besser diskutierbar sind (Kuhn 2010). Gestützt durch ein Computerprogramm konnten Schülertandems auf die Argumente anderer eingehen und so durch zeitliche Verzögerung und kognitive Entlastung sorgfältiger Gegenargumente formulieren, die die vorherigen Argumente entkräften. Längere Aufsätze können auch als innerer Dialog mit einem imaginären Gegenüber verfasst werden, auf dessen Argumente eingegangen werden kann, sodass der dialogische Charakter von Argumentationen betont wird (Kuhn 2010). Angelehnt an tatsächliche wissenschaftliche Argumentationsprozesse in Fachzeitschriften ließen Kim und Song (2006) Lernende eines 8. Jahrgangs

Experimente zu drei physikalischen Kontexten durchführen und einen Forschungs-
bericht schreiben, der von anderen Gruppen in Form eines schriftlichen Reviews
daraufhin analysiert wurde, ob Fehler oder Ungenauigkeiten vorlagen. Nach
einer Überarbeitung der Forschungsberichte und teils auch einer Modifikation der
Hypothesen sowie einer optimierten Durchführung der Experimente erfolgte eine
Diskussion ähnlich einer wissenschaftlichen Tagung, in der Ergebnisse präsentiert und kritisch hinterfragt wurden. Die Analysen zeigten, dass die Schülerinnen
und Schüler mehr Details zu der methodischen Vorgehensweise erfragten, um die
Ergebnisse besser verstehen zu können, sodass nicht nur das praktische Experimentieren, sondern auch der Prozess des argumentativen Aushandelns als Teil der
naturwissenschaftlichen Erkenntnisgewinnung erarbeitet wurde. Auf die Wirksamkeit hin wurde eine vergleichbare Konzeption, die *argument driven inquiry,*
getestet (Sampson et al. 2013). So konnten Sampson et al. (2013) nachweisen,
dass Aktivitäten im Schülerlabor, kombiniert mit mündlichen und schriftlichen
Argumentations- und Reviewphasen, die analog zum realen Wissenschaftsprozess
geplant wurden, nicht nur zu signifikanten Verbesserungen der schriftlichen
Argumentationsfähigkeit führten, sondern auch zu einem signifikanten Wissenszuwachs.

10.4 Zusammenfassung

Biologieunterricht vermag es selten, Argumentationen zu befördern, in denen
alternative Theorien oder Standpunkte diskutiert werden. Dies birgt die Gefahr,
dass Naturwissenschaften in einer positivistischen Weise wahrgenommen werden,
die keine Kontroverse zulässt. So zeigt die Analyse der *Ausgangslage,* dass die
naturwissenschaftlichen Argumentationen von Schülerinnen und Schülern im Hinblick auf die Struktur eine geringe Komplexität aufweisen und sprachlich wenig
elaboriert sind. Behauptungen werden selten differenziert begründet, und Evidenz
wird nicht systematisch einbezogen. Auch die Qualität des in die Argumentationen eingebrachten Fachwissens und des Wissens über die Natur der Naturwissenschaften bedarf Veränderungen.

Als *Empfehlungen für die Unterrichtspraxis* wurden Rahmenbedingungen
für einen argumentationsförderlichen Unterricht, Konzepte für die explizite
Erarbeitung und Reflexion von Argumentationsstrukturen sowie unterrichts-
methodische Hinweise gegeben. Essenziell ist zunächst die Aufbereitung fachlicher Inhalte in einer Art und Weise, dass zwei oder mehr konkurrierende
Erklärungen für ein Phänomen bzw. Lösungsmöglichkeiten diskutiert werden
müssen, anstatt eine richtige Erklärung vorzugeben. Hierfür ist es notwendig,
Kommunikationsanlässe zu schaffen, in denen die Erklärungen und Positionen –
mündlich oder schriftlich – kritisch hinterfragt werden. Dabei ist die Erzielung
eines Konsenses förderlicher als das Überzeugen der anderen Person von der
eigenen Position. Die Struktur von Argumenten explizit zu erarbeiten und die
Bedeutung von Evidenz hervorzuheben, ist ein zentraler Ansatz zur Förderung.
Welche Belege stützen die eine Erklärung, welche Belege die andere? Wie lassen

sich Argumente im Hinblick auf die zugrunde liegende Evidenz, deren Stützung durch Experimente oder den Zusammenhang von Beleg und Schlussfolgerung hinterfragen, z. B. indem der Geltungsbereich der Aussage eingeschränkt wird?

Als *Wirksamkeitsnachweise* wurden zahlreiche Interventionsstudien durchgeführt, die einen positiven Effekt einer expliziten Erarbeitung von Argumentationsstrukturen auf die Qualität der Argumentationen und das erworbene Fachwissen haben. Das Formulieren von Gegenargumenten, eine differenzierte Auseinandersetzung mit der nicht selbst vertretenen Position und die Einschränkung des Geltungsbereichs eigener Argumente erscheinen dabei besonders bedeutsam, auch im Hinblick auf das Wissen über die Natur der Naturwissenschaften, da einem positivistischen Bild der Naturwissenschaften entgegengewirkt werden kann.

Literatur

Baker, M. (2002). Argumentative interactions, discursive operations and learning to model in science. In P. Brna, M. Baker, K. Stenning, & A. Tiberghien (Hrsg.), *The role of communication in learning to model* (S. 303–324). Mahwah: Lawrence.

Basel, N., Harms, U., & Prechtl, H. (2013). Analysis of students' arguments on evolutionary theory. *Journal of Biological Education, 47*(4), 192–199.

Bell, P., & Linn, M. C. (2000). Scientific arguments as learning artifacts: Designing for learning from the web with KIE. *International Journal of Science Education, 22*(8), 797–817.

BLK (Bund-Länder-Kommission für Bildungsplanung und Forschungsförderung). (1997). *Gutachten zur Vorbereitung des Programms „Steigerung der Effizienz des mathematisch-naturwissenschaftlichen Unterrichts".* Bonn: Bund-Länder-Kommission für Bildungsplanung und Forschungsförderung.

Böttcher, F., & Meisert, A. (2011). Argumentation in science education: A model-based framework. *Science & Education, 20*(2), 103–140.

Bulgren, J. A., & Ellis, J. D. (2012). Argumentation and evaluation intervention in science classes: Teaching and learning with Toulmin. In M. S. Khine (Hrsg.), *Perspectives on scientific argumentation* (S. 135–154). Dordrecht: Springer.

Chin, C., & Osborne, J. (2010). Students' questions and discursive interaction: Their impact on argumentation during collaborative group discussions in science. *Journal of Research in Science Teaching, 47*(7), 883–908.

Dawson, V. M., & Venville, G. J. (2010). Teaching strategies for developing students' argumentation skills about socioscientific issues in high school genetics. *Research in Science Education, 40,* 133–148.

Driver, R., Newton, P., & Osborne, J. (2000). Establishing the norms of scientific argumentation in classrooms. *Science Education, 84*(3), 287–312.

Erduran, S., & Osborne, J. (2005). Developing arguments. In S. Alsop, L. Bencze, & E. Pedretti (Hrsg.), *Analysing exemplary science teaching: Theoretical lenses and a spectrum of possibilities for practice.* Philadelphia: Open University Press.

Erduran, S., Simon, S., & Osborne, J. (2004). TAPping into argumentation: Developments in the application of Toulmin's argument pattern for studying science discourse. *Science Education, 88*(6), 915–933.

Evagorou, M., Jiménez-Aleixandre, M. P., & Osborne, J. (2012). ‚Should we kill the grey squirrels?' A study exploring students' justifications and decision-making. *International Journal of Science Education, 34*(3), 401–428.

Garcia-Mila, M., Gilabert, S., Erduran, S., & Felton, M. (2013). The effect of argumentative task goal on the quality of argumentative discourse. *Science Education, 97*(4), 497–523.

Gott, R., & Duggan, S. (2007). A framework for practical work in science and scientific literacy through argumentation. *Research in Science & Technological Education, 25*(3), 271–291.

Hammann, M., Phan, T. T. H., Ehmer, M., & Bayrhuber, H. (2006). Fehlerfrei experimentieren. *MNU, 59*(5), 292–299.

Heitmann, P., Hecht, M., Schwanewedel, J., & Schipolowski, S. (2014). Students' argumentative writing skills in science and first-language education: Commonalities and differences. *International Journal of Science Education, 36*(18), 3148–3170.

Herrenkohl, L. R., & Cornelius, L. (2013). Investigating elementary students' scientific and historical argumentation. *Journal of the Learning Sciences, 22*(3), 413–461.

Jiménez-Aleixandre, M. P. (2007). Designing argumentation learning environments. In S. Erduran & M. P. Jiménez-Aleixandre (Hrsg.), *Argumentation in science education* (S. 91–115). Dordrecht: Springer.

Jiménez-Aleixandre, M. P., & Erduran, S. (2007). Argumentation in science education: An overview. In S. Erduran & M. P. Jiménez-Aleixandre (Hrsg.), *Argumentation in science education* (S. 3–27). Dordrecht: Springer.

Jiménez-Aleixandre, M. P., & Pereiro-Muñoz, C. (2002). Knowledge producers or knowledge consumers? Argumentation and decision making about environmental management. *International Journal of Science Education, 24*(11), 1171–1190.

Jiménez-Aleixandre, M. P., Bugallo Rodríguez, A., & Duschl, R. A. (2000). "Doing the lesson" or "doing science": Argument in high school genetics. *Science Education, 84*(6), 757–792.

Kanari, Z., & Millar, R. (2004). Reasoning from data: How students collect and interpret data in science investigations. *Journal of Research in Science Teaching, 41*(7), 748–769.

Khishfe, R. (2012). Relationship between nature of science understandings and argumentation skills: A role for counterargument and contextual factors. *Journal of Research in Science Teaching, 49*(4), 489–514.

Kim, H., & Song, J. (2006). The features of peer argumentation in middle school students' scientific inquiry. *Research in Science Education, 36*(3), 211–233.

Klieme, E., Artelt, C., Hartig, J., Jude, N., Köller, O., Prenzel, M., … Stanat, P. (2010). *PISA 2009. Bilanz nach einem Jahrzehnt*. Münster: peDOCS.

Kuhn, D. (1991). *The skills of argument*. New York: Cambridge University Press.

Kuhn, D. (1992). Thinking as argument. *Harvard Educational Review, 62*(2), 155–179.

Kuhn, D. (1993). Science as argument: Implications for teaching and learning scientific thinking. *Science Education, 77*(3), 319–337.

Kuhn, D. (2010). Teaching and learning science as argument. *Science Education, 94*(5), 810–824.

Kuhn, D., & Udell, W. (2007). Coordinating own and other perspectives in argument. *Thinking & Reasoning, 13*(2), 90–104.

KMK (Sekretariat der Ständigen Konferenz der Kultusminister der Länder in der Bundesrepublik Deutschland) (Hrsg.). (2005a). *Beschlüsse der Kultusministerkonferenz: Bildungsstandards im Fach Biologie für den Mittleren Schulabschluss. Beschluss vom 16.12.2004*. München: Luchterhand.

KMK (Sekretariat der Ständigen Konferenz der Kultusminister der Länder in der Bundesrepublik Deutschland) (Hrsg.). (2005b). *Beschlüsse der Kultusministerkonferenz: Bildungsstandards im Fach Chemie für den Mittleren Schulabschluss. Beschluss vom 16.12.2004*. München: Luchterhand.

KMK (Sekretariat der Ständigen Konferenz der Kultusminister der Länder in der Bundesrepublik Deutschland) (Hrsg.). (2005c). *Beschlüsse der Kultusministerkonferenz: Bildungsstandards im Fach Physik für den Mittleren Schulabschluss. Beschluss vom 16.12.2004*. München: Luchterhand.

Means, M. L., & Voss, J. F. (1996). Who reasons well? Two studies of informal reasoning among children of different grade, ability, and knowledge levels. *Cognition and Instruction, 14*(2), 139–178.

Norris, S. P., Phillips, L. M., & Osborne, J. (2008). Scientific inquiry: The place of interpretation and argumentation. In J. Luft, R. L. Bell, & J. Gess-Newsome (Hrsg.), *Science as inquiry in the secondary setting* (S. 87–98). Arlington: NSTA Press.

Osborne, J. F., & Patterson, A. (2011). Scientific argument and explanation: A necessary distinction? *Science Education, 95*(4), 627–638.

Osborne, J., Erduran, S., & Simon, S. (2004a). *Ideas, evidence and argument in science. In-service training pack, resource pack and video.* London: Nuffield Foundation.

Osborne, J., Erduran, S., & Simon, S. (2004b). Enhancing the quality of argumentation in school science. *Journal of Research in Science Teaching, 41*(10), 994–1020.

Osborne, J., Simon, S., Christodoulou, A., Howell-Richardson, C., & Richardson, K. (2013). Learning to argue. A study of four schools and their attempt to develop the use of argumentation as a common instructional practice and its impact on students. *Journal of Research in Science Teaching, 50*(3), 315–347.

Prenzel, M., Artelt, C., Baumert, J., Blum, W., Hammann, M., Klieme, E., et al. (2007). *PISA 2006: Die Ergebnisse der dritten internationalen Vergleichsstudie.* Münster: Waxmann.

Purves, W. K., Sadava, D. E., Hillis, D. M., & Markl, J. (2011). *Biologie* (9. Aufl.). Heidelberg: Spektrum.

Reiss, K., Sälzer, C., Schiepe-Tiska, A., Klieme, E., & Köller, O. (2016). *PISA 2015. Eine Studie zwischen Kontinuität und Innovation.* Münster: Waxmann.

Riemeier, T., von Aufschnaiter, C., Fleischhauer, J., & Rogge, C. (2012). Argumentationen von Schülern prozessbasiert analysieren: Ansatz, Vorgehen, Befunde und Implikationen. *Zeitschrift für Didaktik der Naturwissenschaften, 18,* 141–180.

Roberts, R., & Gott, R. (2010). A framework for practical work, argumentation and scientific literacy. In G. Çakmakci & M. F. Tasar (Hrsg.), *Contemporary science education research: Scientific literacy and social aspects of science* (S. 99–105). Ankara: Pegem Akademi.

Sadler, T. D. (2004). Informal reasoning regarding socioscientific issues: A critical review of research. *Journal of Research in Science Teaching, 41*(5), 513–536.

Sadler, T. D., & Donnelly, L. A. (2006). Socioscientific argumentation: The effects of content knowledge and morality. *International Journal of Science Education, 28*(12), 1463–1488.

Sadler, T. D., & Fowler, S. R. (2006). A threshold model of content knowledge transfer for socioscientific argumentation. *Science Education, 90*(6), 986–1004.

Sadler, T. D., & Zeidler, D. L. (2005). The significance of content knowledge for informal reasoning regarding socioscientific issues: Applying genetics knowledge to genetic engineering issues. *Science Education, 89*(1), 71–93.

Sampson, V., & Blanchard, M. R. (2012). Science teachers and scientific argumentation: Trends in views and practice. *Journal of Research in Science Teaching, 49*(9), 1122–1148.

Sampson, V., & Clark, D. B. (2008). Assessment of the ways students generate arguments in science education: Current perspectives and recommendations for future directions. *Science Education, 92*(3), 447–472.

Sampson, V., Enderle, P., Grooms, J., & Witte, S. (2013). Writing to learn by learning to write during the school science laboratory: Helping middle and high school students develop argumentative writing skills as they learn core ideas. *Science Education, 97*(5), 643–670.

Sandoval, W. A., & Millwood, K. A. (2007). What can argumentation tell us about epistemology? In S. Erduran & M. P. Jiménez-Aleixandre (Hrsg.), *Argumentation in science education* (S. 71–88). Dordrecht: Springer.

Sandoval, W. A., & Reiser, B. J. (2004). Explanation-driven inquiry: Integrating conceptual and epistemic scaffolds for scientific inquiry. *Science Education, 88*(3), 345–372.

Simon, S., Erduran, S., & Osborne, J. (2006). Learning to teach argumentation: Research and development in the science classroom. *International Journal of Science Education, 28*(2–3), 235–260.

Simon, S., Richardson, K., & Amos, R. (2012). The design and enactment of argumentation activities. In M. S. Khine (Hrsg.), *Perspectives on scientific argumentation* (S. 97–115). Dordrecht: Springer.

Simonneaux, L. (2001). Role-play or debate to promote students' argumentation and justification on an issue in animal transgenesis. *International Journal of Science Education, 23*(9), 903–927.

Simonneaux, L. (2007). Argumentation in science education: An overview. In S. Erduran & M. P. Jiménez-Aleixandre (Hrsg.), *Argumentation in science education* (S. 179–199). Dordrecht: Springer.

Sockalingam, N., & Schmidt, H. G. (2013). Does the extent of problem familiarity influence students' learning in problem-based learning? *Instructional Science, 41*(5), 921–932.

Toulmin, S. (1958). *The uses of argument*. Cambridge: Cambridge University Press.

Toulmin, S. (1975). *Der Gebrauch von Argumenten*. Kronberg: Scriptor.

van Eemeren, F. H., & Grootendorst, R. (Hrsg.). (2004). *A systematic theory of argumentation: The pragma-dialectical approach*. New York: Cambridge University Press.

Venville, G. J., & Dawson, V. M. (2010). The impact of a classroom intervention on grade 10 students' argumentation skills, informal reasoning, and conceptual understanding of science. *Journal of Research in Science Teaching, 47*(8), 952–977.

von Aufschnaiter, C., Erduran, S., Osborne, J., & Simon, S. (2008). Arguing to learn and learning to argue: Case studies of how students' argumentation relates to their scientific knowledge. *Journal of Research in Science Teaching, 45*(1), 101–131.

Walker, K. A., & Zeidler, D. L. (2007). Promoting discourse about socioscientific issues through scaffolded inquiry. *International Journal of Science Education, 11*(3), 1387–1410.

Zeidler, D. L., Sadler, T. D., Simmons, M. L., & Howes, E. V. (2005). Beyond STS: A research-based framework for socioscientific issues education. *Science Education, 89*(3), 357–377.

Zohar, A., & Nemet, F. (2002). Fostering students' knowledge and argumentation skills through dilemmas in human genetics. *Journal of Research in Science Teaching, 39*(1), 35–62.

Kompetenzbereich Bewertung – Reflektieren für begründetes Entscheiden und gesellschaftliche Partizipation

Arne Dittmer, Susanne Bögeholz, Ulrich Gebhard und Corinna Hößle

Inhaltsverzeichnis

Im Biologieunterricht sind natur- und bioethische Themen allgegenwärtig, hier zwei Beispiele: Im wissenschaftlichen Naturschutz hat die Forschung über bedrohte Arten eine zentrale Bedeutung. Wie gehen Sie als Biologielehrkraft damit um, wenn im Ökologieunterricht die Frage aufkommt, aus welchen Gründen der Schutz von Arten über die Lebensrechte individueller Tiere gestellt wird? Oder

A. Dittmer (✉)
Fakultät für Biologie und Vorklinische Medizin, Universität Regensburg, Regensburg, Deutschland
E-Mail: arne.dittmer@ur.de

S. Bögeholz
Albrecht-von-Haller-Institut für Pflanzenwissenschaften, Didaktik der Biologie, Universität Göttingen, Göttingen, Deutschland
E-Mail: sboegeh@gwdg.de

U. Gebhard
Fakultät für Erziehungswissenschaft, Universität Hamburg, Hamburg, Deutschland
E-Mail: ulrich.gebhard@uni-hamburg.de

C. Hößle
Fachbereich Biologiedidaktik, Carl von Ossietzky Universität Oldenburg, Oldenburg, Deutschland
E-Mail: corinna.hoessle@uni-oldenburg.de

© Springer-Verlag GmbH Deutschland, ein Teil von Springer Nature 2019
J. Groß et al. (Hrsg.), *Biologiedidaktische Forschung: Erträge für die Praxis*,
https://doi.org/10.1007/978-3-662-58443-9_11

wie begründet man den Schutz der zitronengelben Tramete, eines sehr seltenen und hochspezialisierten Pilzes, der nur in wenigen Urwaldrelikten Europas noch zu finden ist? Ist allein der Umstand seiner Existenz ein überzeugendes Argument? Wir töten viele Nutztiere, die ebenfalls existieren, jedoch existieren sie scheinbar zu dem Zweck, von uns verspeist zu werden. Wie ist der unterschiedliche Umgang mit Lebewesen unterschiedlicher Organisationsformen zu begründen?

Oder nehmen wir das Thema Stammzellforschung: Mit dieser Thematik ist die Diskussion um den Wert menschlichen Lebens eng verknüpft. Können Sie bestimmen, wann im Prozess der Embryonalentwicklung dem sich entwickelnden Organismus ein moralischer Status zugesprochen werden kann? Vielleicht haben Sie hier eine eindeutige Position, aber Sie werden ggf. auf Menschen treffen, die Ihnen widersprechen. Vielleicht sind dies Ihre Schülerinnen und Schüler. Und wenn Ihre Schülerinnen und Schüler die Diskussion führen wollen, gehen Sie darauf ein oder verweisen Sie bei der Thematik darauf, dass dies doch eher Fragen des Ethik- oder Religionsunterrichts seien?

11.1 Warum Ethik im Biologieunterricht?

11.1.1 Bewertungskompetenz als Bildungsaufgabe und als biologiedidaktischer Forschungsbereich

Nicht erst seit der Einführung der Bildungsstandards hat der Biologieunterricht auch eine besondere Verantwortung im Hinblick auf soziale, politische und ethische Implikationen seiner Gegenstände (Falkenhausen 1994; Bögeholz et al. 2004; Dittmer et al. 2016). Im Zusammenhang mit dem Erziehungsauftrag der Schule geht es bei der Vermittlung von Inhalten immer auch um die Vermittlung von Werten im Sinne einer Demokratieerziehung (Becker 2008). Dabei ist im Blick zu behalten, dass es hierbei nicht um Indoktrinierung gehen kann (Tan 2008). Lehrkräfte befinden sich in der paradoxen Situation, einerseits die Gefahr der Bevormundung im Auge behalten zu müssen und andererseits Schülerinnen und Schüler an gesellschaftliche und kulturelle Werte heranzuführen.

Für die biologiedidaktische Forschung war und ist es eine zentrale Herausforderung, dass der naturwissenschaftliche Unterricht diese Bildungsaufgabe in der Vergangenheit nicht immer bzw. oftmals nicht hinreichend wahrgenommen hat. Die Diskussion über Mitbestimmung und Mündigkeit wurde eher dem Feld der Pädagogik zugeordnet, denn Naturwissenschaftslehrkräfte definieren sich zum Teil eher als Personen mit Fachexpertise und weniger als Pädagoginnen und Pädagogen (Rehm 2007; Dittmer 2012). Naturwissenschaftlich sozialisierte Biologielehrkräfte fühlen sich häufig unsicher, da die Diskussion bioethischer Themen nicht in einfache und eindeutige Lösungen mündet. Die Frage, wann der moralische Status eines Menschen beginnt, wird immer kontrovers diskutiert werden. Nicht nur Schülerinnen und Schüler, sondern auch Lehrkräfte müssen lernen, solche Kontroversen auszuhalten. Darüber hinaus bereitet gerade in diesem Zusammenhang die Benotung der Schülerleistungen eine zweite Herausforderung, der sich Lehrkräfte häufig nicht gewachsen fühlen. Sie tendieren eher dazu, Lernprozesse zur Bewertungskompetenz unbenotet zu lassen, obwohl bereits Hinweise für eine kriteriengeleitete Diagnose und Förderung vorliegen (Hößle 2016).

Die Befähigung zur ethischen Reflexion ist eng verknüpft mit der Diskussion über die Ziele naturwissenschaftlicher Bildung bzw. von Scientific Literacy (Ratcliffe und Grace 2003). Insbesondere im Biologieunterricht hat die Umsetzung der fächerübergreifenden Aufgaben wie die Umwelt-, Gesundheits-, Sexual- oder auch Friedenserziehung (mit aktuellem Bezug zum Thema Rassismus) durchaus eine curriculare Tradition. Die Aufgabe der Biologiedidaktik besteht zunächst darin, das Spannungsverhältnis von Naturwissenschaft und Ethik (bzw. Gesellschaft) auszuleuchten. Dann gilt es mit Blick auf Unterrichtsentwicklung und Biologielehrerbildung schul- und hochschuldidaktische Maßnahmen zu entwickeln, die zu einer fachbezogenen, verantwortungsvollen und partizipativen Auseinandersetzung mit bio- und umweltethischen Themen beitragen. Die ethische Dimension der Biologie ist bezüglich der Integration ethischer Fragen in die naturwissenschaftliche Lehr- und Lernkultur eine Herausforderung. Sie birgt aber auch ein besonderes Potenzial, wenn es darum geht, bei Schülerinnen und Schülern sinnstiftende Bildungsprozesse anzuregen und nachhaltiges Lernen zu fördern.

Dass eine Integration ethischer Reflexionen in den Biologieunterricht auch bildungspolitisch gewollt ist, wurde mit der Einführung des Kompetenzbereichs „Bewertung" in den nationalen Bildungsstandards betont (KMK 2005). Mit den Bildungsstandards wurde eine Förderung der Bewertungskompetenz von Schülerinnen und Schülern nachdrücklich zu einer zentralen und verbindlichen Vermittlungsaufgabe des Biologieunterrichts. Anspruchsvoll ist diese Aufgabe vor allem deshalb, weil insbesondere dieser Kompetenzbereich über die Fächergrenzen der Naturwissenschaften hinausreicht. Angesichts der fachkulturellen Unterschiede zwischen den natur- und sozialwissenschaftlichen Disziplinen kommt es häufig dazu, dass Biologielehrkräfte das Gefühl haben, im Hinblick auf die Förderung ethischer Bewertungskompetenz nicht adäquat ausgebildet zu sein (Dittmer 2012; Mrochen und Höttecke 2012; Steffen 2015). Doch ein Biologieunterricht, der ethisch konnotierte Themen – wie etwa Gentechnik, Stammzellforschung oder den Umgang mit Tieren – nicht explizit auch aus ethischer Perspektive reflektiert, würde Gefahr laufen, Werte und Normen im Sinne einer heimlichen Ethik implizit zu vermitteln (Kattmann 1988). Denn selbst wenn man sich bemüht, Fachunterricht frei von Wertfragen zu gestalten, so ist es aus psychologischer Sicht nur schwer möglich, z. B. die Grundlagen der Gentechnik zu unterrichten, ohne hierbei zugleich persönliche Einstellungen erkennen zu lassen. Man kann die Gentechnik als eine Risikotechnologie und/oder als eine Technologie mit großen Potenzialen für Medizin und Nahrungsmittelproduktion betrachten. Bei letzterem kann, einem die öffentliche Debatte über Gentechnik als überzogen erscheinen. Da aber die Vermittlung eigener Einstellungen vornehmlich unbewusst und eingebunden in die alltäglichen Handlungsroutinen erfolgt, wird nicht selten ein intuitiver Lehrplan realisiert (Dittmer 2012). Im naturwissenschaftlichen Unterricht sind es insbesondere Bilder von Technologie und Fortschritt, von deren

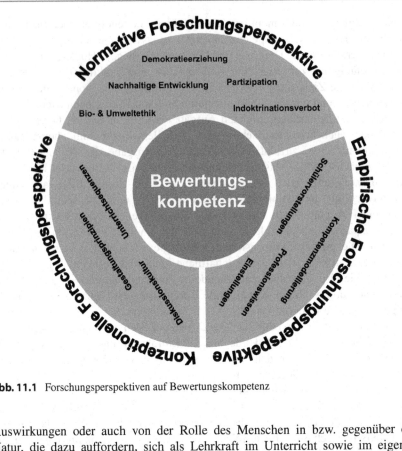

Abb. 11.1 Forschungsperspektiven auf Bewertungskompetenz

Auswirkungen oder auch von der Rolle des Menschen in bzw. gegenüber der Natur, die dazu auffordern, sich als Lehrkraft im Unterricht sowie im eigenen Studium kritisch-reflexiv mit dem Wesen und der Bedeutung des eigenen Unterrichtsfaches auseinanderzusetzen. Die fachdidaktische Forschung hat auf diese vielfältigen Herausforderungen reagiert. Bewertungskompetenz hat sich zu einem Forschungsbereich entwickelt, bei dem sich drei Ebenen bzw. Perspektiven der Forschung unterscheiden lassen: Eine normative, eine konzeptionelle und eine empirische (Abb. 11.1).

11.1.2 Befähigung zur gesellschaftlichen Teilhabe und Persönlichkeitsentwicklung

Ein naturwissenschaftlicher Unterricht, der kritisch und emanzipatorisch ist, der als Zielvorstellung die mündige Bürgerin bzw. den mündigen Bürger und damit die Partizipationsfähigkeit an gesellschaftlichen Prozessen und Entscheidungen im Blick hat, ist notwendig politisch. Dies spiegelt sich auch in dem Unterrichtsziel „Gesellschaftsrelevanz" wider, das neben „Wissenschaftsrelevanz" und „Schülerrelevanz" seit den 1970er Jahren zu einem zentralen Bezugspunkt in der deutschsprachigen Curriculumsentwicklung wurde (Robinsohn 1967).

Die Bedeutung ethischer Reflexionen im Rahmen des Biologieunterrichts erschöpft sich aber nicht darin, Partizipationsfähigkeit zu fördern. Die Konfrontation mit ethischen Problemlagen kann für Schülerinnen und Schüler auch zu einem Anlass werden, über eigene Vorstellungen und Einstellungen ins Nachdenken zu kommen und sich im eigenen Verhältnis zur Welt neu zu verorten. Es kann jungen Menschen einen Orientierungsrahmen bieten. Solche Auseinandersetzungen können Impulsgeber für Bildungsprozesse sein. Ein wichtiger Akzent dieses Bildungsverständnisses ist die Betonung irritierender, krisenhafter Momente (Combe und Gebhard 2009). Bildungswirksam können solche Momente in Situationen werden, „in die ein Mensch gerät, wenn er Erfahrungen macht, für deren Bewältigung seine bisherigen Orientierungen nicht ausreichen" (Koller 2007, S. 56). Stellt man im Unterricht z. B. die Frage, was für und was gegen Stammzellforschung oder andere öffentlich diskutierte Biotechnologien spricht, so kann man sich dieser Frage auf rationale Weise durch Gegenüberstellung der Pro- und Contra-Argumente und deren Gewichtung nähern, um anschließend eine Bewertung vorzunehmen. Häufig ist es allerdings so, dass die Schülerinnen und Schüler bereits eine Einstellung gegenüber bio- und umweltethischen Fragen haben. Diese Einstellung können sie möglicherweise nicht explizit begründen. Sie drückt sich eher in Intuitionen und Emotionen aus (Dittmer und Gebhard 2012). Die Behandlung der Thematik im Unterricht kann – wenn solche Intuitionen oder Emotionen ernst genommen werden – zu Irritationen führen, weil neue Kenntnisse und alte Überzeugungen in Widerspruch geraten. Aus Bildungsperspektive gilt es daher, derartigen Verunsicherungen produktiv zu begegnen und bei der Förderung von Bewertungskompetenz sowohl die Strukturierung von Bewertungsprozessen einzuüben als auch Gestaltungsfreiräume zum Nachdenken und für Diskussionen zu ermöglichen (Kap. 2).

11.1.3 Bewertungskompetenz in der Biologielehrerbildung

Eine in den Biologieunterricht integrierte Förderung von Bewertungskompetenz erfordert sowohl eine didaktische Strukturierung als auch Kenntnisse über die Potenziale und Herausforderungen eines diskursorientierten Biologieunterrichts. Insbesondere bedarf es aber auch entsprechender Vermittlungskompetenzen, ethische Problemlagen, strittige Fragen sowie Werte und Normen so zu thematisieren, dass sie Schülerinnen und Schüler dazu ermutigen, sich an Meinungsbildungsprozessen aktiv zu beteiligen. Die Aufgabe der Lehrkraft geht hier weit darüber hinaus, fachliche Kenntnisse zu vermitteln. Vielmehr ist die Lehrkraft angesichts strittiger Fragen auch dazu angehalten, eine Lernatmosphäre zu schaffen, „in der Widersprüche, Ambivalenzen, Uneindeutigkeiten sein dürfen" (Gebhard 1991, S. 10), denn die Beschäftigung mit bio- und umweltethischen Themen bringt im Biologieunterricht eine Konfrontation mit offenen Fragen und unsicherer Evidenz mit sich (Dittmer und Gebhard 2012). Ebendies macht die Biologielehreraus- und -fortbildung im Hinblick auf die Implementierung eines nicht ausschließlich naturwissenschaftlichen Lernbereichs zu einem besonderen Forschungsgegenstand der Biologiedidaktik.

Eine Orientierung bietet hier das Rahmenmodell professioneller Handlungs-
kompetenz von Baumert und Kunter (2006). Dieses Modell unterscheidet vier
Kompetenzdimensionen. Überträgt man diese Dimensionen auf die Förderung von
Bewertungskompetenz, dann stellen sich bezüglich der Vermittlungskompetenz
von Biologielehrkräften folgende Fragen (Dittmer 2012):

- *Professionswissen:* Welches ethische oder moralpsychologische Wissen
  benötigen naturwissenschaftlich ausgebildete Biologielehrkräfte für eine
  fachintegrierte Vermittlung bio- und umweltethischer Themen? Wo liegen
  die Grenzen einer Integration ethischer Theorien und Konzepte in die Biolo-
  gielehreraus- und -fortbildung? Welches fachliche Wissen, z. B. zur Genomeditierung, wird benötigt? Und: Welchen fachdidaktischen Wissens z. B.
  zu Lernerperspektiven, die auch Hoffnungen, Befürchtungen oder Mythen
  umfassen, bedarf es bei Biologielehrkräften?
- *Überzeugungen und Werte:* Welchen Einfluss haben persönliche Überzeugungen über die Ziele und über die Aufgaben von Biologielehrkräften auf
  die Einbeziehung ethischer Fragen in den Fachunterricht? Welche hinderlichen
  Vorstellungen liegen vor, wie z. B. die Vorstellung vom Biologieunterricht als
  wertfreier Ort oder stofforientiertes „Lernfach"? Und wie können positive Einstellungen gegenüber Bewertungskompetenz gefördert werden?
- *Motivationale Orientierung:* Welche Bereitschaft haben Biologielehrkräfte,
  sich im Rahmen des Fachunterrichts mit gesellschaftlich kontrovers diskutierten Themen und Wertfragen zu beschäftigen? Wie hoch ist die Motivation
  sich auf offene Kontroversen einzulassen und sich mit Fragen zu beschäftigen,
  denen gegenüber man womöglich selbst ambivalent eingestellt ist und auf die
  man Schülerinnen und Schülern keine sicheren Antworten geben kann?
- *Selbstregulative Fähigkeiten:* Wie können Lehrkräfte konstruktiv mit Schülerinnen und Schülern umgehen, die andere Überzeugungen als sie selbst haben?
  Wie können sich Lehrkräfte verhalten, wenn eine Diskussion sehr emotional
  wird und zu entgleisen droht? Gerade der Umgang mit Werten, Normen und bri-
  santen Themen stellt Lehrkräfte vor große Herausforderungen, wenn es darum
  geht, eigene Gefühle zu regulieren und angemessen mit den Diskussionsbei-
  trägen und Einstellungen ihrer Schülerinnen und Schüler umzugehen.

Wesentliche Referenzfelder für die Unterrichtsentwicklung im Kompetenzbereich Bewertung sind die philosophische Ethik sowie sozioökonomische und
politische Grundlagen des Nachhaltigkeitsdiskurses. Hinzu kommen die empirische Moralforschung und die biologiedidaktische Bewertungskompetenzforschung. Im Hinblick auf die Ethik ist es von Interesse, welche Grundbegriffe
und Theorien für eine fachintegrierte Vermittlung bio- und umweltethischer Fragen von Bedeutung und für ein Verständnis notwendig sind. Bei diesen Grundlagen handelt es sich um bio- und umweltethische Grundpositionen wie die
anthropozentrischen, pathozentrischen, biozentrischen oder holistischen Ethiken
oder die Grundstrukturen deontologischer oder konsequentialistischer Argumente

(vgl. Hößle und Lude 2004). Weitere wichtige Grundkenntnisse beziehen sich auf das Leitbild der Nachhaltigen Entwicklung (Eggert und Bögeholz 2006).

Die Moralpsychologie beschreibt wiederum die psychosozialen und kognitiven Grundlagen und Einflussfaktoren der moralischen Urteilsbildung und unterstreicht die Bedeutung von Empathie und Perspektivenwechsel im moralischen Diskurs. Wesentlich für ein Verständnis moralischer Urteilsbildungsprozesse sind auch Kenntnisse über die Beziehung zwischen reflektierten, argumentationsorientierten Bewertungen einerseits und moralischen Intuitionen andererseits (Dittmer und Gebhard 2012). Dass gerade das Feld der Bio- und Umweltethik reich an Assoziationen und kulturell aufgeladenen Bildern ist, wurde in der Biologiedidaktik unter dem Begriff der Alltagsfantasien untersucht (Gebhard 2009; Kap. 2).

Sowohl erfahrene als auch jüngst ausgebildete Lehrkräfte beschreiben ihre Unsicherheit bei der Förderung von Bewertungskompetenz im Biologieunterricht (Alfs 2012; Dittmer 2012; Steffen 2015). Dies wird u. a. auf die nicht hinreichende Ausbildung hinsichtlich ethischer Fragestellungen, auf mangelndes pädagogisches Begleitmaterial sowie auf Unsicherheit im Umgang mit der eigenen Meinung zurückgeführt (Alfs et al. 2012; Mrochen und Höttecke 2012). Weitere große Herausforderungen stellen für die Lehrkräfte die kriteriengeleitete Diagnose und die individuelle Förderung von Bewertungskompetenz dar. Strukturierungshilfen und Diagnosekriterien können Lehrkräften helfen, diese Unsicherheiten zu überwinden und eine förderorientierte Unterrichtsplanung zu erstellen. Nachfolgend werden biologiedidaktische Konzepte vorgestellt, die mit unterschiedlichen Schwerpunktsetzungen die Strukturierung und Diagnose von Bewertungsprozessen zum Gegenstand haben.

11.2 Biologiedidaktische Konzepte zur Förderung von Bewertungskompetenz

Noch vor Verabschiedung der Bildungsstandards für den Biologieunterricht und der Integration des Kompetenzbereichs Bewertung in die entsprechenden Curricula der Länder wurde die Frage nach der unterrichtlichen Vermittlung von Bewerten, Urteilen und Entscheiden im biologischen Kontext virulent (Bögeholz et al. 2004). Daraufhin wurden existierende Unterrichtsmodelle zur Förderung von Bewertungskompetenz aus der Entwicklungsforschung zusammengetragen, die auf unterschiedlichen Forschungsparadigmen basierten und für unterschiedliche Bewertungskontexte konzipiert wurden (Bögeholz et al. 2004). In der Folgeforschung wurden ausgewählte Unterrichtsmodelle verstärkt eingebunden in einen Ansatz einer kohärenten Ausrichtung der Gestaltung von Bildungsmaßnahmen. Dazu gehören verstärkte Herstellungen von Passungen zwischen curricularen Vorgaben, theoretisch und empirisch fundierten Kompetenzmodellen sowie der Messung und Förderung von Kompetenzen im Bereich Bewertung (Bögeholz et al. 2018; vgl. auch Abschn. 1.3.1 und 1.3.2).

Sowohl für umwelt- und nachhaltigkeitsrelevante als auch für bio- und medizinethische Kontexte liegen didaktisch erprobte Unterrichtsmodelle vor, die im Folgenden exemplarisch vorgestellt werden sollen. Sie sind in Phasen gegliedert und dienen der Vorbereitung auf gesellschaftlich bzw. persönlich relevante Entscheidungen.

11.2.1 Bewertungskompetenz für Entscheidungen bei Fragen zur Gestaltung Nachhaltiger Entwicklung

Im Rahmen eines Überblicksartikels von Bögeholz et al. (2004) wurde ein Modell zur strukturierten Vermittlung von ökologischer Bewertungs- und Urteilskompetenz in elf Schritten vorgeschlagen. Dieses Unterrichtsmodell wurde in Bögeholz (2006) am Beispiel von Streuobstwiesenbewertungen in zwölf Bausteinen ausgeschärft und aufbereitet. Im Zuge der theoretischen und ersten empirischen Fundierungen des Göttinger Modells der Bewertungskompetenz (Eggert und Bögeholz 2006) wurden die Bausteine kondensiert auf vier zentrale, größere Phasen, die anhand einer Fließgewässerbewertung veranschaulicht wurden (Eggert et al. 2008). Diese Phasen fanden Eingang in die Entwicklung verschiedener Unterrichtseinheiten, z. B. zu Schutzmaßnahmen gegen den Schiffsbohrwurm (Eggert et al. 2011) und Interventionen im Rahmen von empirischen Studien zur Förderung von Bewertungskompetenz im Kontext Nachhaltiger Entwicklung (z. B. Eggert et al. 2013; Abschn. 1.3.1). Im Folgenden werden die einzelnen Phasen des Modells vorgestellt (vgl. Eggert et al. 2008) und am Beispiel der Palmölproduktion in Indonesien erläutert (vgl. Bögeholz et al. 2017).

1. *Entscheidungssituation für die Gestaltung nachhaltiger Entwicklungen erkennen und aufbereiten:* Einerseits wird anhand von Keksen, Nuss-Nougat-Creme, Seifen, Kosmetika usw. erkannt, dass Palmöl ein beliebter Bestandteil zahlreicher Produkte aus unserem Alltag ist. Andererseits wird für Ölpalmenplantagen, die z. B. in Indonesien weit verbreitet sind, Regenwald gerodet. Der Regenwald ist jedoch der Lebensraum der indigenen Bevölkerung. Die Nachfrage nach Palmöl bedingt eine komplexe Umweltproblemsituation und stellt eine Gestaltungsaufgabe Nachhaltiger Entwicklung dar.
2. *Informationen zu Handlungsoptionen suchen, verarbeiten und zusammenstellen:* Um nachhaltige Entwicklungen mitgestalten zu können, müssen Handlungsoptionen entworfen und konkret ausgearbeitet werden. Dabei geht es um ein Zusammentragen von Informationen zu potenziell nachhaltigen Handlungsoptionen wie z. B. einer Produktion von Biopalmöl, einem Anlegen von Ölpalmenplantagen auf Brachland oder einem nachhaltigen Ölpalmenanbau. Die Optionen werden im Hinblick auf relevante Bewertungskriterien beschrieben. Beispiele für mögliche Kriterien zur Bewertung von Handlungsoptionen sind: Auswirkungen auf Primär- und Sekundärregenwald, Auswirkungen auf die indigene Bevölkerung, Verfügbarkeit von Arbeitsplätzen, potenzielle Kosten und die Umsetzbarkeit der Handlungsoptionen. Damit wird zur Umweltproblemsituation ein „Sachmodell" (Bögeholz 2006) erstellt. Das Sachmodell umfasst identifizierte Handlungsoptionen und Informationen

darüber, wie die einzelnen Handlungsoptionen in Bezug auf relevante Bewertungskriterien abschneiden. Daraus werden Vor- und Nachteile der verschiedenen Handlungsoptionen mit Blick auf die Gestaltung nachhaltiger Entwicklungen sichtbar.

3. *Handlungsoptionen bewerten und Entscheidung treffen:* Die verschiedenen Handlungsoptionen werden anhand ihrer Vor- und Nachteile hinsichtlich der Kriterien bewertet. Dabei können einzelne Kriterien bei der Entscheidungsfindung, z. B. Auswirkungen auf Primär- und Sekundärregenwald, Auswirkungen auf die indigene Bevölkerung oder die Verfügbarkeit von Arbeitsplätzen, unterschiedlich gewichtet werden („Bewertungsmodell"; vgl. Bögeholz 2006). Der Bewertungsprozess kann sowohl qualitative Aspekte (z. B. Argumente abwägen) als auch quantitative Aspekte (z. B. Kosten und quantifizierte Wirkungen von Handlungsoptionen) beinhalten. Mithilfe eines Unterrichtsmodells zur Bewertung (z. B. explizite Bewertung in Bögeholz 2006) und/oder eines Einsatzes situationsangemessener Entscheidungsstrategien (Eggert und Bögeholz 2006) wird eine reflektierte Entscheidung möglich. Damit werden Sachinformationen zu den Handlungsoptionen sowie relevante Werte berücksichtigt. Schließlich kann so eine informierte und begründete Entscheidung für eine Handlungsoption bzw. für eine Kombination verschiedener Optionen resultieren.

4. *Entscheidung und Entscheidungsprozess reflektieren:* Im Anschluss an eine Entscheidung, z. B. für einen nachhaltigen Ölpalmenanbau, werden die Entscheidung und der vorgelagerte Bewertungs- bzw. Entscheidungsfindungsprozess reflektiert. Dabei können Fehler im Sachmodell und im Bewertungsmodell (Bögeholz 2006) analysiert und unterschiedliche Gewichtungen verschiedener Personen bezüglich entscheidungsrelevanter Kriterien reflektiert werden. Auch kann die Passung der gewählten Entscheidungsstrategie für die jeweils vorliegende Situation und deren Umsetzung kritisch hinterfragt bzw. überprüft werden (vgl. Eggert und Bögeholz 2006).

11.2.2 Bewertungskompetenz für Entscheidungen bei bio- und medizinethischen Fragen

Als Einstieg in den Unterricht hat sich in diesem Feld die Berücksichtigung von Alltagsfantasien und Alltagsvorstellungen bewährt (Hößle und Alfs 2014; Kap. 3). Zum Beispiel kann anknüpfend an die Alltagsfantasien von Schülerinnen und Schülern zu gentechnischen Eingriffen am Menschen (Gebhard 2009) im Unterricht die aktuell kontrovers diskutierte Frage aufgeworfen werden, ob die Genomeditierung an menschlichen Embryonen zukünftig in Deutschland erlaubt werden sollte, um den Ausbruch schwerwiegender genetisch bedingter Krankheiten zu verhindern. Im Anschluss an diese Einführung kann der Unterricht in verschiedene Analyseschritte unterteilt werden (vgl. Reitschert 2009; Hößle und Alfs 2014):

1. *Klärung der fachlichen Grundlagen und Definieren des ethischen Dilemmas:* Einführend sollte gewährleistet sein, dass die Schülerinnen und Schüler zum einen die fachlichen Grundlagen und medizinischen Möglichkeiten der Genomeditierung an Embryonen kennen. Zum anderen sollten die Lernenden erkennen, dass der Kontext mit moralisch-ethischen Überlegungen verbunden ist. Es gilt, das zentrale ethische Problem zu definieren, das darin liegt, ob das Genom menschlicher Embryonen verändert werden darf.

2. *Nennen möglicher Handlungsoptionen:* Im zweiten Schritt können die möglichen Handlungsoptionen gemeinsam reflektiert werden. In Bezug auf die Möglichkeiten der Genomeditierung am Menschen stehen, typisch für ein Dilemma, nur zwei Handlungsmöglichkeiten zur Diskussion: die Durchführung bzw. Ablehnung jeglicher Eingriffe am Embryo.

3. *Nennen und Abwägen von Pro- und Contra-Argumenten für die jeweilige Handlungsoption:* Pro-und Contra-Argumente werden in der Folge tabellarisch aufgelistet und hierarchisiert sowie den jeweiligen Perspektiven zugeordnet. Ethische Werte, die explizit bzw. implizit berührt werden, werden benannt, gelistet und hinsichtlich ihrer Bedeutung für die betroffenen Personen oder Institutionen beleuchtet. Zentrale sich gegenüber stehende Werte in Bezug auf den Kontext der Genomeditierung am Embryo wären z. B. Leidminderung der Patientin bzw. des Patienten oder der Angehörigen versus die Würde des Embryos.

4. *Fällen eines argumentativ begründeten Urteils und Identifikation ethischer Werte:* Neben der begründeten individuellen Urteilsfällung steht auch die Diskussion alternativer Urteile an dieser Stelle im Fokus.

5. *Aufzählen von Folgen, die das jeweilige Urteil nach sich zieht:* Abschließend können die jeweiligen kurz- und langfristigen, realen und eher unrealen Folgen der oben formulierten Urteile genannt werden. Eine langfristige Folge der Genomeditierung am Embryo wäre z. B. die damit einhergehende Leidminderung. Als eine kurzfristige Folge können die durch den Eingriff entstehenden finanziellen Kosten für die Eltern bzw. die Krankenkasse angeführt werden. Die hier aufgeführten Analyse- und Diskussionsschritte können in ihrer Abfolge auch variiert werden (vgl. Falkenhausen 1994).

11.2.3 Aneignung von Bewertungskompetenz im ethischen Diskurs

International wird die Bedeutung eines offenen, diskursiven und kreativen Umgangs mit ethischen Themen (Van der Zande 2011) anstelle eines lehrerzentrierten Kommunikationsstils hervorgehoben. Denn eine Förderung ethischer Bewertungskompetenz bedeutet eben nicht nur eine Auseinandersetzung mit ethischen Argumenten, sondern insbesondere auch die Aneignung partizipativer, verständigungsorientierter und empathischer Kommunikationsstile. Ziel ist somit eine Förderung der Diskussionskultur im Fachunterricht. In der philosophischen Ethik findet diese Strömung ihre Entsprechung in der normativen Idee des ethischen Diskurses (Sprod 2001). Der ethische Diskurs zielt auf die Rekonstruktion von

Argumenten, urteilsrelevanten Einstellungen und Werten sowie von Vorstellungen über den verhandelten Gegenstand. Alle Diskursteilnehmenden haben die gleichen Rechte, einen Diskurs zu eröffnen, ihre Meinung zu vertreten und der Kritik auszusetzen, ihre Gefühle darzustellen und ohne Druck handlungsentlastend reden zu können (Habermas 1992). In dieser idealisierten Vorstellung von einem gemeinsamen Verständigungs- und Aushandlungsprozess wird von einer symmetrischen Beziehung zwischen den Interagierenden ausgegangen. Dies adressiert die im Diskurs involvierten Schülerinnen und Schüler als eigenständige Personen und erfordert von Lehrkräften, ihnen auf Augenhöhe zu begegnen. Eine konkrete Anwendung findet dieses Leitbild des ethischen Diskurses beim „Philosophieren mit Kindern und Jugendlichen", einem Ansatz, der sich auch in der Biologie- und Sachkundedidaktik als Methode zur Förderung von Diskussionskultur etablieren konnte (Nevers 2009). Das Herzstück dieses Vermittlungskonzepts ist, dass die Lehrkraft gegenüber den Schülerinnen und Schülern eine offene, nicht belehrende Haltung einnimmt und dass die Lernenden den Verlauf und die Form der Diskussion selbst gestalten.

Mit Bezug auf die hitzige Debatte über Stammzellforschung in den 1990er Jahren und als Alternative zu einem kompetitiven Rollenspiel, in dem Schülerinnen und Schüler Argumente benutzen, um sich gegenseitig in einem „Schlagabtausch" zu überzeugen, beschreibt Nevers (2003) den Ablauf eines gemeinsamen Verständigungs- und Klärungsprozesses im Sinne des Philosophierens mit Kindern und Jugendlichen wie folgt:

1. *Präsentation eines Stimulus und Sammeln von Fragen und Assoziationen:* Für das philosophische Gespräch präsentiert die Lehrkraft eine Geschichte, ein Bild oder einen anderen Impuls, zu dem die Schülerinnen und Schüler Ideen, Fragen oder Assoziationen äußern. Besonders geeignet sind hier sog. Dilemmageschichten. Sie werden auch in der Moralforschung verwendet, um exemplarisch die Komplexität und Lösungsschwierigkeit ethischer Problemlagen aufzuzeigen und die Schülerinnen und Schüler zu einem möglichst weit gefassten Nachdenken über die adressierte Thematik anzuregen (Gebhard et al. 2003). Eine im natur- und umweltethischen Kontext gut untersuchte Dilemmageschichte ist z. B. „Das Baumhaus", in dem Jugendliche die Frage diskutieren, ob es richtig ist, auf einem Baum ein Baumhaus zu bauen, auf dem Vögel und andere Tiere leben, bzw. ob der Baum einen Eigenwert hat (Gebhard et al. 2003).
2. *Wahl einer Frage für die weitere Diskussion und Festlegung von Gesprächsregeln:* Nachdem Fragen und Assoziationen z. B. durch Anschrieb an die Tafel visualisiert wurden, handelt die Gruppe gemeinsam aus, welcher Fragestellung nachgegangen werden soll. Hierzu kann die Bedeutung der genannten Aspekte von den Schülerinnen und Schülern noch einmal erläutert werden.
3. *Dokumentation persönlicher Ausgangspositionen:* Um sich die eigenen Vorstellungen zu dem Thema bewusst zu machen und sich auf das Gespräch vorzubereiten, bietet es sich an, diese z. B. als Poster, Aufsatz oder Bild zu dokumentieren.

4. *Festlegung von Gesprächsregeln und Durchführung des Gesprächs:* Vor Beginn der Diskussion ist zu empfehlen, dass die Schülerinnen und Schüler die Gesprächsregeln festlegen, damit sie sich bewusst mit der gewünschten Gesprächsatmosphäre auseinandersetzen und die Entscheidung über den Umgang selbst miteinander treffen. Diskussionen zu gestalten und Diskutieren zu lernen, steht für die Schülerinnen und Schüler im Mittelpunkt dieses Ansatzes. Für Lehrkräfte wiederum ist es eine Herausforderung, aus der Vermittlerrolle in die moderierende Rolle eines aktiven Zuhörers zu wechseln und der Gruppe die Diskussion zu spiegeln, diese aber nicht zu bewerten.

5. *Raum für Kreativität geben:* Mentaler Spielraum (Ideen formulieren, Assoziationen äußern) kann seine Entsprechung auch darin finden, dass die Schülerinnen und Schüler andere Formen der Auseinandersetzung mit der Thematik wählen, z. B. ein Rollenspiel, eine Fotocollage oder eine Exkursion zu einem Ort, der mit der Thematik zu tun hat.

6. *Zusammenfassung des Gesprächs durch die moderierende Lehrkraft und Evaluation des Gesprächs durch die Schülerinnen und Schüler:* Das philosophische Gespräch zielt nicht unbedingt darauf ab, unter den Gesprächsteilnehmenden einen Konsens herzustellen. Vielmehr geht es darum, dass sich Schülerinnen und Schüler darin üben, die Vielfalt an Erfahrungen und Werten wahrzunehmen, die Perspektiven anderer nachzuvollziehen und ein Verständnis von der Pluralität und der Komplexität ethischer Problemlagen zu erwerben. Am Ende der Diskussion ist es allerdings sinnvoll, die Inhalte zusammenzufassen und Schülerinnen und Schüler den Verlauf des Gesprächs resümieren zu lassen. Die Lernenden können sich gegenseitig Rückmeldung geben, was auch eine Rückmeldung zu der Moderation beinhalten kann. Auch hier ist es sinnvoll, sich zuvor gemeinsam über die Regeln des Feedbackgebens und Feedbacknehmens zu verständigen.

11.3   Empirische Befunde zur Förderung von Bewertungskompetenz

Die Frage nach einer Förderung von Bewertungskompetenz ist aus Forschungsperspektive eng verbunden mit der Frage nach Kompetenzmodellen. Kompetenzforschung fokussierte in den letzten zehn Jahren stark auf eine theoretische und empirische Fundierung kognitiver Kompetenzen (z. B. Klieme et al. 2008). Im Bereich der Bewertungskompetenz liegen im deutschsprachigen Raum zwei kontextspezifische Kompetenzmodelle vor. Zusammen decken sie das Spektrum schulcurricular geforderter bewertungsrelevanter Fragen ab – seien es Fragen zu nachhaltigen Entwicklungen oder medizin- und bioethische Fragen. Das Göttinger Modell (Eggert und Bögeholz 2006; Bögeholz et al. 2017) und das Oldenburger Modell (Hößle 2007) geben für unterschiedliche Kontexte Auskunft über die Struktur von Bewertungskompetenz (Bögeholz et al. 2018).

Im Zuge von Kompetenzmodellierungen erfolgte eine Entwicklung von Messinstrumenten für Bewertungskompetenz. Auf Basis von Kompetenzmodellen,

Erfahrungswissen im Umgang mit curricular validen Unterrichtsmodellen (Abschn. 1.2.1, 1.2.2 und 1.2.3) und Lernvoraussetzungen im Bereich Bewertung wurden potenzielle Fördermaßnahmen abgeleitet. Diese Fördermaßnahmen wurden in ihrer Wirkung evaluiert. Gleichermaßen wurde die Wirksamkeit alternativer didaktisch-methodischer Ansätze zur Förderung von Bewertungskompetenz untersucht. Im Folgenden wird von Interventionen (bzw. Interventionsstudien) gesprochen, wenn es sich um experimentelle Studien handelt, aber auch wenn fachdidaktische Ansätze zur Förderung von Bewertungskompetenz ohne Kontrollgruppe evaluiert wurden. Flankierend kamen bei den Interventionsstudien Instrumente zur Kompetenzmessung zum Einsatz.

Die empirischen Befunde zur Bewertungskompetenz und deren Förderung beziehen sich sowohl auf Schüler- als auch auf Lehrerkompetenzen. Im Folgenden werden zunächst zum Göttinger Modell Befunde im Zusammenhang mit der Förderung von Schülerkompetenzen dargestellt. Es folgen dann Befunde zum Oldenburger Modell, die sowohl Schüler- als auch Lehrerkompetenzen in den Blick nehmen. In Ergänzung zu den kognitiven Ansätzen runden anschließend empirische Studien zur expliziten Reflexion intuitiver Vorstellungen („Alltagsfantasien, Alltagsmythen") die bisherigen Forschungserkenntnisse im Kompetenzbereich Bewertung ab.

11.3.1 Göttinger Modell der Bewertungskompetenz für Fragen Nachhaltiger Entwicklung

Das Göttinger Modell der Bewertungskompetenz umfasst mittlerweile vier theoretisch und empirisch fundierte Teilkompetenzen:

1. Zum einen geht es um ein Erkennen und Beschreiben von Entscheidungssituationen zum Gestalten von nachhaltigen Entwicklungen und um ein Entwickeln von potenziell nachhaltigen Handlungsoptionen (Teilkompetenz „Generieren und Reflektieren von Sachinformationen" bei einer Entwicklung von Lösungsvorschlägen; Bögeholz et al. 2017).
2. Zum anderen steht eine schwerpunktmäßig qualitative Bewertung von nachhaltigkeitsrelevanten Handlungsoptionen im Fokus (Teilkompetenz „Bewerten, Entscheiden und Reflektieren"; Eggert und Bögeholz 2010; Sakschewski et al. 2014).
3. Ergänzt wird dies um eine primär quantitative Bewertung von Handlungsoptionen mit Blick auf eine Gestaltung nachhaltiger Entwicklungen (Teilkompetenz „Lösungsansätze quantitativ Modellieren, Bewerten und Reflektieren"; Böhm et al. 2016).
4. Darüber hinaus erwies sich ein Vollziehen von Perspektivenwechseln bei Fragestellungen um die Gestaltung nachhaltiger Entwicklungen (Teilkompetenz „Nachhaltigkeitsrelevante Perspektiven übernehmen und reflektieren"; vgl. Bögeholz et al. 2018) als eigenständige Teilkompetenz.

Mit der bisherigen empirischen Fundierung von vier Teilkompetenzen wurden Instrumente entwickelt bzw. bereitgestellt, die verlässliche Messungen und gültige Schlussfolgerungen erlauben (z. B. Bögeholz et al. 2017; Eggert und Bögeholz 2010; Sakschewski et al. 2014; Böhm et al. 2016). Zu den beiden erstgenannten der vier Teilkompetenzen wurde mittlerweile eine Reihe von Interventionsstudien zur Förderung von Bewertungskompetenz durchgeführt:

1. *Studien zur Förderung von „Generieren und Reflektieren von Sachinformationen":* Eggert et al. (2013) untersuchten die Wirkung von zwei Interventionen auf eine Förderung von Bewertungskompetenz in einem Pre-Posttestdesign (N = 360 Schülerinnen und Schüler der Jahrgangsstufen 11–13). Die beiden Experimentalgruppen behandelten die Palmölproduktion in Indonesien als komplexe Umweltproblemsituation (angelehnt an Ostermeyer et al. 2012). Für beide Gruppen wurden die Interventionen als kooperative Lernumgebungen gestaltet. Eine der beiden Interventionsgruppen erhielt zudem unterrichtsintegriert ein spezifisches metakognitives Training. Die Kontrollgruppe wurde mit regulärem Unterricht beschult. Schülerinnen und Schüler beider Experimentalgruppen zeigten bessere Testergebnisse im Hinblick auf das Beschreiben der Umweltproblemsituation und im Hinblick auf die Entwicklung und Reflexion von Lösungsvorschlägen. Die Teilkompetenz wurde im Pre- und Posttest an je drei unterschiedlichen Transferkontexten getestet.
2. *Studien zur Förderung von „Bewerten, Entscheiden und Reflektieren":* Eggert et al. (2010) beforschten in einer Interventionsstudie die Wirkung zweier 13-h Unterrichtseinheiten zur Fließgewässerbewertung in kooperativen Settings im Pre-Posttestdesign mit Blick auf eine Förderung von Bewertungskompetenz (N = 258 Schülerinnen und Schüler der Klasse 7). Die beiden Unterrichtsinterventionen variierten eine Ab- und Anwesenheit metakognitiver Strukturierungshilfen. Gewährleistet wurde, dass – trotz Verwendung eines identischen Instruments in den Pre- und Posttestmessungen mit Transferaufgabenkontexten (bezogen auf Artenschutz, Umgang mit Neophyte und Kaufentscheidung) – gültige Schlussfolgerungen aus den Daten gezogen werden. Nachgewiesen wurden für beide Interventionen Zuwächse an Bewertungskompetenz, obwohl der Unterricht auch inhaltsbezogene Kompetenzen und Kompetenzen aus dem Bereich Erkenntnisgewinnung adressierte.
   Gresch et al. (2013) untersuchten in einer Pre-Post-Follow-up-Studie mit Kontrollgruppendesign, inwiefern ein computerbasiertes Training von Entscheidungsstrategien Bewertungskompetenz bei einer 90-min Bearbeitung von Bewertungsaufgaben fördert (N = 368 Schülerinnen und Schüler der Jahrgangsstufen 11–13, Zufallszuweisung der Testpersonen zu Gruppen). Die computergestützte Intervention enthielt Bewertungsaufgaben wie Maßnahmen zum Korallenriffschutz, zur Landnutzungsplanung nach Braunkohleabbau und zu Standortentscheidungen für Forellenzucht (zu Aufgaben vgl. Gresch et al. 2017). Dabei wurde die Wirkung von zwei Entscheidungsstrategietrainings, von denen eines eine Aufgabenanalyse als Element selbstregulierten Lernens integrierte, untersucht im Vergleich zu einer Kontrollgruppe unmittelbar nach

den Interventionen sowie drei Monate danach (Follow-up). Die Kontrollgruppe bearbeitete die gleichen Bewertungsaufgaben wie die beiden Experimentalgruppen, erhielt aber zusätzliche ökologische Sachinformationen anstelle eines Entscheidungsstrategietrainings. Im Posttest und im Follow-up wurde das in Eggert et al. (2010; vgl. Eggert und Bögeholz 2010) abgedruckte Messinstrument verwendet, während der Pretest strukturgleiche Aufgaben, allerdings aus anderen Bewertungskontexten, einbezog. In den Gruppen mit Entscheidungsstrategietrainings konnte drei Monate nach der Durchführung der Interventionen eine höhere Bewertungskompetenz mit Blick auf eigenes Bewerten und Entscheiden festgestellt werden. Für die Reflexion von Entscheidungsprozessen Dritter, die in den Trainings nicht explizit fokussiert wurde, zeigte sich in den Trainingsgruppen lediglich eine Verbesserung auf Itemebene im Posttest.

Zudem erforschten Gresch et al. (2017) in einer weiteren Pre-Post-Follow-up-Studie mit Kontrollgruppe, inwiefern eine weiterentwickelte Variante des computerbasierten Trainings von Entscheidungsstrategien Bewertungskompetenz fördert (N = 242, Schülerinnen und Schüler der Jahrgangsstufen 11–13, Zufallszuweisung zu Gruppen). Dabei wurde die Wirkung von zwei Entscheidungsstrategietrainings im Vergleich zu einer Kontrollgruppe in den Blick genommen. Während ein Entscheidungsstrategietraining Selbstreflexionselemente – und dabei konkret die Setzung von Zielen für zukünftige Aufgabenbearbeitungen – berücksichtigt, erfolgt das zweite Strategietraining ohne derartige selbstregulative Elemente. Die Kontrollgruppe bearbeitete die gleichen Bewertungsaufgaben wie die beiden Trainingsgruppen. Allerdings wurde statt eines Entscheidungsstrategietrainings zusätzliche ökologische Sachinformation eingebunden. Die Messung erfolgte ebenfalls an Transferaufgabenkontexten über das in Eggert et al. (2010) abgedruckte Instrument. Die Studie zeigte u. a., dass beide Strategietrainingsgruppen ihr Wissen vom Pretest zum Posttest in Bezug auf das untersuchte Metawissen über Bewertungs-/Entscheidungsfindungsprozesse gegenüber der Kontrollgruppe verbesserten. Eine Verbesserung zeigte sich allerdings nur teilweise noch zwei Monate später (Follow-up-Messung): Während bezüglich der Reflexion der Entscheidungsfindung Dritter beide Gruppen mit Entscheidungsstrategietrainings im Vergleich zur Kontrollgruppe unmittelbar nach der Intervention profitieren, sind die meisten Effekte nur für die Selbstregulationstrainingsgruppe auch noch zwei Monate nach der Intervention nachweisbar. Damit konnte eine zusätzliche Bedeutung von Selbstregulationselementen bei Entscheidungsstrategietrainings für die Förderung von Bewertungskompetenz im Unterricht nachgewiesen werden.

3. *Studien zur Förderung von „Generieren und Reflektieren von Sachinformationen" und von „Bewerten, Entscheiden und Reflektieren":* In einer Interventionsstudie von Eggert et al. (2017) zum computerbasierten Concept Mapping zum Kontext Klimawandel und diesbezüglichen Lösungsstrategien wurde die Förderung beider Teilkompetenzen von Bewertungskompetenz untersucht. Die Studie folgte einem Pre-Posttest-Kontrollgruppendesign (N = 158 Schülerinnen und Schüler

der Klassen bzw. Jahrgangsstufen 9–12, Zufallszuweisung zu Gruppen). Realisiert wurden drei verschiedene Unterstützungsmaßnahmen im Mapping sowie eine Kontrollgruppe ohne Mapping-Unterstützung („freies Mapping"). Die Dauer der Mappings zum Klimawandel betrug in allen vier Gruppen vier Schulstunden. Hinsichtlich der Teilkompetenz „Generieren und Reflektieren von Sachinformationen" wurden mit Transfermaßen Kompetenzzuwächse in allen vier Mapping-Varianten diagnostiziert. Dies gelang bislang nicht für die Teilkompetenz „Bewerten, Entscheiden und Reflektieren".

Derzeit wird im Rahmen einer experimentellen Validierung (Hauptstudie zu Bögeholz et al. 2017; Vorstudie: $N = 117$ Schülerinnen und Schüler der Klasse 8) untersucht, inwiefern ein Training zur Förderung des Beschreibens einer Umweltproblemsituation und dem Entwickeln von Handlungsoptionen zur Förderung der Teilkompetenz „Generieren und Reflektieren von Sachinformationen" beiträgt. Dabei wird analysiert, inwiefern diese Förderung höher ausfällt als eine gleichzeitige Förderung der Teilkompetenz „Bewerten, Entscheiden und Reflektieren". Auch wird geprüft, inwiefern die Förderung des Abwägens von Vor- und Nachteilen bei Handlungsoptionen und die Anwendung von Entscheidungsstrategien die adressierte Teilkompetenz „Bewerten, Entscheiden und Reflektieren" mehr fördert als das „Generieren und Reflektieren von Sachinformationen". Zudem erfolgt eine Abgrenzung der beiden Teilkompetenzen von Bewertungskompetenz zu Problemlösekompetenz.

Auch wenn bislang nicht durchgängig alle Interventionsstudien Evidenzen für intendierte Zuwächse von Bewertungskompetenz zeigten, so sind die vorliegenden Evidenzen doch ermutigend. Denn zu berücksichtigen ist, dass mit Ausnahme von drei Studien alle Untersuchungen im Unterricht unter Zuweisung von Klassen zu Treatmentbedingungen erfolgten. Zudem führten die Lehrkräfte der Klassen in der Regel den Unterricht selbst durch. Selbst bei den drei Ausnahmen handelt es sich um unterrichtsintegrierte Studien, genauer um computerbasierte Trainingsstudien mit randomisierten Gruppenzuweisungen zu verschiedenen Treatmentvarianten. Damit erfolgten alle Studien und berichteten Nachweise von Evidenzen zur Förderung von Bewertungskompetenz unter realen bzw. realitätsnahen Unterrichtsbedingungen und nicht unter (vergleichsweise störungsfreien) Laborbedingungen jenseits von Unterricht. Damit sind geringer ausfallende Kompetenzzuwächse als in Laborstudien zu erwarten. Weiterhin wurden allein Abschn. 1.3.1 berichteten Testungen der Wirkungen von Fördermaßnahmen an Transferaufgabenkontexten vorgenommen. Bislang werden in der fachdidaktischen Wirkungsforschung Kompetenzmessungen an Transferkontexten als anzustrebender Standard noch nicht durchgängig umgesetzt. Es handelt sich dabei jedoch um eine Voraussetzung, um von Kompetenzzuwächsen sprechen zu können (Klieme et al. 2008).

Insgesamt liegt mittlerweile eine nennenswerte Anzahl von evaluierten Unterrichtskonzepten und -einheiten vor, die die Erträge der Forschung zu Kompetenzmodellen und von Interventionsstudien zur Bewertungskompetenz für die Unterrichtspraxis fruchtbar machen (Bögeholz et al. 2018). Dies gilt sowohl für Fragestellungen um die Gestaltung Nachhaltiger Entwicklung als auch für bio- und medizinethische Fragen.

11.3.2 Oldenburger Modell der Bewertungskompetenz für bio- und medizinethischer Fragen

Aufbauend auf den Arbeiten von Hößle (2007) erhoben Reitschert (2009) und Mittelsten Scheid (2008) die ethische Bewertungskompetenz von Schülerinnen und Schülern der Sekundarstufe I zu medizin- und tierethischen Kontexten im Rahmen qualitativer Verfahren. Die Ergebnisse zeigen, dass sich Bewertungskompetenz in sieben Teilaspekte gliedern lässt (zusammengefasst in Alfs et al. 2012). Im Rahmen einer Interventionsstudie mit Jugendlichen im Alter von 16 Jahren konnte bereits Folgendes nachgewiesen werden: Die Entwicklung der moralischen Urteilsfähigkeit (der Begriff wurde vor Einführung der Bildungsstandards synonym für Bewertungskompetenz geführt) lässt sich durch einen Unterricht stimulieren, der sowohl Hoffnungen als auch Befürchtungen der Schülerinnen und Schüler berücksichtigt und somit persönliche Betroffenheit erzeugt (Hößle 2007). Als Hilfe zur Strukturierung des Unterrichts sowie zur Förderung der moralischen Urteilsfähigkeit wurde die unter Abschn. 11.2.2 dargestellte Sequenzierungsmethode verwendet, bei der der Bewertungsprozess in verschiedene Schritte unterteilt wird.

Mit der Einführung der Bildungsstandards standen Biologielehrkräfte vor der Herausforderung, stärker ethisch relevante Themen in den Unterricht zu integrieren, um die Bewertungskompetenz von Heranwachsenden explizit zu fördern. Um in der Lehramtsausbildung auf diese Herausforderung vorbereiten zu können, wurden die Schwierigkeiten, die Lehrkräfte beim Unterrichten von Bewertungskompetenz aufweisen, analysiert. Alfs (2012) konnte in ihrer qualitativ ausgerichteten Studie zeigen, dass Lehrkräfte bisher kein festes fachdidaktisches Wissen hinsichtlich der Förderung von Bewertungskompetenz aufweisen. Es bereitet ihnen große Probleme, diese Kompetenz gezielt im Biologieunterricht zu fördern. In folgender Metapher fasst eine Lehrerin die Situation zusammen: „Da begibt man sich als Lehrer auf Glatteis" (Alfs 2012, S. 156). Die Schwierigkeiten entstehen auf drei Ebenen: Lehrkräfte, Schülerinnen und Schüler sowie Schule. Insgesamt wurde deutlich, dass Lehrkräfte ausreichend deklaratives Hintergrundwissen über theoretische Modelle, Unterrichtsmethoden sowie Kriterien zur Leistungsmessung zu diesem Kompetenzbereich besitzen. Ihnen fehlen jedoch Routinen, Schemata und Handlungsmöglichkeiten (im Sinne prozeduralen Wissens), um Bewertungskompetenz angemessen im Biologieunterricht zu fördern. Steffen (2015) und Heusinger von Waldegge (2016) konnten darüber hinaus ermitteln, dass insbesondere das Diagnostizieren von Bewertungskompetenz als problematisch angesehen wird, da es hierzu bisher an Bausteinen in der Aus- und Weiterbildung fehlt. Dieses Defizit versuchte Visser (2014) zu beseitigen, indem sie Klausuraufgaben entwickelte, testete und optimierte. Dabei liegt der Fokus der Aufgaben auf dem Erfassen der Argumentationsfähigkeit von Schülerinnen und Schülern der gymnasialen Oberstufe. Die abgeschlossenen Arbeiten liefern Hinweise dazu, wie Schülerinnen und Schüler hinsichtlich ihrer Entwicklung gefördert und Studierende frühzeitig auf das Unterrichten und Diagnostizieren von Bewertungskompetenz vorbereitet werden können.

11.3.3 Die explizite Reflexion intuitiver Vorstellungen

Hier werden nun einige ausgewählte empirische Befunde der Hamburger Arbeitsgruppe „Intuition und Reflexion" vorgestellt (Gebhard und Mielke 2003). In zwei schulischen (Born 2007; Monetha 2009) und einer laborexperimentellen Interventionsstudie (Oschatz 2011) wurde die lernpsychologische Wirksamkeit der expliziten Reflexion von intuitiven Vorstellungen (Alltagsfantasien; Kap. 2) zu einem bioethischen Thema (Gentechnik) untersucht. In den beiden schulischen Interventionsstudien konnte gezeigt werden, dass ein Biologieunterricht, der Alltagsfantasien von Schülerinnen und Schülern explizit thematisiert und immer wieder darauf zurückkommt, sinnhafter interpretiert wird, motivierender ist und im Vergleich mit der Kontrollgruppe auch zu einem nachhaltigeren Lernerfolg führt.

Die Befunde zeigen zusätzlich, dass vornehmlich Personen mit hoher Bereitschaft zum Nachdenken durch die Reflexion ihrer intuitiven Welt- und Menschenbilder angesprochen werden (vgl. Oschatz 2011). Unmittelbar hat die Reflexion der Alltagsfantasien dabei einen irritierenden Effekt. Allerdings zeigen die Interventionsstudien, dass sich diese irritierende Tiefe lohnt: Wenn die Fantasien willkommen sind, wenn sie immer wieder zum Gegenstand expliziter Reflexion gemacht werden, wird die Auseinandersetzung mit Themen wie Gentechnik oder Stammzellforschung sinnhafter erlebt. Die Irritation kann also in vertiefte und nachhaltige Lernprozesse transformiert werden, und zwar wesentlich unter den Bedingungen von sozialem Austausch und Raum für Nachdenklichkeit (Gebhard 2015). Auch unabhängig davon sind die subjektivierenden Fantasien für Bildungsprozesse deshalb besonders wichtig, weil sie den Fachunterricht mit den kulturellen und sozialen Konzepten und den damit implizierten Welt- und Menschenbildern der Schülerinnen und Schüler in Verbindung bringen. Der Austausch über die intuitiven Welt- und Menschenbilder in der Gruppe befördert dabei vermutlich die Reflexion verschiedener Perspektiven und beeinflusst auf diesem Wege auch die Bewertungskompetenz.

11.4 Zusammenfassung

Der Bildungsanspruch, dass Schülerinnen und Schüler in einer wissenschafts- und technologiegestützten Gesellschaft Bewertungskompetenz erwerben sollen, ist die *Ausgangslage* dieses Forschungsbereichs. Er zeichnet sich durch eine normative, eine konzeptionelle und eine empirische Perspektive aus. Auf einer normativen Ebene setzt sich die Biologiedidaktik mit Fragen um die Gestaltung Nachhaltiger Entwicklung sowie mit bio- und umweltethischen Fragen im Biologieunterricht und in der Biologielehrerbildung auseinander. Um in biologiebezogenen Kontexten die Fähigkeit zum begründeten Entscheiden und zur Partizipation an gesellschaftlichen Meinungsbildungsprozessen zu fördern, gilt es, sowohl die politisch-emanzipatorische Dimension des naturwissenschaftlichen Unterrichts als auch relevante Diskurse aus der Nachhaltigkeitsforschung, aus den Bereichen der

Moralphilosophie, Umwelt- und Bioethik sowie der Moralpsychologie zu reflektieren und einzubinden. Dieser Erfordernis wurde innerhalb der theoretischen Fundierung von Kompetenzmodellen zur Bewertungskompetenz Rechnung getragen.

Konzeptionell untersucht und fördert die Biologiedidaktik die Weiterentwicklung von curricularen Inhalten und Vermittlungskonzepten zur Förderung von Bewertungskompetenz und erarbeitet somit *Lösungsvorschläge* zur Umsetzung eines kompetenzorientierten und bildungswirksamen Biologieunterrichts. Dies erfolgt nicht losgelöst von Auseinandersetzungen mit der normativen Ebene und Erkenntnissen aus empirischen Evaluationen im Rahmen der Bewertungskompetenzforschung. Dabei spielen das Reflektieren für begründetes Entscheiden und die Aneignung diskursorientierter Kommunikationsformen eine zentrale Rolle.

Empirische *Wirksamkeitsnachweise* beziehen sich auf schul- und hochschuldidaktische Maßnahmen. Die Biologiedidaktik analysiert kognitive Komponenten von Bewertungskompetenz, Einstellungen und Alltagsfantasien von Schülerinnen und Schülern. Zudem befasst sie sich mit fachdidaktischem Handlungswissen und -mustern von Lehramtsstudierenden und Lehrkräften. Darüber hinaus leistet die Biologiedidaktik einen zentralen Beitrag für evidenzbasiertes Unterrichten des Kompetenzbereichs Bewertung in den naturwissenschaftlichen Fächern (Bögeholz et al. 2018).

Mit einem breit gefächerten Erkenntnisinteresse zum Kompetenzbereich Bewertung – und dem Reflektieren für begründetes Entscheiden in der Gesellschaft – ist die Biologiedidaktik im schulischen und im außerschulischen Bereich (Kap. 14) sowie im Bereich der Hochschulbildung aktiv. Dabei fokussiert sie bei der Forschung zur Förderung von Bewertungskompetenz sowohl die individuelle und die gemeinschaftliche Ebene ethischer Reflexionsprozesse als auch die Befähigung zur Partizipation in der Gesellschaft.

Literatur

Alfs, N. (2012). *Ethisches Bewerten fördern. Eine qualitative Untersuchung zum fachdidaktischen Wissen von Biologielehrkräften zum Kompetenzbereich „Bewertung"*. Hamburg: Kovač.

Alfs, N., Heusinger von Waldegge, K., & Hößle, C. (2012). Bewertungsprozesse verstehen und diagnostizieren. *Zeitschrift für interpretative Schul- und Unterrichtsforschung, 1*, 83–113.

Baumert, J., & Kunter, M. (2006). Stichwort: Professionelle Kompetenz von Lehrern. *Zeitschrift für Erziehungswissenschaft, 9*(4), 469–520.

Becker, G. (2008). *Soziale, moralische und demokratische Kompetenz fördern. Ein Überblick über schulische Förderkonzepte*. Weinheim: Beltz.

Bögeholz, S. (2006). Explizit Bewerten und Urteilen – Beispielkontext Streuobstwiese. *Praxis der Naturwissenschaften – Biologie in der Schule, 55*(1), 17–24.

Bögeholz, S., Hößle, C., Langlet, J., Sander, E., & Schlüter, K. (2004). Bewerten – Urteilen – Entscheiden im biologischen Kontext: Modelle in der Biologiedidaktik. *Zeitschrift für die Didaktik der Naturwissenschaften, 10*, 89–115.

Bögeholz, S., Eggert, S., Ziese, C., & Hasselhorn, M. (2017). Modeling and fostering deci-sion-making competence regarding challenging issues of sustainable development. In D. Leutner, J. Fleischer, J. Grünkorn, & E. Klieme (Hrsg.), *Competence assessment in education research, models and instruments* (S. 263–284). Berlin: Springer.

Bögeholz, S., Hößle, C., Höttecke, D., & Menthe, J. (2018). Bewertungskompetenz. In D. Krü-ger, I. Parchmann, & H. Schecker (Hrsg.), *Theorien in der naturwissenschaftsdidaktischen Forschung* (S. 261–281). Berlin: Springer.

Böhm, M., Eggert, S., Barkmann, J., & Bögeholz, S. (2016). Evaluating sustainable development solutions quantitatively: Competence modelling for GCE and ESD. *Citizenship, Social and Economics Education, 15*(3), 190–211. https://doi.org/10.1177/2047173417695274.

Born, B. (2007). *Lernen mit Alltagsphantasien*. Wiesbaden: VS Verlag.

Combe, A., & Gebhard, U. (2009). Irritation und Phantasie. *Zeitschrift für Erziehungswissen-schaft, 12*(3), 549–571.

Dittmer, A. (2012). Wenn die Frage nach dem Wesen des Faches nicht zum Wesen des Faches gehört. Über den Stellenwert der Wissenschaftsreflexionen in der Biologielehrerbildung. *Zeit-schrift für interpretative Schul- und Unterrichtsforschung, 1*, 127–141.

Dittmer, A., & Gebhard, U. (2012). Stichwort Bewertungskompetenz: Ethik im naturwissen-schaftlichen Unterricht aus sozial-intuitionistischer Perspektive. *Zeitschrift für Didaktik der Naturwissenschaften, 18*, 81–98.

Dittmer, A., Gebhard, U., Höttecke, D., & Menthe, J. (2016). Ethisches Bewerten im natur-wissenschaftlichen Unterricht: Theoretische Bezugspunkte. *Zeitschrift für Didaktik der Naturwissenschaften, 22*, 97–108.

Eggert, S., & Bögeholz, S. (2006). Göttinger Modell der Bewertungskompetenz – Teilkompetenz „Bewerten, Entscheiden und Reflektieren" für Gestaltungsaufgaben Nachhaltiger Ent-wicklung. *Zeitschrift für Didaktik der Naturwissenschaften, 12*, 177–197.

Eggert, S., & Bögeholz, S. (2010). Students' use of decision-making strategies with regard to socioscientific issues – An application of the Rasch partial credit model. *Science Education, 94*(2), 230–258.

Eggert, S., Barfod-Werner, I., & Bögeholz, S. (2008). Entscheidungen treffen – Wie man vor-gehen kann. In U. Harms (Hrsg.). *Unterricht Biologie kompakt Fächerübergreifend unter-richten, 32*(336), 13–18.

Eggert, S., Bögeholz, S., Watermann, R., & Hasselhorn, M. (2010). Förderung von Bewertungs-kompetenz im Biologieunterricht durch zusätzliche metakognitive Strukturierungshilfen beim Kooperativen Lernen. Ein Beispiel für Veränderungsmessung. *Zeitschrift für die Didaktik der Naturwissenschaften, 16*, 299–314.

Eggert, S., Barfod-Werner, I., Becker, G., Goedecke, K., Grammel, U., Gritzan, A., et al. (2011). Der Schiffsbohrwurm – Eine gefräßige Muschel! In P. Schmiemann & A. Sandmann (Hrsg.), *Aufgaben im Kontext: Biologie* (S. 46–57). Seelze: Friedrich.

Eggert, S., Ostermeyer, F., Hasselhorn, M., & Bögeholz, S. (2013). Socioscientific decision making in the science classroom: The effect of embedded metacognitive instructions on stu-dents' learning outcomes. *Education Research International, 2013*(309894), 1–12. https://doi.org/10.1155/2012/309894.

Eggert, S., Nitsch, A., Boone, W. J., Nückles, M., & Bögeholz, S. (2017). Supporting students' learning and socioscientific reasoning about climate change. The effect of computer-ba-sed concept mapping scaffolds. *Research in Science Education, 47*(1), 137–159. https://doi.org/10.1007/s11165-015-9493-7.

von Falkenhausen, E. (1994). Ethische Fragen im Biologieunterricht. In K. Brehmer, K. Goe-deke, R. Richter, T. Warmbold, E. von Falkenhausen, J. Langlet, & E. Rottländer (Hrsg.), *Ethische Fragen im Biologieunterricht. Grundprobleme und Fallbeispiele* (S. 5–14). Hanno-ver: Dekla.

Gebhard, U. (1991). Nachdenklichkeit und Muße: Gedanken zu einem verantwortbaren Biologie-unterricht in den 90er Jahren. *Biologie Heute, 385*, 9–11.

Gebhard, U. (2009). Alltagsmythen und Alltagsphantasien. Wie sich durch die Biotechnik das Menschenbild verändert. In S. Dungs, U. Gerber, & E. Mührel (Hrsg.), *Biotechnologien in Kontexten der Sozial- und Gesundheitsberufe* (S. 191–220). Frankfurt a. M.: Lang.

Gebhard, U. (2015). Sinn, Phantasie und Dialog. Zur Bedeutung des Gesprächs beim Ansatz der Alltagsphantasien. In U. Gebhard (Hrsg.), *Sinn im Dialog. Zur Möglichkeit sinnkonstituierender Lernprozesse im Fachunterricht.* Wiesbaden: Springer VS.

Gebhard, U., & Mielke, R. (2003). „Die Gentechnik ist das Ende des Individualismus." Latente und kontrollierte Denkprozesse bei Jugendlichen. In D. Birnbacher et al. (Hrsg.), *Philosophie und ihre Vermittlung* (S. 202–218). Hannover: Siebert.

Gebhard, U., Nevers, P., & Billmann-Mahecha, E. (2003). Moralizing trees: Anthropomorphism and identity in children's relationship to nature. In S. Clayton & S. Opotow (Hrsg.), *Identity and the natural environment. The psychological significance of nature* (S. 91–112). Cambridge: MIT-Press.

Gresch, H., Hasselhorn, M., & Bögeholz, S. (2013). Training in decision-making strategies: An approach to enhance students' competence to deal with socio-scientific issues. *International Journal of Science Education, 35*(15), 2587–2607. https://doi.org/10.1080/09500693.2011.6 17789.

Gresch, H., Hasselhorn, M., & Bögeholz, S. (2017). Enhancing decision-making in STSE education by inducing reflection and self-regulated learning. *Research in Science Education, 47*(1), 95–118. https://doi.org/10.1007/s11165-015-9491-9.

Habermas, J. (1992). *Moralbewußtsein und kommunikatives Handeln.* Frankfurt a. M.: Suhrkamp.

Heusinger von Waldegge, K. (2016). *Biologielehrkräfte diagnostizieren die Schülerkompetenz ,Bewerten' – Eine qualitative Untersuchung zu Orientierungen bei der Diagnose.* Hamburg: Kovač.

Hößle, C. (2007). Theorien zur Entwicklung und Förderung moralischer Urteilsfähigkeit. In D. Krüger & H. Vogt (Hrsg.), *Theorien in der biologiedidaktischen Forschung. Ein Handbuch für Lehramtsstudierende und Doktoranden* (S. 110–120). Berlin: Springer.

Hößle, C. (2016). Aufgaben zu Diagnose und Förderung von Bewertungskompetenz. In C. J. Kretschmer, K. Mayr-Keiler, G. Örley, & I. Plattner (Hrsg.), *Visible Didactics – Fachdidaktische Forschung trifft Praxis: Bd. 2. Transfer Forschung – Schule* (S. 188–199). Bad Heilbrunn: Klinkhardt.

Hößle, C., & Alfs, N. (2014). *Doping, Gentechnik, Zirkustiere. Bioethik in der Schule.* Hallbergmoos: Aulis.

Hößle, C., & Lude, A. (2004). Bioethik im naturwissenschaftlichen Unterricht. Ein Problemaufriss. In C. Hößle, D. Hötteke, & E. Kircher (Hrsg.), *Lehren und lernen über die Natur der Naturwissenschaften* (S. 23–43). Hohengehren: Schneider.

Kattmann, U. (1988). Heimliche Ethik. *Mitteilungen des Verbandes Deutscher Biologen, 5,* 1612–1614.

Klieme, E., Hartig, J., & Rauch, D. (2008). The concept of competence in educational contexts. In J. Hartig, E. Klieme, & D. Leutner (Hrsg.), *Assessment of competencies in educational contexts* (S. 3–22). Göttingen: Hogrefe.

KMK (Sekretariat der Ständigen Konferenz der Kultusminister der Länder in der Bundesrepublik Deutschland) (Hrsg.). (2005). Beschlüsse der Kultusministerkonferenz: Bildungsstandards im Fach Biologie für den Mittleren Bildungsabschluss. Beschluss vom 16.12.2004. München: Luchterhand. http://www.kmk.org/schul/Bildungsstandards/Biologie_MSA_16-12-04.pdf.

Koller, H.-C. (2007). Bildung als Entstehung neuen Wissens? Zur Genese des Neuen in transformatorischen Bildungsprozessen. In H.-R. Müller & W. Stravoradis (Hrsg.), *Bildung im Horizont der Wissensgesellschaft* (S. 49–66). Wiesbaden: VS Verlag.

Mittelsten Scheid, N. (2008). *Niveaus von Bewertungskompetenz – Eine empirische Studie im Rahmen des Projekts ,Biologie im Kontext'* (Bd. 4)., Studien zur Kontextorientierung im naturwissenschaftlichen Unterricht Tönning: Der Andere.

Monetha, S. (2009). *Alltagsphantasien, Motivation und Lernleistung.* Opladen: Barbara Budrich.

Mrochen, M., & Höttecke, D. (2012). Einstellungen und Vorstellungen von Lehrpersonen zum Kompetenzbereich Bewertung der Nationalen Bildungsstandards. *Zeitschrift für interpretative Schul- und Unterrichtsforschung, 1*, 113–145.

Nevers, P. (2003). Diskurskultur und Moral. In S. Albrecht, J. Dierken, H. Freese, & C. Hößle (Hrsg.), *Stammzellforschung – Debatten zwischen Ethik, Politik und Geschäft* (S. 161–177). Hamburg: Hamburg University Press.

Nevers, P. (2009). Transcending the factual in biology by philosophizing with children. In G. Y. Iversen, G. Mitchell, & G. Pollard (Hrsg.), *Hovering over the face of the deep. Philosophy, theology and children* (S. 147–160). Waxmann: Münster.

Oschatz, K. (2011). *Intuition und fachliches Lernen. Zum Verhältnis von epistemischen Überzeugungen und Alltagsphantasien*. Wiesbaden: VS Verlag.

Ostermeyer, F., Eggert, S., & Bögeholz, S. (2012). Rein pflanzlich, dennoch schädlich? In W. Ruppert (Hrsg.), Selbstreguliertes Lernen. *Unterricht Biologie, 377*(78), 43–50.

Ratcliffe, M., & Grace, M. (2003). *Science education for citizenship. Teaching socio-scientific issues*. Maidenhead: Open University Press.

Rehm, M. (2007). Naturwissenschaftlich-politisches Lernen. In V. Reinhardt (Hrsg.), *Inhaltsfelder der Politischen Bildung* (S. 111–119). Baltmannsweiler: Schneider.

Reitschert, K. (2009). *Ethisches Bewerten im Biologieunterricht. Eine qualitative Untersuchung zur Strukturierung und Ausdifferenzierung von Bewertungskompetenz in bioethischen Sachverhalten bei Schülern der Sekundarstufe I*. Hamburg: Kovač.

Robinsohn, S. B. (1967). *Bildungsreform als Revision des Curriculum*. Berlin: Neuwied.

Sakschewski, M., Eggert, S., Schneider, S., & Bögeholz, S. (2014). Students' socioscientific reasoning and decision-making on energy-related issues. Development of a measurement instrument. *International Journal of Science Education, 36*(14), 2291–2313. https://doi.org/10.108 0/09500693.2014.920550.

Sprod, T. (2001). *Philosophical discussion in moral education: The community of ethical inquiry*. London: Routledge.

Steffen, B. (2015). *Negiertes Bewältigen. Eine Grounded-Theory-Studie zur Diagnose von Bewertungskompetenz durch Biologielehrkräfte*. Berlin: Logos.

Tan, C. (2008). *Teaching without indoctrination: Implications for values education*. Rotterdam: Sense Publishers.

Van der Zande, P. (2011). *Learners in dialogue: Teacher expertise and learning in the context of genetic testing*. Doctoral thesis, Utrecht: University of Utrecht.

Visser, E. (2014). *Die Diagnose der Bewertungskompetenz durch schriftliche Aufgaben im Biologieunterricht*. Hamburg: Kovač.

Die Wirkung von Biologieunterricht auf verantwortungsbewusstes Verhalten zu umweltgerechter Nachhaltigkeit (Environmental Literacy)

12

Franz X. Bogner, Florian G. Kaiser, Thomas Heyne und Christoph Randler

Inhaltsverzeichnis

Eine Schulkasse erlebt eine Woche Freilandunterricht mitten in einem Nationalpark, rundherum nur Wald. Eltern, denen dadurch zusätzliche Kosten entstehen, Schulleiter und Kollegen, die das wöchentliche Lehrdeputat von zwei begleitenden Lehrkräften über Vertretungen auffangen müssen, und Nationalparkverwaltungen, die kostenintensives Personal jahrein, jahraus vorhalten müssen, werden fragen, was das denn eigentlich bringt. Wie kann man den Erfolg einer solchen „grünen Woche" objektiv dingfest machen?

F. X. Bogner (✉)
Lehrstuhl Didaktik der Biologie, Universität Bayreuth, Bayreuth, Deutschland
E-Mail: franz.bogner@uni-bayreuth.de

F. G. Kaiser
Institut für Psychologie, Otto-von-Guericke-Universität Magdeburg, Magdeburg, Deutschland
E-Mail: florian.kaiser@ovgu.de

T. Heyne
Fachgruppe Didaktik Biologie, Universität Würzburg, Würzburg, Deutschland
E-Mail: thomas.heyne@biozentrum.uni-wuerzburg.de

C. Randler
Fachbereich Biologie, Eberhard Karls Universität, Tübingen, Deutschland
E-Mail: christoph.randler@uni-tuebingen.de

© Springer-Verlag GmbH Deutschland, ein Teil von Springer Nature 2019
J. Groß et al. (Hrsg.), *Biologiedidaktische Forschung: Erträge für die Praxis*,
https://doi.org/10.1007/978-3-662-58443-9_12

12.1   Das empirische Environmental-Literacy-Modell

12.1.1 Wie misst man veränderte Umwelteinstellungen?

Das Praxisbeispiel oben wirft die Frage auf, wie und woran man denn den Erfolg einer solchen Nationalparkwoche messen könnte, oder auch die Wirkung der Umweltbildung im „normalen" schulischen Biologieunterricht. Bei Temperaturmessungen haben wir Thermometer, bei Höhenmessungen ein Barometer, bei Ortsbestimmungen GPS-Werte. Gibt es etwas Vergleichbares bei einer pädagogischen Erfolgsmessung? Der Vergleich ist gar nicht so abwegig, wie er zunächst klingen mag. Es hat immerhin Jahrhunderte gedauert, bis wir zumindest in Europa ein einheitliches Thermometer hatten. Bei der Längenmessung konkurrieren immer noch zwei unterschiedliche Systeme (deren Diskrepanz jüngst sogar Marsmissionen scheitern ließ). Dabei handelt es sich um einfach messbare physikalische Größen, nur dass eben hinsichtlich der verwendeten Einheiten Übereinstimmung herrschen muss. Wie sieht es aber bei so „weichen" Variablen wie dem pädagogischen Erfolg einer grünen Freilandunterrichtswoche aus? Reden wir also zunächst über das empirische Messen und danach über mögliche Effekte von Unterrichtsinhalten.

Ein guter Messansatz muss wissenschaftlich überzeugen und vergleichsweise einfach handhabbar sein, auch wenn im Beispiel der empirischen Effektivitätsmessung einer grünen Schulklassenwoche komplexe, „weiche" und damit schwierig messbare Variablen berührt sind. Schon der bloße neudeutsche Begriff „Environmental Literacy" verspricht Komplexität und endlose Messprobleme, wie eine Bündelung von Kompetenzen unserer grünen Verantwortung psychometrisch fundiert festzulegen sei. Wörtlich übersetzt mit „Umweltlesefähigkeit" sind damit alle involvierten Kompetenzfelder gemeint, die für unser verantwortungsbewusstes Verhalten zu umweltgerechter Nachhaltigkeit ursächlich sein können. Angesichts dessen ist es nicht weiter verwunderlich, dass eine valide Modellierung nicht in einem psychometrischen Guss vonstattengehen konnte. Im Falle des Environmental-Literacy-Modells konnte man gottlob auf etablierte Forschungssäulen zurückgreifen, die über unabhängige Bestätigungen anderer Arbeitsgruppen zusätzlich abgesichert waren. In besagter Freilandunterrichtswoche werden Schülerinnen und Schüler zweifellos kognitiv etwas lernen, sie werden an ihren (Umwelt-)Einstellungen arbeiten und vielleicht auch ihr individuelles Verhalten neu justieren. Alle drei „Säulen" mussten nicht aus dem Nichts neu entwickelt werden, unabhängige Gegentestungen und Bestätigungen durch Konkurrenzgruppen hatten zusätzliche Sicherheit gebracht. So konnte es gelingen, in den letzten zehn Jahren zusammen mit einem Berkeley-Modellierungsexperten die empirischen Einzelsäulen zu einem stimmigen Gesamtmodell zusammenzufügen (Roczen et al. 2014).

Kompetenzen werden im Sinne von Weinert (2001) als Summe von Fähigkeiten und Fertigkeiten aufgefasst, die es Jugendlichen erlauben, effektiv und erfolgreich mit Alltagsherausforderungen umzugehen. Ein empirisch fundiertes, ökologiespezifisches Kompetenzmodell sollte in unserem Fall Handlungskompetenzen,

Einstellungen und kognitiv-emotionale Kompetenzen valide erfassen können. Die Architektur baut dabei auf drei empirischen Säulen auf:

1. dem kognitiven Wissensmodell,
2. dem 2-MEV-Einstellungsmodell sowie
3. dem GEB-Verhaltensmodell.

Abschn. 12.1.2 befasst sich mit der Strukturierung des entsprechenden Wissens, Abschn. 12.1.3 mit der Etablierung der Umwelteinstellungsskala 2-MEV. Letztere ist exemplarisch ausführlicher dargestellt, da dieser Forschungsstrang nach zwei Dekaden Forschungsarbeit als weitgehend abgeschlossen betrachtet werden kann. Abschn. 12.1.4 und 12.1.5 stellen die empirische Messbarkeit des berichteten ökologischen Verhaltens (GEB) vor. Abschn. 12.2 konzentriert sich auf verschiedene unterrichtliche Praxiseinsätze mit seinen Auswirkungen, gemessen sowohl mit Teilen des Modells als auch mit dem Gesamtmodell.

12.1.2 Die kognitiven Wissensvariablen

Die Erfassung kognitiven Wissens in diesem Rahmen basiert im Wesentlichen auf den Arbeiten des DFG-Schwerpunktprogramms „Kompetenzmodelle zur Erfassung individueller Lernergebnisse und zur Bilanzierung von Bildungsprozessen" (SPP 1293), in dessen Zuge drei verschiedene Arten von Umweltwissen definiert wurden: Systemwissen (SYS), Handlungswissen (ACT) und Effektivitätswissen (EFF) (Kaiser und Weber 1999; Kaiser und Wilson 2004; Kaiser et al. 2008).

Die Gesamtheit des Umweltwissens wird dabei als notwendige, jedoch nicht hinreichende Bedingung innerhalb der Umwelthandlungskompetenz betrachtet (Gardner und Stern 2002). Es wird als eine intellektuelle Fähigkeit diskutiert, die klassischer Gegenstand von Unterrichtsimplementierungen und erwiesenermaßen eine notwendige Vorbedingung von Umwelthandeln ist (Kaiser et al. 2008; Roczen et al. 2010). Zugegebenermaßen wurde Wissen lange Zeit aus motivationaler Sicht als nicht besonders relevant für individuelles Verhalten erachtet (Hines et al. 1987), sein Einfluss über das Schaffen von Bewusstsein und Erkennen von Gründen für ökologisches Verhalten wurde vielmehr regelmäßig rigoros unterschätzt. Diese Fehleinschätzung war jedoch ein schlichtes Messproblem gewesen:

1. *Systemwissen (SYS)* deckt entsprechendes Wissen beispielsweise über geltende Zusammenhänge in Ökosystemen ab oder über Ursachen von Umweltproblemen. Als typisches Beispiel könnte die Kenntnis der atmosphärischen Aus- und Wechselwirkungen von CO_2 gelten.
2. *Handlungswissen (ACT)* ist komplexer einzuschätzen, da es sowohl ein Wissen über mögliche Handlungsoptionen als auch über konkrete Handlungsausführungen umfasst. Als typisches Beispiel könnte Wissen bezüglich der richtigen Art der Mülltrennung gelten.

3. *Effektivitätswissen (EFF)* umfasst die Kenntnis des Schutzpotenzials unterschiedlicher Verhaltensweisen (Kaiser et al. 2008). So haben beispielsweise der Kauf eines verbrauchsreduzierten Fahrzeugs und die freiwillige Mobilitätseinschränkung unterschiedliche Benzinsparpotenziale, deren individuelle Beurteilung notwendiges Wissen voraussetzt.

Alle drei Wissensarten wurden erstmals unter Zugrundelegung eines mehrdimensional erweiterten Modells der Rasch-Familie von Frick et al. (2004) definiert. Dabei wurde Systemwissen (SYS) als in der Regel nicht direkt auf die Umwelthandlungskompetenz einwirkende Variable beschrieben, jedoch offenbar als Begründung für die Suche nach angemessenen Handlungsweisen sowie nach Informationen über die Auswirkungen dieser Handlungen (Roczen et al. 2010). Das schon genannte Beispiel der Mülltrennung ist in diesem Kontext ein typisches. Diese Wissensart kann als Grundlage für die Aneignung von Effektivitätswissen (EFF) diskutiert werden und stellt damit eine nicht unwichtige Einflussvariable der individuellen Umwelthandlungskompetenz dar.

12.1.3 Das Einstellungsmodell 2-MEV

Einstellungen werden unbestritten als essenzielle Stellschrauben individuellen Verhaltens angesehen. Ihnen wird daher im 2-MEV-Modell (MEV = Major Environmental Values; Bogner und Wilhelm 1996; Bogner und Wiseman 1997, 1999, 2002; Bogner et al. 2000; Wiseman und Bogner 2003) eine zentrale Rolle zugedacht. Metaanalysen hatten noch in den 1990er Jahren keinem bis dahin bestehenden Ansatz eine Gültigkeit bescheinigt (Arcury et al. 1986; Arcury und Christianson 1990; Hines et al. 1987; Leeming et al. 1993, 1995). Es kristallisierten sich dennoch vor allem zwei Aspekte heraus, die Einstellungen umfassend abbilden können: die Präferenzen für Naturschutz (PRE) und für Natur(aus) nutzung (UTL). Beide Aspekte wurden zunächst singulär mit einem anthropozentrischen und ökozentrischen Denken umschrieben (z. B. Dunlap und Van Liere 1978; Catton und Dunlap 1978; Milbrath 1984). Naturnutzungseinstellungen spiegeln traditionelle Werte unserer Gesellschaft wider; sie sehen in der Natur eine schier unerschöpfliche Quelle, die von Menschen genutzt und ausgenutzt werden kann. Ökozentrisches Denken sucht ein Leben in Harmonie mit der Natur, möchte Anwalt für die Natur sein und auf konsequenten Umweltschutz setzen (Cotgrove und Duff 1981; Blaikie 1992). Natur an sich hat darin einen eigenen, ganzheitlichen Wert, der durchaus höher als die bloße Summe der Einzelteile ausfällt; Mensch und Natur sollen gleichberechtigt sein. Seitdem das 2-MEV-Modell unabhängig bestätigt ist (Milfont und Duckitt 2004; Johnson und Manoli 2008, Boeve-de Pauw 2011; Borchers et al. 2013; s. unten), erfreut es sich heute eines weltweiten Einsatzes. Mit vergleichsweise wenigen Items können jugendliche Präferenzen zum Naturschutz (PRE) und zur Naturnutzung (UTL) nicht nur schnell und valide erfasst, sondern auch über viele Sprachgrenzen hinweg miteinander verglichen werden. Vor kurzem wurde noch eine Wertschätzungsvariante *(Appreciation)* hinzugefügt (Kibbe et al. 2014). Zudem zeigt eine Studie von Bogner et al. (2015) auf der Basis einer US-Schülerpopulation von 10.500 eine hohe Stabilität über einen Zeitraum von acht Jahren. Insgesamt ist daher nicht verwunderlich, dass das 2-MEV-Modell heute weltweit in mindestens 28 verschiedenen Sprachen verwendet wird (z. B. Munoz et al. 2009). Die folgende Aufzählung gibt den Wortlaut von Items aus dem Modell wieder. Diese Items gehören zu den beiden Faktoren der höheren Ordnung: Umweltschutz- (PRE) und Naturnutzungspräferenz (UTL) (Schumm und Bogner 2016). Item 1 und Item 5 „laden" beispielsweise auf PRE, Item 2 oder Item 7 auf UTL.

1. Umweltschutz darf nicht zulasten des Fortschritts gehen.
2. Wir müssen Wälder abholzen dürfen, um möglichst viele Getreidefelder anzulegen.
3. Unser Planet hat unbegrenzte Ressourcen.
4. Die Natur kann sich immer selbst helfen.
5. Wir sollten nicht nur nützliche Tiere und Pflanzen schützen.
6. Der Mensch darf die Natur nicht für seine Bedürfnisse ändern.
7. Die Menschen regen sich viel zu sehr über Umweltverschmutzung auf.
8. Menschen sind auch nicht wichtiger als die anderen Lebewesen.

12.1.4 Das General-Ecological-Behaviour-Modell (GEB)

Das empirische Erfassen von berichtetem Verhalten sieht sich ähnlichen Schwierigkeiten gegenüber wie das Erfassen individueller Einstellungen. Glücklicherweise erarbeitete eine Schweizer Forschergruppe um Kaiser die empirischen Grundlagen hierzu, und zwar ebenfalls seit den 1990er Jahren (Kaiser 1999; Kaiser und Frick 2002). Über eine Rasch-Skalierung werden dabei individuelle Verhaltensweisen auf sechs unterschiedliche Bereichsdomänen eingegrenzt und valide erfasst: Energiesparen, Mobilität, Müllvermeidung, Recycling, Konsumverhalten und indirektes Umweltverhalten. Dieser Ansatz beruht auf dem Gedanken, dass Einstellungen und Verhalten in direkter, logischer Beziehung zueinander stehen und Ausdruck derselben Bewertungstendenz oder Motivation sind (Kaiser et al. 2005). Mehrere Studien zeigten für Einstellungen eine gute Vorhersagekraft für Verhalten, aber auch einen Zusammenhang, der umgekehrt ebenso gültig ist, d. h., dass vom Verhalten auf Einstellungen geschlossen werden kann (Kaiser et al. 2014). Dabei mag der Vorschlag, Einstellungen mit Fragen zum Verhalten zu messen, im ersten Moment verwirren. Die Berücksichtigung von Verhaltensweisen ist jedoch nichts anderes als eine Erweiterung der klassischen Einstellungsmessung rundum schwierigere Aufgaben, die wesentlich seltener mit Ja beantwortet werden. So kann das spontane und unverbindliche Beurteilen von Bewertungsaussagen mittels Ankreuzen im Fragebogen (oder mündlicher Stellungnahme im Interview) als eine Handlung betrachtet werden, die nur mit einem sehr geringen Aufwand und geringen Kosten verbunden ist. Im Gegensatz dazu ist das tatsächliche Verhalten schwieriger, wie z. B. der Verzicht auf eine Flugreise zugunsten der Umwelt (Kaiser 1999).

Die Messung über Verhaltensweisen muss dabei zweierlei berücksichtigen:

1. Die Auswahl an Verhaltensweisen muss relevante Kategorien umfassen und breit angelegt sein.
2. Die Auswahl muss sich auf einfache, mittlere und schwierige Verhaltensweisen beziehen. Es muss also breite Auswahl von Verhaltensweisen erfasst werden.

Die Betrachtung einiger Verhaltensweisen zeigt, wie unterschiedlich dahinterliegende Motive sein können: Abfall trennen kann beispielsweise finanziell motiviert sein (Gebühren sparen), aufgrund von sozialem Druck (alle anderen tun es) oder mit dem Motiv erfolgen, dass dadurch Rohstoffe wiederverwertet werden und die Umwelt geschont wird. Der Verzicht auf lange Flugreisen kann Flugangst widerspiegeln, eine Abneigung gegenüber exotischen Destinationen ausdrücken oder einen Beitrag darstellen, seinen eigenen CO_2-Fußabdruck gering zu halten. Wer eine Teamsportart betreibt, tut das vielleicht der Gesundheit zuliebe oder wegen des sozialen Austauschs. Wer lieber Treppen steigt, statt den Aufzug zu nehmen, leidet eventuell an Platzangst oder sucht zusätzliche Bewegung. Der Verzicht auf Fastfood-Produkte kann politisch oder finanziell begründet sein oder aber ein Weg, sein Körpergewicht zu reduzieren. Das Ableisten von Überstunden und der Verzicht auf Urlaub können aufgrund sozialen Drucks erfolgen, einem dabei helfen, im Beruf voranzukommen, oder dazu dienen, das eigene Gehalt aufzubessern. Wer in seiner Freizeit Fachzeitschriften liest, tut das vielleicht aus Langeweile oder um sich gezielt weiterzubilden. Während das einzelne Verhalten auf viele Motive hindeuten kann, erlaubt eine systematische Erfassung von vielen Verhaltensweisen eine klarere Interpretation der zugrunde liegenden Motivation. Auch dieses GEB-Modell ist von verschiedener Seite unabhängig bestätigt worden (für eine Zusammenfassung vgl. Urban 2016). Eine erste Kontaktaufnahme mit dieser Arbeitsgruppe seitens der Fachdidaktik erfolgte über eine Kooperation der Anpassung des Modells auf die Altersgruppe Jugendlicher (Kaiser et al. 2007).

12.1.5 Das Gesamtmodell zur Environmental Literacy

Der große Vorteil besteht in seiner validen empirischen Abdeckung der drei schon beschriebenen Säulen Wissen, Einstellungen und Verhalten und natürlich in seiner vergleichsweise geringen Itemzahl. Letzteres erlaubt daher das empirische Messen einer breiten Palette von Unterrichtsansätzen. Abb. 12.1 zeigt zunächst den wechselseitigen Einfluss der drei Wissensarten sowie die Verschränkung zwischen dem Systemwissen (SYS) und dem Handlungswissen (ACT) auf (Kaiser und Fuhrer 2003). Effektivitätswissen (EFF) ist wie erwartet niedriger, aber für beide Wissensarten dennoch einflussgebend. Außerhalb der Wissensarten fällt die Wirkung des Systemwissens als einzige Wissensvariable auf Einstellungen (ATN) auf. Diese haben ihrerseits einen kleinen, aber signifikanten Einfluss auf das Effektivitätswissen (EFF). Erwartungsgemäß groß ist dagegen

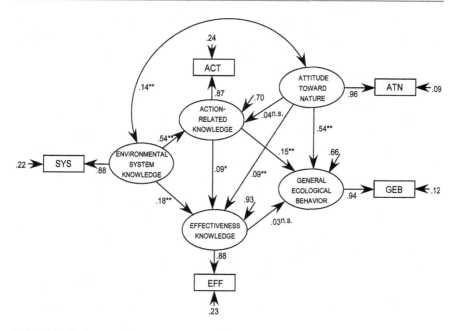

Abb. 12.1 Environmental Literacy-Modell. Die Wissensvariable wird vom Systemwissen (SYS), Handlungswissen (ACT) und Effektivitätswissen (EFF) bestimmt. In Einstellungen (ATN) sind hier zunächst einfachheitshalber Naturschutz- (PRE) und Naturnutzungspräferenzen (UTL) zu einer einzigen Dachvariablen zusammengefasst; GEB (General Ecological Behavior) bildet das individuell berichtete Verhalten ab. (Aus Roczen et al. 2014)

die Wirkung der Einstellungen (ATN), dem Dachkonstrukt der Schutz- (PRE) und Nutzungseinstellungen (UTL), auf das berichtete Verhalten (GEB). Dieses ist ebenfalls, wenn auch nicht hoch, vom Handlungswissen (ACT) beeinflusst (0.15); Handlungswissen ist seinerseits enorm vom Systemwissen (SYS) vorbestimmt (0.54!). Natürlich gibt es weitere Einflussgrößen, die das Modell noch nicht erfasst. Weitere Variablen können durchaus eingebunden und in ihrer Wirkung auf die Hauptvariablen analysiert werden (Kaiser et al. 2008).

12.2   Relevanz und Ertrag für die Praxis vor Ort

Alle drei empirischen Einzelsäulen lieferten bei nachhaltigen Themen in unterschiedlichem Umfang seit mehr als einem Jahrzehnt eine valide und reliable Evaluationsbasis für schulischen und außerschulischen Unterricht. Das 2-MEV-Modell wird beispielsweise seit 2003 flächendeckend in den USA zur Evaluation der Earth-Education-Programme eingesetzt (Cincera und Johnson 2013; Felix und Johnson 2013; Jardine et al. 2005, s. unten). Rund ein Dutzend Unterrichtsansätze wurden unter Einsatz des Modells evaluiert und publiziert, sowohl von der eigenen Arbeitsgruppe (z. B. Sturm und Bogner 2008; Schumm und Bogner 2016; Sellmann und Bogner 2012) als auch von Arbeitsgruppen im Inland (z. B. Binngießer und Randler 2015) und im Ausland (z. B. Johnson und Manoli 2008; Hagège et al. 2009, Boeve-de Pauw und van Petegem 2011; Borchers et al. 2013).

Exemplarisch sollen einige Studien dargestellt werden. Erste Studien analysierten mehrtägige Freilandunterrichtsmodule (z. B. Bogner 1998, 1999, 2002) auf der Basis des 2-MEV-Modells. Eine fünftägige Unterrichtsintervention an einem außerschulischen Lernort im Nationalpark Bayerischer Wald war dabei die umfangreichste Studie, die bislang mit gut 470 Zitaten auch eine der sichtbarsten Didaktikarbeiten in diesem Kontext ist (Bogner 1998). Der Freilandunterricht „Natur Natur sein lassen" brachte Sekundarstufenschülerinnen und -schülern nicht nur das Ökosystem Wald und die Biodiversität der Arten darin nahe, sondern auch die direkten und indirekten Gefährdungen durch den Menschen. Der einwöchige Unterricht inmitten des Nationalparks folgte einem forschend-entdeckenden Ansatz. Schülerinnen und Schüler wurden (wieder) zu Forschern: Sie lernten Artennamen, erarbeiteten sich Wissen über Bäume und Pflanzen entlang des Mittelgebirgswaldrückens, über Probleme der Luftverschmutzung oder über Borkenkäfer, aber auch über die Kraft der Natur, sich über Sukzessionen selbst helfen zu können (wenn man sie nur lässt). Oft ist es eine spielerische Herangehensweise, häufig ist Gruppenarbeit zu leisten, manchmal auch Sisyphusarbeit (etwa in einer Waldstreuuntersuchung). So lernten Woche für Woche junge Menschen den Wert unberührter Natur kennen und schätzen. Die teilnehmenden Schülerinnen und Schülern wurden viermal befragt: vor der Intervention, unmittelbar danach und vier bis sechs Wochen danach; eine Untergruppe sogar nochmals ein halbes Jahr später. Hauptaugenmerk war das erfolgreiche Interagieren mit individuellen Einstellungen, sodass eine positive Verschiebung vier Wochen und sechs Monate später noch messbar war: Naturschutzpräferenzen (PRE) wurden substanziell positiv unterstützt, Naturnutzungspräferenzen (UTL) merklich verringert. Besonders hervorzuheben ist die gemessene Konstanz der Einstellungsänderungen auch noch nach einem halben Jahr. Sind Einstellungen einmal verändert, bleiben sie es offenbar auch über längere Zeit.

Besonders in den USA wird die 2-MEV-Skala seit über einem Jahrzehnt zur Evaluation der mehrtägigen Earthkeeper-Programme eingesetzt, die in den diversen außerschulischen Lernorten auf dem Kontinent sehr beliebt sind. Sie umfassen sieben ökologische Konzepte:

1. Energiefluss,
2. Nahrungskette
3. Diversität
4. Lebensgemeinschaften
5. Wechselbeziehungen
6. Change
7. Adaptation

Earthkeeper-Programme sind in Deutschland kaum eingeführt, jedoch in nahezu allen anderen Ländern als ganzheitliche Unterrichtsansätze die oft beliebtesten Outreach-Programme (Johnson und Manoli 2010). Schülerinnen und Schüler bekommen am Projektanfang eine Hand voll „Sonnentaler" ausgehändigt, deren Bedeutung als kostbare fotosyntheseabhängige Energieeinheiten sie im Unterrichtsverlauf kennenlernen. Alle energieabhängigen Abläufe im Tagesablauf müssen sie mit Sonnentalern begleichen, und vor allem bei der Bestellung ihres Schulessens erfahren sie am eigenen Leib, wenn die Menge ihrer individuellen Sonnentaler oft nur mehr für eine vegetarische Pizza ausreicht. Hier kommen Zusammenhänge von Nahrungsebenen ins Spiel, deren Übergang jeweils mit über 90 % Verlust der Primärenergie verbunden ist. Die „fleischfressende" Energieebene ist daher besonders sonnentalerintensiv und „teuer". Eine erste umfassende Evaluation mittels des 2-MEV-Modells wurde von Johnson und Manoli (2008) damals noch auf der Basis von Primärfaktoren zusammengestellt. Neben mehreren anderen Ergebnissen konnte dabei gezeigt werden, dass Naturschutzpräferenzen (PRE) signifikant steigen, Naturnutzungspräferenzen (UTL) signifikant sinken.

Eine Studie von Binngießer und Randler (2015) zeigte in einem anderen Kontext eine klare Altersabhängigkeit individueller Einstellungen: Naturschutzpräferenzen werden umso höher angegeben, je jünger Schülerinnen und Schüler sind. Dieser Zusammenhang folgt den Vermutungen von Liefländer und Bogner (2014), die allerdings nur Schülerinnen und Schüler der 4. und 6. Jahrgangsstufen untersucht hatten. Die Ursache dieser an sich klaren Korrelation wurde in beiden Arbeiten in entwicklungspsychologischen Gründen gesucht: Soziale Erwünschtheit wird eine immer weniger wichtige Variable, je älter Kinder und Jugendliche werden. Eine Bestätigung dieser Vermutung kann jedoch erwartet werden (vgl. auch Milfont 2009; Oerke und Bogner 2013).

Borchers et al. (2013) untersuchten in einem vollkommen anderen Setting in der Elfenbeinküste (Côte d'Ivoire) Einstellungen. Gerade in Entwicklungs- und Schwellenländern findet ja eine enorme Gefährdung der Biodiversität statt, da dort ein primärer Fokus auf ökonomische Entwicklung gesetzt wird. Wichtig hierbei ist es, nicht „postkolonial" zu handeln, sondern Stakeholder wie NGOs und lokale Lehrpersonen in Unterrichtsprojekte zu integrieren, wie beim Projekt PAN der Wild Chimpanzee Foundation. Lernziele waren insbesondere die Vermittlung von grundlegenden Aspekten der Ökologie und Biodiversität, die Schülerinnen und Schüler durch Rollenspiel, Exkursionen und Theaterspiel in den Randzonen des Tai-Nationalparks vermittelt wurden. Im Unterricht wurden Nahrungsbeziehungen und die Funktion und Bedeutung von Lebewesen für das gesamte Ökosystem des Regenwalds im Nationalpark vermittelt. Ein zentrales Lernziel war die Sensibilisierung, in Zukunft kein „Buschfleisch" mehr zu essen. Die Studie zeigte über die Lernzeit hinweg eine signifikante Zunahme von Umweltwissen sowie von Naturschutzpräferenzen (PRE). Individuelle Naturnutzungspräferenzen (UTL) konnten signifikant verringert werden.

Wieder im Inland zeigte eine eintägige Intervention zum Schutz der Wildkatze als Indikator für intakte Ökosysteme ebenfalls gute Effekte: Dritt- und

Viertklässler nahmen entweder am außerschulischen Lernort Wildpark oder im Klassenzimmer an der angebotenen Artenschutz-Unterrichtseinheit teil. Insbesondere wurden Verbreitungsgebiete der Wildkatze thematisiert, kommen Wildkatzen doch oft nur in bestimmten Gebieten vor, ohne benachbarte geeignete Gebiete zu besiedeln. Schülerinnen und Schüler mussten forschend-entdeckend Hypothesen nach den Ursachen entwickeln und sich dabei mit der Morphologie, der Ökologie und dem Verhalten der Tiere auseinandersetzen. Zur Ökologie wurde beispielsweise der ideale Lebensraum in einem Biotopgehege betrachtet oder im biotischen Kontext die auffallend gute Tarnung im Vergleich zu sonstigen typischen Waldbewohnern thematisiert. Thema des Unterrichtsgesprächs war schließlich, dass die Wildkatze beileibe kein Singvogeljäger ist und ihre Nahrung zu über 90 % aus Mäusen besteht. Zur Klärung des Phänomens der unterschiedlichen Verbreitung half die anfangs eingesetzte Landkarte, die Straßen und Siedlungen als entscheidende Hemmnisse ausmachte und bewaldete Korridore bzw. Grünbrücken als erfolgreiche Gegenmaßnahmen aufzeigte. Den methodischen Unterschied zwischen den Interventionen bildete der Grad der Instruktion – stark lehrerzentriert bzw. in einer modifizierten offenen Form, dem sog. geführten Lernen an Stationen (Heyne und Bogner 2012; Wiegand et al. 2013). Die Naturerhaltungspräferenzen (PRE) konnten mit dieser eintägigen Intervention sowohl am Wildpark als auch in der Schule verändert werden, auch wenn unterschiedliche Unterrichtsmethoden am Wildpark keinen Einfluss auf diese Veränderungen hatten (Glaab und Heyne 2019).

Etwas anders ist die Situation bei älteren Schülern. Beispielsweise zeigten forschend-entdeckende, schülerzentrierte Lernstationen zum Ökosystem Wald mit authentischem und natürlichem Material durchaus Effekte. Der thematische Fokus lag dabei auf einem natürlichen Wald, auf Totholz, Artenkenntnis und Wissensvermittlung von positivem Umweltverhalten. Der Unterricht umfasste insgesamt acht Lernstation (sechs obligat, zwei fakultativ) und dauerte 90 min. Die schülerzentrierten Lernstationen enthielten authentisches Material, wie einen stehenden Totholzstamm mit Spechthöhlen, eine Baumscheibe oder Spechtpräparate. Mithilfe eines Arbeitsheftes wurde selbstständig in Kleingruppen an den Lernstationen gearbeitet; jede Station benötigte rund 15 min Bearbeitungszeit. Der Betreuer agierte lediglich als Mentor bei aufkommenden Fragen. Zur Sicherung des Erlernten lagen zwei Lösungshefte aus. Diese standen jeder Gruppe nach der Durchführung jeder Station zur verpflichtenden Kontrolle ihrer Antworten zur Verfügung, um ihre Antworten zu ergänzen oder zu korrigieren. Die obligaten Lernstationen waren:

1. Alt wie ein Baum – Dendrochronologie
2. Was lebt in der Waldstreu?
3. Umweltverschmutzung im Wald (hier waren alltägliche Gebrauchsgegenstände wie Zeitungspaper, Streichhölzer, Plastikbehälter, Kaugummi oder Glas aufgrund ihrer Abbaurate einem Zeitstrahl zuzuordnen)
4. Totholz und seine Bewohner

5. Baum ist Luft – wie jetzt? (Unterrichtsgegenstand, dass Holz aus dem Kohlenstoffdioxid der Luft synthetisiert wird)
6. Was kann ich tun? – ökologischer Fußabdruck

Insgesamt eigneten sich über 300 Schülerinnen und Schüler schülerzentriert und
kooperativ selbstständig Wissen über verschiedenste Naturschutzaspekte an. Ihr
kognitiver Wissenszuwachs war auch sechs Monate nach der Teilnahme an der
Intervention noch signifikant messbar (Thorn und Bogner 2018). Der Einfluss
der Umwelteinstellungen Naturschutzpräferenz (PRE) und Natur(aus)nutzungs-
präferenz (UTL) auf den Lernerfolg der Schülerinnen und Schüler ist auffallend:
Hohe Naturschutzpräferenzen korrelierten zu allen vier Testzeitpunkten signifikant
positiv mit den verschiedenen Wissensdomänen. Dieser positive Zusammenhang
wurde auch in anderen Studien bestätigt (Dieser und Bogner 2017; Schneller
et al. 2015). Schülerinnen und Schüler mit hohen Naturschutzpräferenzen lernten
vor allem im Umweltsystemwissen dazu und behielten dieses Wissen auch langfristig. Grund hierfür ist vermutlich, dass diese Schülerinnen und Schüler aufgrund ihrer positiven Umwelteinstellungen schon ein relativ hohe Handlungs- und
relatives Effektivitätswissen haben, was sich auch dadurch zeigt, dass die positive
Korrelation zu allen Testzeitpunkten mit allen Wissensdimensionen vorhanden ist,
am niedrigsten jedoch für Umweltsystemwissen im Vorwissen. Bezieht man die
Ergebnisse dieser Studie auf das Umweltkompetenzmodell (Kaiser et al. 2008),
in dem alle drei Wissensdimensionen positiv miteinander korrelieren und Grundlagen für positive Umwelteinstellungen und umweltfreundliches Verhalten stellen,
dann ist der Wissenszuwachs ein Schritt in die richtige Richtung. Schülerinnen
und Schüler mit hohen Werten in Naturschutzpräferenzen legten dabei in allen vier
Testzeitpunkten auch bei allen drei Wissensdimensionen stark zu.
   Hatten die bisher genannten Unterrichtsbeispiele (meist aus historischen Gründen) das 2-MEV-Modell als Evaluationsinstrument genutzt, gibt es auch schon
Unterrichtsinterventionen, die das gesamte Environmental-Citizenship-Modell
(Abb. 12.1) mit den drei genannte Säulen Wissen, Einstellungen und Verhalten
verwandt haben: Im einwöchigen Schullandheimprojekt „Wasser im Leben –
Leben im Wasser" wurden Zielgruppen der 4. und 6. Jahrgangsstufen unterrichtet. Neben einem Alterseffekt (jüngere Schülerinnen und Schüler geben sich
in der Regel immer bessere Schutzpräferenzen) verbesserten sich Einstellungen
durch die einwöchige Programmteilnahme. Dieser Effekt war nachhaltig, also
sechs Wochen nach der Teilnahme noch feststellbar. Die Ad-hoc Skalen zur
Messung der Umweltwissensarten erwiesen sich als reliabel und homogen. Das
Umweltwissensniveau nahm durch die Projektteilnahme zu und blieb größtenteils über den Zeitraum von vier Wochen nach dem Projekt erhalten. Effektivitätswissen (EFF) zeigt den geringsten Wissenszuwachs, was durch die hierarchische
Abhängigkeit der Umweltwissensarten erklärt werden kann (siehe Abschn. 12.1.5;
Liefländer und Bogner 2014; Liefländer et al. 2015).
   Eine Teilnahme am halbtägigen Lernmodul „Erneuerbare Energien", entwickelt
für Zehntklässler, zeigte einen starken Zusammenhang zwischen Umwelteinstellungen und berichtetem Verhaltensweisen sowie den kognitiven Lernerfolg: Für

Jungen war eine geringe Präferenz für Umwelt(aus)nutzung (UTL) entscheidend für den Lernerfolg, während Mädchen mit einer hohen Umweltschutzpräferenz (PRE) besonders gute Resultate in Nach- und Behaltenstest erzielen konnten. Ein berichtetes umweltfreundliches Verhalten stand sowohl bei Jungen als auch bei Mädchen im Zusammenhang mit einem größeren Lernerfolg (Schumm und Bogner 2016). Im Zentrum des besagten Unterrichts stand Bioenergie, in enger Zusammenarbeit mit dem regionalen Bioenergiestandort Bayreuth. Das Lernmodul behandelte grundlegende Wechselbeziehungen zwischen Lebewesen und Angewandter Biologie. Zentraler Aspekt war der Stoffkreislauf, der durch die Energie des Sonnenlichts angetrieben wird, oder Handlungsoptionen zur Verringerung des individuellen ökologischen Fußabdruckes (EFF). Gemäß dem Spiralcurriculum werden in der 10. Jahrgangsstufe auch Inhalte vorhergehender Jahrgangsstufen erneut angesprochen. Dies bildete sich dementsprechend in den Lernstationen von „Energie – heute und morgen" ab. Das naturwissenschaftsbasierte Unterrichtsmodul gliederte sich in zwei große Blöcke, d. h., zuerst bearbeiteten Schülerinnen und Schüler in zwei Schulstunden sieben Lernstationen; in einer weiteren Schulstunde wurde dieses erlernte Wissen mit der Simulation „Energiespiel Bayern" erneut aufgegriffen. Gearbeitet wurde in selbst gewählten Zweiergruppen.

Im außerschulischen Kontext eines botanischen Gartens wurde ein forschend-entdeckendes Unterrichtsmodul mit dem Dachthema Klimawandel zum Anlass genommen, das Potenzial zu Förderung von Environmental Literacy zu überprüfen. Hierfür wurden die Testvariablen Umweltwissen, Umwelteinstellungen und umweltbewusstes Verhalten gezielt in den Unterricht integriert. Der Unterricht im botanischen Garten wurde dabei als „Fenster zum tropischen Regenwald" konzipiert, das den Schülerinnen und Schülern neben authentischer Flora auch die tropische Wärme und die hohe Luftfeuchtigkeit erlebbar machte. Die Lernmethode der Wahl war erneut eigenständiges Stationenlernen, das eine Bandbreite verschiedener Hands-on-Aktivitäten, angefangen von grundlegenden Messungen abiotischer Faktoren bis zur Ausarbeitung eines anspruchsvollen Experiments, einschloss. Ein E-Learning -Modul beinhaltete eine interaktive Simulation des Stockwerkbaus, authentische Klimadaten aus Ecuador sowie einen CO_2-Fußabdruck-Rechner (Bissinger und Bogner 2016).

Wie schon bei der Modellbeschreibung vermutet (Abschn. 12.1.4), zeigten sich insbesondere Handlungs- und Effektivitätswissen sowie umweltbewusste Einstellungen durch Unterricht als positiv beeinflussbar (Abb. 12.2; Bissinger und Bogner 2016). Die Wissensdomänen weisen ein individuelles Muster in Bezug auf die drei Testzeitpunkte auf: Systemwissen stieg zwischen Vor- und Nachtest durch die Intervention an, verhielt sich jedoch nicht nachhaltig; Handlungswissen konnte hingegen gar nicht akquiriert werden; Effektivitätswissen zeigte interessanterweise erst zwischen Nach- und Behaltenstest einen signifikanten Anstieg. Das prominente Absinken von Systemwissen könnte ein Indiz dafür sein, dass Schülerinnen und Schüler „nur" für den nächsten Test lernen und danach vergessen. Im Kontext von Bildung für nachhaltige Entwicklung unterstützen die Ergebnisse die Forderungen von Handlungs- und Effektivitätswissen; insbesondere die Schülerrelevanz

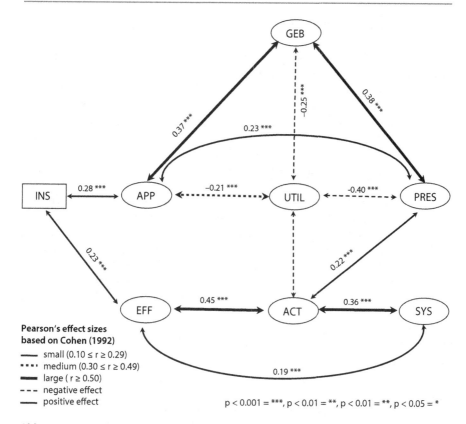

Abb. 12.2 Wirkungspfade der einzelnen Teilvariablen des Gesamtmodells mit signifikanten und hochsignifikanten Einflussgrößen. PRES = Preservation; UTIL = Utilisation, APP = Appreciation of Nature, GEB = General Ecological Behavior, INS = Inclusion of Nature, SYS = Systemwissen; ACT = Handlungswissen, EFF = Effektivitätswissen. (Aus Bissinger und Bogner 2016)

des unterrichteten Handlungswissens könnte ein möglicher Grund des stabilen Wissenszuwachses in dieser Wissensdomäne sein. Der unerwartete Verlauf des Effektivitätswissens deutet auf eine mögliche Verarbeitungsphase hin, was weitere Studien beleuchten müssten. Frick et al. (2004) jedenfalls postulierten im Effektivitätswissen Unterschiede zu den anderen Wissensdomänen, da sie dieser Wissensdomäne eine wichtige Rolle in Bezug auf umweltbewusstes Verhalten zusprachen.

Des Weiteren sind die Abhängigkeiten von großem Interesse: Berichtetes Verhalten (GEB) wird zu gleichen Teilen von Naturschutzpräferenzen (PRE) und Schätzen der Natur (APR) unterstützt. Die letztgenannte Variable wurde dabei in Ergänzung neu eingeführt (wie in Abschn. 12.1.3 schon angesprochen). Naturnutzungspräferenzen (UTL) wirken sich dagegen negativ aus. Eine weitere neu eingeführte Teilskala (Inclusion of Nature) ist schwächer einzustufen und kann, da ohne Einfluss auf Verhalten, künftig wieder weggelassen werden.

12.3   Zusammenfassung

Die *Ausgangslage* ist erwartungsgemäß schwierig, da „weiche" Variablen in Zahlen gegossen werden müssen, deren Erfassung weit jenseits leicht messbarer, „harter" naturwissenschaftlicher Variablen liegt. Es hat auch eine Weile gedauert und nicht weniger Sackgassen bedurft, bis psychometrisch einigermaßen stabile Empirie zur Verfügung stand, um Einstellungen, Werte oder Verhalten valide messen zu können. Dennoch verfuhren viele „grüne" Lernorte nach einem heimlichen Lehrplan, Einstellungen und Verhalten Jugendlicher schon irgendwie positiv beeinflussen zu können. Unterricht zu umweltgerechter Nachhaltigkeit findet ja seit Jahrzehnten statt, manchmal nach einem Versuch-Irrtum-Prinzip, manchmal nach konstruktivistischen Grundsätzen, manchmal nach anderen theoretisch fundierten Motiven. Meist werden mehrtägige Ansätze an außerschulischen Lernorten bevorzugt, aber auch im Klassenzimmer werden Jahr für Jahr viele ganzheitliche Ansätze verwirklicht. Nahezu immer geht man mit Erfolg den unterrichtlichen Weg eines schülerzentrierten forschend-entdeckenden Ansatzes. Immer taucht aber früher oder später die Frage nach der Wirksamkeit auf, da vor allem bei außerschulischen Lernorten immer enorme Logistik gefragt ist und zusätzliche Kosten nicht zu vermeiden sind.

Hinsichtlich der *Lösungsvorschläge* ist zusammenfassend zu sagen: Seit den 1970er Jahren war es eine enorme Herausforderung, valide und reliable Messmodelle zu schaffen, um jugendliche Umwelteinstellungen und berichtetes Umweltverhalten in valide Zahlen fassen zu können. Dennoch wurde viel „gemessen", an Vorschlägen mangelte es wahrlich nicht. Es gab offenbar so viele Messmodelle, wie Gruppen daran arbeiteten. Eine Metaanalyse des Jahres 1993 bescheinigte jedoch keinem einzigen Messmodell innerhalb Deutschlands eine psychometrische Gültigkeit. Dies war gleichzeitig die Zeit, als der Scientific Community mit 2-MEV und GEB zwei weitere Ansätze vorgestellt und zum Teil sehr kontrovers diskutiert wurden. Zunächst waren diese auch nur weitere Messmodelle unter mehreren, bis sie mehrmals von unabhängigen Konkurrenzgruppen im Ansatz bestätigt wurden. Als schließlich im Rahmen eines DFG-Schwerpunktprojekts ein tragfähiger theoretischer Ansatz zur Wissensermittlung verfügbar wurde, konnte man darangehen, die immer wieder postulierte Wirkungskette Wissen–Einstellungen–Verhalten empirisch sicher zu erfassen (und eventuell nachjustieren zu können).

Viele Unterrichtsansätze haben eine Verbesserung einer umweltgerechten Nachhaltigkeit im Fokus. Schließlich ist dies unser größtes gesellschaftliches Problem, bei dem nicht nur unsere derzeitigen Entscheidungsträger versagt haben, sondern auch wir alle (als Erwachsene) den eigentlich nötigen Anforderungen hinterherhinken. Allein dieser Widerspruch macht einen überzeugenden Unterricht für die nachwachsende Generation schwierig. Zwar nehmen sich nahezu alle „grünen" außerschulischen Lernorte dieses Dilemmas an. Auch schulische Anstrengungen gibt es nicht wenige; fächerübergreifende Projektwochen setzen sich beispielsweise mit dieser unserer gesellschaftlichen Herausforderung auseinander. Da seit fast zwei Jahrzehnten eine Evaluierung solcher „Interventionen" mit ein und demselben Messinstrument erfolgen kann, sind nun auch Vergleichsabschätzungen und damit *Wirksamkeitsnachweise* möglich geworden. In dem vorliegenden Kapitel konnten natürlich nicht alle Wirksamkeitsstudien vorgestellt, jedoch exemplarisch wichtige nationale und internationale Etappenstudien aufgegriffen werden. Immer wurde dabei auf Arbeiten Bezug genommen, die nach einem unabhängigen Review-Prozess von externen Experten jeweiligen Fachjournalen zur Publikation empfohlen wurden. Vorgestellt wurden sowohl mehr- und halbtägige außerschulische Unterrichtsansätze als auch solche im konventionellen Klassenzimmer. Immer wurde in der Wirksamkeitsmessung neben dem kognitiven Lernerfolg ein besonderes Augenmerk auf eventuelle individuelle Einstellungs- und Verhaltensänderungen gelegt. Dass dabei noch kein einheitliches Ergebnisbild vorliegt, muss nicht negativ sein; schließlich sind eingesetzte Programme sehr vielschichtig und divers, auch Schulklassen können selten über einen Kamm geschert werden. Jeder Topf braucht eben seinen Deckel!

Literatur

Arcury, T., & Christianson, E. H. (1990). Environmental worldview in response to environmental problems: Kentucky 1984 and 1988 compared. *Environment and Behavior, 22*(3), 387–407.

Arcury, T., Johnson, T. P., & Scollay, S. J. (1986). Ecological worldview and environmental knowledge: The „New Environmental Paradigm". *Journal of Environmental Education, 17*(4), 35–40.

Binngießer, J., & Randler, C. (2015). Association of the environmental attitudes „Preservation" and „Utilisation" with pro-animal attitudes. *International Journal of Environmental and Science Education, 10*(3), 477–492.

Bissinger, K., & Bogner, F.X. (2016). Environmental literacy in practice: Education on tropical rainforest and climate change. *11th Conference of the European Researchers in Didactics of Biology (ERIDOB),* 58.

Blaikie, W. H. (1992). The nature and origins of ecological world views: An Australian study. *Social Science Quarterly, 73*(1), 144–165.

Boeve-de Pauw. J. (2011). *Valuing the invaluable: Effects of individual, school and cultural factors on the environmental values of children.* PhD dissertation, University of Antwerp.

Boeve-de Pauw, J., & van Petegem, P. (2011). The effect of flemish eco-schools on student environmental knowledge, attitudes, and affect. *International Journal of Science Education, 33*(11), 1513–1538.

Bogner, F. X. (1998). The influence of short-term outdoor ecology education on long-term variables of environmental perception. *Journal of Environmental Education, 29*(4), 17–29.

Bogner, F. X. (1999). Empirical evaluation of an educational conservation programme introduced in swiss secondary schools. *International Journal of Science Education, 21*(11), 1169–1185.

Bogner, F. X. (2002). Environmental perception and residential out-door education. *Journal of Psychology of Education, 17*(1), 19–34.

Bogner, F. X., & Wilhelm, M. G. (1996). Environmental Perception of Pupils. Development of an attitude and behaviour scale. *The Environmentalist, 16*(2), 95–110.

Bogner, F. X., & Wiseman, M. (1997). Environmental perception of rural and urban pupils. *Journal of Environmental Psychology, 17,* 111–122.

Bogner, F. X., & Wiseman, M. (1999). Towards measuring adolescent environmental perception. *European Psychologist, 4,* 139–151.

Bogner, F. X., & Wiseman, M. (2002). Environmental perception: Factor profiles of extreme groups. *European Psychologist, 7,* 225–237.

Bogner, F. X., Brengelmann, J. C., & Wiseman, M. (2000). Risk-taking and environmental perception. *The Environmentalist, 20,* 49–62.

Bogner, F. X., Johnson, B., Buxner, S., & Felix, L. (2015). The 2-MEV-model: Constancy of adolescent environmental values in an 8-year time-frame. *International Journal of Science Education, 37*(12), 1938–1952.

Borchers, C., Boesch, C., Riedel, J., Guilahoux, H., Quattara, D., & Randler, C. (2013). Environmental education in cote d'Ivoire/West Africa: Extra-curricular primary school teaching shows positive impact on environmental knowledge and attitudes. *International Journal of Science Education, 4*(3), 240–259.

Catton, W. R., & Dunlap, R. E. (1978). Environmental sociology: A new paradigm. *American Sociologist, 13,* 41–49.

Cincera, J., & Johnson, B. (2013). Earthkeepers in the Czech Republic: Experience from the implementation process. *Envigogika, 8*(4), 1–14.

Cotgrove, S., & Duff, A. (1981). Environmentalism. Values and social change. *British Journal of Sociology, 32*(1), 92–110.

Dieser, O., & Bogner, F. X. (2017). How individual environmental values influence knowledge acquisition of adolescents within a week-long outreach biodiversity module. *Journal of Global Research in Education and Social Science, 9*(4), 213–224.

Dunlap, R., & Van Liere, K. D. (1978). The 'New Environmental Paradigm'. *Journal of Environmental Education, 9*(4), 10–19.

Felix, L., & Johnson, B. (2013). Back in the classroom: Teacher follow-through after an earth education program. *Applied Environmental Education & Communication, 12*(3), 187–196.

Frick, J., Kaiser, F. G., & Wilson, M. (2004). Environmental knowledge and conservation behavior: Exploring prevalence and structure in a representative sample. *Personality and Individual Differences, 37,* 1597–1613.

Gardner, G. T., & Stern, P. C. (2002). *Environmental problems and human behavior.* Boston: Pearson.

Glaab, S., & Heyne, T. (2019). Green classroom vs. classroom – Influence of teaching approaches, learning settings and state emotions on environmental values of primary school children. *Applied Environmental Education and Communication 18*(2), 1–12. https://doi.org/10.1 080/1533015x.2018.1450169.

Hagège, H., Bogner, F. X., & Caussidier, C. (2009). Évaluer l'efficacité de l'éducation relative à l'environnement grâce à des indicateurs d'une posture éthique et d'une attitude responsable. *Éducation relative à l'environnement, 8,* 109–127.

Heyne, T., & Bogner, F. X. (2012). Guided learning about drug prevention with low achievers in science education. *World Journal of Education, 2*(6), 1–12.

Hines, J. M., Hungerford, H. R., & Tomera, A. N. (1987). Analysis and synthesis of research on responsible environmental behavior: A meta-analysis. *Journal of Environmental Education, 18*(2), 1–8.

Jardine, D. W., Johnson, B., & Fawcett, L. (2005). Further thoughts on „Cutting Nature's Leading Strings": A conversation. *Canadian Journal of Environmental Education, 10,* 52–61.

Johnson, B., & Manoli, C. C. (2008). Using bogner and wiseman's model of ecological values to measure the impact of an earth education program on children's environmental perceptions. *Environmental Education Research, 14*(2), 115–127.

Johnson, B., & Manoli, C. C. (2010). The 2-MEV scale in the United States: A measure of children's environmental attitudes based on the theory of ecological attitude. *The Journal of Environmental Education, 42*(2), 84–97.

Kaiser, F. G. (1999). A general measure of ecological behavior. *Journal of Applied Social Psychology, 28,* 395–422.

Kaiser, F. G., & Frick, J. (2002). Entwicklung eines Messinstrumentes zur Erfassung von Umweltwissen auf der Basis des MRCML-Modells. *Diagnostica, 48*(4), 181–189.

Kaiser, F. G., & Fuhrer, U. (2003). Ecological behavior's dependency on different forms of knowledge. *Applied Psychology: An International Review, 52*(4), 598–613.

Kaiser, F. G., & Weber, O. (1999). Umwelteinstellung und ökologisches Verhalten: Wie groß ist der Einfluss wirklich? *GAIA, 3,* 197–201.

Kaiser, F. G., & Wilson, M. (2004). Goal-directed conservation behavior: The specific composition of a general performance. *Personality and Individual Differences, 36*(7), 1531–1544.

Kaiser, F. G., Hübner, G., & Bogner, F. X. (2005). Contrasting the theory of planned behavior with the value-belief-norm model in explaining conservation behavior. *Journal of Applied Social Psychology, 35*(10), 2150–2170.

Kaiser, F. G., Oerke, B., & Bogner, F. X. (2007). Behavior-based environmental attitude: Development of an Instrument for adolescents. *Journal of Environmental Psychology, 27*(3), 242–251.

Kaiser, F. G., Roczen, N., & Bogner, F. X. (2008). Competence formation in environmental education: Advancing ecology-specific rather than general abilities. *Umweltpsychologie, 12*(2), 56–70.

Kaiser, F. G., Brügger, A., Hartig, T., Bogner, F. X., & Gutscher, H. (2014). Appreciation of nature and appreciation of environmental protection: How stable are these attitudes and which comes first? *European Review of Applied Psychology, 64*(6), 269–277.

Kibbe, A., Bogner, F. X., & Kaiser, F. G. (2014). Exploitative vs. appreciative use of nature –Two interpretations of utilization and their relevance for environmental education. *Studies in Educational Evaluation, 41,* 106–112.

Leeming, F. C., Dwyer, W. O., Porter, B. E., & Cobern, M. K. (1993). Outcome research in environmental education. A critical review. *Journal of Environmental Education, 24*(4), 8–21.

Leeming, F. C., Dwyer, W. O., & Bracken, B. A. (1995). Children's environmental attitude and knowledge scale: Construction and validation. *Journal of Environmental Education, 26*(3), 22–31.

Liefländer, A., & Bogner, F. X. (2014). The effects of children's age and sex on acquiring pro-environmental attitudes through environmental education. *Journal of Environmental Education, 45*(2), 105–117.

Liefländer, A., Bogner, F. X., Kibbe, A., & Kaiser, F. G. (2015). Evaluating environmental knowledge-dimension convergence to assess educational-program effectiveness. *International Journal of Science Education, 37*(4), 684–702.

Milbrath, L. W. (1984). *Environmentalists: Vanguard for a new society.* Albany: University Plaza.

Milfont, T. L. (2009). The effects of social desirability on self-reported environmental attitudes and ecological behavior. *The Environmentalist, 29,* 263–269.

Milfont, T. L., & Duckitt, J. (2004). The structure of environmental attitudes: A first- and second-order confirmatory factor analysis. *Journal of Environmental Psychology, 24*(3), 289–303.

Munoz, F., Bogner, F. X., Clement, P., & Carvalho, G. S. (2009). Teachers' conceptions of nature and environment in 16 countries. *Journal of Environmental Psychology, 29*(4), 407–413.

Oerke, B., & Bogner, F. X. (2013). Social desirability, environmental attitudes, and general ecological behaviour in children. *International Journal of Science Education, 35*(5), 713–730.

Roczen, N., Kaiser, F.G., & Bogner, F.X. (2010). Umweltkompetenz – Modellierung, Entwicklung und Förderung. *Zeitschrift für Pädagogik, 56*(Beiheft), 126–134.

Roczen, N., Kaiser, F. G., Bogner, F. X., & Wilson, M. (2014). A competence model for environmental education. *Environment & Behavior, 46*(8), 972–992.

Schneller, A. J., Johnson, B., & Bogner, F. X. (2015). Measuring children's environmental attitudes and values in northwest Mexico: Validating a modified version of measures to test the model of ecological values (2-MEV). *Environmental Education Research, 21*(1), 61–75.

Schumm, M., & Bogner, F.X. (2016). How Environmental Attitudes interact with Cognitive Learning in a Science Lesson Module. *Education Research International*, article ID 6136527.

Sellmann, D., & Bogner, F. X. (2012). Effects of a 1-day environmental education intervention on environmental attitudes and connectedness with nature. *European Journal of Psychology of Education, 28*(3), 1077–1086.

Sturm, H., & Bogner, F. X. (2008). Student-oriented versus teacher-centred: The effect of learning at workstations about birds and bird flight on cognitive achievement and motivation. *International Journal of Science Education, 30*(7), 941–959.

Thorn, C., & Bogner, F.X. (2018). How environmental values predict acquisition of different cognitive knowledge types with regard to forest conservation, *Sustainability, 10,* 2188. https://doi.org/10.3390/su10072188.

Urban, J. (2016). Are we measuring concern about global climate change correctly? Testing a novel measurement approach with the data from 28 countries. *Climatic Change, 139,* 397–411.

Weinert, F.E. (2001). Concept of competence: A conceptual clarification. In D. S. Rychen, L. H. Salganik, F. Wiegand, A. Kubisch, & T. Heyne. (2013). Out-of-school learning in the botanical garden: guided or self-determined learning? *Studies in Educational Evaluation, 39*(3), 161–168.

Wiegand, F., Kubisch, A., & Heyne, T. (2013). Out-of-school learning in the botanical garden: guided or self-determined learning? *Studies in Educational Evaluation, 39*(3), 161–168.

Wiseman, M., & Bogner, F. X. (2003). A higher-order model of ecological values and its relationship to personality. *Personality and Individual Differences (P.A.I.D.), 34*(5), 783–794.

Teil IV
Lernen an außerschulischen Lernorten

Schülerlabore und Lehr-Lern-Labore

13

Franz-Josef Scharfenberg, Andrea Möller,
Katrin Kaufmann und Franz X. Bogner

Inhaltsverzeichnis

Donnerstag, 27. März 2014, 8:00 Uhr: Am Wilhelmsplatz [be]steigen wir […] den Bus […], neugierig, mit welchen Dingen wir uns den Tag über beschäftigen werden. Nach etwa einstündiger Fahrt sind wir an unserem Ziel angekommen – [dem] Versuchslabor, in dem bereits Studenten auf uns warten, die uns später in Kleingruppen betreuen werden. […] Fragende Blicke zwischen den Mitschülern, als das Wort DNA ausgesprochen wird. Ein häufig schwerfälliges Thema für uns Schüler, das die meisten von uns am

F.-J. Scharfenberg (✉) · F. X. Bogner
Lehrstuhl Didaktik der Biologie, Universität Bayreuth, Bayreuth, Deutschland
E-Mail: franz-josef.scharfenberg@uni-bayreuth.de

F. X. Bogner
E-Mail: franz.bogner@uni-bayreuth.de

A. Möller
Österreichisches Kompetenzzentrum für Didaktik der Biologie (AECC Biologie),
Universität Wien, Wien, Österreich
E-Mail: andrea.moeller@univie.ac.at

K. Kaufmann
Gesundheitszentrum Ensheim, Saarbrücken, Deutschland
E-Mail: kaufmann@web.de

© Springer-Verlag GmbH Deutschland, ein Teil von Springer Nature 2019
J. Groß et al. (Hrsg.), *Biologiedidaktische Forschung: Erträge für die Praxis*,
https://doi.org/10.1007/978-3-662-58443-9_13

liebsten übersprungen hätten. Aber nicht hier. Jeder übernimmt seine Aufgaben, arbeitet konzentriert und genau. [...] Gegen halb vier verabschieden wir uns aus dem Labor, es war nicht vergleichbar mit dem themenähnlichen Unterricht an der Schule. Durch praktische Versuche wird der Stoff für uns Schüler greifbar und verständlicher. [...] Schlussendlich war es für uns alle ein gelungener Tag. (Annika, 11. Klasse; Werner 2014, S. 101 f.).

So beschreibt Annika, Schülerin eines Bamberger Gymnasiums, den Besuch ihres Biologiekurses im Schülerlabor an der Universität Bayreuth im Jahresbericht ihrer Schule. Auch andere Berichte sind durchgehend positiv:

Für mich persönlich war der Tag ein unvergesslicher Ausflug in die sonst eher verschlossen und unverständlich anmutende Welt der Genlabors (Schäfer 2012, S. 95).

Die Stellungnahmen der begleitenden Lehrkräfte bekräftigen die Schüleraussagen: „Gentechnik wurde im wahrsten Sinne des Wortes greifbar" (Langenberger 2010, S. 122), und der Besuch war „das Highlight des Kurses" (Langenberger 2013, S. 132).

Bildungspolitisch haben „Schülerlabore als außerschulische Lernorte [...] in den vergangenen Jahren zunehmend an Bedeutung gewonnen" (Wanka 2015, S. 9) und werden als Teil „einer Bildungskette der MINT-Förderung" angesehen (MINT = Mathematik, Informatik, Naturwissenschaften, Technik; Pfenning 2013, S. 77). Viele Labore sind regional vernetzt, „um Synergien zu nutzen" (Haupt 2015a, S. 56). Etwa 700.000 Schüler haben 2013 ein deutschsprachiges Schülerlabor besucht, mehr als doppelt so viele wie noch 2005 (Haupt 2015b). Doch wie gut sind solche positiven Aussagen empirisch belegt? Und welche Bedeutung haben sie für den schulischen Biologieunterricht? Nach einer begrifflichen Klärung werden die Ziele von Schülerlaboren zusammengefasst, fachdidaktische Forschungsergebnisse zu diesem besonderen Lernort aufgezeigt und Bezüge zur schulischen Praxis hergestellt.

13.1 Begriffliche Klärung

Schülerlabore sind sehr diverse Lernorte; daher gibt es keine einheitliche Definition für die „bunte Vielfalt von Einrichtungen und Veranstaltungen" (Haupt et al. 2013, S. 324). In diesem Kapitel werden Schülerlabore als Lernumgebungen angesehen, die ein planvoll gestaltetes „Arrangement von Unterrichtsmethoden, Unterrichtstechniken, Lernmaterialien [und] Medien" (Reinmann-Rothmeier und Mandl 2001, S. 603 f.) anbieten. Sie sind somit außerschulische Lernorte, an denen Schülerinnen und Schüler „im Rahmen einer schulischen Veranstaltung in einem professionell ausgestatteten Labor unter Anleitung eines Wissenschaftlers/ Lehrers" selbstständig Experimente durchführen (Glowinski 2007, S. 6). Im Rahmen einer gekoppelten Lehramtsausbildung können auch Lehramtsstudierende als Betreuende eingesetzt werden.

Wesentlich für Schülerlabore ist ihre Authentizität (z. B. Glowinski 2007), die sich für Schülerinnen und Schüler auf drei Ebenen äußern kann (Scharfenberg 2005, S. 25):

- Die „Organisation des Trägers" ermöglicht einen Einblick in das tägliche Arbeitsfeld eines Naturwissenschaftlers (mehr als zwei Drittel der Labore sind an Universitäten, Fach- oder Pädagogischen Hochschulen, Forschungseinrichtungen oder Unternehmen angegliedert; Haupt 2015b).
- Die „Lehrpersonen" sind Wissenschaftler und/oder abgeordnete Lehrkräfte mit wissenschaftlichem Aufgabenbereich (in mehr als einem Drittel der Labore; vergleichbar häufig sind es Studierende; Haupt 2015b).
- Die Schülerinnen und Schüler arbeiten mit „forschungsidentischen Geräten, Chemikalien und experimentellen Methoden, die für schulische Ressourcen nicht zugänglich sind und/oder deren Einsatz durch geltende Sicherheitsrichtlinien eingeschränkt ist" (Scharfenberg 2005, S. 25), z. B. im Kontext Gentechnik (vgl. KMK 2016). Hierzu zählen auch forschungsbezogene Techniken der Datenbearbeitung und -modellierung sowie Aspekte von „authentic inquiry" wie „multiple controls" und „constantly question[ing] [...] experimental flaws" (Chinn und Malhotra 2002, S. 180 f.). Knapp die Hälfte der Labore bietet eine Form von „forschende[m] Experimentieren" an (Haupt 2015b).

Zusammenfassend wird Authentizität „im Sinne einer möglichst großen Annäherung an die reale Welt der Forschung verstanden" (Scharfenberg 2005, S. 24) und äußert sich in Aktivitäten entsprechend von „ordinary day-to-day actions of the community of practitioners" (Hodson 1998, S. 118). Aus konstruktivistischer Sicht ermöglichen es solche Lernorte Schülerinnen und Schülern, „mit realistischen Problemen und authentischen Situationen umzugehen"; sie stellen „einen Rahmen und Anwendungskontext für das zu erwerbende Wissen bereit" (Gerstenmaier und Mandl 1995, S. 879). Inwieweit Authentizität in diesem Sinn in Schülerlaboren tatsächlich umgesetzt wird, ist eine offene Forschungsfrage, da die bisherigen Daten auf der Selbstauskunft der Labore beruhen (Haupt 2015b; Lernort Labor 2016). Unabhängig davon nehmen Schüler Schülerlabore als spezifische „Experimentierumgebungen" wahr, die sich „signifikant von der Lernumgebung Schule" unterscheiden (Plasa 2013, S. 132).

International gesehen ist die deutschsprachige „Schülerlabor-Szene" als „außerschulischer Bereich der MINT-Bildung [...] einmalig" (Haupt 2015b, S. 34). Im angloamerikanischen Kontext werden vergleichbare Aktivitäten als *outreach* bezeichnet, ein Begriff „that lacks any one clear definition and is often used but rarely explained" (Dewson et al. 2006, S. 11). Im Kontext Bildung wird darunter „provision of learning programmes in informal community locations" (McGivney 2000, S. 11) verstanden. Informelle Lernangebote können „a supplement to formal learning" sein, ihr wesentliches Charakteristikum ist ihre Entwicklung für „out-of-school learning in competition with other less challenging uses of time"; d. h., sie finden grundsätzlich an außerschulischen Lernorten statt, z. B. Open-Laboratory-Programme (Shallcross et al. 2013). Einen Sonderfall stellen die

Teacher-Led Outreach Laboratories dar, in denen die Klassen vom eigenen Lehrer im Schülerlabor unterrichtet werden (Stolarsky Ben-Nun und Yarden 2009). Sehr häufige angloamerikanische Angebote sind Science Camps oder Career Programs (Nicholson et al. 1994), z. B. High School Summer Science Outreach Programs (Chiappinelli et al. 2016) oder Entering Mentoring mit individueller Schüler-betreuung im Labor (Hanauer et al. 2006).

13.2 Klassifizierung von Schülerlaboren

Bedingt durch ihre Diversität lassen sich Schülerlabore nach unterschiedlichen Kriterien klassifizieren: Frühere Ansätze bezogen sich auf die Organisation des Trägers (Dähnhardt et al. 2009) oder die zeitliche Abfolge der Laborgründungen (z. B. Pfenning 2013). Ein aktueller Ansatz leitet aus spezifischen Zielen der unterschiedlichen Träger sechs Kategorien von Schülerlaboren ab (Abb. 13.1; Haupt et al. 2013, S. 326 ff.; einzelne Typen entsprechen nicht der obigen Defini-tion; Zahlen aus Haupt 2015b; Mehrfachnennungen möglich):

- Klassische Schülerlabore (74,9 %) bieten „ganzen Klassen oder Kursen im Rahmen schulischer Veranstaltungen" Experimentaltage an, die sich aufgrund des „Lehrplan-Bezug[s]" auf den „gerade aktuellen Schulunterricht" beziehen.
- Schülerforschungszentren (25,1 %) ermöglichen Schülerinnen und Schülern, „alleine oder in kleinen Teams", in der Regel „unabhängig von der Schule" und ohne Lehrplanbezug projektorientiert, „an eigenen kleinen Forschungs-projekten" zu arbeiten.
- Lehr-Lern-Labore (13,7 %) verknüpfen Schülerkurse mit der Lehramtsaus-bildung (Abschn. 13.5).

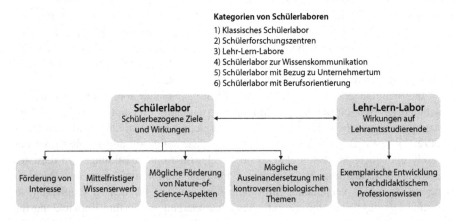

Abb. 13.1 Kategorien, Ziele und Wirkungen von Schülerlaboren und Lehr-Lern-Laboren

- Schülerlabore zur Wissenschaftskommunikation (18,3 %) sind „vorzugsweise an großen Forschungszentren" und geben über experimentelle, nicht lehrplanbezogene Ansätze Einblick in die jeweilige wissenschaftliche Arbeit.
- Schülerlabore mit Bezug zu Unternehmertum (12,7 %) geben auf einem „schülergerechte[n] Niveau Einblick in Betriebsprozesse".
- Schülerlabore mit Berufsorientierung (24,8 %) vermitteln „die wesentlichen Aspekte verschiedener [MINT-]Berufe" und beziehen „authentische Orte in der beruflichen Realität" mit ein.

Diese Klassifizierung wird bereits in nationalen (z. B. Huwer 2015) und internationalen (z. B. Scharfenberg und Bogner 2014) Publikationen angewandt. Die konkrete Zuordnung eines Labors beruht allerdings auf dessen Selbstauskunft (Haupt 2015b), und die Zahlen sind im Detail widersprüchlich. So werden z. B. nur 13,7 % der Labore als Lehr-Lern-Labore eingeordnet (s. oben), obwohl 48 % (Haupt 2015b) bzw. 23,8 % (Lernort Labor 2016) der Labore Lehramtsstudierende als Zielgruppe angeben. Damit bleibt die Frage offen, ob und ggf. nach welchen Kriterien sich Schülerlabore objektiv einteilen lassen.

Unabhängig davon unterscheiden sich Schülerlabore auch in ihrem Fachbezug. Knapp ein Drittel der Labore bieten aktuell Lernangebote mit dem Fachbezug Biologie an, die chemie- bzw. physikbezogenen Labore liegen knapp über einem Drittel (Lernort Labor 2016); ein Teil der Labore (12,3 %) ermöglicht sogar Angebote für alle MINT-Fächer (Haupt 2015b).

13.3 Ziele von Schülerlaboren

13.3.1 Ausgangslage

Durch aktuelle Entwicklungen in den Naturwissenschaften entstehen neue „interdisziplinäre Arbeitsfelder", z. B. im Bereich der „Nano- oder Biotechnologie", die hohe Anforderungen „an die Qualifikation der Beteiligten" stellen (Dänhardt et al. 2009, S. 12). Im Gegensatz dazu prägen „Werbung und Unterhaltungsindustrie […] Zerrbilder über Naturwissenschaften" (Gebhard et al. 2017, S. 85 f.). Sie werden als schwierig, eher männlich und eher fremdbestimmt wahrgenommen (Kessels et al. 2006). Das negative Bild schlägt sich in geringeren Studierendenzahlen und einem „zunehmenden Fachkräftemangel" nieder. Daher „muss das Bildungssystem in die Breite wirken und naturwissenschaftliche Denk- und Arbeitsweisen als Grundbildung vermitteln" (Dänhardt et al. 2009 S. 12). Das Bemühen um naturwissenschaftliche Grundbildung wird bereits vielfältig vorangetrieben; ein Ansatz setzt seit Mitte der 1990er Jahre vor allem auf die Gründung und folgende Nutzung von Schülerlaboren.

13.3.2 Zielebenen der Schülerlabore

Die Ziele der seither entstandenen Schülerlabore lassen sich allgemein vier Ebenen zuordnen: Schüler-, Lehrer-, fachdidaktischer Forschungs- und institutionenbezogener Ebene (Guderian und Priemer 2008). Auf der forschungsbezogenen Ebene findet zum einen eine empirische Überprüfung von schüler- und lehrerbezogenen Zielen im Sinne einer fachdidaktischen Begleitforschung statt; zum anderen werden Schülerlabore als Werkstätten für andere fachdidaktische Fragestellungen angesehen (Guderian und Priemer 2008), die prinzipiell vom Lernort Labor unabhängig sind (z. B. Yarden und Yarden 2011). Nicht jedes Labor verfolgt alle vier Zielebenen (Haupt et al. 2013).

Schülerbezogen haben Schülerlabore fünf zentrale Ziele (Dähnhardt et al. 2007):

1. Förderung des Interesses an Naturwissenschaften und Technik
2. Vermittlung naturwissenschaftlicher Inhalte durch experimentelle Auseinandersetzung in einem authentischen Rahmen
3. Vermittlung eines adäquaten Bildes der Naturwissenschaften (Nature of Science) und der Technik sowie deren Bedeutung für die Gesellschaft
4. Anbieten von Möglichkeiten zur Auseinandersetzung mit aktuellen, auch kontrovers diskutierten Themen aus der naturwissenschaftlichen Forschung, z. B. im Bereich Gentechnik
5. Kennenlernen von beruflichen Tätigkeiten und möglichen Berufsbildern in diesem Bereich

Die Ziele stellen wichtige Voraussetzungen für die Entwicklung naturwissenschaftlicher Grundbildung (Scientific Literacy) dar und sind zu großen Teilen in den Bildungsstandards der naturwissenschaftlichen Fächer verankert (z. B. Biologie: KMK 2005). Speziell die Interesseförderung, aber auch mögliche „kognitive Effekte" sind „Primärziele" und Teil des jeweiligen „Leitbild[s]" von allen Schülerlaboren (Haupt et al. 2013, S. 324). Für den Biologieunterricht ist das fünfte, berufsorientierende Ziel nicht unmittelbar wesentlich. Offen ist, inwieweit die Ergebnisse von Begleitforschung zu den vier anderen Zielen (Abb. 13.1) relevant für den schulischen Unterricht sind. Im Folgenden werden zentrale Erträge aus der biologiedidaktischen (und bei Bedarf der chemie- und der physikdidaktischen) Forschung in Schülerlaboren zusammengefasst und Bezüge zur Schulpraxis hergestellt.

13.4   Evidenzen für die Wirksamkeit von Schülerlaboren

13.4.1 Interesseförderung im Schülerlabor

Bisherige Studien zur möglichen Beeinflussung des Interesses an den Naturwissenschaften durch Besuche im Schülerlabor fundieren theoretisch weitgehend auf der Personen-Gegenstandstheorie des Interesses. Sie definiert Interesse als besondere Beziehung zwischen einer Person und einem Interessegegenstand (Krapp 2001), bestimmt durch drei Komponenten:

1. Als epistemische Komponente möchten Interessierte ihr „Wissen erweitern".
2. Über die emotionale Komponente sind Interessehandlungen mit „positiven emotionalen Zuständen" verbunden; und
3. Über die wertbezogene Komponente hat der Interessegegenstand eine hohe subjektive „Wertschätzung" (Krapp 2001, S. 286).

Zunächst können Schülerlabore bei Schülerinnen und Schülern ein aktuelles Interesse auslösen (Kap. 5). Es wird entweder als „situationales Interesse" durch die „aktuellen Anregungsbedingungen (Interessantheit)" ausgelöst oder ist die „Aktualisierung eines [bereits] bestehenden [individuellen] Interesses" (Krapp 2001, S. 287). In einem ersten Schritt sind Catch-Faktoren für die Ausbildung eines aktuellen Interesses wirksam (Mitchell 1993; Kap. 15). Beispielhafte Catch-Faktoren in Schülerlaboren sind die Neuartigkeit des Lernorts (dieser kann Staunen, aber auch das Erleben von Diskrepanz auslösen), das selbstständige Experimentieren oder das erfolgreiche Anknüpfen an vorhandenes Vorwissen (Bergin 1999; Hoffmann 2002). Im zweiten Schritt müssen Hold-Faktoren das entstandene, aktuelle Interesse stabilisieren: Der Interessegegenstand „will be experienced as personally meaningful" bzw. „as moving one toward achieving a personal end" (Mitchell 1993, S. 426).

Ein Schülerlaborbesuch kann das aktuelle Interesse kurz- bis mittelfristig stabilisieren, dabei wirken mehrere Einflussfaktoren auf der Labor- und der Schülerebene sowie die mögliche Einbindung des Besuchs in den laufenden Unterricht zusammen:

• Im Labor sind für die Entstehung eines aktuellen Interesses zunächst die wahrgenommene Authentizität und Qualität des Laborunterrichts (Glowinski 2007) sowie die wahrgenommene Qualität der Betreuung (Pawek 2009) wirksam. Die beiden letzten Faktoren wirken sowohl direkt als auch indirekt über die psychologischen Grundbedürfnisse als Mediatorvariablen (*basic needs*: Kompetenzerleben, Autonomiestreben und soziale Eingebundenheit; Deci und Ryan 1993; Kap. 15). Die Befriedigung der *basic needs* gilt als eine Voraussetzung zur Förderung von Interesse (Krapp 2001). Speziell das positive Kompetenzerleben im Labor und abgeschwächt die soziale Eingebundenheit sind bedeutsam (Glowinski 2007). Ein höheres Kompetenzerleben ist auch bei einer Kopplung von theoretischem Schul- und praktischem Schülerlaborunterricht nachweisbar (Itzek-Greulich 2014). Wesentlich für das Kompetenzerleben sind eine möglichst optimale Übereinstimmung zwischen den zu leistenden Aufgaben und den Fähigkeiten des oder der Lernenden sowie eine positive Rückmeldung der Lehrperson (Lewalter et al. 1998): Im Schülerlabor dürfen also weder eine Über- noch eine Unterforderung vorliegen, und die Labor-Lehrkraft muss eine entsprechende Ausstrahlung haben.

- Auf der Schülerebene ist neben einem eventuell vorhandenen individuellen Interesse (Glowinski 2007) vor allem das fachspezifische Fähigkeitsselbstkonzept als Mediatorvariable wirksam (Glowinski 2007; Pawek 2009), das Selbstbild für die eigenen Fähigkeiten in einem bestimmten Fach (Dickhäuser 2006). Es lässt sich unter Umständen bereits durch einen einmaligen Laborbesuch kurz- bis mittelfristig (in Biologie: Damerau 2012; in Chemie: Brandt 2005; in Physik, speziell bei Mädchen: Pawek 2009; Weßnigk 2013) bzw. längerfristig steigern (vgl. in Physik: Pawek 2012). Insgesamt sind die Ergebnisse widersprüchlich, denn solche Wirkungen können auch fehlen (in Biologie: Rodenhauser und Preisfeld 2015; in Chemie und Physik: Mokhonko et al. 2014). Ein bilinguales Lernangebot förderte besonders das Fähigkeitsselbstkonzept von Schülerinnen und Schülern mit spezifisch fremdsprachlichen Dispositionen (und bei naturwissenschaftlich orientierten Lernenden „die Einstellung zum Fremdsprachenlernen"; Rodenhauser 2016, S. 202). Welche Faktoren diese unterschiedlichen Ergebnisse bewirken, bleibt offen.
- Unabhängig davon stabilisiert die Einbindung eines einmaligen Besuchs (Streller 2015; Vor- und Nachbereitung über ein Online-Portal) oder mehrfacher Besuche in den laufenden Unterricht das aktuelle Interesse (Guderian 2007; Zehren 2009).

Betrachtet man die drei Komponenten des Interesses, sind die Ergebnisse ebenfalls nicht einheitlich (Guderian und Priemer 2008): Die emotionale Komponente wird von den Schülern in der Regel sehr hoch bewertet, dort liegen Deckeneffekte vor (z. B. affektive Bewertung: Scharfenberg 2005; Damerau 2012). Die epistemische Komponente sinkt üblicherweise mittelfristig (z. B. Scharfenberg 2005; Brandt 2005; Damerau 2012) bzw. langfristig (Sumfleth und Henke 2011) ab; sie kann durch eine Einbindung in den laufenden Unterricht mittelfristig stabilisiert werden (z. B. Guderian 2007). Die wertbezogene Komponente bleibt mittelfristig meist stabil (z. B. Pawek 2009).

Insgesamt betrachtet beeinflussen Schülerlaborbesuche das aktuelle Interesse der Schüler positiv; insbesondere liegen in der Regel keine Geschlechtsunterschiede vor (z. B. Damerau 2012). Offen bleibt, inwieweit sich diese Interessensteigerung in der Folge schulisch verstetigen und sichern lässt, und wie sehr der Einfluss auf das Interesse lehrerabhängig ist.

13.4.2 Erwerb von Fachwissen und Methodenkenntnis durch experimentelles Handeln im Schülerlabor

Im Einzelfall wird in der Fachdidaktik ein möglicher Wissenserwerb durch einen Besuch im Schülerlabor noch bezweifelt, oder entsprechende Ergebnisse werden nicht wahrgenommen: „Empirisch [kann] kaum ein bleibender Lernzuwachs [...] durch Besuche von Schülerlaboren belegt werden" (Schmidt et al. 2011, S. 366), „es [kommt] erst durch Mehrfachbesuche [...] zu nachweisbaren kognitiven Effekten" (Haupt et al. 2013, S. 326), oder „Ergebnisse [...] zum Fachwissen [...]

gibt es nicht" (Sumfleth und Henke 2011, S. 90). Diesen Aussagen stehen einige empirische Studien entgegen, die einen zumindest mittelfristigen Wissenserwerb nachweisen (z. B. Franke 2011). Um diese Frage zu klären, müssen zwei Ebenen differenziert werden:

1. Ist ein nachhaltiger Wissenserwerb zu einem im Laborunterricht vermittelten Lerninhalt möglich?
2. Unterscheidet sich dieser Wissenserwerb von einem Wissenserwerb durch einen vergleichbaren Unterricht im Lernort Schule?

Frage 1 kann eindeutig bejaht werden. Ein Kontrollgruppendesign (Kontrolle ohne Unterricht) belegte in mehreren Studien einen mittelfristigen Wissenserwerb im Schülerlabor, auch bei unterschiedlichen Inhalten in einem Labor (Damerau 2012) oder bei einem bilingualen Unterricht in der Wissenschaftssprache Englisch (ohne negativen Einfluss der Fremdsprache; Rodenhauser 2016). Speziell im Kontext des Modells zur *conceptual reconstruction,* „bei dem Lernende ihre Vorstellungen selbst aktiv verändern, d. h. neu konstruieren" (Kattmann 2015, S. 19), wurden Veränderungen nachgewiesen, z. B. bezogen auf das konzeptuelle Wissen zur Struktur der Desoxyribonukleinsäure (Langheinrich und Bogner 2015).

Unabhängig davon gab es auch Hinweise auf eine mögliche Überforderung mancher Schüler durch einen Experimentalunterricht im Schülerlabor. So wurde im Kontext *marker genes in bacteria* neben Lernenden, die ihr Vorwissen aktivierten und neue Lerninhalte hinzulernten, ein Lerntyp identifiziert, dem nur Ersteres gelang (Scharfenberg et al. 2007). Diese Ergebnisse forderten Ansätze zur Optimierung des Laborunterrichts heraus (s. unten).

Alle bisher genannten Studien bezogen jedoch das praktische Experimentieren nicht mit ein. Experimentieren als Doing Science (Hodson 1998) beinhaltet aber „Methodenwissen", auch wenn dieses „empirisch [...] nicht erfasst wird" (Scharfenberg 2005, S. 210; Kap. 8). Spezifische Studien zu Doing Science im Schülerlabor existieren nur wenige:

- In ökologischen Kontexten hatten Schülerinnen und Schüler zum einen große Schwierigkeiten, ein für sie neues Phänomen völlig offen zu beobachten und daraus Erkenntnisse zu gewinnen (Ziemek et al. 2005). Solche Ergebnisse weisen auf ein Mindestmaß an notwendiger instruktionaler Unterstützung hin (vgl. Kirschner et al. 2006). Zum anderen wurden bei einem offenen, selbstständigen Experimentieren drei Typen von unterschiedlich handelnden Schülergruppen identifiziert:
  – ein *prozessorientierter Typ* mit einer „logische[n], wissenschaftsmethodisch begründete[n] Abfolge der Phasen im Erkenntnisprozess" (Meier 2016, S. 211)
  – ein *explorativer Typ* ohne eine solche Abfolge und mit „überwiegend praktische[m] Arbeiten" (Meier 2016, S. 214)
  – ein *prozessüberlappender Typ,* in dem „die Merkmale der Extremtypen [...] aufeinander[trafen]" (Meier 2016, S. 216)

- Im molekularbiologischen Kontext der Oberstufe wurden auf individueller Ebene (innerhalb von Schülergruppen) insgesamt sechs Handlungstypen identifiziert: Beispielsweise verteilten *allrounder* ihre Aktivitäten beim Experimentieren nahezu gleichmäßig (z. B. Lesen, Zuschauen oder experimentelles Handeln), während *high-experimenter* das experimentelle Handeln in der Gruppe dominierten. *Passive students* zeichneten sich durch einen hohen Anteil an nicht experimentbezogenen Handlungen aus (Scharfenberg und Bogner 2011).
- Beim Experimentieren von Schülern der Unterstufe in einem zoologischen Kontext konnten dagegen nur die beiden ersten Aktivitätstypen (*allrounder* und *high-experimenter*) identifiziert werden. Beide Typen waren vergleichbar intrinsisch motiviert und schätzten ihr kooperatives Arbeiten in der Gruppe gleich hoch ein (Kaufmann et al. 2016).

Solche Typen, auf Gruppen- oder auf individueller Ebene, sind auch beim Experimentieren in der Schule zu erwarten. Ob sich das Experimentierverhalten durch Besuche im Schülerlabor tatsächlich verändert, bleibt eine offene Forschungsfrage.

Zur Beantwortung der zweiten Frage nach Unterschieden beim Wissenserwerb in den Lernorten Schülerlabor und Schule (bei vergleichbarem Inhalt) gibt es, nach eigener Einschätzung, bisher nur vier Studien mit einem Kontrollgruppendesign:

1. Ein Laborunterricht im Kontext nachwachsender Rohstoffe wurde entweder vollständig im Schülerlabor (Lehrkraft: Laborwissenschaftler), vollständig in der Schule (Lehrkraft: regulärer Fachlehrer) oder je halbtägig in Schule und Schülerlabor (Lehrkräfte: regulärer Fachlehrer und Laborwissenschaftler) durchgeführt. Die notwendigen Labormaterialien für die Versuche wurden dem Lernort Schule zur Verfügung gestellt. Die drei Lernortgruppen unterschieden sich nicht im Wissenserwerb (Itzek-Greulich et al. 2015). Somit konnten in diesem Kontext die Lernziele auch im Lernort Schule erreicht werden, falls die notwendige Laborumgebung vorhanden war.
2. In einem Schülerlabor an einem Salzbergwerk und in einem neutralen außerschulischen Lernort (Seminarraum in einem Umweltzentrum) war der Wissenserwerb vergleichbar im Kontext „Eigenschaften von Kochsalz" (Meissner und Bogner 2011).
3. Im Rahmen einer Begabtenförderung wurden reguläre naturwissenschaftliche Unterrichtsinhalte fächerübergreifend „in einem wissenschaftsnahen Kontext" für insgesamt 2,5 Jahre im Schülerlabor unterrichtet (Sumfleth und Henke 2011, S. 90). Eine begabungsmäßig parallelisierte Kontrollgruppe erhielt einen üblichen Schulunterricht. Nach einem Jahr zeigten die Schülerinnen und Schüler im Schülerlabor ein höheres Wissen „in experimentell-naturwissenschaftlichen Fähigkeiten", z. B. im Bilden von Hypothesen (Sumfleth und Henke 2011, S. 101 ff.).

4. Im Kontext Gentechnik wurden die Lernorte Schule und Schülerlabor ohne Experimentalunterricht mit dem Lernort Schülerlabor mit Experimentalunterricht verglichen. Im Vergleich zur Schulgruppe zeigte die Experimentalgruppe einen höheren kurzfristigen Lernerfolg, aber auch eine größere Vergessensrate. Bezogen auf die Cognitive-Load-Theorie wies dieses inkonsistente Ergebnis auf eine höhere kognitive Belastung beim Experimentieren hin (Scharfenberg et al. 2007).

Während in den ersten beiden Studien die im Labor eingesetzten Experimente auch im Lernort Schule durchführbar waren, galt dies aufgrund ihrer Authentizität für die dritte und vierte Studie nicht: Hier repräsentierten die Experimente „authentic activities" (Hodson 1998, S. 118) und erfüllten beispielhafte Kriterien von „authentic inqiry" (Chinn und Malhotra 2002; vgl. Abschn. 16.1). Damit bleibt offen, ob der Grad an Authentizität eine oder gar *die* entscheidende Rolle spielt. Insgesamt muss die zweite Frage, ob sich ein Wissenserwerb im Schülerlabor vom Wissenserwerb in der Schule (bei vergleichbarem Inhalt) unterscheidet, aufgrund der wenigen Ergebnisse noch unbeantwortet bleiben.

Unabhängig davon wiesen speziell die Ergebnisse von Scharfenberg et al. (2007) auf die Notwendigkeit einer Optimierung des Unterrichts im Schülerlabor hin. Nach eigener Einschätzung wurden bisher vier Optimierungsansätze entwickelt und deren Wirkung in einem Kontrollgruppendesign empirisch überprüft:

1. Im Kontext Neurobiologie förderte eine zweistündige multimediale Vorbereitung (in der Schule) einen langfristig (30 bis 35 Wochen) besseren Wissenserwerb im Schülerlabor (Klees und Tillmann 2015). Eine solche Vorbereitung ist ein wesentlicher Prädiktor des Kompetenzerlebens bei der Durchführung der Experimente (Glowinski 2007).
2. Eine A-priori-Zuteilung von vorgegebenen Rollen (z. B. *time keeper*) bietet die Möglichkeit, kooperatives Arbeiten in Kleingruppen zu fördern (Johnson und Johnson 1989); allerdings liegen widersprüchliche Ergebnisse für eine Rollenzuteilung beim naturwissenschaftlichen Experimentieren vor: kein Einfluss auf den Lernzuwachs (Chang und Ledermann 1994) vs. z. B. zielführendere Problemlösestrategien (Heller und Hollabaugh 1992). Die Zuteilung von Rollen bei einem kooperativ forschend-lernenden Experimentieren im zoologischen Kontext führte altersabhängig erneut zu unterschiedlichen Ergebnissen: Schüler der Unterstufe zeigten mit und ohne Rollen gleiche experimentelle Aktivitätsmuster sowie gleich hohe intrinsische Motivation und vergleichbares kooperatives Arbeiten. Bei Mittelstufenschülern hingegen beeinflusste eine Rollenzuteilung alle o.g. Ausprägungen positiv (Kaufmann et al. 2016, 2017).
3. Der Ersatz der üblichen einschrittigen Experimentalphasen (nach einer Theoriephase beginnen die Schülerinnen und Schüler selbstständig zu experimentieren) durch zweischrittige Experimentalphasen, bei denen sie vor dem experimentellen Handeln in ihrer Arbeitsgruppe kurz über fachliche und methodische Aspekte der folgenden Phase diskutieren, war im Kontext Gentechnik mittelfristig instruktional effizienter (Scharfenberg und Bogner 2010).

Zusätzlich beeinflusste der Zwei-Schritt-Ansatz das experimentelle Handeln der Schülerinnen und Schüle im Sinne eines „more democratic style" positiv (Scharfenberg und Bogner 2011, S. 518).

4. Das explizite Einbeziehen von vorher erfassten alternativen Schülervorstellungen (Franke et al. 2013) führte zu einem mittelfristig besseren Wissenserwerb (Franke und Bogner 2011a), speziell im Hinblick auf die Veränderung alternativer Vorstellungen (Franke und Bogner 2011b).

Die zusammenfassende Bewertung dieser vier Ansätze empfiehlt Maßnahmen auf unterschiedlichen Ebenen:

- Lehrkräfte können die beiden letzten Ansätze unmittelbar in der Schule umsetzen. Sie können zweischrittige Experimentalphasen durchführen und entsprechende alternative Vorstellungen entweder selbst erfassen (z. B. durch die Draw-and-Write-Technik; Langheinrich und Bogner 2015) oder aus Übersichten für ihre Unterrichtsplanung entnehmen (z. B. Kattmann 2015; Hammann und Asshoff 2014). Unabhängig davon sollten sie die Laborbesuche unterrichtlich vor- und nachbereiten; dies sehen sie selbst als die wesentlichste Bedingung „eines erfolgreichen Verlaufes" an (Schmidt et al. 2011, S. 367).
- Schülerlaborbetreiber können eine solche Einbindung durch lehrplanbezogene Angebote oder entsprechende Fortbildungen fördern. Die Mehrzahl der Lehrkräfte erwartet den Schülerlaborbesuch als Ergänzung und Vertiefung „closely related to school learning" (Garner und Eilks 2015, S. 1204); dies ist aktuell nur bei knapp einem Drittel der Labore gegeben (Haupt 2015b, S. 50). Knapp ein Achtel der Labore bietet Fortbildungen an, die explizit einen „Laborbesuch vorbereiten", und gut die Hälfte der Labore solche „mit Themen aus dem Arbeitsbereich des Schülerlabors" (Haupt 2015b, S. 51). Letztere können den Lehrkräften helfen, den Bezug zum Unterricht herzustellen (Hausamann 2012). Deskriptive Evaluationsstudien zu Fortbildungen sind selten, z. B. bewerteten im Physikkontext knapp über vier Fünftel der Teilnehmer die „usefulness for school lessons" als positiv (Hausamann 2012, S. 179).
- Auf der Forschungsebene sollten die offenen Fragen zu einer Rollenzuteilung beim Experimentieren weiter untersucht werden. Auch andere Optimierungsansätze sind denkbar. So wurden im Kontext „Genetic Fingerprinting", basierend auf der Cognitive-Load-Theorie, verschiedene Belastungstypen bei Schülerinnen und Schülern identifiziert, z. B. solche, die phasenspezifisch *high-pre-lab-loaded* oder *high-interpretation-loaded* sind; erstere waren bei der Einführung in den neuen Arbeitsplatz besonders kognitiv belastet, letztere in der Interpretationsphase nach der Durchführung der Experimente (Scharfenberg und Bogner 2013). Beide Typen weisen auf einen möglichen Optimierungsbedarf in zwei zentralen Phasen eines Experimentalunterrichts hin und sind auch bei anderen Kontexten im Schülerlabor und im schulischen Experimentalunterricht zu erwarten. Des Weiteren sollten Ansätze zur Förderung von experimentellen Kompetenzen im Schülerlaborsetting weiterverfolgt

werden, insbesondere im Bereich der Durchführung von Experimenten. Ein Desiderat in diesem Zusammenhang ist auch die Entwicklung geeigneter Diagnostikinstrumente für die Methoden- und Experimentierkompetenz.

13.4.3 Nature-of-Science-Aspekte im Schülerlabor

Die Vermittlung eines adäquaten Bildes der Naturwissenschaften sowie deren Bedeutung für die Gesellschaft ermöglichen ein Wissen über die Charakteristika der Naturwissenschaften (Nature of Science, NOS) und darüber, wie deren Wissen zustande kommt *(scientific inquiry)*. Beides sind zentrale Aspekte von Scientific Literacy (Schwartz et al. 2004). Zwar sind die Beziehungen zwischen NOS und *inquiry* nicht endgültig geklärt, aber eine Beeinflussung ist nur mit einem explizit reflektiven Ansatz möglich (Lederman und Lederman 2014), z. B. über einführende Diskussionen mit „provokante[n] Thesen" (für das Fach Physik: Uhlmann und Priemer 2010, S. 1) oder über speziell moderierte Gruppendiskussionen (sog. Reflexionscafés) im Anschluss an eine experimentelle Laborphase (für das Fach Ökologie: Birkholz und Elster 2016). Hier besteht weiterer Forschungsbedarf, speziell im Hinblick auf eine Übertragung von entsprechenden Methoden in den schulischen Unterricht.

In diesem Kontext sind die vier Ebenen von *scientific inquiry* beim Experimentieren im Schülerlabor wichtig. Je nach Ebene wird die Frage gestellt, welche Personen über die zugrunde liegenden Fragestellungen und wer über die möglichen Auswertungsmethoden und/oder die Interpretationen der Ergebnisse entscheiden:

1. *Verification:* Die Lehrkraft entscheidet über die Fragestellung, die Auswertungsmethode und die Interpretation.
2. *Structured:* Nur die Interpretation erfolgt durch die Lernenden.
3. *Guided:* Die Lernenden entscheiden über die Auswertungsmethode und die Interpretation.
4. *Open:* Die Lernenden entscheiden über die Fragestellung, die Auswertungsmethode und die Interpretation (Blanchard et al. 2010).

Aktuell setzt jeweils ein Viertel der Labore „forschendes" bzw. „freies Experimentieren" *(open)* und „rezeptives Experimentieren" *(verification)* um; knapp ein Fünftel bietet „geführt forschendes Experimentieren" *(structured* oder *guided)* – die beiden letzteren bedingt durch „die Komplexität der Experimente" (Haupt 2015b, S. 52).

Einen spezifischen Ansatz zur Umsetzung von *inquiry*-basiertem Experimentieren bieten Schülerforschungszentren (Abschn. 13.2), da sie neben Schule, Universität und Berufsausbildung Talente identifizieren und fördern können. Bisherige Evaluationsstudien haben nur wenige Ergebnisse gebracht. In den Zentren erlebten Schülerinnen und Schüler mehr positive Emotionen (Wegner 2008), offenere Experimente mit mehr Beteiligung und höherer persönlicher Relevanz sowie eine bessere Gruppenarbeit (Plasa 2013). Sie steigerten Aspekte ihrer

Experimentierkompetenz (Wegner et al. 2015) und gaben naturwissenschaftliche und soziale Gründe für ihren regelmäßigen Besuch an (Plasa 2013). Bei einem mehrjährigen Förderprogramm (Physik) erreichten sie einen besseren Schulabschluss und zeigten in den „study options [...] strong preferences for the MINT disciplines" (Hausamann 2012, S. 179). Inwieweit solche Fördermaßnahmen im schulischen Kontext ebenfalls umsetzbar wären, ist offen, z. B. in wissenschaftspropädeutischen Oberstufenseminaren (ISB 2008) oder im Kontext von forschungsorientierten Wettbewerben. Letztere können die Vorstellungen von Schülerinnen und Schülern zu den notwendigen Voraussetzungen und Charakteristika des Experimentierens ändern. Während die Schülerinnen und Schüler vor dem Wettbewerb „Jugend forscht" das Experimentieren als Befolgen von Instruktionen, wenig zeitaufwendig und mit vorab bekannten Ergebnissen ansahen, bewirkte der Wettbewerb, dessen Grundelement das eigenständige Experimentieren darstellt, eine Änderung der Vorstellungen hin zu der Notwendigkeit einer eigenständigen, sorgfältig und geduldig durchgeführten Arbeit, dessen Ergebnis neue Erkenntnisse bringt (Paul et al. 2016).

13.4.4 Auseinandersetzung mit kontrovers diskutierten Themen

Der NOS-Aspekt „Bedeutung der Naturwissenschaften für die Gesellschaft" fordert eine Auseinandersetzung mit aktuellen, auch kontrovers diskutierten, biologischen Themen. Problemorientiert können Schülerlabore hier einen Unterricht unter multiplen Perspektiven umsetzen (Reinmann-Rothmaier und Mandl 2001), indem inhaltliche und/oder methodische Aspekte mit ethischen Überlegungen verknüpft werden, um „ausgehend vom eigenen, experimentellen Handeln eine Weiterführung zu einer Diskussion über ethische Fragen an[zu]bahnen" (Scharfenberg 2005, S. 47) und die Bewertungskompetenz im Hinblick auf eine „Beteiligung am gesellschaftlichen [...] Diskurs" zu fördern (KMK 2005, S. 12). Zu den möglichen Wirkungen einer an eigenes Experimentieren gekoppelten, ethischen Reflexionsphase gibt es bisher nach eigener Einschätzung nur Ergebnisse im Kontext gentechnisch veränderter Lebensmittel: Schülerinnen und Schüler erreichten einen Kompetenzzuwachs, bezogen auf die Reflexion von Folgen (Alfs et al. 2011); allerdings zeigte sich bei inhaltsbezogenen Novizen eine lehrergeführte ethische Diskussion instruktional effizienter als eine schülergeführte oder textbasierte Variante (Goldschmidt et al. 2016). Im schulischen Kontext sollte daher klar zwischen *Novizen* und *Experten* differenziert werden. Im Hinblick auf die Förderung anderer Aspekte einer ethischen Analyse (z. B. Hößle 2001) und auf Ansätze zur Förderung von mehr Schülerzentrierung besteht somit weiterer Forschungsbedarf.

13.5   Lehr-Lern-Labore

Lehr-Lern-Labore verknüpfen ihre Lernangebote für Schülerinnen und Schüler mit der Lehramtsausbildung und ermöglichen so Studierenden, zusätzliche praktische Erfahrungen zu sammeln und ihre „Kompetenzen in einem geschützten Raum zu schulen" (Schmidt et al. 2011, S. 368). Dabei setzen die Labore unterschiedliche Konzepte um:

- Studierende können „Handlungsstrategien unter unterschiedlichen Bedingungen in derselben Rahmensituation" erproben (DLR 2015, S. 17) oder eigene Fragen, „z. B. nach der Rolle von Schülervorstellungen und Lernschwierigkeiten" beforschen (Schwitzer 2013a, S. 40). Sie können „selbstständig neue Kursinhalte und -materialien" entwickeln (Schwitzer 2013b, S. 113) und ggf. selbst „mit wechselnden Schülergruppen" im Unterricht umsetzen (Schwitzer 2013a, S. 36). Der Laborunterricht der Studierenden kann explizit mit dem schulischen Unterricht über vor- und nachbereitende Stunden (gemeinsam mit den Klassenlehrkräften) gekoppelt (Brachmann 2015) oder spezifisch auf eine Begabtenförderung hin orientiert sein (Wegner et al. 2015).
- Besonders positiv erscheinen alle Ansätze, die für Studierende einen Rollenwechsel beinhalten: Er kann die Entwicklung fachdidaktischen Professionswissens fördern (z. B. Hume 2012). Aktuell sind nur wenige Forschungsergebnisse zur Kopplung von Schülerlabor und Lehramtsausbildung veröffentlicht. Studierende schätzten spezifisch den wiederholten, direkten Kontakt zu den Schülern als positiv ein (Chemie: Steffensky und Parchmann 2007). Ihre Kompetenzen in der Selbststeuerung und der Reflexion (Chemie: Leonhard 2008) und im Diagnostizieren von Lehr- und Lernprozessen (Biologie: Hößle 2014; Kaufmann et al. 2017) konnten gefördert werden. Der Einsatz von Rollenspielen stabilisierte ihre Selbstwirksamkeitserwartung (Physik: Krofta und Nordmeier 2014), im Gegensatz zum üblichen Absinken derselben nach unterrichtlichen Praxiserfahrungen (Tschannen-Moran et al. 1998). Ein individuelles Feedback nach einem ersten Einsatz verringerte ihre Betreuungszeit als Tutor beim Experimentieren (Physik: Völker und Trefzger 2011), und ein konsekutiver, dreifacher Rollenwechsel (von der Schüler- über die Tutor- zur Lehrerrolle) förderte Wissen über „students' learning difficulties and potential strategies for avoiding them" (Biologie: Scharfenberg und Bogner 2016, S. 760).

Bereits diese wenigen Ergebnisse weisen darauf hin, dass Lehr-Lern-Labore ein großes Potenzial für die Lehramtsausbildung haben. Studierende können neue Unterrichtskonzepte in Realsituationen umsetzen und auf die Probe stellen; sie können für die Schulpraxis relevante Fragestellungen in Abschlussarbeiten beforschen und die gewonnenen Erkenntnisse darauffolgend wieder in der Durchführung des Unterrichts umsetzen (vgl. Kaufmann et al. 2017; Heyduck et al. 2016). So bieten Lehr-Lern-Labore die Chance zur exemplarischen Entwicklung von fachdidaktischem Professionswissen (Abb. 13.1), begleitet von entsprechender Forschung, die diese Entwicklung dokumentiert (z. B. Scharfenberg und Bogner 2016; Kaufmann et al. 2017).

13.6   Zusammenfassung

Den *Ausgangspunkt* bildet die Beschreibung von sinkenden Studierendenzahlen und ein zunehmender Fachkräftemangel im MINT-Bereich, der von Universitäten und in der Wirtschaft beklagt wird. Als ursächlich hierfür wird ein insgesamt zu negatives Bild zu Themen im MINT-Bereich angesehen. Schülerlabore sind ein *Lösungsvorschlag,* das Image der MINT-Fächer positiv im Hinblick auf die Bedeutung von Naturwissenschaften und Technik auf kultureller, gesellschaftlicher und wirtschaftlicher Ebene zu verändern. In *Wirksamkeitsnachweisen* haben sich Schülerlabore als besondere außerschulische Lernorte etabliert und sich als einen sinnvollen und notwendigen Beitrag zur Stärkung der naturwissenschaftlich-technischen Grundbildung dargestellt. Sie sind auf allen genannten Ebenen bei Schülerinnen und Schülern wirksam, auch wenn im Detail viele genaue Zusammenhänge noch offen sind. Ihre große Heterogenität erschwert verallgemeinernde Aussagen, und die Bedeutung des Faktors Authentizität bleibt zu klären. Für eine nachhaltige Wirkung der schon erreichten Forschungsergebnisse in die Schule hinein erscheint eine weitere Vernetzung der Labore mit dem Schulsystem sinnvoll. Die positive Kopplung mit der Lehramtsausbildung sollte ausgebaut werden.

Literatur

Alfs, N., Hößle, C., & Alfs, T. (2011). *Eine Interventionsstudie zur Entwicklung der Bewertungskompetenz bei Schülerinnen und Schülern im Rahmen des Projektes HannoverGEN.* Oldenburg: Didaktisches Zentrum.

Bergin, D. (1999). Influences on classroom interest. *Educational Psychologist, 34,* 87–98.

Birkholz, J., & Elster, D. (2016). Wirkung von Reflexionen über Forschungstätigkeiten im Schülerlabor auf das Wissenschaftsverständnis. In U. Gebhard & M. Hammann (Hrsg.), *Lehr- und Lernforschung in der Biologiedidaktik* (Bd. 7, S. 75–91). Innsbruck: StudienVerlag.

Blanchard, M. R., Southerland, S. A., Osborne, J. W., Sampson, V. D., Annetta, L. A., & Granger, E. M. (2010). Is inquiry possible in light of accountability? A quantitative comparison of the relative effectiveness of guided inquiry and verification laboratory instruction. *Science Education, 94,* 577–616.

Brachmann, A. (2015). Integriertes Schülerlabor am Beispiel von „Genetik macht Schule". http://www.biologie.uni-muenchen.de/fuer-oeffentlichkeit/genetikmachtschule/lela-0315.pdf. Zugegriffen: 1. Sep. 2016.

Brandt, A. (2005). *Förderung von Motivation und Interesse durch außerschulische Experimentierlabors.* Göttingen: Cuvillier.

Chang, H.-P., & Ledermann, N. G. (1994). The effect of levels of cooperation within physical science laboratory groups on physical science achievement. *Journal of Research in Science Teaching, 31,* 167–181.

Chiappinelli, K. B., Moss, B. L., Lenz, D. S., Tonge, N. A., Joyce, A., Holt, G. E., et al. (2016). Evaluation to improve a high school summer science outreach program. *Journal of Microbiology & Biology Education, 17,* 225–236.

Chinn, C. A., & Malhotra, B. A. (2002). Epistemologically authentic inquiry in schools: A theoretical framework for evaluating inquiry tasks. *Science Education, 86,* 175–218.

Dähnhardt, D., Sommer, K., & Euler, M. (2007). Lust auf Naturwissenschaft und Technik. Lernen im Schülerlabor. *Naturwissenschaften im Unterricht Chemie, 18,* 4–10.

Dähnhardt, D., Haupt, O., & Pawek, C. (2009). Neugier wecken, Kompetenzen fördern: Wie Schülerlabore arbeiten. In D. Dähnhardt, O. Haupt, & C. Pawek (Hrsg.), *Kursbuch 2010: Schülerlabore in Deutschland* (S. 12–29). Marburg: Tectum.

Damerau, K. (2012). Molekulare und Zell-Biologie im Schülerlabor. Fachliche Optimierung und Evaluation der Wirksamkeit im BeLL Bio Bergisches Lehr-Lern-Labor Biologie. Diss: Universität Bielefeld. http://elpub.bib.uni-wuppertal.de/servlets/DerivateServlet/Derivate-3530/dc1231.pdf. Zugegriffen: 15. Apr. 2016.

Deci, E., & Ryan, R. (1993). Die Selbstbestimmungstheorie der Motivation und ihre Bedeutung für die Pädagogik. *Zeitschrift für Pädagogik, 39,* 223–238.

Dewson, S., Davis, S., & Casebourne, J. (2006). Maximising the role of outreach in client engagement. Leeds: Corporate Document Services. http://webarchive.nationalarchives.gov.uk/20130128102031/http://research.dwp.gov.uk/asd/asd5/rports2005-2006/rrep326.pdf. Zugegriffen: 18. Aug. 2016.

Dickhäuser, O. (2006). Fähigkeitsselbstkonzepte. *Zeitschrift für Pädagogische Psychologie, 20,* 5–8.

DLR (Deutsches Zentrum für Luft- und Raumfahrt). (2015). Bund-Länder-Programm „Qualitätsoffensive Lehrerbildung". https://www.qualitaetsoffensive-lehrerbildung.de/files/KurzbeschreibungenQLB_erste_Foerderphase_barrierefrei.pdf. Zugegriffen: 1. Sep. 2016.

Franke, G. (2011). Untersuchungen zum Wissenserwerb, zur kognitiven Belastung und zu emotionalen Faktoren im experimentellen Unterricht über Grundlagen der Gentechnik im Lernort Labor unter besonderer Berücksichtigung von Schülervorstellungen. Diss: Universität Bayreuth. https://epub.uni-bayreuth.de/380/1/Diss_Franke.pdf. Zugegriffen: 19. Aug. 2016.

Franke, G., & Bogner, F. X. (2011a). Cognitive influences of students' alternative conceptions within a hands-on gene technology module. *The Journal of Educational Research, 104,* 158–170.

Franke, G., & Bogner, F. X. (2011b). Conceptual change in students' molecular biology education: Tilting at windmills? *The Journal of Educational Research, 104,* 7–18.

Franke, G., Scharfenberg, F.-J., & Bogner, F.X. (2013). Investigation of students' alternative conceptions of terms and processes of gene technology. *International Scholarly Research Network Education* (Article ID 741807). http://www.hindawi.com/journals/isrn/2013/741807/. Zugegriffen: 19. Aug. 2016.

Garner, N., & Eilks, I. (2015). The expectations of teachers and students who visit a non-formal student chemistry laboratory. *EURASIA Journal of Mathematics, Science & Technology Education, 11,* 1197–1210.

Gebhard, U., Höttecke, D., & Rehm, M. (2017). *Pädagogik der Naturwissenschaften – Ein Studienbuch.* Wiesbaden: Springer.

Gerstenmaier, J., & Mandl, H. (1995). Wissenserwerb unter konstruktivistischer Perspektive. *Zeitschrift für Pädagogik, 41,* 867–888.

Glowinski, I. (2007). Schülerlabore im Themenbereich Molekularbiologie als Interesse fördernde Lernumgebungen. Diss: Christian-Albrechts-Universität Kiel. http://macau.uni-kiel.de/servlets/MCRFileNodeServlet/dissertation_derivate_00002259/diss_gesamt10_15bibexp.pdf?hosts,online. Zugegriffen: 15. Apr. 2016.

Goldschmidt, M., Scharfenberg, F.-J., & Bogner, F. X. (2016). Instructional efficiency of different discussion approaches in an outreach laboratory: Teacher-guided versus student-centered. *The Journal of Educational Research, 109,* 27–36.

Guderian, P. (2007). Wirksamkeitsanalyse außerschulischer Lernorte. Diss: Humboldt-Univiversität Berlin. http://edoc.hu-berlin.de/dissertationen/guderian-pascal-2007-02-12/PDF/guderian.pdf. Zugegriffen: Zugegriffen: 19. Aug. 2016.

Guderian, P., & Priemer, B. (2008). Interesseförderung durch Schülerlaborbesuche – Eine Zusammenfassung der Forschung in Deutschland. *Physik und Didaktik in Schule und Hochschule, 7,* 27–36. http://www.phydid.de/index.php/phydid/article/view/80. Zugegriffen: Zugegriffen: 19. Aug. 2016.

Hammann, M., & Asshoff, R. (2014). *Schülervorstellungen im Biologieunterricht. Ursachen für Lernschwierigkeiten*. Seelze: Friedrich Verlag.

Hanauer, D. I., Jacobs-Sera, D., Pedulla, L., Cresawn, M. L., Hendrix, S. G., & Hatfull, G. F. (2006). Inquiry learning. Teaching scientific inquiry. *Science, 314,* 1880–1881.

Haupt, O. (2015a). Arbeiten im regionalen Netzwerk. Besser zusammen! In Lernort Labor (Hrsg.), *Schülerlabor-Atlas 2015. Schülerlabore im deutschsprachigen Raum* (S. 56–59). Marktkleeberg: KlettMINT.

Haupt, O. (2015b). In Zahlen und Fakten. Der Stand der Bewegung. In Lernort Labor (Hrsg.), *Schülerlabor-Atlas 2015. Schülerlabore im deutschsprachigen Raum* (S. 34–53). Marktkleeberg: KlettMINT.

Haupt, O., Domjahn, J., Martin, U., Skiebe-Corette, P., Vorst, S., Zehren, W., et al. (2013). Schülerlabor – Begriffsschärfung und Kategorisierung. *MNU, 66,* 324–330.

Hausamann, D. (2012). Extracurricular science labs for STEM talent support. *Roeper Review, 34,* 170–184.

Heller, P., & Hollabaugh, M. (1992). Teaching problem solving through cooperative grouping. Part 2: Designing problems and structuring groups. *American Journal of Physics, 60,* 637–644.

Heyduck, B., Schwanewedel, J., & Großschedl, J. (2016). Forschend Lehren lernen: Lehramtsstudierende als Unterrichtsentwickler/-innen und Unterrichtsforscher/-innen. In U. Gebhard & M. Hammann (Hrsg.), *Lehr- und Lernforschung in der Biologiedidaktik* (Bd. 7, S. 373–388). Innsbruck: StudienVerlag.

Hodson, D. (1998). *Teaching and learning science. Towards a personalized approach*. Philadelphia: Open University Press.

Hößle, C. (2001). *Moralische Urteilsfähigkeit. Eine Interventionsstudie zur moralischen Urteilsfähigkeit von Schülern zum Thema Gentechnik*. Innsbruck: StudienVerlag.

Hößle, C. (2014). Lernprozesse im Lehr-Lern-Labor Wattenmeer diagnostizieren und fördern. In Fischer, A. Hößle, C, Jahnke-Klein, S., Niesel, V., Kiper, H., Komorek, M., & Sjuts, J. (Hrsg.), *Diagnostik für lernwirksamen Unterricht* (S. 144–156). Hohengehren: Schneider.

Hoffmann, L. (2002). Promoting girls' interest and achievement in physics classes for beginners. *Learning and Instruction, 12,* 447–465.

Hume, A. (2012). Primary connections: Simulating the classroom in initial teacher education. *Research in Science Education, 42,* 551–565.

Huwer, J. (2015). Nachhaltigkeit+Chemie im Schülerlabor. Forschendes Experimentieren im Kontext einer naturwissenschaftlich-technischen Umweltbildung. Diss: Universität des Saarlandes. http://scidok.sulb.uni-saarland.de/volltexte/2015/6056/pdf/Dissertation_Abgabe_SULB.pdf. Zugegriffen: 17. Aug. 2016.

ISB (Staatsinstitut für Schulqualität und Bildungsforschung). (2008). Die Seminare in der gymnasialen Oberstufe. Wolnzach: Kastner. https://www.isb.bayern.de/download/1581/isb_seminare_komplett_2-aufl.pdf. Zugegriffen: Zugegriffen: 18. Aug. 2016.

Itzek-Greulich, H. (2014). Einbindung des Lernorts Schülerlabor in den naturwissenschaftlichen Unterricht. Empirische Untersuchung zu kognitiven und motivationalen Wirkungen eines naturwissenschaftlichen Lehr-Lernarrangements. Diss: Eberhard Karls Universität Tübingen. https://publikationen.uni-tuebingen.de/xmlui/bitstream/handle/10900/60557/Dissertation_Heike_Itzek-Greulich.pdf. Zugegriffen: 30. Sep. 2016.

Itzek-Greulich, H., Flunger, B., Vollmer, C., Nagengast, B., Rehm, M., & Trautwein, U. (2015). Effects of a science center outreach lab on school students' achievement – Are student lab visits needed when they teach what students can learn at school? *Learning and Instruction, 38,* 43–52.

Johnson, D., & Johnson, R. T. (1989). *Cooperation and competition: Theory and research*. Edina: Interaction Book Co.

Kattmann, U. (2015). *Schüler besser verstehen. Alltagsvorstellungen im Biologieunterricht*. Halbergmoos: Aulis.

Kaufmann, K., Chernyak, D., & Möller, A. (2016). Rollenzuteilungen in Kleingruppen beim Forschenden Lernen im Schülerlabor: Wirkung auf Aktivitätstypen, intrinsische Motivation und kooperative Lernprozesse. In U. Gebhard & M. Hammann (Hrsg.), *Lehr- und Lernforschung in der Biologiedidaktik* (Bd. 7, S. 355–371). Innsbruck: StudienVerlag.

Kaufmann, K., Scharfenberg, F.-J., & Möller, A. (2017). Universitäre Lehr-Lern-Labore als multifunktionale didaktische Werkstätten: Außerschulischer Lernort, praxisnahe Lehrerausbildung und fachdidaktische Forschung im Verbund. In M. Peschel & M. Kelkel (Hrsg.), *Zur Sache! Lernwerkstätten zwischen Pädagogik und Fachlichkeit* (S. 167–186). Bad Heilbrunn: Klinkhardt.

Kessels, U., Rau, M., & Hannover, B. (2006). What goes well with physics? Measuring and altering the image of science. *British Journal of Educational Psychology, 76,* 761–780.

Kirschner, P. A., Sweller, J., & Clark, R. E. (2006). Why minimal guidance during instruction does not work: An analysis of the failure of constructivist, discovery, problem-based, experiential, and inquiry-based teaching. *Educational Psychologist, 41,* 75–86.

Klees, G., & Tillmann, A. (2015).Design-based research als Forschungsansatz in der Fachdidaktik Biologie. Entwicklung, Implementierung und Wirkung einer multimedialen Lernumgebung im Biologieunterricht zur Optimierung von Lernprozessen im Schülerlabor. *Journal für Didaktik der Biowissenschaften, (F) 6.* http://www.didaktik-biowissenschaften.de/ Artikel/Design-Based-Research.pdf. Zugegriffen: 22. Aug. 2016.

KMK (Sekretariat der Ständigen Konferenz der Kultusminister der Länder in der Bundesrepublik Deutschland). (Hrsg.). (2016). Richtlinie zur Sicherheit im Unterricht (RiSU). Beschluss der KMK vom 09.09.1994 i. d. F. vom 26. Februar 2016. https://www.km.bayern.de/download/1561_sicherheitimunterricht.pdf. Zugegriffen: 17. Aug. 2016.

KMK (Sekretariat der Ständigen Konferenz der Kultusminister der Länder in der Bundesrepublik Deutschland) (Hrsg.). (2005). *Beschlüsse der Kultusministerkonferenz: Bildungsstandards im Fach Biologie für den Mittleren Bildungsabschluss (Jahrgangsstufe 10). Beschluss vom 16.12.2004.* München: Luchterhand.

Krapp, A. (2001). Interesse. In D. Rost (Hrsg.), *Handwörterbuch Pädagogische Psychologie* (S. 286–293). Weinheim: Beltz-PVU.

Krofta, H., & Nordmeier, V. (2014). Bewirken Praxisseminare im Lehr-Lern-Labor Änderungen der Lehrerselbstwirksamkeitserwartung bei Studierenden? *PhyDid B,* DD 15.05. http://phydid.physik.fu-berlin.de/index.php/phydid-b/article/view/584. Zugegriffen: 1. Sep. 2016.

Langenberger, S. (2010). Mit dem LK Biologie auf den Spuren der Gentechnik. In Ehrenbürg-Gymnasium (Hrsg.), *Jahresbericht 2009/2010* (S. 121–123). Forchheim.

Langenberger, S. (2013). Mit dem Pluskurs Chemie dem Täter auf der Spur. In Ehrenbürg-Gymnasium (Hrsg.), *Jahresbericht 2013/2014* (S. 132–133). Forchheim.

Langheinrich, J., & Bogner, F. X. (2015). Student conceptions about the DNA structure within a hierarchical organizational level: Improvement by experiment- and computer-based outreach learning. *Biochemistry and Molecular Biology Education, 43,* 393–402.

Lederman, G., & Lederman, J. (2014). Is nature of science going, going, going, gone? *Journal of Science Teacher Education, 25,* 235–238.

Leonhard, T. (2008). *Professionalisierung in der Lehrerbildung. Eine explorative Studie zur Entwicklung professioneller Kompetenzen in der Lehrererstausbildung.* Berlin: Logos.

Lernort Labor. (2016). Daten zu Schülerlaboren. http://www.lernort-labor.de/data.php?tl=12. Zugegriffen: 15. Aug. 2016.

Lewalter, D., Krapp, A., Schreyer, I., & Wild, K. P. (1998). Die Bedeutsamkeit des Erlebens von Kompetenz, Autonomie und sozialer Eingebundenheit für die Entwicklung berufsspezifischer Interessen. *Zeitschrift für Berufs- und Wirtschaftspädagogik. Beiheft, 14,* 143–168.

McGivney, V. (2000). *Recovering outreach: Concepts, issues and practices.* National Institute of Adult Continuing Education: Leicester.

Meier, M. (2016). *Entwicklung und Prüfung eines Instrumentes zur Diagnose der Experimentierkompetenz von Schülerinnen und Schülern.* Berlin: Logos.

Meissner, B., & Bogner, F. X. (2011). Enriching students' education using interactive workstations at a salt mine turned science center. *Journal of Chemical Education, 88,* 510–515.

Mitchell, M. (1993). Situational interest: Its multifaceted structure in the secondary school mathematics classroom. *Journal of Educational Psychology, 85,* 424–436.

Mokhonko, S., Nickolaus, R., & Windaus, A. (2014). Förderung von Mädchen in den Naturwissenschaften: Schülerlabore und ihre Effekte. *ZfDN, 20,* 143–159.

Nicholson, T., Weiss, F., & Campbell, P. (1994). Evaluation in informal science education: Community-based programs. In V. Crane, M. Chen, S. Bitgood, B. Serrrell, D. Thompson, H. Nicholson, F. Weiss, & P. Campbell (Hrsg.), *What research says about television, science museums and community-based projects* (S. 107–176). Dedham: Research Communications.

Paul, J., Lederman, N. G., & Groß, J. (2016). Learning experimentation through science fairs. *International Journal of Science Education, 38*, 2367–2387.

Pawek, C. (2009). Schülerlabore als interessefördernde außerschulische Lernumgebungen für Schülerinnen und Schüler aus der Mittel- und Oberstufe. Diss: Christian-Albrechts-Universität Kiel. http://eldiss.uni-kiel.de/macau/servlets/MCRFileNodeServlet/dissertation_derivate_00002763/diss_cpawek.pdf. Zugegriffen: 18. Aug. 2016.

Pawek, C. (2012). Schülerlabore als interessefördernde außerschulische Lernumgebungen. In D. Brovelli, K. Fuchs, R. von Niederhäussern, & A. Rempfler (Hrsg.), *Kompetenzentwicklung an Außerschulischen Lernorten* (S. 69–94). LIT: Münster.

Pfenning, U. (2013). Schülerlabore als wichtiges Element der MINTFörderung und Bildung. In Industrie- und Handelskammer Darmstadt u. Deutscher Industrie- und Handelskammertag (Hrsg.), *Aufbau von regionalen Schülerforschungszentren. Berichte und Praxisempfehlungen* (S. 75–77). Stuttgart: KlettMINT. https://www.jugend-forscht.de/uploads/tx_smsprospect/pdf/Aufbau-von-regionalen-Schuelerforschungszentren_02.pdf. Zugegriffen: 15. Aug. 2016.

Plasa, T. (2013). *Die Wahrnehmung von Schülerlaboren und Schülerforschungszentren.* Berlin: Logos.

Reinmann-Rothmeier, G., & Mandl, H. (2001). Unterrichten und Lernumgebungen gestalten. In A. Krapp & B. Weidenmann (Hrsg.), *Pädagogische Psychologie. Ein Lehrbuch* (4. Aufl., S. 601–646). Weinheim: Beltz PVU.

Rodenhauser, A. (2016). Bilinguale biologische Schülerlaborkurse. Konzeption und Durchführung sowie Evaluation der kognitiven und affektiven Wirksamkeit. Diss: Universität Wuppertal. https://www.uni-vechta.de/fileadmin/user_upload/Biologie/Mitarbeiter_innen/Rodenhauser__Annika/dc1626.pdf. Zugegriffen: 28. Nov. 2016.

Rodenhauser, A., & Preisfeld, A. (2015). Bilingual (German – English) molecular biology courses in an out-of-school lab on a university campus: Cognitive and affective evaluation. *International Journal of Environmental and Science Education, 10*, 99–110.

Schäfer, J. (2012). Besuch des BCP-Kurses an der Universität Bayreuth. In Gymnasium Casimirianum Coburg (Hrsg.), *Jahresbericht 2011/2012* (S. 95). Coburg.

Scharfenberg, F.-J. (2005). Experimenteller Biologieunterricht zu Aspekten der Gentechnik im Lernort Labor: empirische Untersuchung zu Akzeptanz, Wissenserwerb und Interesse. Diss: Universität Bayreuth. http://www.bayceer.uni-bayreuth.de/didaktik-bio/de/pub/html/31120diss_Scharfenberg.pdf. Zugegriffen: 15. Apr. 2016.

Scharfenberg, F.-J., & Bogner, F. X. (2010). Instructional efficiency of changing cognitive load in an out-of-school laboratory. *International Journal of Science Education, 32*, 829–844.

Scharfenberg, F.-J., & Bogner, F. X. (2011). A new two-step approach for hands-on teaching of gene technology: Effects on students' activities during experimentation in an outreach gene technology lab. *Research in Science Education, 41*, 505–523.

Scharfenberg, F.-J., & Bogner, F. X. (2013). Teaching gene technology in an outreach lab: Students' assigned cognitive load clusters and the clusters' relationships to learner characteristics, laboratory variables, and cognitive achievement. *Research in Science Education, 43*, 141–161.

Scharfenberg, F.-J., & Bogner, F. X. (2014). Outreach science education: Evidence-based studies in a gene technology lab. *EURASIA Journal of Mathematics, Science & Technology Education, 10*, 329–341.

Scharfenberg, F.-J., & Bogner, F. X. (2016). A new role-change approach in pre-service teacher education for developing pedagogical content knowledge in the context of a student outreach lab. *Research in Science Education, 46*, 743–766.

Scharfenberg, F.-J., Bogner, F. X., & Klautke, S. (2007). Learning in a gene technology lab with educational focus: results of a teaching unit with authentic experiments. *Journal of Biochemistry and Molecular Biology Education, 35*, 28–39.

Schmidt, I., Di Fuccia, D., & Ralle, B. (2011). Außerschulische Lernorte. Erwartungen, Erfahrungen und Wirkungen aus der Sicht von Lehrkräften und Schulleitungen. *MNU, 64*, 362–369.

Schwartz, R., Lederman, G., & Crawford, B. (2004). Developing views of nature of science in an authentic context: An explicit approach to bridging the gap between nature of science and scientific inquiry. *Science Education, 88*, 610–645.

Schwitzer, D. (2013a). Praxiseinsatz auf sicherem Terrain. In Deutsche Telekom Stiftung (Hrsg.), *Neue Konzepte für die MINT-Lehrerausbildung* (S. 35–40). Lünen: Schmidt.

Schwitzer, D. (2013b). Mehrwert für Schüler und Studierende. In Deutsche Telekom Stiftung (Hrsg.), *Neue Konzepte für die MINT-Lehrerausbildung* (S. 110–115). Lünen: Schmidt.

Shallcross, D. E., Harrison, T. G., Obey, T. M., Croker, S. J., & Norman, N. C. (2013). Outreach within the Bristol ChemLabS CETL. *Higher Education Studies, 3*, 39–49.

Steffensky, M., & Parchmann, I. (2007). The project CHEMOL: Science education for children – Teacher education for students! *Chemistry Education: Research & Practice, 8*, 120–129.

Streller, M. (2015). The educational effects of pre and post-work in out-of-school laboratories. Diss: TU Dresden. http://www.qucosa.de/fileadmin/data/qucosa/documents/19270/Thesis_ Matthias%20Streller_PDF2a.pdf. Zugegriffen: 23. Aug. 2016.

Stolarsky Ben-Nun, M., & Yarden, A. (2009). Learning molecular genetics in teacher-led outreach laboratories. *Journal of Biological Education, 44*, 19–25.

Sumfleth, E., & Henke, C. (2011). Förderung leistungsstarker Oberstufenschülerinnen und -schüler im HIGHSEA-Projekt am Alfred-Wegener Institut, Bremerhaven. *ZfDN, 17*, 89–113.

Tschannen-Moran, M., Woolfolk Hoy, A., & Hoy, W. (1998). Teacher efficacy: Its meaning and measure. *Review of Educational Research, 68*, 202–248.

Uhlmann, S., & Priemer, B. (2010). Das Experiment in Schule und Wissenschaft – Ein „Nature of Science" -Aspekt explizit in einem Projekt im Schülerlabor. *Phydid B*, DD 27.01. http:// www.phydid.de/index.php/phydid-b/article/view/182/213. Zugegriffen: 23. Aug. 2016.

Völker, M., & Trefzger, T. (2011). Ergebnisse einer explorativen Untersuchung zum Lehr-Lern-Labor im Lehramtsstudium. *PhyDid B*, DD 21.03. http://www.phydid.de/index.php/phydid-b/ article/viewFile/292/401 Zugegriffen: 1. Sep. 2016.

Wanka, J. (2015). Grußwort. In Lernort Labor (Hrsg.), *Schülerlabor-Atlas 2015. Schülerlabore im deutschsprachigen Raum* (S. 9). Marktkleeberg: KlettMINT.

Wegner, C. (2008). Entwicklung und Evaluation des Projektes „Kolumbus-Kids" zur Förderung begabter SchülerInnen in den Naturwissenschaften. Diss: Universität Bielefeld. https://pub. uni-bielefeld.de/publication/1965480. Zugegriffen: 1. Sep. 2016.

Wegner, C., Bentrup, M., & Ohlberger, S. (2015). A study on creative thinking skills of gifted children and their development over half a year in the biology education project „Kolumbus-Kids". *Journal of Innovation in Psychology, Education and Didactics, 19*, 117–148.

Werner, A. (2014). Viel schöner als Schule. In Franz-Ludwig-Gymnasium (Hrsg.), *Jahresbericht 2013/2014* (S. 101–102). Bamberg.

Weßnigk, S. (2013). Kooperatives Arbeiten an industrienahen außerschulischen Lernorten. Diss: Christian-Albrechts-Universität, Kiel. http://macau.uni-kiel.de/servlets/MCRFileNodeServlet/ dissertation_derivate_00004630/dissertation_susanne_wessnigk.pdf. Zugegriffen: 17. Aug. 2016.

Yarden, H., & Yarden, A. (2011). Studying biotechnological methods using animations: The teacher's role. *Journal of Science Education and Technology, 20*, 689–702.

Zehren, W. (2009). Forschendes Experimentieren im Schülerlabor. Diss: Universität des Saarlands. http://scidok.sulb.uni-saarland.de/volltexte/2009/2337/pdf/Promotion_endgueltige_ Fassung.pdf. Zugegriffen: 19. Aug. 2016.

Ziemek, H.-P., Keiner, K.-H., & Mayer, J. (2005). Problemlöseprozesse von Schülern der Biologie im naturwissenschaftlichen Unterricht – Ergebnisse qualitativer Studien. In R. Klee, A. Sandmann, & H. Vogt (Hrsg.), *Lehr- und Lernforschung in der Biologiedidaktik* (Bd. 2, S. 29–40). Innsbruck: StudienVerlag.

Non-formales Biologielernen mit Schulbezug

14

Matthias Wilde, Carolin Retzlaff-Fürst, Annette Scheersoi, Melanie Basten und Jorge Groß

Inhaltsverzeichnis

M. Wilde (✉)
Biologiedidaktik (Zoologie und Humanbiologie), Universität Bielefeld, Bielefeld,
Nordrhein-Westfalen, Deutschland
E-Mail: matthias.wilde@uni-bielefeld.de

C. Retzlaff-Fürst
Institut für Biowissenschaften, Universität Rostock, Rostock,
Mecklenburg-Vorpommern, Deutschland
E-Mail: carolin.retzlaff-fuerst@uni-rostock.de

A. Scheersoi
Nees-Institut, Fachdidaktik Biologie, Universität Bonn, Bonn,
Nordrhein-Westfalen, Deutschland
E-Mail: a.scheersoi@uni-bonn.de

M. Basten
Sachunterrichtsdidaktik - Schwerpunkt Naturwissenschaftliche Bildung, Universität
Bielefeld, Bielefeld, Nordrhein-Westfalen, Deutschland
E-Mail: melanie.basten@uni-bielefeld.de

J. Groß
Didaktik der Naturwissenschaften, Otto-Friedrich-Universität Bamberg,
Bamberg, Bayern, Deutschland
E-Mail: jorge.gross@uni-bamberg.de

© Springer-Verlag GmbH Deutschland, ein Teil von Springer Nature 2019
J. Groß et al. (Hrsg.), *Biologiedidaktische Forschung: Erträge für die Praxis*,
https://doi.org/10.1007/978-3-662-58443-9_14

Ein großer Zoo in Deutschland gestaltet mit erheblichem Aufwand einen Lehrpfad zur Evolution des Menschen. Ziel des Evolutionspfades ist es zu vermitteln, dass Menschen und Menschenaffen einen gemeinsamen Vorfahren haben. Nach dem Durchlaufen dieses Evolutionspfades äußern viele Besucher dennoch die Alltagsvorstellung, der Mensch stamme in direkter Linie von den rezenten Menschenaffen ab (Groß und Gropengießer 2008):

> Jetzt erst gab es ja Pantoffeltierchen […] Dann ging es langsam zu den Affen, dann wurde es immer aufrechter und immer aufrechter und die Strukturen haben sich ein bisschen verändert, im Gesicht […] und wurde halt immer, ich kann ja schlecht sagen: menschlicher, aber das ist natürlich […], und es wurde halt mehr so, wie es heute ist (Nils, 19 Jahre, redigierte Aussage).

Dieses Beispiel zeigt, dass die von den Pädagogen angestrebten Lernziele an außerschulischen Lernorten oft gar nicht oder nur eingeschränkt erreicht werden. Damit sind der Nutzbarkeit von außerschulischen Lernorten für Schulbesuche Grenzen gesetzt – vor allem, wenn sie als „selbstinstruierende Lernangebote" verstanden werden.

14.1   Im Spannungsfeld zwischen Lernen, Erlebnis und Konsum

Dieses Beispiel von Groß und Gropengießer (2008) ist typisch für außerschulische Lernangebote. Es bestehen vielfach Vorstellungen von der Wirkung außerschulischen Lernens, die oftmals nicht einzulösen sind. Dies gilt für ganz unterschiedliche Gelegenheiten informellen oder nonformalen Lernens. Besuche außerschulischer Lernorte können in der Freizeit stattfinden, wo sich Lernen spontan und unstrukturiert einstellen kann, aber auch im Rahmen schulischer Aktivitäten, wo Lernen geplant und strukturiert angeleitet wird (Eshach 2007; vgl. Groß 2007, 2011). Es gilt aber auch für unterschiedliche Organisationsebenen, gemeint sind Leitung und Administration sowie die jeweils pädagogisch bzw. fachdidaktisch-operativ agierenden Personen. Die Akteure außerschulischen Lernens setzen sich selbst bisweilen kaum erreichbare Ziele und gestalten außerschulisches Lernen oft nicht optimal (Sample McMeeking et al. 2016). In diesem Kapitel soll nonformales Lernen im schulischen Kontext adressiert werden. Damit sind außerschulische Institutionen und Schule sowie die unterschiedlichen Organisations- und Umsetzungsebenen betroffen, also beispielsweise Museumspädagoginnen und -pädagogen sowie die Museumsleitung wie auch Lehrerinnen und Lehrer und die Schulleitung. Abb. 14.1 zeigt das sich hiernach aufbauende Spannungsfeld zwischen Lernen, Erlebnis und Konsum, in dem sich informelle Lernorte im Gegensatz zu formalen Lernorten befinden. Hierbei lassen sich die ganz unterschiedlichen Lernorte mit anderen Schwerpunkten je nach ihrer Orientierung eher nach einer alltagsweltlichen bzw. fachlichen Orientierung verorten (Abb. 14.1). Obwohl die hier aufgeführten Lernorte alle für sich in Anspruch nehmen, eine Vermittlungsabsicht zu besitzen, sind deren Ziele, beispielsweise bei Brandlands wie der Autostadt der Volkswagen AG in Wolfsburg, ganz andere als in einem Schulgarten und müssen daher auch klar unterschieden werden.

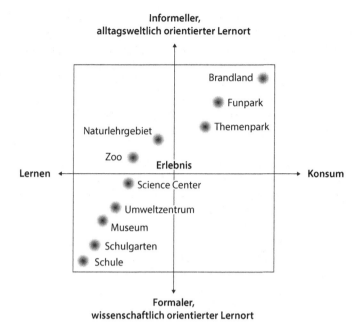

Abb. 14.1 Relative Einordnung von möglichen institutionalisierten Lernorten hinsichtlich ihrer Formalität und ihres Erlebnischarakters. (Modifiziert nach Groß 2007)

14.2 Charakterisierung der Ausgangslage

14.2.1 Ausgangslage auf der Theorieebene

Für die Erforschung von Faktoren, die die Wirkung von „Museumslernen" in der Freizeit beeinflussen, steht als theoretischer Erklärungsrahmen das Contextual Model of Learning (CMoL; Falk und Dierking 2000; Wilde 2007) zur Verfügung, welches sich auch für das Lernen in Zoos, Mitmachausstellungen, botanischen Gärten etc. nutzen lässt. Es beschreibt einen konstruktivistisch-orientierten, holistischen Ansatz, der in drei Kontexten (personal, sozial und räumlich/gegenständlich) das Lernen an außerschulischen Lernorten in der Freizeit skizziert. Der personale Kontext umfasst Faktoren, die mit dem individuellen Besucher zu tun haben. Der soziokulturelle Kontext berücksichtigt unter Einbeziehung der gegebenen kulturellen Einbettung die Interaktionen zwischen den Mitgliedern einer Besuchergruppe und mit Personen außerhalb der Gruppe (z. B. Museumsführerinnen und -führer). Der gegenständliche/räumliche Kontext beschreibt die Merkmale des Lernortes und einflussreicher Ereignisse außerhalb des Lernortes, z. B. im Anschluss an einen Museumsbesuch.

Für die theoriegeleitete Erforschung schulischen Lernens gibt es eine Fülle von Ansätzen, z. B. Instruktionsmodelle (vgl. Issing 1997; Reinmann und Mandl

2006) wie behavioristische Instruktionsdesignmodelle (Bloom et al. 1976) oder konstruktivistisch orientierte Modelle (vgl. Reinmann und Mandl 2006), die Didaktische Rekonstruktion (z. B. Kattmann 2007; Kattmann et al. 1997) oder die Conceptual-Change-Theorie (z. B. Krüger 2007; Posner et al. 1982), die besondere Bedeutung für die Gestaltung von Biologieunterricht haben. Dezidiert mit der Qualität schulischen Lernens befasst sind beispielsweise das Angebots-Nutzungs-Modell des Unterrichts (Helmke 2002, 2006) oder auch dessen Konkretisierung von Neuhaus (2007), die das Modell um Fachspezifika des Biologielernens erweitert.

Alle genannten Theorierichtungen zum schulischen Lernen sind jedoch nur unter Vorbehalt auf die hier fokussierte Lernsituation, nämlich nonformales Biologielernen mit Schulbezug, anzuwenden (vgl. hierzu z. B. Falk und Storksdieck 2005). Sie sind nicht genuin auf die speziellen Anforderungen von außerschulischem Lernen zugeschnitten (Eshach 2007; Groß 2007). Aber auch Modelle zu Museumslernen in der Freizeit wie das oben beschriebene CMoL (Falk und Dierking 2000) beziehen laut Eshach (2007) die Orientierung an Lernzielen, den geplanten Ablauf und die notwendige affektive Ebene des nonformalen Lernens mit Schulbezug nicht spezifisch genug mit ein. Damit steht für die Erforschung nonformalen Biologielernens mit Schulbezug kein passender Theorierahmen zur Verfügung (vgl. Schwan et al. 2014).

14.2.2 Ausgangslage auf der Empirieebene

Chancen außerschulischen Biologielernens

Außerschulische Lernangebote erfüllen eine Reihe wichtiger Bildungsziele in sozialen und affektiven Bereichen (DeWitt und Storksdieck 2008; Sample McMeeking et al. 2016). Museen können auch kognitiven Lernerfolg herbeiführen, der dann am größten ausfällt, wenn die Besucher bereits motiviert sind und ihre Motivation im Museum verstärkt werden kann (Falk und Dierking 2000). Außerschulisches Biologielernen bietet darüber hinaus Authentizität, die Möglichkeit zur Selbststeuerung und bedeutungsvolle Kontexte (z. B. Griffin 1998; Wilde und Urhahne 2008). Außerschulische Lernorte bieten situierte, kontextbezogene und interessefördernde Inhalte, die die affektive Ebene ansprechen können (Falk und Dierking 2000; Eshach 2007; Schwan et al. 2014). Museen präsentieren Informationen außerdem häufig mit vielfältigen Medien. Lewalter und Geyer (2009) zeigen auf, dass diese Angebote den Lernenden individuelle Wahlmöglichkeiten, Handlungsalternativen sowie Möglichkeiten zur Eigenaktivität bieten, die das Erleben von Autonomie unterstützen und sich motivationsförderlich auswirken können (Dohn 2013; Packer 2006; Schmitt-Scheersoi und Vogt 2005). Die Lernenden können im Museum individuelle Erfahrungen machen, und gleichzeitig wird soziales Lernen ermöglicht (Falk und Dierking 2000; Schwan et al. 2014). Bisweilen gibt es die Möglichkeit, Kontakt zu Experten zu erhalten (King und Lord 2016). Nicht immer werden diese Möglichkeiten optimal genutzt (Groß 2007).

Trennung von Vermittlungsobjekt und Information

Bei der Betrachtung von außerschulischen Lernorten wird ein für die informelle Bildung charakteristisches Vermittlungsprinzip erkennbar, bei dem eine Trennung des eigentlichen Vermittlungsobjekts von der begleitenden Information erfolgt. Dem Vermittlungsobjekt, das sinnlich-emotional und lebensweltlich erfahrbar ist (z. B. Exponate in einem Museum oder Lebewesen in botanischen und zoologischen Gärten), werden vorwiegend rationale Informationen zur Seite gestellt (z. B. in Form von Infoschildern), aufgrund derer fachwissenschaftliche Vorstellungen entwickelt werden sollen. Diese beiden Perspektiven lassen sich ohne eine kluge Berücksichtigung fachdidaktischer Vermittlungsprinzipien kaum vereinbaren (Groß und Gropengießer 2008; Groß 2007).

Vernachlässigung von Besuchervorstellungen

Nach Groß (2007) greifen Besucher überwiegend auf ihre lebensweltlichen Vorstellungen zurück, um eine neue Lernsituation zu interpretieren. Die zumeist (inhaltlich) reduzierten fachwissenschaftlich orientierten Angebote werden dabei von Lernern oft übersehen, ignoriert oder missverstanden. Dieses ernüchternde Evaluationsergebnis der oft aufwendigen und engagiert gestalteten, aber doch nicht wunschgemäß wirkenden Lernumgebungen hat seinen primären Grund in der Tatsache, dass die Vorstellungen von Besuchern und ihre fundamentale Bedeutung für Lernprozesse verkannt oder nicht hinreichend berücksichtigt wurden. Auch in der informellen Bildung werden die zentralen Befunde zur Vorstellungsforschung, wie sie beispielsweise auch in Hammann und Asshoff (2014) sowie Kattmann (2015) dargestellt werden, zu wenig berücksichtigt. Insbesondere lässt sich herausstellen, dass multimediale, handlungs- oder erlebnisorientierte Lernangebote nicht per se das Verstehen naturwissenschaftlicher Vorstellungen fördern.

Touristische Attraktion im Vordergrund

Im Bereich von größeren Ausstellungen oder Besucherzentren werden nicht selten erhebliche Investitionen getätigt. Gerade in den letzten Jahren wurden in Deutschland zahlreiche große informelle Bildungseinrichtungen wie Science Center, Museen, Zoos und Schutzgebietseinrichtungen neu errichtet, die auch einen Beitrag zur touristischen Infrastruktur leisten sollen. Hierbei tritt vielfach die eigentliche Vermittlungsarbeit in den Hintergrund (Wohlers 2006). Die Inhalte werden dabei häufig aus rein fachlicher Perspektive bestimmt, und die Umsetzung der daraus resultierenden Lernangebote übernehmen Freizeitagenturen. Dabei finden ein didaktisch geschultes Fachpersonal, eine theoriegeleitete Planung, ein ausreichender Bildungsetat, formative Evaluationskonzepte und fachdidaktische Beratung in der Regel zu wenig Berücksichtigung (Munsch 2017; Wohlers 2006). Trotz dieser Situation informeller Lernangebote wollen die Bildungsträger Themenbereiche der Biologie, wie etwa Genetik oder Evolution, vermitteln (vgl. Groß 2007), die einem Leistungsanspruch entsprechen, wie er in den Rahmenrichtlinien der Mittel- und Oberstufe verankert ist. Im Vergleich zu formalen Bildungseinrichtungen, die über wesentlich umfangreichere Vermittlungsmethoden verfügen, sind solche Ziele unter den skizzierten Gegebenheiten als schwer umsetzbar einzustufen.

Museum als Schule

Sehr oft werden Besuche an außerschulischen Lernorten mit schulischem Lernen verknüpft und schulische Kriterien an das außerschulische Lernen herangetragen (Griffin 1994). Forschungsergebnisse zum kognitiven Lernerfolg schulischer Museumsbesuche sind widersprüchlich, deuten jedoch insgesamt auf einen eher kleinen positiven Effekt hin (DeWitt und Storksdieck 2008). Die Lernfortschritte sind bisweilen lediglich episodisch und orientiert an Details (Wilde et al. 2009). Um dies zu vermeiden, verhalten sich Lehrkräfte in außerschulischen Lernorten oft besonders kontrollierend und disziplinierend. Ungewollt beeinträchtigen sie damit besondere Qualitäten außerschulischen Lernens, wie z. B. selbstgesteuert und intrinsisch motiviert an authentischen Objekten zu lernen (Griffin 1994, 1998). Auch im Regelunterricht verhalten sich Lehrerinnen und Lehrer meist kontrollierend (Martinek 2010); bei Unsicherheit und wahrgenommenem eigenem Druck verstärkt sich dies noch (Leroy et al. 2007). Die Studie von Griffin (1994) zeigt, dass Lehrende im Naturkundemuseum und Science Center Maßnahmen aus dem Regelunterricht ergreifen, um ihre Lernenden dazu anzuhalten, sich mit den dargestellten Inhalten auseinanderzusetzen. Auch bei Führungen durch das Museumspersonal werden die Lernenden häufig stark eingeschränkt, sodass für eigenständiges Explorieren wenig Spielraum bleibt (Cox-Petersen et al. 2003). Dabei würden außerschulische Lernorte sehr viele Ansatzpunkte bieten, selbstbestimmt, intrinsisch motiviert und inhaltlich bedeutsam zu lernen (Kattmann 2000; Wilde und Urhahne 2008).

Novelty-Effekt

Oft werden besondere Lern- und Erlebnisorte einmalig (oder zumindest selten) besucht. Der Umgang mit der Neuheit des außerschulischen Lernortes ist eine Herausforderung (Falk 1983; Falk und Balling 1982). Museumsbesucher lernen besser, wenn sie sich sicher und orientiert fühlen (Falk und Dierking 2000). In einer (relativ) neuen Lernumgebung verbringen Besucher viel Zeit damit, sich an dem Ort zurechtzufinden. Nutzt man außerschulische Lernorte im Schulkontext, kann sich die eigentlich anregende und motivierende Wirkung neuer Lernorte für die Schülerinnen und Schüler in ihr Gegenteil verkehren. Sie können sich unter Umständen durch den unbekannten Ort verunsichern oder ablenken lassen und sich entsprechend weniger konzentriert ihren Lernaufgaben widmen (Eshach 2007; Griffin 1994; Griffin und Symington 1997). Maßnahmen, um den Novelty-Effekt abzumildern, könnten dazu beitragen, die Lerngelegenheiten am außerschulischen Lernort besser auszunutzen (vgl. DeWitt und Storksdieck 2008; Eshach 2007).

Fazit zur Theorie- und Empirieebene

Das außerschulische Biologielernen sieht sich also einerseits mit einer Fülle von Chancen, z. B. Authentizität, Möglichkeiten der Selbststeuerung, Kontextbezug wie auch Situiertheit, motivations- und interesseförderlichen Lernumgebungen, und andererseits mit zahlreichen Herausforderungen, z. B. Trennung von Vermittlungsobjekt und Information, Vernachlässigung von Besuchervorstellungen, der touristischen Attraktion im Vordergrund, Museum als Schule und Novelty-Effekt, konfrontiert. Für einige der Chancen und Herausforderungen können evidenzbasierte, biologiedidaktische Empfehlungen gegeben werden.

14.3 Ursachen und evidenzorientierte Empfehlungen

14.3.1 Die Wissenschaft vom Lebendigen braucht Authentizität: Biologielernen im Garten

Schulisches Biologielernen findet weitgehend im Schulgebäude statt. Innerhalb der Rahmenpläne wird das Verlassen des Schulgeländes kaum berücksichtigt. So gibt es beispielsweise im Rahmenplan Biologie/Mecklenburg-Vorpommern für die gymnasialen Jahrgangsstufen 7–10 lediglich eine nicht verpflichtende Empfehlung für eine ökologische Exkursion im Rahmen der Unterrichtseinheit „Organismen in ihrer Umwelt" (Ministerium für Bildung, Wissenschaft und Kultur des Landes Mecklenburg-Vorpommern 2011, S. 29). Auch der weniger aufwendig zu organisierende Einsatz von Naturobjekten im Unterricht führt in deutschen Schulen offenbar ein Schattendasein. In 154 beobachteten Biologieunterrichtsstunden wurden lediglich zwölfmal Naturobjekte eingesetzt (Feike und Retzlaff-Fürst 2015). Geht man davon aus, dass Lernende im Dialog mit der Umwelt ihre subjektive Wirklichkeit aufbauen, so kann man sich fragen, welche Sicht der Wirklichkeit durch das Fach Biologie, das ja nach dem Wortsinn die Lehre vom Lebendigen ist, von den Schülerinnen und Schülern unter diesen Umständen aufgebaut wird. Aus konstruktivistischer Perspektive ist effektives Lernen kontextgebunden, d. h., Verbindungen mit authentischen Umständen beeinflussen die Qualität des Lernens (Dubs 1995). Für den Biologieunterricht bieten Naturobjekte und Naturbegegnungen Authentizität und Primärerfahrungen mit biologischen Phänomenen (Kattmann 2016). Deren Wirksamkeit für das kognitive Lernen gilt als belegt (Williams und Dixon 2013; Queren 2014). Evidenzen für affektive Lernebenen sind ebenfalls zu finden. Beispielsweise bewirkt bei gleichem Inhalt und Umfang einer Unterrichtssequenz der Einsatz lebender Tiere im Vergleich mit Filmen eine qualitativ verbesserte und höhere Schülermotivation (Hofferber et al. 2016; Wilde et al. 2012).

Außerschulisches Biologielernen kann im Grad der Authentizität variieren. So beschreibt bereits Uhlig (Uhlig et al. 1962, S. 64 ff.) in seinem „Echtheitsgefälle der Formen" unterschiedliche Grade von Authentizität, wobei eine „originale Repräsentationsform" im „echten Wirklichkeitszusammenhang" das höchste Maß an Authentizität bietet. Biologielernen im Garten weist damit zweifellos einen besonders hohen Grad an Authentizität auf. Hands-on-Objekte bzw. Hands-on-Aktivitäten können die Authentizität des Eindrucks beim außerschulischen Biologielernen noch vertiefen. So ziehen Hands-on-Objekte mehr Aufmerksamkeit auf sich als Abbilder (Falk et al. 2004) und fördern die inhaltliche Auseinandersetzung mit einem Thema (Lindemann-Matthies und Kamer 2006; Minogue und Jones 2006).

Hands-on-Aktivitäten sind beim Lernen im Garten ebenfalls gegeben. Unter Garden-Based Learning (GBL) versteht man einen schüleraktivierenden, praxisorientierten und fächerintegrierenden Ansatz, der den Schulgarten zentral in den Unterricht einbezieht. Dem GBL werden positive affektive und kognitive Lerneffekte zugeschrieben (Klemmer et al. 2006). In einer Metastudie zum GBL analysierten Williams und Dixon (2013) 48 Studien und kommen zu dem Ergebnis, dass folgende Voraussetzungen für diese positiven Effekte des GBL notwendig sind:

- Die Einbindung von Schulgärten in das Curriculum muss gewährleistet sein.
- Der Fokus des Lernens muss besonders auf den Wissenserwerb ausgerichtet sein.

Beispielsweise konnten Klemmer et al. (2006) bei einer Stichprobe von 647 Schülerinnen und Schülern (Jahrgangsstufe 3–5, Grundschule) signifikant bessere Leistungen im naturwissenschaftlichen Arbeiten in der „Gartengruppe" als in der im Klassenraum unterrichteten Kontrollgruppe nachweisen. Eine Untersuchung von Queren (2014) mit Schülerinnen und Schülern einer Regionalschule (entspricht Realschule) der Jahrgangsstufen 7 und 8 konnte zeigen, dass der langfristige Wissenszuwachs der „Gartengruppe" zum Thema Agro-Biodiversität signifikant besser war als der der Kontrollgruppe. Zudem waren die Schülerinnen und Schüler der Gartengruppe signifikant eher bereit, ihre Werturteile gegenüber Pflanzen zu begründen.

14.3.2 Vom Garden-Based Learning zur wohltuenden Naturerfahrung

Gärten ermöglichen vielfältige reale Naturbegegnungen. Diese können eine weitere Beschäftigung mit der Natur initiieren. Die Bedeutung von „Natur" für die psychische Entwicklung steht im Fokus zahlreicher Analysen und ist mittlerweile gut belegt (Bragg et al. 2013; Kaplan und Kaplan 1989; Ulrich 1984) (Kap. 15). Naturbegegnungen sind wichtig für das menschliche Wohlbefinden, die psychische Gesundheit und gleichzeitig für den Erhalt von Natur (Bögeholz 1999; Gebhard 2013, 2016; Unterbruner 2016). In einer Studie mit zehn- bis 18-jährigen Kindern und Jugendlichen verglich Bögeholz (1999) den Einfluss von Naturerfahrungen auf die Entwicklung umweltbewusster Einstellungen und Handlungsbereitschaft in naturaktiven und nichtaktiven Gruppen. Häufige Naturerfahrungen fördern das Umwelthandeln in Alltagssituationen und den Erhalt von Natur. Zwei Theorien aus der Naturerholungsforschung beschreiben den Einfluss von Natur auf den Menschen: die psychoevolutionäre Theorie von Ulrich (1984, 1999) und die Attention-Restoration-Theorie von Kaplan und Kaplan (1989). Die psychoevolutionäre Theorie beschreibt die stressreduzierende Wirkung von Natur auf kognitiver, emotionaler und physiologischer Ebene sowie deren Abfolge und Interaktion. Erholung tritt entsprechend der Theorie dann ein, wenn die Umgebung positive ästhetische Empfindungen auslöst, aber nicht zu großes Interesse weckt.

Schulgärten entsprechen diesen Voraussetzungen. Daher könnten sie zu positiven Auswirkungen auf Stimmung, Wohlgefühl und Gesundheit der Schülerinnen und Schüler beitragen.

Die Attention Restoration-Theorie (Kaplan und Kaplan 1989) beschreibt die Faszination von Umwelt bzw. Natur auf den Menschen. Dabei sind es das Gefühl von „weg sein" in Verbindung mit einer gewissen Weite im Sinne einer kleinen, in sich geschlossenen Welt und der Kompatibilität mit den Bedürfnissen der Person als Merkmale der Mensch-Umwelt-Interaktion, die für die Erholung bedeutsam sind. Demnach wirkt sich der Aufenthalt in Naturräumen günstig auf die Gesundheit aus, weil er einen Abstand zum Alltag ermöglicht. Untersuchungen von Retzlaff-Fürst (2016a, b) bestätigen die positiven Auswirkungen von praktischer Arbeit im Garten auf das Wohlbefinden. In den Studien wurde das subjektive Wohlbefinden von Lehramtsstudierenden (n = 38) und die Auswirkungen von Gartenarbeit auf den stressinduzierten Blutdruck (n = 10) über einen Zeitraum von drei bis vier Monaten untersucht. So führte leichte körperliche Arbeit im Garten zu einem höheren Selbstwert (beobachtet vor allem bei Studierenden des Lehramts Grundschule). Die Untersuchungen zur Wirkung von Gartenarbeit auf den Blutdruck können zunächst nur als Hinweis auf einen moderaten positiven Effekt interpretiert werden. Weitere Untersuchungen mit größeren Stichproben sind zur Absicherung dieser Ergebnisse geplant.

14.3.3 Außerschulisches Biologielernen: Förderung von Interesse

Außerschulische Lernorte ermöglichen vielseitige und intensive Erfahrungen. Sie eignen sich daher besonders, um affektives Lernen zu fördern (DeWitt und Storksdieck 2008). Neben der Veränderung von Einstellungen und Werthaltungen spielt beim affektiven Lernen die Entwicklung von Interessen eine zentrale Rolle. Interesse an einem Gegenstand oder Thema begünstigt die Entstehung von intrinsischer Lernmotivation und wirkt sich positiv auf Bildungsprozesse aus (Schiefele 2009). In Kap. 3 werden Faktoren vorgestellt, die die Interessenentwicklung positiv beeinflussen und die bei der Unterrichtsgestaltung in der Schule gezielt berücksichtigt werden sollten. An außerschulischen Lernorten sind solche Faktoren bereits der Lernumgebung immanent. So sind hier fachliche Inhalte grundsätzlich in Kontexte eingebettet, und es gibt in der Regel Anregungen zur tätigen Auseinandersetzung mit Exponaten, z. B. durch originale Objekte, die Hands-on-Aktivitäten erlauben, oder durch medial vermittelte Möglichkeiten der aktiven Partizipation. Studien zum situationalen Interesse an außerschulischen Lernorten haben darüber hinaus weitere Faktoren identifiziert, die die Interessenentwicklung dort im Einzelnen beeinflussen. Für das anfängliche situationale Interesse (*catch;* Mitchell 1993) sind in erster Linie Faktoren verantwortlich, die die Aufmerksamkeit der Lernenden erregen, beispielsweise Diskrepanzerlebnisse und Überraschungseffekte (Dohn 2013; Hidi 2000; Scheersoi und Weiser 2017) oder besondere Merkmale von Objekten, z. B. deren Größe, Niedlichkeit oder

Ästhetik (Scheersoi 2015). Auch das Wiedererkennen bekannter Elemente, zu denen aufgrund von vorangegangen Erfahrungen ein persönlicher Bezug besteht, kann dazu führen, dass sich die Lernenden diesen zuwenden. Es kann sich hier beispielsweise um Objekte und Lebewesen handeln, die durch eigene Reisen oder aus den Medien bekannt sind (Scheersoi 2016).

Für die weiterführende Interessentwicklung, bei der sich die Lernenden über die anfängliche Aufmerksamkeit hinaus weiter mit dem Objekt oder Sachverhalt beschäftigen (*hold;* Mitchell 1993), konnten ebenfalls zahlreiche Einflussfaktoren identifiziert werden, die Lernenden anhaltende Freude an der Auseinandersetzung mit dem Gegenstand des Interesses ermöglichen, den Gegenstand als relevant wahrnehmen lassen oder den Wunsch wecken, mehr darüber erfahren zu wollen. Die Interessenentwicklung wird gefördert durch Hands-on-Erfahrungen, also das konkrete Anfassen von Objekten, besonders wenn damit ein Erkenntniszuwachs verbunden ist. Originalobjekte spielen in diesem Zusammenhang eine wichtige Rolle (Dohn 2013; Wenzel et al. 2015). Förderlich wirken zudem Umgebungen oder Aktivitäten, die spielerisches oder entdeckendes Lernen ermöglichen (Scheersoi und Tunnicliffe 2014). Letztere können auch eine innere Aktivität, eine Minds-on-/Hearts-on-Aktivität, sein, bei denen das Anfassen des Gegenstands nicht möglich ist. Dies ist beispielsweise bei Dioramen (Lebensraumdarstellungen hinter Glas) in Naturkundemuseen der Fall, in denen die Lernenden beim genaueren Hinsehen viele Kleinigkeiten und Zusammenhänge entdecken und persönliche Bezüge herstellen können (Scheersoi 2016). Auch „Führungen hinter die Kulissen" oder die Möglichkeit, eine ungewohnte (exklusive) Perspektive einzunehmen, die zu neuen und einzigartigen Erfahrungen führt, z. B. Einblicke in sonst unzugängliche (Lebens-)Räume oder das Einnehmen einer Sonderrolle im Rahmen einer Gruppenaktivität, können sich positiv auf die Erlebnisqualität auswirken und die Interessenentwicklung fördern (Scheersoi 2015; Scheersoi und Tunnicliffe 2014).

Für die Interessenentwicklung an außerschulischen Lernorten spielen auch die drei grundlegenden psychologischen Bedürfnisse (*basic needs*; Kap. 3) eine zentrale Rolle (Großmann und Wilde 2017; Krapp 2005;). Es konnte belegt werden, dass Lernbedingungen, die eine hinreichende Befriedigung dieser Bedürfnisse ermöglichen, die Entwicklung eines situationalen Interesses fördern. Das Gefühl der sozialen Eingebundenheit wird beispielsweise durch Gruppenerlebnisse positiv beeinflusst (Dohn 2013; Lewalter und Geyer 2009; Scheersoi und Tunnicliffe 2014), die an außerschulischen Lernorten leichter als im schulischen Kontext ermöglicht werden können. In diesem Zusammenhang spielen auch kommunikationsfördernde Medien eine Rolle, die die Lernenden zur Interaktion und zu Gesprächen untereinander animieren (Scheersoi 2006). Autonomie- und Kompetenzerleben können durch die Vielzahl methodischer Zugänge zum Lerngegenstand (Originalobjekte, Medien, Installationen etc.) sowie deren gezielte Berücksichtigung in außerschulischen Kontexten gefördert werden (Basten et al. 2014; Eckes und Wilde 2016). Zur Autonomieförderung können die Lernenden beispielsweise individuelle Wahlmöglichkeiten erhalten und eigene Lernwege beschreiten. Voraussetzung für das Kompetenzerleben ist eine adäquate Unterstützung, die durch personale Vermittlung (Härting et al. 2010), durch eine intuitive und leichte Handhabung oder eine kurze Anleitung in Text- oder Bildform (Scheersoi 2006) sowie durch eine geeignete Vorbereitung des Besuchs (Wilde und Bätz 2006) ermöglicht werden kann.

14.3.4 Nonformales Biologielernen: Motivation und Wissenserwerb schließen sich nicht aus!

Für die theoriegeleitete Umsetzung empirischer Studien zum Museumslernen in der Biologiedidaktik wurde das Contextual Model of Learning (CMoL; Falk und Dierking 2000) als Rahmenmodell adaptiert (Wilde 2007). Die von Eshach (2007) aufgezeigten Schwachpunkte, das CMoL beziehe sich nicht auf curriculare Vorgaben, wie Lernziele und Wissenserwerb, und lege auf affektive Dimensionen nicht ausreichend Wert, wurden aufgefangen. So kann das CMoL beispielsweise mit der Selbstbestimmungstheorie der Motivation (SDT; Deci und Ryan 2000) verzahnt werden (Basten et al. 2014). Das Bedürfnis nach sozialer Eingebundenheit spiegelt sich im CMoL im soziokulturellen Kontext als Mediation wider. Das Bedürfnis nach Autonomie kann im CMoL im personellen Kontext als Selbstbestimmung über den eigenen Lernprozess verortet werden. Das Bedürfnis nach Kompetenz lässt sich dem gegenständlichen Kontext des CMoL zuordnen, wo Orientierung am Lernort und die Bereitstellung von Struktur wichtige Faktoren sind (vgl. Eckes und Wilde 2016).

In der Studie zu einem Tierparkbesuch wurde im Sinne der SDT die Autonomie der Schülerinnen und Schüler durch autonomieförderliches Lehrerverhalten unterstützt (Basten et al. 2014; Wilde und Basten 2016). In einer Treatmentgruppe (A) wurde autonomieförderliches Lehrerverhalten (z. B. Wertschätzung, informierendes Feedback, keine „befehlenden" Instruktionen; Reeve 2002) gezeigt, in der zweiten Treatmentgruppe (K) kontrollierendes Lehrerverhalten (z. B. externale Anreize, Aufbau von Druck, Instruktionen wie „ihr müsst"; vgl. Reeve 2002). Das Forschungsdesiderat bestand darin zu prüfen, ob Gruppe A günstigere Motivationsqualitäten aufwies als Gruppe K und wie sich der jeweilige Lernerfolg gestaltete. Lerneffizienz sollte durch eine grundlegende Strukturierung des Besuchs wie auch durch Arbeitsblätter (McManus 1985) – und damit durch eine Berücksichtigung des gegenständlichen Kontextes des CMoL – erreicht werden (vgl. auch Waltner und Wiesner 2009). In einer Pre-Post-Follow-up-Test-Untersuchung wurden in zwei Populationen (Realschule, $N = 100$; Alter: $10{,}87 \pm 0{,}64$ Jahre; Gymnasium, $N = 106$; Alter: $10{,}61 \pm 0{,}72$ Jahre) in einem etwa dreistündigen Besuch eines Tierparks die Schülerinnen und Schüler der Gruppe A und der Gruppe K mithilfe der Arbeitsblätter und definierter Arbeitsstationen durch jeweils drei Betreuer pro Klasse durch den Tierpark geleitet. Insgesamt zeigte sich ein deutlich positiver motivationaler Effekt durch die autonomieförderliche Behandlung durch die Lehrpersonen im Vergleich zur kontrollierenden Behandlung. Der Lernzuwachs insgesamt war in etwa in der Größenordnung, wie man ihn bei Schulunterricht im Klassenraum erwartet. Der Wissenszuwachs der Gruppe A war dem der Gruppe K nicht unterlegen. Die aufwendige und intensive kontrollierende

Behandlung der Schülerinnen und Schüler lohnte sich damit weder auf der Ebene der Motivation noch auf der Ebene des Lernerfolgs. Ist eine angemessene Strukturierung der Exkursion gegeben, könnten die Lehrenden ihren Schülerinnen und Schülern mehr zutrauen und mehr Freiraum lassen. Motivation und Lernerfolg würden profitieren.

14.3.5 Unterrichtliche Vorbereitung und nonformales Biologielernen – der Königsweg?

Exkursionen zu naturkundlichen Ausstellungen sollten unterrichtlich eingebunden sein (Waltner und Wiesner 2009; vgl. gegenständlicher Kontext des CMoL, Falk und Dierking 2000). Auch Eshach (2007) empfiehlt eine unterrichtliche Vorbereitung. Aus konstruktivistischer Sichtweise wird auf diese Art und Weise vor allem die Basis für einen Wissenshintergrund zur geeigneten Einordnung der neuen Eindrücke geschaffen (Reinmann-Rothmeier und Mandl 2001). Ansatzpunkte zur Einordnung und Vernetzung des neuen Wissens oder übergeordnete Konzepte in der Wissensstruktur können dafür besonders fruchtbar sein (Fischer et al. 2007; vgl. auch Widodo und Duit 2004; Brauer et al. 2015). Wilde und Bätz (2006) beeinflussten in einer Pre-Post-Test-Studie mit Gymnasiasten aus der 5. Jahrgangsstufe ($N = 97$, Alter: 10,2 Jahre) in der Versuchsgruppe den konzeptionellen Wissenshintergrund der Schülerinnen und Schülern gezielt durch eine vorbereitende Schulstunde mit der Methode des Gruppenpuzzles. In diesem Unterricht wurden nicht dieselben Beispiele wie im Museum verwendet. So wurde beispielsweise in der Vorbereitungsstunde das Thema Balz exemplarisch für den Haubentaucher behandelt. Im Naturkundemuseum war das Thema die Balz des Stichlings. Die Kontrollgruppe erhielt den konzeptionell vorbereitenden Unterricht nicht. Der Museumsbesuch fand im Naturkundemuseum Berlin statt und dauerte etwa zwei Stunden. Im abschließenden Wissenstest zeigten sich in der Versuchsgruppe signifikant bessere Lernergebnisse als in der Kontrollgruppe. Dies galt insbesondere für die Testformate, die eine rein reproduktive Ebene überstiegen. Die Schülerinnen und Schüler profitierten in ihrem Museumslernen also von der unterrichtlichen Vorbereitung. Waltner und Wiesner (2009) können aus der Perspektive des Fachs Physik die Bedeutung der unterrichtlichen Einbettung eines Museumsbesuchs ebenfalls empirisch stützen.

14.4 Zusammenfassung

Außerschulisches Biologielernen in Schulgarten, Zoos, Museen etc. bietet zahlreiche Chancen für affektives und kognitives Lernen. Als *Ausgangslage* wird daher die Eigenheit außerschulischer Lernorte betrachtet, die sich u. a. durch Authentizität, die Möglichkeit zur Selbststeuerung, Kontextbezug und Situiertheit auszeichnen und sich interessen- und motivationsförderlich sowie positiv auf das Wohlbefinden auswirken können. Für die Beschreibung außerschulischen, d. h.

nonformalen Biologielernens mit Schulbezug gibt es neben dem Problem der fehlenden theoretischen Beschreibung auch praktische Probleme. Beispielsweise werden an das Lernen an außerschulischen Lernorten bezüglich seines grundlegenden Bildungsauftrags sehr viele Anforderungen herangetragen. Aus dieser Gemengelage resultieren oftmals aus fachdidaktischer Perspektive wenig durchdachte, oft stark verschulte und nicht immer erfolgreiche Lernangebote. Gleichzeitig ist außerschulisches Biologielernen curricular kaum verankert und wird in seiner Wirkung häufig unterschätzt. Fruchtbares Lernen am außerschulischen Lernort sieht sich daher mit vielen Herausforderungen konfrontiert, für die jedoch auf Basis biologiedidaktischer Forschung *Lösungsvorschläge* gegeben werden können.

Einen besonders hohen Grad an Authentizität kann man dem Garden-Based Learning zuschreiben. Es gibt Evidenzen für methodische, inhaltliche sowie die Gesundheit und das Wohlbefinden der Schülerinnen und Schüler betreffende Wirkungen von informellen Lernorten wie das Garden-Based Learning. Für besonders fruchtbare Begegnungen mit außerschulischen Lernorten ist es für Lehrpersonen nützlich, interesseförderliche Charakteristika und die entsprechenden Prozesse der Interessegenese genau zu kennen. Eine echte Auseinandersetzung mit dem Lerngegenstand wird vor allem gefördert durch Hands-on-/Minds-on-Erfahrungen, also z.B. spielerisch-entdeckende Tätigkeiten. Die Berücksichtigung der psychologischen Grundbedürfnisse (soziale Einbindung, Autonomie- und Kompetenzerleben) der Lernenden wirkt sich ebenfalls positiv auf die Interessenentwicklung aus.

Die Bedeutung dieser psychologischen Grundbedürfnisse für das außerschulische Biologielernen zeigt sich auch anhand von *Wirksamkeitsnachweisen* aus Tierparkexkursionen in Bezug auf weitere affektive sowie auf kognitive Lernergebnisse: Kontrollierendes Lehrerverhalten bei gegebener Strukturierung bringt bei den Schülerinnen und Schülern schlechtere Motivationsqualitäten hervor als Autonomieförderung. Auch im kognitiven Lernergebnis haben die kontrollierten Schülerinnen und Schüler keine Vorteile. Lehrende sollten sich demnach bei Exkursionen nicht von ihrer Besorgnis übermannen lassen und im Rahmen einer grundlegenden Strukturierung den Schülerinnen und Schülern zutrauen, selbstständig und neugierig zu explorieren und zu lernen. Besonders fruchtbar für außerschulisches Lernen ist die gezielte Einbettung in den Regelunterricht. Die strukturierende Maßnahme unterrichtlicher Vor- und Nachbereitung führt insbesondere für höhere kognitive Leistungen zu besseren Ergebnissen. Man kann Lehrenden daher empfehlen, nonformales Lernen unterrichtlich einzubetten, um vernetztes Lernen zu ermöglichen.

Literatur

Basten, M., Meyer-Ahrens, I., Fries, S., & Wilde, M. (2014). The effects of autonomy-supportive vs. Controlling guidance on learners' motivational and cognitive achievement in a structured field trip. *Science Education, 98* (6), 1033–1053.

Bloom, B. S., Engelhart, M. D., Fürst, E. J., Hill, W. H., & Krathwohl, D. R. (1976). *Taxonomie von Lernzielen im kognitiven Bereich* (5. Aufl.). Weinheim: Beltz.

Bögeholz, S. (1999). *Qualitäten primärer Naturerfahrung und ihr Zusammenhang mit Umweltwissen und Umwelthandeln.* Opladen: Leske+Budrich.

Bragg, R., Wood, C., & Barton, J. (2013). *Ecominds effects on mental wellbeing: An evaluation for Mind.* London: Mind.

Brauer, H., Balster, S., & Wilde, M. (2015). Entwicklung eines Messinstruments zur Erhebung von Lernvorstellungen von angehenden Lehrenden. *Psychologie in Erziehung und Unterricht, 62*(3), 188–204.

Cox-Petersen, A. M., Marsh, D. D., Kisiel, J., & Melber, L. M. (2003). Investigation of guided school tours, student learning, and science reform recommendations at a museum of natural history. *Journal of Research in Science Teaching, 40*(2), 200–218.

Deci, E. L., & Ryan, R. M. (2000). The „what" and „why" of goal pursuits: Human needs and the self-determination of behavior. *Psychological Inquiry, 11*(4), 227–268.

DeWitt, J., & Storksdieck, M. (2008). A short review of school field trips: Key findings from the past and implications for the future. *Visitor Studies, 11*(2), 181–197.

Dohn, N. B. (2013). Upper secondary students' situational interest: A case study of the role of a zoo visit in a biology class. *International Journal of Science Education, 35*(16), 2732–2751.

Dubs, R. (1995). Konstruktivismus: Einige Überlegungen aus der Sicht Unterrichtsgestaltung. *Zeitschrift für Pädagogik., 41*(6), 889–903.

Eckes, A., & Wilde, M. (2016). The influence of structure and autonomy supportive teachers behavior on intrinsic motivation. *Electronic proceedings of the 11th ESERA 2015 conference. Science education research: Engaging learners for a sustainable future* (S. 322–331). Helsinki, Finnland: University of Helsinki.

Eshach, H. (2007). Bridging In-school and out-of-school learning: Formal, non-formal, and informal Education. *Journal of Science Education and Technology, 16*(2), 171–190.

Falk, J. H. (1983). Field trips: A look at environmental effects on learning. *Journal of Biological Education, 17,* 137–141.

Falk, J. H., & Balling, J. D. (1982). The field trip milieu: Learning and behavior as a function of contextual events. *Journal of Educational Research, 76,* 22–28.

Falk, J. H., & Dierking, L. D. (2000). The contextual model of learning. In J. H. Falk & L. D. Dierking (Hrsg.), *Learning from museum* (S. 135–148). Lanham: Alta Mira Press.

Falk, J. H., Scott, C., Dierking, L., Rennie, L., & Jones, M. C. (2004). Interactives and visitor learning. *Curator, 47,* 171–198.

Falk, J. H., & Storksdieck, M. (2005). Learning science from museums. *Hist´oria Ci´encias Saude-Manguinhos, 12,* 117–143.

Feike, M., & Retzlaff-Fürst, C. (2015). Einsatzhäufigkeit von Naturobjekten und Modellen im Biologieunterricht [Abstract]. In U. Gebhard, M. Hammann, & B. Knälmann (Hrsg.), *20. Internationale Tagung der Fachsektion Didaktik der Biologie (FDdB) im VBIO* (S. 317). Hamburg: Universität Hamburg.

Fischer, H. E., Glemnitz, I., Kauertz, A., & Sumfleth, E. (2007). Auf Wissen aufbauen – kumulatives Lernen in Chemie und Physik. In E. Kircher, R. Girwitz, & P. Häußler (Hrsg.), *Physikdidaktik, Theorie und Praxis.* Berlin: Springer.

Gebhard, U. (2013). *Kind und Natur. Die Bedeutung der Natur für die psychische Entwicklung* (4. erweiterte und aktualisierte Aufl.). Wiesbaden: VS-Verlag.

Gebhard, U. (2016). Zum Zusammenhang von Persönlichkeitsentwicklung und Landschaft. In U. Gebhard & T. Kistemann (Hrsg.), *Landschaft, Identität und Gesundheit. Zum Konzept der Therapeutischen Landschaften* (S. 169–184). Wiesbaden: Springer.

Griffin, J. (1994). Learning to learn in informal science settings. *Research in Science Education, 24,* 121–128.

Griffin, J. (1998). Learning science through practical experiences in museums. *International Journal of Science Education, 20*(6), 655–663.

Griffin, J., & Symington, D. (1997). Moving from task-oriented to learning-oriented strategies on school excursions to museums. *Science Education, 81*(6), 763–779.

Groß, J. (2007). Biologie verstehen: Wirkungen außerschulischer Lernangebote. *Beiträge zur Didaktischen Rekonstruktion* (Didaktisches Zentrum, Oldenburg), *16*, 234.

Groß, J. (2011). Orte zum Lernen – Ein kritischer Blick auf außerschulische Lehr-/Lernprozesse. In K. Messmer, R. von Niederhäuser, A. Rempfler, & M. Wilhelm (Hrsg.), *Außerschulische Lernorte – Positionen aus Geographie, Geschichte und Naturwissenschaften* (S. 25–49). Berlin: LIT.

Groß, J., & Gropengießer, H. (2008). Warum Humanevolution so schwierig zu verstehen ist. In U. Harms & A. Sandmann (Hrsg.), *Lehr- und Lernforschung in der Biologiedidaktik* (Bd. 3, S. 105–121). Innsbruck: Studienverlag.

Großmann, N., & Wilde, M. (2017). Die Entwicklung von Interesse im Unterricht. Ansätze zur Gestaltung interessenförderlicher Lernumgebungen am Beispiel des Biologieunterrichts. *Lernende Schule, 77*(19), 16–19.

Hammann, M., & Asshoff, R. (2014). *Schülervorstellungen im Biologieunterricht. Ursachen für Lernschwierigkeiten.* Seelze: Kallmeyer, Klett, Friedrich.

Härting, J., Pütz, N., & Wilde, M. (2010). Lernen im Museum – nachhaltiges Lernen durch Führungen? *Museumskunde, 74*(2), 78–87.

Helmke, A. (2002). Kommentar: Unterrichtsqualität und Unterrichtsklima – Perspektiven und Sackgassen. *Unterrichtswissenschaft, 30*(3), 261–277.

Helmke, A. (2006). Unterrichtsqualität. In D. H. Rost (Hrsg.), *Handwörterbuch Pädagogische Psychologie* (S. 812–820). Weinheim: Beltz.

Hidi, S. (2000). An interest researcher's perspective: The effects of extrinsic and intrinsic factors on motivation. In C. Sansone & J. M. Harackiewicz (Hrsg.), *Intrinsic and extrinsic motivation* (S. 309–339). San Diego: Academic Press.

Hofferber, N., Basten, M., Großmann, N., & Wilde, M. (2016). The effects of autonomy-supportive and controlling teaching behaviour in biology lessons with primary and secondary experiences on students' intrinsic motivation and flow-experience. *International Journal of Science Education, 38*(13), 2114–2132.

Issing, J. L. (1997). *Information und Lernen mit Multimedia und Internet.* Weinheim: Beltz.

Kaplan, R., & Kaplan, S. (1989). *The experience of nature. A psychological perspective.* Cambridge: Cambridge University Press.

Kattmann, U. (2000). Lernmotivation und Interesse im Biologieunterricht. In H. Bayrhuber & U. Unterbruner (Hrsg.), *Lehren und Lernen im Biologieunterricht* (S. 13–31). Innsbruck: Studienverlag.

Kattmann, U. (2007). Didaktische Rekonstruktion – eine praktische Theorie. In D. Krüger & H. Vogt (Hrsg.), *Theorien in der biologiedidaktischen Forschung* (S. 93–104). Berlin: Springer.

Kattmann, U. (2015). *Schüler besser verstehen. Alltagsvorstellungen im Biologieunterricht.* Halbergmoos: Aulis.

Kattmann, U. (2016). Vielfalt und Funktion von Unterrichtsmedien. In H. Gropengießer, U. Harms, & U. Kattmann (Hrsg.), *Fachdidaktik Biologie* (S. 344–349). Hallbergmoos: Aulis.

Kattmann, U., Duit, H., Gropengießer, R., & Komoreck, M. (1997). Das Modell der didaktischen Rekonstruktion- Ein Rahmen für naturwissenschaftsdidaktische Forschung und Entwicklung. *Zeitschrift für Didaktik der Naturwissenschaften, 3*(3), 3–18.

King, B., & Lord, B. (2016). *Manual of museum learning* (2. Aufl.). Lanham: Rowman & Littlefield

Klemmer, C. D., Waliczek, T. M., & Zajicek, J. M. (2006). Growing minds: The effect of a school gardening program on the science achievement of elementary students. *Hort Technology, 15*, 448–452.

Krapp, A. (2005). Basic Needs and the development of interest and intrinsic motivational orientations. *Learning and Instruction, 15*, 381–395.

Krüger, D. (2007). Die Conceptual Change-Theorie. In D. Krüger & H. Vogt (Hrsg.), *Theorien in der biologiedidaktischen Forschung* (S. 165–175). Berlin: Springer.

Leroy, N., Bressoux, P., Sarrazin, P., & Trouilloud, D. (2007). Impact of teachers' implicit theories and perceived pressures on the establishment of an autonomy-supportive climate. *European Journal of Psychology of Education, 22*(4), 529–545.

Lewalter, D., & Geyer, C. (2009). Motivationale Aspekte von schulischen Besuchen in naturwissenschaftlich-technischen Museen. *Zeitschrift für Erziehungswissenschaft, 12,* 28–44.

Lindemann-Matthies, P., & Kamer, T. (2006). The influence of an interactive educational approach on visitor´s learning in a Swiss zoo. *Science Education, 90,* 296–315.

Martinek, D. (2010). Wodurch geraten Lehrer/innen unter Druck? Wie wirkt sich Kontrollerleben auf den Unterricht aus? *Erziehung und Unterricht, 9–10,* 784–791.

McManus, P. (1985). Worksheet-induced behavior in the British Museum (Natural History). *Journal of Biological Education, 19*(3), 237–242.

Ministerium für Bildung, Wissenschaft und Kultur des Landes Mecklenburg-Vorpommern (2011). Rahmenplan Biologie für die Jahrgangsstufen des nichtgymnasialen Bildungsgangs. https://www.bildung-mv.de/schueler/schule-und-unterricht/faecher-und-rahmenplaene/rahmenplaene-an-allgemeinbildenden-schulen/biologie/. Zugegriffen: 28. Mai 2019.

Minogue, J., & Jones, M. G. (2006). Haptics in Education: Exploring an untapped sensory modality. *Review of educational research, 76*(3), 317–348.

Mitchell, M. (1993). Situational interest: Its multifaceted structure in the secondary school mathematics classroom. *Journal of Educational Psychology, 85,* 424–436.

Munsch, M. (2017). *Konzeption und Evaluation eines Ausstellungsbereiches zum Thema „Evolutionäre Mechanismen".* Unveröffentlichte Dissertation, Rheinischen Friedrich-Wilhelms-Universität Bonn.

Neuhaus, B. (2007). Unterrichtsqualität als Forschungsfeld für empirische biologiedidaktische Forschung. In D. Krüger & H. Vogt (Hrsg.), *Theorien in der biologiedidaktischen Forschung* (S. 243–254). Heidelberg: Springer.

Packer, J. (2006). Learning for fun: The unique contribution of educational leisure experiences. *Curator, 49*(3), 329–344.

Posner, G. J., Strike, K. A., Hewson, P. W., & Gertzog, W. A. (1982). Accommodation of a scientific conception: Toward a theory of conceptual change. *Science Education, 66,* 211–227.

Queren, M.-D. (2014). Agro-Biodiversität im Biologieunterricht – Implementation und Evaluation eines Unterrichtskonzepts zur Entwicklung des ästhetischen Schülerurteils am Beispiel der Sojabohne (Glycine max (L.) Merr.). Hamburg: Verlag Dr. Kovač.

Reeve, J. (2002). Self-Determination theory applied to educational settings. In R. M. Ryan & E. L. Deci (Hrsg.), *Handbook of self-determination research* (S. 183–203). Rochester: Rochester University Press.

Reinmann, G., & Mandl, H. (2006). Unterrichten und Lernumgebungen gestalten. In A. Krapp & B. Weidenmann (Hrsg.), *Pädagogische Psychologie* (S. 615–658). Weinheim: Beltz.

Reinmann-Rothmeier, G., & Mandl, H. (2001). Unterrichten und Lernumgebungen gestalten. In A. Krapp & B. Weidenmann (Hrsg.), *Pädagogische Psychologie* (S. 601–646). Weinheim: Beltz.

Retzlaff-Fürst, C. (2016a). A school garden as an location of health education: green cheers you up. *Electronic proceedings of the 11th ESERA 2015 conference. Science education research: Engaging learners for a sustainable future* (S. 1240–1244). Helsinki, Finland: University of Helsinki.

Retzlaff-Fürst, C. (2016b). Biology education & health education: A school garden as a location of learning & well-being. *Universal Journal of Educational Research, 4*(8), 184–187.

Sample McMeeking, L. B., Weinberg, A. E., Boyd, K. J., & Balgopal, M. M. (2016). Student perceptions of interest, learning, and engagement from an informal traveling science museum. *School Science and Mathematics, 116*(5), 253–264.

Scheersoi, A. (2006). Interessenentwicklung in informellen Lernumgebungen – das Potential naturwissenschaftlicher Museen. *Museumskunde, 71*(1), 65–68.

Scheersoi (2015). Catching the visitor's interest. In S. D. Tunnicliffe & A. Scheersoi (Hrsg.), *Natural history dioramas. History, construction and educational role* (S. 145–160). Dordrecht: Springer.

Scheersoi, A. (2016). Dioramen als Bildungsmedien. In A. Gall & H. Trischler (Hrsg.), *Szenerien und Illusion. Geschichte, Varianten und Potenziale von Museumsdioramen* (S. 319–333). Göttingen: Wallstein Verlag.

Scheersoi, A., & Tunnicliffe, S. D. (2014). Beginning biology – interest and inquiry in the early years. In D. Krüger & M. Ekborg (Hrsg.), *Research in biological education. A selection of papers presented at the IXth conference of European Researchers in Didactics of Biology (ERIDOB)*, Berlin, Germany, 89–100.

Scheersoi, A., & Weiser, L. (2017). Receiving the message – environmental education at dioramas. In A. Scheersoi & S. D. Tunnicliffe (Hrsg.), *Natural history dioramas – Traditional exhibits for current educational themes – Sociocultural aspects* (Bd. 2). Dordrecht: Springer.

Schiefele, U. (2009). Motivation. In E. Wild & J. Möller (Hrsg.), *Pädagogische Psychologie* (S. 151–177). Heidelberg: Springer.

Schmitt-Scheersoi, A., & Vogt, H. (2005). Das Naturkundemuseum als interessefördernder Lernort – Besucherstudie in einer naturkundlichen Ausstellung. In R. Klee, A. Sandmann, & H. Vogt (Hrsg.), *Lehr- und Lernforschung in der Biologiedidaktik* (Bd. 2, S. 87–99). Innsbruck: Studienverlag.

Schwan, S., Grajal, A., & Lewalter, D. (2014). Understanding and engagement in places of science experience: Science museums, science centers, zoos, and aquariums. *Educational Psychologist, 49*(2), 70–85.

Uhlig, A., Baer, H.-W., Gerhard, D., Fischer, H., Günther, J., Hopf, P., et al. (Hrsg.). (1962). *Didaktik des Biologieunterrichts*. Berlin: Deutscher Verlag der Wissenschaften.

Ulrich, R. S. (1984). View through a window may influence recovery from surgery. *Science, 224*(4647), 420–421.

Ulrich, R. S. (1999). Effects of gardens on health outcomes. In C. Cooper- Marcus & M. Barnes (Hrsg.), *Healing gardens: Therapeutic benefits and design recommendations* (S. 27–86). New York: Wiley.

Unterbruner, U. (2016). Umweltbildung. In H. Gropengießer, U. Harms, & U. Kattmann (Hrsg.), *Fachdidaktik Biologie* (S. 169–190). Hallbergmoos: Aulis.

Waltner, C., & Wiesner, H. (2009). Lernwirksamkeit eines Museumsbesuchs im Rahmen von Physikunterricht. *Zeitschrift für Didaktik der Naturwissenschaften, 15*, 195–217.

Wenzel, V., Klein, H. P., & Scheersoi, A. (2015). Konzeption und Evaluation eines handlungsorientierten Lernangebotes für die Primarstufe im außerschulischen Lernort Wildpark. *Erkenntnisweg Biologiedidaktik, 14*, 25–42.

Widodo, A., & Duit, R. (2004). Konstruktivistische Sichtweisen von Lehrerinnen und Lehrern und die Praxis des Physikunterrichts. *Zeitschrift für Didaktik der Naturwissenschaften, 10*, 233–255.

Wilde, M. (2007). Das Contextual Model of Learning – ein Theorierahmen zur Erfassung von Lernprozessen in Museen. In D. Krüger & H. Vogt (Hrsg.), *Theorien in der biologiedidaktischen Forschung* (S. 165–175). Heidelberg: Springer.

Wilde, M. & Basten, M. (2016). The benefit of autonomy- supportive guidance in a structured field trip. *Electronic proceedings of the 11th ESERA 2015 conference. Science education research: Engaging learners for a sustainable future* (S. 281–289). Helsinki: University of Helsinki.

Wilde, M., & Bätz, K. (2006). Einfluss unterrichtlicher Vorbereitung auf das Lernen im Naturkundemuseum. *Zeitschrift für Didaktik der Naturwissenschaften, 12*, 77–89.

Wilde, M., & Urhahne, D. (2008). Museum learning: A study of motivation and learning achievement. *Journal of Biological Education, 42*(2), 78–83.

Wilde, M., Bätz, K., Kovaleva, A., & Urhahne, D. (2009). Überprüfung einer Kurzskala intrinsischer Motivation (KIM). *Zeitschrift für Didaktik der Naturwissenschaften, 15*, 31–45.

Wilde, M., Hussmann, J., Lorenzen, S., Meyer, A., & Randler, C. (2012). Lessons with living harvest mice: An empirical study of their effects on intrinsic motivation and knowledge acquisition. *International Journal of Science Education, 34*(18), 2797–2810.

Williams, D. R., & Dixon, P. S. (2013). Impact of garden-based learning on academic outcomes in schools: Synthesis of research between 1990 and 2010. *Review of Educational Research, 83*(2), 211–235.

Wohlers, L. (Hrsg.). (2006). *Management in der informellen Umweltbildung*. Lüneburg: edition erlebnispädagogik.

Naturwahrnehmung von Kindern und Jugendlichen

15

Ulrich Gebhard und Susanne Menzel

Inhaltsverzeichnis

Herr P. ist Biologielehrer einer 7. Klasse. Gerade jetzt im Sommer möchte er einerseits die Umgebung der Schule nutzen, um die Natur dort in den Unterricht einzubinden. Auf der anderen Seite ist die Zeit im Biologieunterricht wieder knapp geworden – es stehen eine Menge Themen auf der Agenda, die keine direkten Anknüpfungspunkte für einen Ausflug in die Natur bieten. Trotzdem entschließt sich Herr P., eine Kollegin zu fragen, ob sie einen Klassengang nach draußen begleiten würde. Als diese dann fragt, ob er mit dem restlichen Stoff schon durch sei, gehen ihm die Argumente aus, um den Klassengang zu verteidigen.

Für den Biologieunterricht wird häufig zu Recht die sog. originale Begegnung gefordert. Dafür gibt es gute Gründe, weil Naturerfahrungen erstens eine besondere Motivationskraft haben, zweitens eine realistische Sicht auf die Natur eröffnen und drittens originale Naturerfahrungen auch eine umweltpädagogische Funktion haben. Vor diesem Hintergrund werden in diesem Kapitel theoretische Rahmungen und empirische Befunde zur Bedeutung von Naturerfahrungen für

U. Gebhard (✉)
Fakultät für Erziehungswissenschaft, Universität Hamburg, Hamburg, Deutschland
E-Mail: ulrich.gebhard@uni-hamburg.de

S. Menzel
Fachbereich Biologie und Chemie, Universität Osnabrück, Osnabrück, Deutschland
E-Mail: menzel@biologie.uni-osnabrueck.de

© Springer-Verlag GmbH Deutschland, ein Teil von Springer Nature 2019
J. Groß et al. (Hrsg.), *Biologiedidaktische Forschung: Erträge für die Praxis,*
https://doi.org/10.1007/978-3-662-58443-9_15

Kinder und Jugendliche zusammengetragen, um aus ihnen Praxisempfehlungen abzuleiten. Diese Empfehlungen gelten gleichermaßen für die schulische wie die außerschulische Praxis, wobei die Naturerfahrungspädagogik in letzterer eine weitaus breitere Anwendung findet und hier auch eine lange Tradition besitzt.

Naturerfahrungen können aus zweierlei Perspektiven interessant für den schulischen Unterricht sein:

1. Sie können einen unmittelbaren Zugang zur natürlichen Umwelt im Kontext einer Bildung für nachhaltige Entwicklung (BNE) bieten, der in den nationalen Bildungsstandards für den Biologieunterricht gefordert wird.
2. Aufenthalte in der Natur scheinen ein Potenzial für das Wohlbefinden von Kindern und Jugendlichen zu bieten – ein Effekt, der positive Wirkung über den Fachunterricht hinaus entfalten kann.

Im vorliegenden Kapitel widmen wir uns der Frage, warum Natur für Kinder und Jugendliche wichtig ist. Zur Beantwortung der Frage berichten wir, welche Begründungen für den Wert von Naturerfahrungen aus der Theorie abzuleiten sind. Auch berichten wir von Forschungsergebnissen, die Erkenntnisse über die Wahrnehmung und den Umgang junger Menschen mit der natürlichen Umwelt gebracht haben. Die theoretischen und empirischen Aspekte spiegeln wir für ihre Bedeutung für die schulische und außerschulische Bildungspraxis.

15.1 Naturerfahrung: Charakterisierung der Ausgangslage

15.1.1 Naturerfahrung und Umweltbewusstsein

Häufig wird mit dem Plädoyer für Naturerfahrungen die Hoffnung verbunden, dass Naturerfahrungen und Umweltbewusstsein, also ein Bewusstsein über die ökologische Situation und dementsprechende umweltpflegliche politische Einstellungen, positiv zusammenhängen. Eine Reihe von empirischen Studien belegen nun in der Tat eine Korrelation von positiven Naturerfahrungen (in der Kindheit) und Umweltbewusstsein, wobei allerdings in diesem Zusammenhang angemerkt sei, dass das im Hinblick auf pädagogisch initiierte Naturerfahrungen nicht so eindeutig zutrifft (z. B. Bögeholz 1999; Bogner 1998; Kals et al. 1999; Lude 2001). So muss mit Blick auf entsprechende Bildungsbemühungen sicherlich bedacht werden, dass es die selbst gewählten, freizügigen Naturerfahrungen sind, die gleichsam beiläufig in Richtung Umweltbewusstsein und Handlungsbereitschaften wirksam sind (Gebhard 2013, S. 115 ff.). So weisen die Befunde im Umkreis der sog. *significant life experiences* (Palmer und Suggate 1996; Sward 1999) aus den USA, Australien, Großbritannien in diese Richtung. In der Tendenz zeigt sich, dass Naturerfahrungen in der Kindheit einer der wichtigsten Anregungsfaktoren für späteres Engagement für Umwelt- und Naturschutz sind. Persönliche Vermittlungen (Vorbilder) und Medien sind nicht unbedeutend, aber der unmittelbaren

Naturerfahrung nachgeordnet. Bixler et al. (2002) zeigen in einer Befragung von Jugendlichen, dass diejenigen, die als Kinder viel in der Natur gespielt haben, eine ausgeprägte Vorliebe für natürliche Landschaften, Freizeitaktivitäten in der Natur und für Berufe, die etwas mit Natur zu tun haben, zeigen.

Der empirisch belegte Zusammenhang von Naturerfahrungen und Umweltbewusstsein ist ein gutes Beispiel dafür, dass es bei der Genese von Umweltbewusstsein nicht nur auf die Vermittlung von Wissen ankommt, sondern dass die erlebnisbezogene, vorrationale, intuitive Ebene eine nicht zu unterschätzende Bedeutung hat (Gebhard 2016). Das ist sowohl im Biologieunterricht als auch in außerschulischen Kontexten (z. B. bei Exkursionen oder Klassenfahrten) zu beherzigen. Das Erleben von Natur sollte nicht durch zu dirigistische Maßnahmen verstellt werden. Weder ein positives Naturerlebnis noch eine pflegliche Natureinstellung lässt sich verordnen. Freies, ungeplantes Naturerleben kann zu einer Wertschätzung von Natur führen, ohne dass dies zu jeder Zeit in strukturierter Unterrichtsplanung gerahmt werden müsste. Die Überlegungen sind ein Argument dafür, junge Menschen Natur so erleben zu lassen, wie sie es wünschen. Dazu gehört auch, Freiräume zu schaffen, um selbst gewählten Aktivitäten in der Natur nachgehen zu können.

15.1.2 Natur, Gesundheit und Wohlbefinden

Gesundheit und Wohlbefinden sind angesichts einer leistungsorientierten und stressbelasteten Gesellschaft zunehmend auch bei jungen Menschen keine Selbstverständlichkeit (Lohaus et al. 2004). In diesem Abschnitt gehen wir daher der Frage nach, inwiefern die Begegnung mit der natürlichen Umwelt einen Beitrag zur Förderung von Gesundheit und Wohlbefinden liefern kann (Gebhard 2014, 2015).

Die empirischen Befunde zur belebenden und gesundheitsfördernden Wirkung von Natur sind vielfältig. Naturräume mit Wiesen, Feldern, Bäumen und Wäldern haben eine belebende Wirkung bzw. bewirken eine Erholung von geistiger Müdigkeit und Stress. Der Zusammenhang von Naturerfahrungen und Gesundheit wird häufig mit evolutionären Annahmen in Verbindung gebracht, wonach eine Präferierung von naturnahen Umwelten und vor allem entsprechende Wirkungen von Natur auf die seelische und körperliche Befindlichkeit mit biologisch fundierten Dispositionen zusammenhänge („Biophilie"; vgl. Wilson 1984). Nach der Attention-Restoration-Theorie von Kaplan und Kaplan (1989; Kap. 14) wirken sich Naturräume deshalb günstig auf die Gesundheit aus, weil sie einen Abstand zum Alltagsleben bzw. Alltagstrott ermöglichen und weil Naturerfahrungen Aufmerksamkeit provozieren, die nicht anstrengt. Auf die damit verbundene Bedeutung der symbolischen Valenzen unserer Naturbeziehungen werden wir in Abschn. 15.1.5 noch genauer eingehen.

Für den Philosophen Martin Seel wird die Erfahrung des Naturschönen zu einer mehr oder weniger wesentlichen Bedingung des Gelingens eines „guten Lebens":

> Die Gegenwart des Naturschönen ist in diesem Sinn unmittelbar und mittelbar gut, ihre Erfahrung also eine positive existentielle Erfahrung (Seel 1991, S. 303).

Naturerfahrungen sind ein Element eines Lebens, das etwas mit Wohlbefinden und Lebensqualität – eben mit einem guten Leben – zu tun hat.

Die „Natur" stellt sozusagen einen Symbolvorrat dar, der dem Menschen für Selbst- und Weltdeutungen zur Verfügung steht. Diese symbolische Dimension unserer Naturbeziehungen ist für den Menschen als *animal symbolicum* nicht unbedeutend, ist es doch gerade der symbolische Weltzugang, der es uns gestattet, unser Leben als ein sinnvolles zu interpretieren (Gebhard 2005). Der Begriff der therapeutischen Landschaften zielt insofern auch nicht nur auf die physischen Attribute von Natur und Landschaft, sondern vor allem auf deren symbolische und kulturelle Bedeutung. Sowohl in der philosophischen Symboltheorie als auch in der empirischen Psychotherapieforschung wird angenommen, dass Symbole die Funktion haben, Sinnstrukturen zu konstituieren. Danach gibt es einen Zusammenhang von psychischer Gesundheit und dem Reichtum an symbolischen Bildern.

Victor von Weizsäcker, der Begründer der Psychosomatik, hat bereits im Jahre 1930 Gesundheit folgendermaßen definiert:

> Die Gesundheit eines Menschen ist eben nicht ein Kapital, das man aufzehren kann, sondern sie ist überhaupt nur dort vorhanden, wo sie in jedem Augenblick des Lebens erzeugt wird. Wird sie nicht erzeugt, dann ist der Mensch bereits krank (von Weizsäcker 1930).

Die Frage in unserem Zusammenhang wäre dann, ob Naturerfahrung ein Faktor sein könnte, der bei der Erzeugung von Gesundheit wirksam ist. Im Rahmen des Konzepts der Salutogenese (Antonovsky 1997) wäre diese Frage auch einer empirischen Erforschung zugänglich. Antonovsky geht davon aus, dass Gesundheit und Krankheit keine puren Gegensätze sind. Menschen bewegen sich danach stets in einem Kontinuum zwischen den Polen Gesundheit und Krankheit. Wo wir uns hier befinden, wird wesentlich durch das sog. Kohärenzgefühl gesteuert. Es drückt die subjektive Überzeugung aus, dass das Leben verständlich, beeinflussbar und bedeutungsvoll ist. Je stärker das Kohärenzgefühl ausgeprägt ist, desto besser sind die Chancen für das Subjekt, sich in Richtung des Gesundheitspols zu bewegen. In unserem Zusammenhang ist die These nicht unplausibel, dass das Kohärenzgefühl durch Naturerfahrungen, durch Aufenthalte in der freien Natur, beim Wandern, im Garten sowie im Kontakt mit Tieren zu unterstützen ist und damit die Möglichkeiten stärkt, die uns in Richtung des Gesundheitspols wandern lassen. Natur eignet sich offenbar dazu, innere Seelenzustände in äußeren Gegenständen zu symbolisieren. Das gilt zum Teil auch umgekehrt: Das Erleben von äußerer heiler Natur kann eben heilsam auch für die innere Natur sein. So kann eine naturnahe und zugleich symbolisch bedeutungsvolle Umwelt dazu beitragen, das besagte Kohärenzgefühl zu stärken.

Die dargestellten günstigen Wirkungen von Naturerfahrungen (vgl. ausführlicher Gebhard 2013; Raith und Lude 2014) werfen immer häufiger die Frage auf, ob eine Entfremdung von Natur sich in psychischer und somatischer Hinsicht negativ auswirkt, also krank macht. Bei Kindern wird zuweilen sogar von einen Nature Deficit Syndrom (NDS) gesprochen (Louv 2005; Taylor et al. 2001). Wir verfolgen hier die umgekehrte Logik, nämlich dass die Möglichkeit oder geradezu das Angebot von Naturerfahrungen auch ein Beitrag zur Gesundheitserhaltung sein kann. So gibt es seit einiger Zeit nicht nur therapeutische Angebote mit Tieren, sondern auch entsprechende Versuche mit Pflanzen und Gärten. Bisweilen wird sogar von therapeutischen Landschaften gesprochen, die Wohlbefinden durch kontemplatives und aktives Naturerleben erzeugen (Gebhard und Kistemann 2016).

15.1.3 Naturerfahrungen, Naturverbundenheit und Wohlbefinden bei Kindern und Jugendlichen

Greift man das oben genannte Konzept von Gesundheit nach Antonovsky (1997) auf, so kann Gesundheit als ein Prozess verstanden werden, der neben dem physischen auch das psychische Wohlbefinden eines Menschen umfasst. Wohlbefinden ist daher eine zwingende Voraussetzung für ein gesundes Leben.

Studien mit jungen Menschen haben gezeigt, dass natürliche Umgebungen das Stresserleben bei Jugendlichen positiv beeinflussen können (Wells und Evans 2003) und dass Aufenthalte in der Natur Symptome einer Aufmerksamkeitsdefizitstörung bei Jugendlichen senken konnten (Taylor et al. 2001). Natürliche Umgebungen können nach diesen Befunden durchaus dazu geeignet sein, das Wohlbefinden von Kindern und Jugendlichen zu steigern und somit einen Beitrag zu deren Gesundheit liefern. Naturerfahrungen sind also wertvoll, um kurzzeitige Steigerungen des Wohlbefindens zu erzielen.

Neben dieser kurzfristigen Perspektive auf gesteigertes Wohlbefinden können Naturerfahrungen aber auch eine grundlegende Verbindung zur Natur ermöglichen, die auch persönlichkeitsbildend ist. DeNeve (1999) und Schultz (2002) postulieren, dass ein grundsätzliches psychologisch verankertes Verbundenheitsgefühl („connectedness with nature") zur Natur zu einem höheren Wohlbefinden bei Menschen führen kann. Verbundenheit mit der Natur wird in diesem Zusammenhang verstanden als ein individuelles Persönlichkeitsmerkmal, nämlich einer subjektiv empfundenen Nähe zur Natur (Nisbet et al. 2009). Die meisten Studien zur Naturverbundenheit von Menschen beziehen sich auf Erwachsene, sodass bisher offen blieb, ob ein positiver Zusammenhang zwischen Naturverbundenheit und Wohlbefinden bereits bei jungen Menschen besteht. In einer Studie gingen Sothmann und Menzel (2016) daher explizit der Frage nach, ob ein subjektives Verbundenheitsgefühl mit der Natur in einem positiven Zusammenhang mit Wohlbefinden bei Jugendlichen steht. Die Autoren konnten zeigen, dass ein subjektives Naturverbundenheitsgefühl in einem höchst signifikanten positiven Zusammenhang mit hedonistischem, also kurzfristigem Wohlbefinden stand, nicht aber mit dem langfristigen Wohlbefinden bei Jugendlichen. Mit zunehmendem Alter (und damit mit zunehmender Pubertät) wiesen die jungen Menschen zudem ein niedrigeres langfristiges Wohlbefinden auf, während sich das kurzfristige Wohlbefinden nicht veränderte. Weisen junge Menschen also Naturverbundenheit auf, wird auch ihnen ermöglicht, ein kurzfristig höheres Wohlbefinden auszubilden.

15.1.4 Ästhetische Bewertung natürlicher Landschaften durch Kinder und Jugendliche

Bisher wurde deutlich, dass Naturerfahrungen sowohl im Hinblick auf Umweltbewusstsein und Schutzbereitschaften gegenüber der natürlichen Umwelt wirken als auch die Gesundheit und das Wohlbefinden junger Menschen positiv beeinflussen können. Die bisher aufgezeigten Zusammenhänge sprechen sehr dafür, Gelegenheiten zur Naturerfahrung in Bildungsprozesse – und somit auch in den schulischen Unterricht – zu integrieren. Pädagoginnen und Pädagogen sollten also bemüht sein, positive Naturerfahrungen durch Erlebnisse in der Natur zu ermöglichen – auch in schulischen Kontexten. Dazu gehört auch, Aufenthalte in der Natur zu planen und die Umgebungen, die im Rahmen von Bildungsprozessen besucht werden sollen, so auszuwählen, dass sie positive Naturerfahrungen ermöglichen. Werden Landschaften also bewusst in Bildungsprozesse eingebunden, spielt die Wahrnehmung der gewählten Landschaften durch die Lehrenden und Lernenden eine entscheidende Rolle. Weichen die Perspektiven auf die Landschaft deutlich voneinander ab, ist es schwierig, eine Kommunikation zu erreichen, in der Lehrende und Lernende gleichermaßen eine gelingende Naturerfahrung erfahren. Von Erwachsenen als ästhetisch und wertvoll bewertete Umgebungen entsprechen nicht zwingend Umgebungen, in denen sich Kinder oder Jugendliche wohlfühlen. Gleichermaßen mögen ästhetische Präferenzen voneinander abweichen, sodass für Bildungskontexte ausgewählte Landschaften von Jugendlichen als langweilig, ängstigend oder nichtssagend empfunden werden und ein Zugang nicht gelingt. Es lohnt sich im Kontext von Bildungsprozessen also, einen näheren Blick auf Prozesse der Landschaftsbewertung zu werfen, um zu verstehen, wie Landschaften von jungen Menschen betrachtet werden.

Studien haben gezeigt, dass Erwachsene (z. B. Flint et al. 2009; Rink 2009) wie auch Jugendliche (Lückmann et al. 2013; Menzel et al. eingereicht) Landschaften präferieren, die eher Kulturlandschaften als Wildnisflächen sind. Elemente, die auf natürliche Sukzession hinweisen, wie beispielsweise Totholz, werden in der Regel negativ bewertet und gelegentlich sogar als unordentlich oder unaufgeräumt empfunden (Lupp et al. 2011). Diese Präferenz mag von Lehrenden, die den hohen ökologischen Bedeutungswert solcher Flächen kennen, nicht immer verstanden werden. Außerdem präferieren junge Menschen eher strukturierte Landschaften; das sind zugleich solche, die explizit Raum zur Interaktion bieten (Lückmann et al. 2013; Sommer 1990). Diese Studienergebnisse stützen die Vermutung, dass die Perspektiven von Lehrerinnen und Lehrern und Schülerinnen und Schülern auf Landschaften tatsächlich und messbar unterschiedlich sind. Wie sind diese Befunde zu erklären?

Taylor et al. (1987) unterteilen Theorien zur Landschaftswahrnehmung in vier Paradigmen:

1. *Expertenparadigma:* Hierunter wird eine Gruppe von Theorien zur Landschaftswahrnehmung zusammengefasst. Gemäß diesem Paradigma bewerten Menschen Landschaften auf der Basis ihrer Expertise, ihrer professionellen Fähigkeiten und fachwissenschaftlichen Vorerfahrungen. Zahlreiche Studien konnten belegen, dass Expertinnen und Experten Landschaften ästhetischer bewerteten, wenn sie ihnen einen hohen ökologischen Wert beimaßen (z. B. Gallagher 1977; Kaplan und Herbert 1987; Ryan 2005). In den oben genannten Studien führte also ein höheres Wissen nicht nur zur Bewertung einer Landschaft als mehr oder weniger ökologisch wertvolle Landschaft allein, sondern auch zu einer entsprechend höheren oder niedrigeren ästhetischen Bewertung. Wissensbasierte ökologische Bewertung und subjektive ästhetische Bewertung hängen also zusammen.

   In Bildungssituationen treffen in der Regel Lehrerinnen und Lehrer (oder Umweltbildnerinnen und -bildner) auf Lernende, die keine Expertinnen und Experten sind. Landschaften, die für Bildungsmaßnahmen in naturwissenschaftlichen Kontexten ausgewählt werden, zeichnen sich in der Regel durch einen besonders hohen ökologischen Wert aus (Zusammensetzung von Habitaten, Möglichkeit, ökologische Prozesse zu verdeutlichen) oder durch das Vorhandensein besonderer Arten. Eine solche Perspektive kann gemäß dem Expertenparadigma eine intuitive Bewertung der Landschaft verhindern, da auch eine ästhetische Bewertung auf der Grundlage von Wissen vorgenommen wird. Das Expertenparadigma lässt daher vermuten, dass Lehrende und Lernende sehr unterschiedliche Perspektiven auf die Landschaft haben. Die unterschiedliche Bewertung von Totholz in der oben genannten Studie ist ein Beispiel hierfür.

2. *Psychophysisches Paradigma:* Im Rahmen dieses Paradigmas wird ermittelt, wie Menschen eine Landschaft bewerten. Hier wird davon ausgegangen, dass es eine auf Emotionen beruhende unmittelbare Reaktion des Betrachters auf die Landschaft gibt, die keinem bewussten Bewertungsprozess unterliegt (Zube et al. 1982). Das Resultat der Bewertung kann objektiv gemessen werden (z. B. durch die Bewertung einer Landschaft auf einer Skala) und dient somit als ein tragfähiges Maß der wahrgenommenen Landschaftsqualität durch die Betrachtenden. Das psychophysische Paradigma geht also davon aus, dass Landschaften zwar individuell unterschiedlich bewertet werden, man diese Bewertungen aber über mehrere Personen zusammenfassen kann, um einen über viele Personen gemittelten und damit objektiven Wert einer Landschaft zu erhalten.

3. *Erfahrungsparadigma:* Dieses Paradigma stellt die ästhetische Bewertung einer Landschaft in den Zusammenhang mit individuellen Erfahrungen in einer Landschaft und erklärt damit, warum Landschaften unterschiedlich bewertet

werden. Die Ausgangsannahme ist hier, dass jeder Mensch Landschaften mit einem eigenen Erfahrungsschatz betritt, der dann maßgeblich ist für die Bewertung. Nach dem Erfahrungsparadigma kann auch in Bildungssituationen jede Landschaft grundsätzlich positiv oder negativ bewertet werden – eben abhängig von der individuellen Vorgeschichte eines Menschen. Diese kann sich zwischen Schülerinnen und Schülern und Lehrerinnen und Lehrern deutlich unterscheiden.

4. *Kognitives Paradigma:* Dieses Paradigma versucht ebenfalls, Antworten auf die Frage nach Gründen der negativen oder positiven Landschaftsbewertung zu finden. Im Rahmen des kognitiven Paradigmas geht es darum, nach einem Sinn in der Landschaft zu suchen, der häufig in Präferenzen begründet liegt, die ein Überleben des Menschen in der entsprechenden Landschaft sichern. Dazu gehört nicht nur die Aussicht auf Nahrung, sondern auch die Möglichkeit der Schutzsuche und der Beobachtung des Umfelds. Viele Theorien, die auf das kognitive Paradigma aufbauen, sind die sog. Habitattheorien, die sich in der Regel auf das evolutionäre Erbe der Menschen beziehen, im Laufe dessen Menschen überwiegend direkt von der sie umgebenden Landschaft abhingen. Beispiele sind die Prospect-Refuge-Theorie nach Appleton (1975) und die Savannen-Theorie nach Orians (1980). Beide Theorien gehen davon aus, dass Menschen Landschaften bevorzugen, die das menschliche Überleben sichern können. Ein wichtiges Merkmal einer Überleben sichernden Landschaft ist die Möglichkeit zu sehen, ohne gesehen zu werden. Demnach bevorzugen Menschen Anhöhen, die einen Ausblick ermöglichen, und Landschaftsstrukturen, die Deckung bieten, während sie dennoch einen Überblick über die Umgebung gewähren. Zahlreiche Studien konnten eine solche Landschaftspräferenz bestätigen (z. B. Fisher und Nasar 1992; Hunziger 2000). Weitere Landschaftselemente, die das Überleben sichern, sind Nahrungsquellen und insbesondere die Aussicht auf Wasser. Auch hier konnten zahlreiche Studien einen positiven Zusammenhang zwischen der Aussicht auf Wasser und der ästhetischen Bewertung der Landschaft nachweisen (z. B. Falk und Balling 2010; Han 2007; Yang und Brown 1992). Lückmann et al. (2013) konnten in einer Feldstudie mit jungen Menschen ebenfalls nachweisen, dass sie zwei ihnen unbekannte Landschaften nach dem Muster der Habitattheorien bewerteten, indem Aussichtspunkte positiver bewertet und exponierte Tallagen negativer bewertet wurden als das übrige Gelände. Dasselbe galt für Aussicht auf Wasser. Diese Ergebnisse konnten in einer Studie mit $n = 310$ Jugendlichen in zwei großen und strukturreichen Geländen um Prora auf der Insel Rügen repliziert werden (Menzel et al., eingereicht). Die in den Habitattheorien als positiv bewerteten Flächen sind gute Möglichkeiten, mit Jugendlichen Landschaft zu entdecken. Hier kann davon ausgegangen werden, dass sich alle in bestimmten Strukturen wohlfühlen.

15.1.5 Negative Gefühle in der Natur

Gefühle können als „persönliche Stellungnahmen des Individuums […] zu den Inhalten seines Erlebens" definiert werden (vgl. Häcker und Stapf 2009, S. 364) und stehen in einem engen Zusammenhang mit Lernprozessen und Motivation. In dieser Rolle sind Gefühle auch für Naturerfahrungen wichtig – sei es nun in einer lernrelevanten Situation oder im Kontext einer auf affektives Erleben ausgerichteten Naturerfahrung. Um in diesem Zusammenhang der Gefahr einer naiven Verklärung oder Romantisierung von Natur zu begegnen (Gebhard 2016), wollen wir auch negative Erfahrungen in der Natur nicht ausklammern. Lückmann und Menzel (2013) konnten in einer Studie zur Pflanzenkenntnis von Teenagern beispielsweise zeigen, dass die Brennnessel die mit Abstand bekannteste Pflanze von zehn präsentierten bekannten Pflanzen unter den Befragten war (über 90 % der Befragten benannten die Pflanze korrekt – gefolgt von etwas über 70 % der Befragten, die das „zweitplatzierte" Gänseblümchen korrekt benennen konnten). In dieser Hinsicht scheint eine negative Erfahrung zumindest mit positiver Sachkenntnis verbunden zu sein. Aber was bedeutet es, Angst in der Natur zu haben? Nach einer Untersuchung von Hallmann et al. (2005) werden zwar nur selten Angstgefühle in der Natur geäußert. Wenn allerdings die Kinder Unsicherheitsorte in ihrer Wohnumgebung angeben, dann sind es – bei Mädchen etwas mehr als bei Jungen – Naturorte. Die Gründe sind Dunkelheit, Unübersichtlichkeit, Einsamkeit, Stille und Angst vor Verbrechen. Nicht die Natur selbst ist somit Grund für die Angst, sondern eher der fehlende Schutz.

So ist neben den vielfältigen positiven Aspekten von Naturerfahrungen auch deutlich darauf hinzuweisen, dass Naturerfahrungen natürlich auch Gefahren – tatsächliche und phantasierte – in sich bergen. Man kann beim Klettern von einem Baum fallen, man kann ertrinken oder ängstigenden Tieren begegnen. Natur ist nicht immer die schöne, harmonische Natur, in der man sich sicher und aufgehoben fühlt (Berti 1997; Groh und Groh 1989; Scholz 1997; Wild-Eck 2002), sondern auch die bedrohliche, die Quelle von verschiedensten Ängsten sein kann. Die kindliche Angst vor der Natur kommt auch zum Ausdruck in vielen Kindermärchen und -geschichten, in denen es oft eine Gefahr bedeutet, in den Wald zu gehen. In „Hänsel und Gretel" oder „Rotkäppchen" fließt die Angst vor der Natur, der Dunkelheit und vor dem Alleinsein zusammen.

Ein gutes Beispiel dafür, dass Naturorte sowohl zu Orten der Angst als auch zu Orten der Geborgenheit werden können, ist der (symbolisch und kulturell aufgeladene) Wald. Der Wald ist trotz aller Stilisierung bzw. gerade wegen dieser, weil dadurch nämlich auch mythische und sagenhafte Elemente eingeschlossen sind (vgl. Lehmann 2000), auch eine Quelle von Angst und Unbehagen. Der (vor allem nächtliche) Wald ist unheimlich und geheimnisvoll. So zeigen volkskundliche Untersuchungen zum Walderleben bei Erwachsenen (narrative Interviews), dass die Angst im Wald viel mit Kindheitserfahrungen zu tun hat und dass kulturelle Bilder die Angst im Wald eher verstärken (Lehmann 2000). „Mit dem Wald verbanden sich Urängste, wie sie auch den heutigen Menschen noch befallen können, etwa bei Nacht" (Schütz 1994).

Die (wilde) Natur kann bei Kindern neben vielen zum Teil bereits genannten positiven Effekten auch die Angst, sich zu verlaufen, auslösen (vgl. Lynch 1960) – eine Angst, die natürlich genauso in der unüberschaubaren Großstadt auftaucht, wobei dort jedoch potenzielle Helfer anwesend sind. So hat Kaplan (1976) in Sommerferienlagern beobachtet, dass insbesondere Stadtkinder befürchten, sich in den Wäldern zu verlaufen. Dabei wird wohl auch die Angst vor Tieren (ausführlich Gebhard 2013) überhaupt Angst vor dem Unbekannten eine Rolle spielen.

Auch die bevorzugten Räume von Mädchen sind im Vergleich zu Jungen nicht so sehr Plätze in der Natur. Auffällig häufig geben sie ihr eigenes Zimmer als Lieblingsspielplatz an. Bereits Otterstädt (1962) hatte berichtet, dass Mädchen relativ wenig in „wilder" Umgebung spielen. Diese Beobachtung wird auch bestätigt durch eine Untersuchung, nach der Mädchen sich generell weniger im Freiraum aufhalten als Jungen und eher die wohnungsnahen Spielgelegenheiten bevorzugen (Spitthöver 1987). Das ist sicherlich auf eine entsprechend geschlechtsspezifische Sozialisation zurückzuführen, die ein Verhalten, das potenziell mit Freizügigkeit, Risiko und Gefahr verbunden ist, bei Mädchen zumindest eher unterbindet als bei Jungen. Auch Hart (1979) konnte zeigen, dass Mädchen durch elterliche Besorgnisse in ihrem Aktionsradius eingeschränkter als Jungen sind; ebenso zeigen die Analysen der bereits angesprochenen Tageslaufprotokolle von Fuhrer und Quaiser-Pohl (1999), dass Jungen von ihren Eltern einen größeren Aktionsradius *(range with permission)* eingeräumt bekommen. Der *free range* von Mädchen ist also deutlich begrenzter als der von Jungen (Flade 1996; Fuhrer und Quaiser-Pohl 1999; Kustor 1996; Nissen 1990). Während bei den Jungen die Bewegungsfreiheit etwa ab zehn Jahren wächst, wird sie bei Mädchen sogar noch weiter eingeschränkt, und zwar wegen Hausarbeit in der Wohnung (LBS-Initiative Junge Familie 2005) und wegen der elterlichen Befürchtung vor sexueller Belästigung. Das hat zur Folge, dass viel mehr Mädchen (41 %) Angst haben, im Park oder im Wald zu spielen, als Jungen (24 %) (Nissen 1990). Auffällig ist auch, dass sich dieser geschlechtsspezifische Effekt bei zunehmendem Alter noch verstärkt und dass er bei ausländischen Mädchen noch ausgeprägter ist.

15.1.6 Rätselhaftigkeit in der Natur

Neben positiven und negativen Emotionen in der Natur sowie unterschiedlichen ästhetischen Bewertungen von Natur haben Studien gezeigt, dass sich ein weiterer Faktor in der Naturerfahrung stark zwischen Erwachsenen und jungen Menschen und auch zwischen Mädchen und Jungen unterscheidet: der Aspekt der Mystik und Rätselhaftigkeit („mystery"; Kaplan und Kaplan 1989). Das subjektive Gefühl von „mystery" ist ein ambivalentes: Die damit verbundene Unheimlichkeit und Rätselhaftigkeit haben sowohl Aspekte von Angst als auch von gewissermaßen wohligem und lustvollem Schauern. Nach Kaplan und Kaplan (1989) hat ein mittlerer Grad an Rätselhaftigkeit in der Natur grundsätzlich das Potenzial, dass diese positiv bewertet wird. Empirische Studien mit Erwachsenen konnten zeigen, dass Rätselhaftigkeit in einem starken positiven Zusammenhang mit

Landschaftspräferenz steht (z. B. Herzog und Bryce 2007; Strumse 1994). Ohne Rätselhaftigkeit erscheint sie langweilig und motiviert nicht dazu, mehr über sie herausfinden zu wollen.

Strumse (1994) untersuchte Landschaftswahrnehmungen von Jungen und Mädchen und konnte zeigen, dass Jungen verglichen mit Mädchen potenziell gefährlichere Landschaftselemente bevorzugten. Menzel et al. (eingereicht) kodierten alle durch Jugendliche selbst gewählte Landschaftselemente mit Rätselhaftigkeit, die von den Befragten selbst mit folgenden Begriffen kommentiert wurden: „abenteuerlich", „verhext", „unheimlich", „verflucht", „verwunschener Wald", „faszinierend", „Geisterwald", „Wie ist das hier hingekommen?", „magisch", „mystisch", „Risikofaktor", „spektakulär", „merkwürdig", „unbekanntes Objekt", „Was ist das?". In der Betrachtung der ästhetischen Bewertung der mystischen Orte konnte festgestellt werden, dass mystische Elemente insgesamt tatsächlich leicht positiver bewertet wurden als die übrigen Landschaftselemente. Es zeigte sich jedoch auch ein signifikanter Unterschied zwischen Jungen und Mädchen, mit einer deutlichen höheren Bewertung der mystischen Elemente durch Jungen. Gleichzeitig wählten Teilnehmerinnen deutlich häufiger mystische Elemente in der Landschaft.

Die Ergebnisse zeigen, dass rätselhafte Elemente eine willkommene Lerngelegenheit für junge Menschen sind und dass sie in der Regel nicht negativer bewertet werden als übrige, interessante Landschaftselemente. Rätselhaftigkeit ermöglicht es jungen Menschen offenbar, eine Gefühlsbindung zu einer Landschaft aufzubauen. Eine solche Gefühlsbindung ist vermutlich auch der Grund für eine enge Vertrautheit mit Brennnesseln – nur auf einer deutlich angenehmeren Ebene.

15.2 Ursachen und evidenzbasierte Empfehlungen für die Praxis

Die theoretische Betrachtung des Verhältnisses von jungen Menschen zu ihrer natürlichen Umwelt und auch die empirischen Befunde haben bereits vielfältige Überlegungen zur Gestaltung der Umweltbildungspraxis anklingen lassen. In einem abschließenden Kapitel möchten wir versuchen, den Blick explizit auf die Praxis zu richten und Empfehlungen für die Gestaltung und Ermöglichung von Natur- und Landschaftsbegegnungen von Kindern und Jugendlichen zu geben. Wir unterscheiden dabei zwei unterschiedliche und sich zugleich ergänzende Zugänge: einen strukturierten und angeleiteten Weg sowie einen unstrukturierten und weitgehend freizügigen Zugang zu Naturerfahrungen.

Im Verlauf dieses Kapitels wurde mehrfach deutlich, welch hohes Potenzial Natur- und Landschaftsbegegnungen von Jugendlichen für deren Gesundheit und Wohlbefinden aufweisen. Unstrukturierte Naturerfahrungen weisen ein hohes Potenzial auf, um einen unmittelbaren Zugang zur Natur zu finden. Gleichzeitig hat die Wahrnehmung der Ästhetik einer Landschaft ein besonders hohes Potenzial, das auch durch geplante Naturbegegnungen gefördert werden kann. Fast immer bewerten Menschen die Orte, die ihnen eine hohe Erholungsqualität bieten, positiv oder sehr positiv (Korpela und Hartig 1996). Es kann ein hilfreicher Ansatz sein, diese ästhetische Wahrnehmung von jungen Menschen zu fördern und ihre Wahrnehmung mit ihnen zu diskutieren (vgl. Billmann-Mahecha und Gebhard 2009). Gleichzeitig gibt es berechtigte Forderungen nach der Möglichkeit, Natur frei zu entdecken und unstrukturierte Räume zu ermöglichen. Trommer (1997) wendet sich gar gegen eine „Möblierung der Landschaft", um jungen Menschen einen emotionalen Zugang zu dieser zu ermöglichen.

Natürliche Landschaften werden subjektiv bewertet und erfahren. In Bildungsmaßnahmen sollte daher explizit Raum für diese unterschiedlichen Zugänge und Bewertungen zur Natur gegeben werden. Lijmbach et al. (2002) fordern als Konsequenz eine Bildung, in der divergierende Perspektiven auf Natur und Landschaft explizit eingebunden werden sollen. In der oben zitierten Studie zur Landschaftswahrnehmung von jungen Menschen (Menzel et al., eingereicht) baten wir diese beispielsweise, in einer Stunde frei im Gelände umherzugehen und zehn selbst gewählte Landschaftselemente zu bewerten. Die Teilnehmerinnen und Teilnehmer der Studie erfüllten diese Aufgabe mit großem Enthusiasmus und baten in vielen Fällen darum, die Bewertung nach Ablauf der Zeit fortführen zu dürfen. Wir vermuten, dass es eine große Faszination auf die jungen Menschen ausübte, ihre subjektive Meinung über die Landschaft ungefiltert anbringen und dokumentieren zu können. Diese Methode scheint dazu geeignet zu sein, diverse Perspektiven auf Natur und Landschaft zu dokumentieren und diese als Ausgangspunkt für Gespräche über die Natur zu nehmen.

Ähnliche Befunde berichtet Lindemann-Matthies (2006), die Grundschulkinder ästhetische Naturphänomene entlang ihrem Schulweg dokumentieren ließ. Diese Befunde sind eine deutliche Ermunterung, Unterrichtssequenzen zu entwickeln, in denen man Jugendlichen Aufgaben zur Landschaftsbewertung gibt und mit ihnen über diese Bewertungen ins Gespräch kommt. Divergierende Perspektiven können dann leicht überleiten zu ökologischen Themen, wie beispielsweise dem Wert bestimmter negativ bewerteter Elemente. Zugleich wirken derartige Aktivitäten motivationsfördernd, da Kinder und Jugendliche Autonomie und Kompetenz erleben können, nach Ryan und Deci (2001) zentrale Voraussetzungen für die Ausbildung von Motivation.

Nicht immer jedoch lassen sich Naturerfahrungen planen und vorstrukturieren. Ein wesentlicher Wert von Naturerfahrungen besteht nämlich in der Freiheit, die sie vermitteln können. Das ist auch bei erlebnispädagogischen Ansätzen in der Schule zu bedenken.

Natürliche Strukturen haben eine Vielzahl von Eigenschaften, die für die psychische Entwicklung gut sind: Die Natur verändert sich ständig und bietet zugleich Kontinuität. Sie ist immer wieder neu (z. B. im Wechsel der Jahreszeiten), und doch bietet sie die Erfahrung von Verlässlichkeit und Sicherheit: Der Baum im Garten überdauert die Zeitläufe der Kindheit und steht so für Kontinuität. Die Vielfalt der Formen, Materialien und Farben regt die Fantasie an, sich mit der Welt und auch mit sich selbst zu befassen. Das Herumstreunen in Wiesen und Wäldern, in sonst ungenutzten Freiräumen kann Sehnsüchte nach „Wildnis" und Abenteuer befriedigen. Der psychische Wert von „Natur" besteht zumindest auch in ihrem eigentümlichen, ambivalenten Doppelcharakter: Sie vermittelt die Erfahrung von Kontinuität und damit Sicherheit und ist zugleich immer wieder neu. Auch in der Anthropologie geht man davon aus, dass es beim Menschen einerseits um einen grundlegenden Wunsch nach Vertrautheit und andererseits um ein ebenso grundlegendes Neugierverhalten gibt. Auch wenn man ein „Naturbedürfnis" nicht gleichsam als anthropologische Konstante formulieren kann, so lässt sich insgesamt sagen, dass die „Natur" den eigentlich widersprüchlichen Forderungen nach sicherer Vertrautheit einerseits und ständiger Neuigkeit andererseits sehr gut entspricht.

Die beliebtesten Freiflächen sind solche Orte, die von den erwachsenen Planern gewissermaßen vergessen wurden. Ein wesentlicher Wert von Naturerfahrungen besteht nämlich in der Freiheit, die sie vermitteln (können). Naturnahe Spielorte bieten Situationen, bei denen viele kindliche Anliegen nebenbei und ohne pädagogisches Arrangement ausgelebt werden können. „Wir sind so gern in der Natur, weil diese keine Meinung über uns hat", sagt Friedrich Nietzsche. So müsste es (nicht nur für Kinder) mehr ungeplanten Raum in den Städten geben.

Forderungen nach mehr ungeplanten Flächen sind nicht neu. Allerdings wird kindlichen Bedürfnissen bei der Ausgestaltung der Umwelt nicht immer im nötigen Umfang Rechnung getragen. Aber nicht nur für die Freiraumplanung sind diese Empfehlungen relevant, auch für pädagogische Arrangements in der schulischen und außerschulischen Bildungsarbeit gilt es, die Beiläufigkeit von gelungenen Naturerfahrungen zu beherzigen. Naturnähe ist bei Kindern oft schon da, sie braucht mehr die großzügige Gewährung als die allzu didaktische Geste.

Erst relative Freizügigkeit ermöglicht es, sich die Natur wahrhaft anzueignen. Es ereignet sich die Wirkung von Natur nämlich nebenbei. Der Naturraum wird als bedeutsam erlebt, in dem man eigene Bedürfnisse erfüllen, in dem man eigene Fantasien und Träume schweifen lassen kann und der auf diese Weise eine persönliche Bedeutung bekommt. Positive Wirkungen von Naturerfahrungen entfalten sich nicht so ohne Weiteres, wenn Natur verordnet wird, wenn allzu umstandslos Naturorte zu Lernorten gemacht werden.

15.3 Zusammenfassung

Erinnern wir uns nun an die *Ausgangslage,* die Situation von Herrn P. für die Gestaltung seines Unterrichts. Es stellt sich die Frage, ob der Aufwand eines Unterrichts im Freien gerechtfertigt ist, vor allem wenn die Unterrichtszeit knapp ist. Im Grunde wirft die beschriebene Eingangssituation die Frage auf, welchen Wert wir Naturerfahrungen zumessen dürfen und möchten, die ein Unterricht im Freien mit sich bringt. Auch wenn es schwierig ist, für den positiven Wert von

Naturerfahrungen konkrete und insbesondere unmittelbare *Wirksamkeitsnachweise* zu präsentieren, zeigen die hier zusammengetragenen theoretischen Annäherungen und die mit ihnen übereinstimmenden empirischen Befunde dreierlei:

1. Naturerfahrungen tun Kindern und Jugendlichen gut, und Naturerfahrungen können ein Faktor für deren Sinn- und Glücksbedürfnis sein. In diesem Zusammenhang leistet Naturverbundenheit einen wichtigen Beitrag zur Gesundheitsförderung junger Menschen, vor allem in der Steigerung ihres Wohlbefindens.
2. Naturerfahrungen können eine wichtige Basis dafür sein, eine Bindung zur Natur aufzubauen, die sich positiv auf Umweltschutzbereitschaften auswirken kann. Diese – eigentlich normative – Zielsetzung, nämlich Schülerinnen und Schüler zu positiven Umwelteinstellungen zu verhelfen, spiegelt sich in zahlreichen curricularen Verankerungen für den Biologieunterricht.
3. Es kann abgeleitet werden, dass in der Vorbereitung von Unterricht in der Natur reflektiert werden sollte, dass die Perspektiven von Laien und Experten sowie von Jugendlichen und Erwachsenen unterschiedlich sein können. Die Perspektive des Lehrers oder der Lehrerin auf Natur stimmt somit vermutlich nicht mit der Perspektive der Lernenden überein, und die Intentionen eines Naturaufenthalts können so nicht immer erreicht werden.

Die zitierten Befunde in diesem Kapitel geben Hinweise darauf, welche Aspekte der Natur Potenzial entfalten können, beispielsweise explizites Einbinden von Mystik in der Landschaft oder das Anbieten von Naturräumen, die gleichzeitig soziale Kontakte ermöglichen. Für das Dilemma der Begründung und Rechtfertigung von Naturerfahrungen im Rahmen des Biologieunterrichts lassen sich also auf der Begründungsebene einige *Lösungsvorschläge* ableiten.

Ein zentraler Bezugspunkt des Biologieunterrichts ist die lebendige Natur. Vor dem Hintergrund zahlreicher empirischer Befunde und auch theoretischer Erwägungen gilt es, im Spiegel der hier zusammengefassten Ausführungen, auch im Biologieunterricht originale Begegnungen mit der Natur zu ermöglichen. Das führt nicht nur zu einer vertieften Motivation, sich auch kognitiv mit Naturphänomenen zu befassen, sondern auch zu einem erhöhten Wohlbefinden von Kindern und Jugendlichen.

Literatur

Antonovsky, A. (1997). *Salutogenese: Zur Entmystifizierung der Gesundheit.* Tübingen: DGVT.

Appleton, J. (1975). *The experience of landscape.* New York: Wiley.

Berti, T. (1997). Naturästhetik und Umweltpädagogik. Dissertation, Innsbruck.

Billmann-Mahecha, E., & Gebhard, U. (2009). „If we had no flowers …" children, nature, and aestetics. *The Journal of Developmental Processes, 4*(1), 24–42.

Bixler, R. D., Floyd, M. F., & Hammitt, W. E. (2002). Environmental socialization: Quantitative tests of the childhood play hypothesis. *Environment and Behavior, 34*(6), 795–818.

Bögeholz, S. (1999). *Qualitäten primärer Naturerfahrung und ihr Zusammenhang mit Umweltwissen und Umwelthandeln*. Opladen: Leske + Budrich.

Bogner, Franz X. (1998). The influence of short-term outdoor ecology education on long-term variables of environmental perspective. *Journal of Environmental Education, 29*, 17–29.

DeNeve, K. M. (1999). Happy as an extraverted clam? The role of personality for subjective well-being. *Current Directions in Psychological Science, 8*(5), 141–144.

Falk, J. H., & Balling, J. D. (2010). Evolutionary influence on human landscape preference. *Environment and Behavior, 42*(4), 479–493.

Fisher, B. S., & Nasar, J. L. (1992). Fear of crime in relation to three exterior site features. *Environment and Behavior, 24*(1), 35–65.

Flade, A. (1996). Sozialisation – Das Hineinwachsen in die weibliche und männliche Lebenswelt. In A. Flade & B. Kustor (Hrsg.), *Raus aus dem Haus. Mädchen erobern die Stadt* (S. 12–27). Frankfurt a. M.: Campus.

Flint, C. C., McFarlane, B., & Müller, M. (2009). Human dimensions of forest disturbance by insects: An international synthesis. *Environmental Management, 43*(6), 1174–1186.

Fuhrer, U., & Quaiser-Pohl, C. (1999). Wie sich Kinder und Jugendliche ihre Lebensumwelt aneignen: Aktionsräume in einer ländlichen Kleinstadt. *Psychologie in Erziehung und Unterricht, 46*, 96–109.

Gallagher, T. J. (1977). *Visual preference for alternative natural landscapes*. Michigan: University of Michigan.

Gebhard, U. (2005). Naturverhältnis und Selbstverhältnis. In M. Gebauer & U. Gebhard (Hrsg.), *Naturerfahrung. Wege zu einer Hermeneutik der Natur* (S. 144–178). Zug: Die Graue Edition.

Gebhard, U. (2013). *Kind und Natur. Die Bedeutung der Natur für die psychische Entwicklung* (4., überarb. & erw. Aufl.). Wiesbaden: Springer Fachmedien.

Gebhard, U. (2014). Wie viel „Natur" braucht der Mensch? „Natur" als Erfahrungsraum und Sinninstanz. In G. Hartung & T. Kirchhoff (Hrsg.), *Welche Natur brauchen wir? Analyse einer anthropologischen Grundproblematik des 21. Jahrhunderts* (S. 249–274). Freiburg: Alber.

Gebhard, U. (2015). Glücksmomente in der Natur? In U. Eser, R. Wegener, H. Seyfang, & A. Müller (Hrsg.), *Klugheit, Glück, Gerechtigkeit. Warum Ethik für die konkrete Naturschutzarbeit wichtig ist* (S. 154–163). Bonn-Bad Godesberg: BfN-Skripten.

Gebhard, U. (2016). Natur und Landschaft als Symbolisierungsanlass. In U. Gebhard & T. Kistemann (Hrsg.), *Landschaft – Identität – Gesundheit. Zum Konzept der Therapeutischen Landschaften* (S. 151–168). Wiesbaden: Springer-VS.

Gebhard, U., & Kistemann, T. (Hrsg.). (2016). *Landschaft – Identität – Gesundheit. Zum Konzept der Therapeutischen Landschaften*. Wiesbaden: Springer-VS.

Groh, R., & Groh, D. (1989). Von den schrecklichen zu den erhabenen Bergen. Zur Entstehung ästhetischer Naturerfahrung. In H. D. Weber (Hrsg.), *Vom Wandel des neuzeitlichen Naturbegriffs* (S. 53–97). Konstanz: Universitätsverlag.

Häcker, H. O., & Stapf, K. H. (Hrsg.). (2009). *Dorsch Psychologisches Wörterbuch*. Bern: Huber.

Hallmann, S., Klöckner, C., Kulmann, U., & Beisenkamp, A. (2005). Freiheit, Ästhetik oder Bedrohung? *Umweltpsychologie, 9*(2), 88–108.

Han, K.-T. (2007). Responses to six major terrestrial biomes in terms of scenic beauty, preference, and restorativeness. *Environment and Behavior, 39*(4), 529–556.

Hart, R. (1979). *Children's experience of place*. New York: Irvington.

Herzog, T. R., & Bryce, A. G. (2007). Mystery and preference in within-forest settings. *Environment and Behavior, 39*(6), 779–796.

Hunziger, M. (2000). Theorien der Landschaftspräferenz – Die biologische und soziale Dimension. In M. Hunziker (Hrsg.), *Einstellungen der Bevölkerung zu möglichen Landschaftsentwicklungen in den Alpen*. Eidg. Forschungsanstalt WSL: Birmensdorf.

Kals, E., Schumacher, D., & Montada, L. (1999). Naturerfahrungen, Verbundenheit mit der Natur und ökologische Verantwortung als Determinanten naturschützenden Verhaltens. *Zeitschrift für Sozialpsychologie, 29*, 5–19.

Kaplan, R. (1976). Way-finding in the natural environment. In G. T. Moore & R. G. Golledge (Hrsg.), *Environmental knowing: Theories, research, and methods* (S. 46–57). Stroudsberg: Dowden, Hutchinson & Ross.

Kaplan, R., & Herbert, E. J. (1987). Cultural and sub-cultural comparisons in preferences for natural settings. *Landscape and Urban Planning, 14,* 281–293.

Kaplan, R., & Kaplan, S. (1989). *The experience of nature: A psychological perspective.* New York: Cambridge University Press.

Korpela, K., & Hartig, T. (1996). Restorative qualities of favorite places. *Journal of Environmental Psychology, 16*(3), 221–233.

Kustor, B. (1996). Das Verschwinden der Mädchen aus dem öffentlichen Raum. In A. Flade & B. Kustor (Hrsg.), *Raus aus dem Haus. Mädchen erobern die Stadt.* Campus: Frankfurt a. M.

LBS-Initiative Junge Familie. (2005). *Das LBS-Kinderbarometer.* Münster: LBS-Initiative Junge Familie.

Lehmann, A. (2000). Alltägliches Waldbewusstsein und Waldnutzung. In A. Lehmann & K. Schriever (Hrsg.), *Der Wald – Ein deutscher Mythos?* (S. 23–38). Berlin: Reimer.

Lijmbach, S., Margadant-van Arcken, M., van Koppen, K., & Wals, A. E. J. (2002). „Your View of Nature is Not Mine!": Learning about pluralism in the classroom. *Environmental Education Research, 8*(8), 121–135.

Lindemann-Matthies, P. (2006). Investigating nature on the way to school: Responses to an educational programme by teachers and their pupils. *International Journal of Science Education, 28*(8), 895–918.

Lohaus, A., Beyer, A., & Klein-Heßling, J. (2004). Stresserleben und Stresssymptomatik bei Kindern und Jugendlichen. *Zeitschrift für Entwicklungspsychologie und Pädagogische Psychologie, 36*(1), 38–46.

Louv, R. (2005). *Last child in the woods: Saving our children from nature-deficit disorder.* Chapel Hill: Algonquin Books.

Lückmann, K., & Menzel, S. (2013). Herbs versus trees: Influences on teenagers' knowledge of plant species. *Journal of Biological Education, 48*(2), 80–90.

Lückmann, K., Lagemann, V., & Menzel, S. (2013). Landscape assessment and evaluation of young people: Comparing nature-orientated habitat and engineered habitat preferences. *Environment and Behavior, 45*(1), 86–112.

Lude, A. (2001). *Naturerfahrung und Naturschutzbewusstsein. Eine empirische Studie.* Innsbruck: Studien.

Lupp, G., Höchtl, F., & Wende, W. (2011). „Wilderness" – A designation for Central European landscapes? *Land Use Policy, 28*(3), 594–603.

Lynch, K. (1960). *The image of the city.* Cambridge: MIT Press.

Menzel, S., Brickwedde, J., & Lückmann, K. (eingereicht). Don't blame it on the rain – GPS-supported in situ landscape evaluation with adolescents at a German Natural Heritage Site.

Nisbet, E. K., Zelenski, J. M., & Murphy, S. A. (2009). The nature relatedness scale: Linking individuals' connection with nature to environmental concern and behavior. *Environment and Behavior, 41,* 715–740.

Nissen, U. (1990). Räume für Mädchen?! Geschlechtsspezifische Sozialisation in öffentlichen Räumen. In U. Preuss-Lausitz, T. Rülcker, & H. Zeiher (Hrsg.), *Selbständigkeit für Kinder – Die große Freiheit? Kindheit zwischen pädagogischen Zugeständnissen und gesellschaftlichen Zumutungen* (S. 148–160). Beltz: Weinheim.

Orians, G. H. (1980). Habitat selection – General theory and application to human behavior. In J. S. Lockard (Hrsg.), *The evolution of social behavior.* New York: Elsevier.

Otterstädt, H. (1962). Untersuchungen über den Spielraum von Vorortkindern einer mittleren Stadt. *Psychologische Rundschau, 13,* 275–287.

Palmer, J., & Suggate, J. (1996). Influences and experiences affecting the proenvironmental behavior of educators. *Environmental Education Research, 2*(1), 109–121.

Raith, A., & Lude, A. (2014). *Startkapital Natur Wie Naturerfahrung die kindliche Entwicklung fördert*. München: oekom.

Rink, D. (2009). Wilderness: The nature of urban shrinkage? The debate on urban restructuring and restoration in Eastern Germany. *Nature and Culture, 4*(3), 275–292.

Ryan, R. L. (2005). Exploring the effects of environmental experience on attachment to urban natural areas. *Environment and Behavior, 37*(1), 3–42.

Ryan, R. M., & Deci, E. L. (2001). On happiness and human potentials: A review of research on hedonic and eudaimonic well-being. *Annual Review of Psychology, 52*(1), 141–166.

Scholz, B. (1997). Visuelle Präferenzen und Umweltschutz oder: Evolutionäre Ästhetik im Dienste der Umwelterziehung. *Pädagogische Rundschau, 51*(6), 711–720.

Schultz, P. W. (2002). Inclusion with nature: The psychology of human-nature relations. In P. Schmuck & W. P. Schultz (Hrsg.), *Psychology of sustainable development* (S. 61–78). Boston: Springer.

Schütz, B. (1994). Der Wald in der Kunst. *Forstw. Cbl., 113*, 35–64.

Seel, M. (1991). *Eine Ästhetik der Natur*. Frankfurt a. M.: Suhrkamp.

Sommer, B. (1990). Favorite places of Estonian adolescents. *Children's Environments Quarterly, 7*, 32–36.

Sothmann, J.-N., & Menzel, S. (2016). Naturverbundenheit, subjektives Wohlbefinden und der Blick auf Landschaftsbilder – Erste empirische Befunde mit Jugendlichen. *Umweltpsychologie, 4*(2), 36–58.

Spitthöver, M. (1987). Städtisches Kinderspiel im Freien – Zum Aufenthalt von Mädchen auf Spielplätzen, Straßen, Gehwegen. *Das Gartenamt, 36*, 785–790.

Strumse, E. (1994). Environmental attributes and the prediction of visual preferences for agrarian landscapes in Western Norway. *Journal of Environmental Psychology, 14*(4), 293–303.

Sward, L. L. (1999). Significant life experiences affecting the environmental sensitivity of El Salvadoran environmental professionals. *Environmental Education Research, 5*(2), 201–206.

Taylor, J. G., Zube, E. H., & Sell, J. L. (1987). Landscape assessment and perception research methods. In R. Bechtel, R. Marans, & W. Michaelson (Hrsg.), *Methods in environment and behavioral research* (S. 361–393). New York: VNR.

Taylor, A. F., Kuo, F. E., & Sullivan, W. C. (2001). Coping with ADD the surprising connection to green play settings. *Environment and Behavior, 33*(1), 54–77.

Trommer, G. (1997). Über Naturbildung – Natur als Bildungsaufgabe in Großschutzgebieten. In G. Trommer & R. Noack (Hrsg.), *Die Natur in der Umweltbildung. Perspektiven für Großschutzgebiete*. Weinheim: Studien.

von Weizsäcker, V. (1930). Soziale Krankheit und soziale Gesundung. In D. Janz & W. Schindler (Hrsg), *Viktor von Weizsäcker: Gesammelte Schriften in zehn Bänden: Bd. 8. Soziale Krankheit und soziale Gesundung Soziale Medizin* (S. 31–94). Frankfurt a. M.: Suhrkamp.

Wells, N. M., & Evans, G. W. (2003). Nearby nature a buffer of life stress among rural children. *Environment and Behavior, 35*(3), 311–330.

Wild-Eck, S. (2002). *Statt Wald – Lebensqualität in der Stadt*. Zürich: Seismo.

Wilson, E. O. (1984). *Biophilia*. Cambridge: Harvard University Press.

Yang, B.-E., & Brown, T. J. (1992). A cross-cultural comparison of preferences for landscape styles and landscape elements. *Environment and Behavior, 24*(4), 471–507.

Zube, E. H., Sell, J. L., & Taylor, J. G. (1982). Landscape perception – Research, application and theory. *Landscape Planning, 9*(1), 1–33.

Teil V
Aus- und Weiterbildung
von Biologielehrkräften

Forschendes Lernen – Weshalb es wichtig ist und wie es sich in der Lehramtsaus- und -fortbildung umsetzen lässt

16

Kirsten Schlüter

Inhaltsverzeichnis

Frau L. unterrichtet eine 3. Klasse zum Thema Regenwürmer. Neben der Vermittlung von Fachwissen ist es Frau L. wichtig, dass die Kinder grundlegende Fähigkeiten des wissenschaftlichen Arbeitens erlernen, d. h., wie man Beobachtungen und Untersuchungen durchführt, Daten erhebt und bei diesen nach Mustern sucht. Nachdem die praktischen Untersuchungen abgeschlossen, die Daten erhoben sind, sammelt Frau L. die Kinder, um gemeinsam die Daten zu analysieren. Ihr Ziel ist, dass die Kinder datenbasiert zu neuen Erkenntnissen kommen. Während der Besprechung meldet sich ein Junge und merkt an, dass die Daten einer Gruppe denjenigen einer anderen Gruppe widersprechen. Wie soll sich Frau L. in dieser Situation verhalten? Es gibt folgende Handlungsalternativen (Schuster et al. 2007, S. 15 f.):

A) Sie soll den Kindern sagen, welcher Datensatz der richtige ist, und die anderen Daten nicht weiter berücksichtigen, sodass die Schülerinnen und Schüler nichts Falsches lernen.

B) Sie soll die Kinder dazu auffordern, eigene Möglichkeiten zur Problemlösung vorzuschlagen. Dabei wertschätzt sie all jene Antworten, die sich auf Daten

K. Schlüter (✉)
Institut für Biologiedidaktik, Universität zu Köln, Köln, Deutschland
E-Mail: kirsten.schlueter@uni-koeln.de

© Springer-Verlag GmbH Deutschland, ein Teil von Springer Nature 2019
J. Groß et al. (Hrsg.), *Biologiedidaktische Forschung: Erträge für die Praxis,*
https://doi.org/10.1007/978-3-662-58443-9_16

bzw. Belege beziehen. Beispiele für solche Antworten sind, sich die vorliegenden Daten nochmals genauer anzusehen, die Vorgehensweisen der Datenerhebung zu vergleichen oder die Untersuchung zu wiederholen.

C) Jedes Kind soll sich die beiden Datensätze ansehen und dann entscheiden, welches der richtige ist. Danach wird abgestimmt, welcher Datensatz beibehalten werden soll und welcher nicht. Dadurch wird sichergestellt, dass mit jenen Daten weitergearbeitet wird, welche die Mehrheit akzeptiert.

D) Sie soll den Kindern mitteilen, mit den widersprüchlichen Daten nicht weiterzuarbeiten, und zwar so lange, wie sie selbst noch nicht geklärt hat, welche Daten korrekt sind. Sie wird auf diese Daten zu einem späteren Zeitpunkt zurückkommen. Jetzt soll sich die Klasse anderen Daten bzw. Beobachtungsaspekten zuwenden.

E) Sie soll die Kinder beauftragen, in vorhandenen Unterlagen (z. B. in Büchern, Broschüren) nachzulesen und zu prüfen, ob sich darin Informationen finden lassen, mit welchen sich das Problem lösen lässt.

16.1 Einleitung

Das oben beschriebene Beispiel stammt aus dem Pedagogy of Science Inquiry Teaching Test (POSITT; Cobern et al. 2014; Schuster et al. 2007). Mit diesem soll erhoben werden, welche pädagogische Orientierung eine Lehrperson besitzt und inwieweit das Forschende Lernen ihre präferierte Vorgehensweise ist. Um überhaupt beurteilen zu können, was eine dem Forschenden Lernen angemessene Vorgehensweise ist, soll diese Unterrichtsmethode bzw. dieses Unterrichtskonzept einführend genauer erläutert werden. Anschließend wird aufgezeigt, inwieweit Forschendes Lernen Eingang in die unterrichtliche Praxis gefunden hat und welche Gründe einer angemessenen Umsetzung entgegenstehen können. Um Forschendes Lernen besser und häufiger in der Unterrichtspraxis zu realisieren, erscheinen entsprechende Professionalisierungsmaßnahmen notwendig. Wie diese aussehen können, wird abschließend erläutert. Im vorliegenden Kapitel geht es somit um eine Verknüpfung des Themas Forschendes Lernen und jenem der Lehrkräfteaus- und -fortbildung. Denn letztere ist eine Voraussetzung dafür, dass Forschendes Lernen seinen Weg in die Praxis findet.

16.1.1 Was ist Forschendes Lernen?

Um den Begriff des Forschenden Lernens zu definieren, wird der Blick anfangs auf nationale Publikationen gelenkt und anschließend in Richtung internationale Literatur erweitert. Denn das Forschende Lernen besitzt vor allem in den USA einen sehr hohen Stellenwert und ist in den dortigen Richtlinien entsprechend verankert.

Mit dem Begriff „Forschendes Lernen" *(classroom inquiry)* sind verschiedene Ziele verbunden (NRC 1996, 2000):

1. die Fähigkeit, selbst wissenschaftliche Untersuchungen durchzuführen,
2. das Wissen darüber, wie Wissenschaftlerinnen und Wissenschaftler arbeiten bzw. forschen, und
3. die Fähigkeit, Forschendes Lernen im Klassenzimmer umzusetzen.

Im vorliegenden Kapitel soll es um den zuletzt genannten Aspekt gehen, welcher jedoch die Aspekte (1) und (2) miteinbezieht, da es sich bei diesen um grundlegende Voraussetzungen handelt, die eine Lehrkraft für die Umsetzung forschenden Unterrichts mitbringen sollte.

Wesentliche Charakteristika des Forschenden Lernens, die sich in der Unterrichtsgestaltung zeigen sollten, haben Mayer und Ziemek (2006) sowie Martius et al. (2016) für den Biologieunterricht im deutschsprachigen Raum zusammengesellt: Ausgangspunkt des Unterrichts ist eine Frage an die Natur, bei deren Beantwortung im Rahmen des Erkenntnisprozesses die Schülerinnen und Schüler subjektiv Neues erfahren (Problemorientierung). Dabei sollen für die Lernenden relevante Themen aufgegriffen werden, die einen Bezug zu ihrer Lebens- und Erfahrungswelt aufweisen (Kontextorientierung). Um das gesamte Wissens- und Erfahrungspotenzial der jeweiligen Lerngruppe für den Problemlöseprozess zu nutzen, eignen sich vor allem kooperative Lernformen. Angestrebt ist eine gestufte Offenheit des Unterrichts ausgehend von einer mehrheitlichen Lehrer- bis hin zu einer vollständigen Schülerzentrierung, wobei sich die Selbstständigkeit der Lernenden mit jeder neuen Forschungsaufgabe schrittweise erhöht (Fradd et al. 2001; McComas 1997). Der unterrichtliche Forschungsprozess selbst weist dabei eine Phasierung auf, die einem idealtypischen Ablauf des wissenschaftlichen Erkenntnisprozesses entspricht, so wie er sich in naturwissenschaftlichen Publikationen zeigt. Als wesentliche Erkenntnismethoden im Biologieunterricht finden dabei das Beobachten, Vergleichen und Experimentieren Anwendung (Wellnitz und Mayer 2013), wobei letzterem aufgrund seiner Komplexität eine besondere Bedeutung zukommt (Kap. 8).

Eine Phasierung des Erkenntnisprozesses zeigt sich auch in der Definition von Forschendem Lernen gemäß den National Science Education Standards (NSES; NRC 2000), welche ein wichtiges Reformdokument für den US-amerikanischen Unterricht darstellen. In den NSES werden fünf essenzielle Eigenschaften des Forschenden Lernens benannt, die in einer zeitlichen Abfolge zueinander stehen:

1. *Question:* Die Lernenden beschäftigen sich mit wissenschaftlichen Fragestellungen.
2. *Evidence:* Zur Beantwortung der Fragen präferieren sie Nachweise bzw. Belege.
3. *Explain:* Ausgehend von ihren Nachweisen formulieren sie Erklärungen in Bezug auf die Ausgangsfrage.

4. *Connect:* Die Lernenden stellen eine Verbindung zwischen ihren Erklärungen und dem fachwissenschaftlichen Wissensstand her.
5. *Communicate:* Die Lernenden kommunizieren und rechtfertigen ihre Erklärung.

Inzwischen sind in den USA die Next Generation Science Standards (NGSS Lead States 2013; NRC 2015) auf dem Markt, in denen nicht mehr von Forschendem Lernen die Rede ist, sondern von wissenschaftlichen Praktiken („scientific practices"). Die angestrebte Zielsetzung ist jedoch die gleiche wie beim Forschenden Lernen.

16.1.2 Wer fordert die Umsetzung von Forschendem Lernen?

In Deutschland sind es die KMK-Bildungsstandards für den Mittleren Schulabschluss im Fach Biologie, welche die Förderung der Erkenntnisgewinnungskompetenz bei den Schülerinnen und Schülern fordern (KMK 2005). Die Erkenntnisgewinnung bezieht sich dabei auf basale Arbeits- und Erkenntnismethoden, wie Beobachten, Vergleichen, Experimentieren und Modelleinsatz. Zu den Standards der Erkenntnisgewinnung gehört u. a., dass Schülerinnen und Schüler einfache Experimente planen, durchführen und auswerten können, dass sie für ihre Erklärungen Schritte der experimentellen Erkenntnisgewinnung nutzen und dass sie die Tragweite und Grenzen der Untersuchungsergebnisse einschätzen können (KMK 2005, S. 14). Die einzelnen Bundesländer sind verpflichtet, diese Standards in ihre Lehrpläne zu integrieren und die Lehramtsaus- und -fortbildung dementsprechend auszurichten (KMK 2005, S. 3). Passend zu den Bildungsstandards fordert die KMK (2017) daher in den „Ländergemeinsamen inhaltlichen Anforderungen für die Fachwissenschaften und Fachdidaktiken in der Lehrerbildung", dass den Absolventinnen und Absolventen eines Biologielehramtsstudiums die basalen Arbeits- und Erkenntnismethoden der Biologie bekannt sind und sie „über Kenntnisse und Fertigkeiten sowohl im hypothesengeleiteten Experimentieren und Modellieren, im kriteriengeleiteten Beobachten und als auch [sic] im hypothesengeleiteten Vergleichen sowie im Handhaben von (schulrelevanten) Geräten" verfügen (KMK 2017, S. 22). Zusammenfassend kann somit gesagt werden, dass angehende und fertig ausgebildete Lehrkräfte über wissenschaftsmethodische Kompetenz verfügen sollen, um diese an die Lernenden weitergeben zu können. Für die Umsetzung im Unterricht ist dabei das Forschende Lernen die passende Methode bzw. das geeignete Konzept, da dieses explizit auf wissenschaftliche Vorgehensweisen Bezug nimmt.

Das Forschende Lernen ist jedoch nicht nur national, sondern auch international von Relevanz. So kommt der Bericht des EU-Projekts S-TEAM (Science Teacher Education Advanced Methods), welches in den europäischen Mitgliedsstaaten die Verbreitung von Forschendem Lernen im schulischen Unterricht zum Ziel hat, zu dem Schluss, dass Forschendes Lernen in den meisten der 13 untersuchten europäischen Nationen eine Bedeutung erlangt hat, auch wenn es nicht überall explizit in den Lehrplänen benannt wird (S-TEAM 2010). Abd-El-Khalick et al. (2004) richten den Blick auf außereuropäische Staaten wie die USA, den Libanon, Israel, Venezuela, Australien und Taiwan. Sie zeigen auf, dass in verschiedenen nationalen Positionspapieren Forschendes Lernen im naturwissenschaftlichen Unterricht zumindest ansatzweise verankert ist.

16.1.3 Welche Vorteile bringt Forschendes Lernen?

Das Forschende Lernen wird in vielerlei Hinsicht als vorteilhafte Methode für den naturwissenschaftlichen Unterricht angesehen. In einem Übersichtsartikel verweist sowohl Anderson (2002) als auch der National Research Council (NRC 2000) auf entsprechend positive Effekte. Diese beziehen sich auf kognitive Lernzuwächse, verbesserte Prozessfertigkeiten und auch auf eine positivere Einstellung gegenüber den Naturwissenschaften. Weiterhin werden positive Veränderungen in Bezug auf wissenschaftliche Kompetenz (Scientific Literacy), konzeptionelles Verständnis, kritisches Denken und Vokabelwissen gelistet (NRC 2000). Auch Hmelo-Silver et al. (2007) führen verschiedene Studien an, in denen sich das Forschende Lernen durch größere Lernzuwächse als vorteilhaft im Vergleich zu traditionellen, stark gelenkten Ansätzen erweist. Außerdem zeigte es sich als motivations- und engagementfördernd. Die positive Wirkung wird dabei vor allem einer durch die Lehrkraft angeleiteten Form des Forschenden Lernens zugeschrieben (Hmelo-Silver et al. 2007), nicht aber einem völlig offenen Unterricht (Kirschner et al. 2006). Vergleichsweise gute Lernerfolge konnten auch Eysink et al. (2009) für das Forschende Lernen aufzeigen, indem sie dieses im Rahmen einer multimedialen Lernumgebung mit anderen Methoden (z. B. hypermediales oder beobachtendes Lernen) verglichen. Einschränkend muss hierzu jedoch angemerkt werden, dass diese wirksame Form des Lernens auch mehr Zeit beanspruchte.

16.2   Charakterisierung der Ausgangslage

16.2.1 Wie häufig und in welcher Form wird Forschendes Lernen in der Praxis realisiert?

Auch wenn Forschendes Lernen in Form der Förderung der Erkenntnisgewinnungskompetenz Einzug in die deutschen Lehrpläne gehalten hat, so scheint eine angemessene Umsetzung im Unterricht nur bedingt gegeben zu sein. Bisherige Untersuchungen liefern hierzu allerdings eher indirekte Hinweise, denn groß angelegte Unterrichtsanalysen in Form von teilnehmenden Beobachtungen und/oder Videoauswertungen liegen nach Kenntnisstand der Autorin bisher nicht vor und sind aufgrund ihres Aufwands auch nur schwer durchführbar. Ebenfalls ist unklar, in welcher Intensität und Qualität das Forschende Lernen an den verschiedenen Standorten sowie in den unterschiedlichen Phasen der Lehramtsaus- und -weiterbildung vermittelt wird. Die nachfolgend aufgeführten Studien zeigen somit nur indirekt (d. h. aus subjektiver Sicht der Lernenden oder Lehrenden) oder nur punktuell (d. h. in Form einiger weniger Unterrichtsanalysen) mögliche Defizite in der Umsetzung des Forschenden Lernens auf.

Ein indirekter Hinweis auf eine zu geringe Umsetzungshäufigkeit des Forschenden Lernens lässt sich aus der PISA-Studie von 2006 (Prenzel et al. 2008) ableiten. So wurden in Deutschland nicht nur die naturwissenschaftlichen Leistungen der 15-Jährigen erhoben, sondern diese Jugendlichen mussten auch ihren naturwissenschaftlichen Unterricht charakterisieren. Anhand der Ergebnisse ließen sich drei Unterrichtstypen unterscheiden, wobei der mit „globalen Aktivitäten" bezeichnete Unterricht ansatzweise mit dem Forschenden Lernen gleichgesetzt werden kann, denn in diesem Unterricht können die Lernenden verstärkt ihre eigenen Experimente entwickeln. Nur ca. 13 % der befragten Schülerinnen und Schüler haben in Deutschland diese Art von Naturwissenschaftsunterricht erfahren (Prenzel et al. 2008).

Dass die Umsetzung des Forschenden Lernens im Biologieunterricht noch nicht mit ausreichender Häufigkeit erfolgt, lässt sich indirekt auch aus einer Untersuchung von Zinonidis et al. (2017) schließen. Eine Befragung von 67 Referendarinnen und Referendaren für das Haupt- und Realschullehramt im Bundesland Nordrhein-Westfalen ergab, dass die angehenden Lehrkräfte von ihrer persönlichen Wahrnehmung her Elemente der Erkenntnisgewinnung wesentlich häufiger im Biologieunterricht einsetzten, als sie es in ihrer eigenen Schulzeit erlebt hatten, dass sie aber dennoch ihren eigenen Ansprüchen in Bezug auf die Umsetzungsrate keinesfalls gerecht werden konnten.

Auch ein S-TEAM-Bericht (S-TEAM 2010, S. 36) verweist verallgemeinernd (jedoch nicht empirisch) darauf, dass in Deutschland die Unterrichtsrealität den Forderungen der Rahmenlehrpläne noch nicht entspricht und dass es an Förderangeboten für die Lehrkräfte mangelt, die entsprechenden Unterrichtsmethoden, in diesem Fall das Forschende Lernen, umzusetzen.

Einen konkreteren Einblick in die defizitäre Umsetzung des Forschenden Lernens im Schulunterricht geben verschiedene internationale Studien. Da in den USA die NSES explizit eine Ausrichtung des naturwissenschaftlichen Unterrichts am Forschenden Lernen einfordern und Kriterien für selbiges benennen (Abschn. 16.1.1), können diese Kriterien als Bewertungsgrundlage für Unterrichtsanalysen herangezogen werden. Auf diese Weise lässt sich konkret aufzeigen, welche Elemente eines forschenden Unterrichts realisiert werden und wo die Schwachstellen liegen.

Nach Capps und Crawford (2013) kann nur wenigen Lehrkräften die Fähigkeit zugesprochen werden, Forschendes Lernen im Unterricht zu realisieren. Ihre Ergebnisse zeigen, dass fast ein Drittel der untersuchten 26 Lehrkräfte in einer Unterrichtsstunde ihrer Wahl überhaupt keine Elemente des Forschenden Lernens integriert hatten. Wurden Kennzeichen des Forschenden Lernens umgesetzt (wobei die NSES-Kriterien um weitere Aspekte ergänzt wurden), so handelte es sich mehrheitlich nur um grundlegende Fähigkeiten, z. B. den Gebrauch von Geräten oder die Nutzung von Mathematik. Diese Fähigkeiten wurden dabei meist isoliert vermittelt und waren nicht mit einer Forschungsfrage oder mit essenziellen

Eigenschaften des wissenschaftlichen Forschens verbunden. Nur knapp ein Viertel der Lehrkräfte gestaltete eine Unterrichtsstunde, welche mehr als die Hälfte der Bewertungskriterien erfüllte. Diese sechs Lehrkräfte ermöglichten ihren Lernenden, Untersuchungen mit Bezug auf eine wissenschaftliche Frage durchzuführen und selbst Daten zu erheben. Es waren jedoch nur vier von ihnen, welche die Kriterien mehrheitlich schülerinitiiert und nicht lehrerinitiiert umsetzten. Nur diesen Lehrkräften sprechen Capps und Crawford (2013) die Fähigkeit zu, forschend zu unterrichten.

Das Problem, Forschendes Lernen angemessen umzusetzen, zeigte sich auch bei jungen Lehrkräften, von denen man sicher wusste, dass sie ihre Lehramtsausbildung zu einem Zeitpunkt absolviert hatten, als die NSES als Bildungsgrundlage bereits veröffentlich waren. So führten Ozel und Luft (2013) bei 44 Junglehrkräften im ersten Jahr nach ihrem Universitätsabschluss jeweils vier Unterrichtsbeobachtungen durch, die sich über das Schuljahr verteilten. Dabei stellten sie fest, dass von den fünf essenziellen Eigenschaften des Forschenden Lernens, die in den NSES genannt waren, nur die ersten beiden – Einbringen einer Forschungsfrage (question) sowie die Bezugnahme auf Nachweise (evidence) – im Unterricht häufiger auftraten. Die anderen drei Kriterien – Ableitung von Erklärungen aus den (eigenen) Nachweisen (explain), Verknüpfung der Erklärungen mit dem fachwissenschaftlichen Kenntnisstand (connect), Kommunikation und Rechtfertigung der Erklärungen (communicate) – fanden dagegen kaum Berücksichtigung. Weiterhin fiel auf, dass die Umsetzung der ersten beiden Kriterien eher lehrerinitiiert erfolgte, indem die Lehrkräfte die Forschungsfrage vorgaben und auch die Daten bereitstellten, welche von den Schülerinnen und Schülern analysiert werden sollten. Eine Änderung der Ausgestaltung des Forschenden Lernens fand über das Schuljahr hinweg nicht statt. Ozel und Luft (2013) schließen daraus, dass Unterrichtserfahrung allein nicht zu einer Optimierung des Forschenden Lernens führt.

Ähnliche Ergebnisse der defizitären Umsetzung lassen sich auch in publizierten Unterrichtsvorschlägen zum Forschenden Lernen finden. Die Bedeutung von Unterrichtspublikationen liegt einerseits darin, dass sie auf die Unterrichtspraxis einwirken, indem sie Anregungen für diese geben, und andererseits darin, dass sie ein Spiegelbild dieser Praxis sind. Unterrichtspublikationen zum Forschenden Lernen scheinen dabei oftmals mehr Gewicht auf die praktische Arbeit, d. h. den Umgang mit Daten, zu legen als auf die theoretische Anbindung derselben. Dies kann man aus einer Untersuchung von Asay und Orgill (2010) schlussfolgern, welche über einen Zehnjahreszeitraum (1998–2007) Artikel mit Bezug zum Forschenden Lernen in der Unterrichtszeitschrift *The Science Teacher* analysiert haben. Als Analyseschema dienten wiederum die zentralen Kennzeichen des Forschenden Lernens entsprechend der NSES (NRC 2000, S. 29). Von 248 analysierten Artikeln wiesen nur drei sämtliche Kennzeichen des Forschenden Lernens auf. Im Mittel waren pro Artikel nur ein Drittel, d. h. zwei der Kennzeichen, realisiert. Dieser Wert veränderte sich über die zehn Jahre kaum. Vergleichsweise häufig war in den Artikeln das zweite Kennzeichen präsent, das bei dieser Untersuchung nochmals unterteilt wurde in die Präferenz bzw. Nutzung von Belegen, d. h. Daten (evidence), und die Analyse derselben (analysis). Asay und Orgill (2010) stellen sich somit die Frage, ob diese Kriterien aus Sicht vieler Lehrkräfte bereits das Forschende Lernen ausmachen. Die Kennzeichen *explain, connect* und *communicate* waren dagegen lange nicht so prominent. Daraus schließen sie, dass viele Lehrkräfte Forschendes Lernen wahrscheinlich eher als einen Prozess betrachten, welcher erlernt und praktisch erfahren werden soll, und weniger als ein Vehikel, um Fachwissen zu transportieren. Dabei sind es nach Aussage von Asay und Orgill (2010) gerade diese selten auftretenden Phasen, welche zu einer Entwicklung des Wissenschaftsverständnisses beitragen.

16.3 Ursachen und evidenzorientierte Empfehlungen

16.3.1 Was sind die Gründe für die geringe Umsetzung von Forschendem Lernen?

Anderson (2002) spricht von einem Dilemma, da die wesentlichen Gründe für den Nichteinsatz Forschenden Lernens in den Lehrpersonen selbst liegen und weniger in den äußeren Gegebenheiten. Die Gründe beziehen sich dabei sowohl auf die Fähigkeiten als auch auf die Einstellungen der Lehrpersonen. Sowohl Anderson (2002) als auch das NRC (2000) benennen drei Dimensionsbereiche von Problemen, die bei der Einführung neuer Ansätze im naturwissenschaftlichen Unterricht auftreten: eine politische (nachfolgend umweltbezogene), eine technische (nachfolgend fähigkeitsbezogene) und eine kulturelle (nachfolgend einstellungsbezogene) Dimension. Diese drei Problembereiche werden nun kurz charakterisiert. Ihre Umbenennung erfolgte, um die im nachfolgenden Text benannten Unterpunkte besser abbilden zu können. Die umweltbezogene Dimension erstreckt sich auf

1. vom Zeitumfang zu kurz angesetzte Lehrerfortbildungen,
2. einen Mangel an Ressourcen (auch an Zeit),
3. elterlichen Widerstand,
4. ungelöste Konflikte zwischen den Lehrpersonen sowie
5. unterschiedliche Einschätzungen in Bezug auf Gerechtigkeit und Fairness (NRC 2000).

Die fähigkeitsbezogene Problemdimension umfasst

1. die eingeschränkte Fähigkeit einer Lehrperson, konstruktivistisch zu unterrichten,
2. Schwierigkeiten mit Gruppenarbeiten,
3. Probleme, die neue Lehrerrolle mit bloßer Beratungsfunktion zu akzeptieren,
4. die neue, von Selbstständigkeit geprägte Schülerrolle zu akzeptieren, sowie
5. eine inadäquate berufliche Fortbildung (NRC 2000).

Die einstellungsbezogene Dimension wird als die wichtigste angesehen, weil sie persönliche Überzeugungen und Werte umfasst. Sie bezieht sich u. a. auf

1. die Einstellung zu tradierten Unterrichtsformen wie einem textbuchbasierten Unterricht,
2. die Sichtweise auf Prüfungen und Notengebung sowie
3. auf eine „Vorbereitungsethik", durch welche sich die Lehrkräfte verpflichtet fühlen, die Schülerinnen und Schüler gut auf die nächste Schulstufe vorzubereiten (NRC 2000).

Im Folgenden sollen die Defizite bezüglich der fähigkeitsbezogenen Dimension anhand weiterer Studien genauer aufgeschlüsselt werden. Ein Problempunkt scheint die unzureichende Fähigkeit von Lehrpersonen zu sein, selbst Experimente zu planen, die wissenschaftlichen Standards genügen. Eine solche Prognose lässt sich aus einer Studie von Hilfert-Rüppell et al. (2013) ableiten. Lehramtsstudierende sollten sich im Rahmen eines schriftlichen Tests Experimente überlegen, welche Faktoren Kressesamen zum Keimen unbedingt brauchen. Bei der Auswertung der schriftlichen Experimentierkonzepte zeigte sich, dass ca. 60 % der Lehramtsstudierenden keine Hypothesen aufstellten, ca. 90 % keine Vorhersagen bezüglich der erwarteten Ergebnisse trafen, ca. 50 % kein Kontrollexperiment berücksichtigten und ca. 25 % keine Variablentrennung vornahmen (Hilfert-Rüppell et al. 2013, S. 144).

Dass Lehramtsstudierende vom Forschungsprozess oftmals unzureichende Vorstellungen haben und Teile missinterpretieren, konnte Windschitl (2004) aufzeigen. So wird einer Hypothese zwar die Funktion zugesprochen, den Ausgang einer Untersuchung vorherzusagen, aber sie wird nicht notwendigerweise als Bestandteil eines größeren Begründungszusammenhangs angesehen. Theorie erscheint als ein optionales Werkzeug, das man nutzen kann, aber nicht muss, um am Ende der Untersuchung die Ergebnisse zu erklären (Windschitl 2004). Das Fehlen eines theoretischen Hintergrunds, aus dem heraus eine Hypothese abgeleitet werden kann, ist somit ein wesentlicher Kritikpunkt. Weiterhin fiel auf, dass die Unterrichtsaktivitäten angehender Lehrkräfte mit dem Umfang ihrer vorherigen wissenschaftlichen Forschungserfahrungen zusammenhingen. Lehramtsstudierende mit wenig oder keiner Forschungserfahrung setzten mehrheitlich kein (angeleitetes) Forschendes Lernen ein, wohl aber entdeckendes Lernen (dem Zielgerichtetheit, Strukturiertheit und Lehrerhilfe fehlen) oder aber Bestätigungsversuche (Windschitl 2004).

Eine zu breite Interpretation der Eigenschaften des Forschenden Lernens konnten Seung et al. (2014) anhand von Einzelfallbeispielen sowohl bei Lehramtsstudierenden als auch bei den sie betreuenden Lehrkräften im Schulpraktikum aufzeigen. So stufte eine Lehramtsstudentin selbstständige Schülerarbeiten generell als forschend ein, selbst dann, wenn es sich nur um eine Zuordnungsaufgabe handelte. In einem weiteren Beispiel klassifizierte eine Lehrerin (Mentorin) die Vorhersagen, welche die Lernenden über den Ausgang eines (von der Lehrkraft initiierten) Experiments machten, als „Erklärungen anhand von Belegen" im Sinne der NSES. Sie war sich dabei nicht bewusst, dass die Erklärungen der Lernenden auf der Basis von Daten oder Ergebnissen, welche diese selbst mittels einer Untersuchung erhoben haben, erfolgen sollten.

Eine zusätzliche Schwierigkeit ist nach Seung et al. (2014) das Festhalten an einer lehrerzentrierten Sichtweise. Dieses Problem war bereits in den Studien von Capps und Crawford (2013) sowie Ozel und Luft (2013) erwähnt worden. Seung et al. (2014) weisen darauf hin, dass beim Forschenden Lernen die Lehrenden ihre eigenen Zielvorstellungen vor Augen haben, aber nicht das, was die Lernenden von sich aus in den Unterricht einbringen. Als Beispiel wird eine Lehramtsstudentin angeführt, welche mit Kindergartenkindern den Unterschied zwischen lebenden und nichtlebenden Dingen erarbeiten wollte. So war es die Lehrkraft, die durch ihre Vorgaben den Unterricht gestaltete: Sie brachte die Bilder ein, welche die Kinder den beiden Gruppen (lebend vs. nichtlebend) zuordnen sollten. Da die Kinder ihre Zuordnung nicht begründeten, gab die Lehrkraft auch entsprechende Kriterien vor, welche die Kinder dann für ihre Begründung nutzen konnten. Das eigentliche Ziel wäre jedoch gewesen, dass die Lernenden eigene Materialien, Belege, vorhandenes Wissen oder sonstige Quellen für die Beantwortung der Ausgangsfrage genutzt hätten.

16.3.2 Wie kann die Lehrerbildung Lehrpersonen in die Lage versetzen, Forschendes Lernen effektiv zu unterrichten?

Um den aufgezeigten Defiziten einer quantitativ und qualitativ unzureichenden Umsetzung des Forschenden Lernens im schulischen Unterricht entgegenzuwirken, erscheinen Professionalisierungsmaßnahmen sowohl in der Lehrkräfteaus- als auch in der -fortbildung ein adäquates Mittel zu sein. In der erziehungswissenschaftlichen Literatur wurden verschiedentlich Kriterien für effektive Professionalisierungsmaßnahmen herausgearbeitet (vgl. z. B. Desimone 2009; Penuel et al. 2007; Loucks-Horsley et al. 2003; Garet et al. 2001). Capps et al. (2012) haben auf der Basis dieser Forschungsliteratur, von Expertenstellungnahmen sowie Reformdokumenten (vgl. NSES) eine Liste von neun Analysekategorien zusammengestellt, deren Umsetzung in Aus- und Fortbildungsmaßnahmen zum Forschenden Lernen zentral erscheint. Diese Analysekategorien sollen nachfolgend vorgestellt werden, da sie eine Grundlage für die Gestaltung zukünftiger Lehrkräfteaus- und -fortbildungen darstellen. Capps et al. (2012) konnten aufzeigen, dass bei jenen Professionalisierungsmaßnahmen, auf welche sie sich in ihrer Studie beziehen und für deren Wirksamkeit empirische Belege vorliegen, durchschnittlich zwischen sechs bis sieben Analysekriterien umgesetzt wurden. Die Wirksamkeit der Professionalisierungsmaßnahmen zeigte sich entweder in einem verbesserten Fachwissen der Lehrkräfte, in einer Veränderungen ihrer Einstellung zum Forschenden Lernen *(teacher beliefs)*, in einer Veränderung ihrer Unterrichtspraxis oder in einem gestiegenen Wissensstand ihrer Schülerinnen und Schüler, wobei sich dieses Wissen auf naturwissenschaftliche Konzepte, auf die Natur der Naturwissenschaften (Nature of Science, NOS) oder auf Merkmale wissenschaftlicher Forschungsprozesse (Nature of Scientific Inquiry, NOSI) bezog.

Die neun Analysekategorien für Professionalisierungsmaßnahmen nach Capps et al. (2012) können den zuvor aufgezeigten Problemdimensionen bei der Einführung neuer Unterrichtsansätze (Anderson 2002) zugeordnet werden, d. h. einer umwelt-, fähigkeits- und einstellungsbezogenen Problemdimension. Die umweltbezogene Dimension bezieht sich dabei vor allem auf problematische Rahmenbedingungen, die einer adäquaten Umsetzung des Forschenden Lernens entgegenstehen:

- Um diesen zu begegnen, sollte eine Professionalisierungsmaßnahme u. a. eine ausreichende *Zeitdauer* aufweisen, die den Stundenumfang einer Arbeitswoche nicht unterschreitet.
- Weiterhin lässt sich die Forderung nach *Kohärenz* anführen, da die Inhalte der Professionalisierungsmaßnahme sowohl mit lokalen, landes- und bundesspezifischen Anforderungen (d. h. Schulcurricula, Rahmenlehrplänen und Bildungsstandards) übereinstimmen müssen.
- Ebenfalls sollte das Kriterium des *Transfers* in der Fortbildungsmaßnahme enthalten sein. Dieses beinhaltet die Diskussion von Umsetzungsmöglichkeiten des Forschenden Lernens im eigenen Unterricht. Hierbei ist die Berücksichtigung von kontextabhängigen Faktoren sehr wichtig, denn keine Schule und keine Klasse gleicht einer anderen. Durch die Ansprache der konkreten Gegebenheiten vor Ort wird für die Lehrkräfte die Hürde gesenkt, die neu erlernten Methoden auch wirklich im eigenen Unterricht anzuwenden.
- Eine zusätzliche, darauf aufbauende Maßnahme ist das Angebot einer *erweiterten Unterstützung* der Lehrkräfte außerhalb bzw. im Anschluss an die Fortbildung. Auf diese Weise können die Lehrkräfte Nachfragen stellen und ein Feedback erhalten, wenn sie nach dem Kurs die neuen Unterrichtsmethoden im eigenen Unterricht ausprobieren. Bei der erweiterten Unterstützung kann es sich sowohl um Unterrichtsbesuche, erneute Treffen der Kursteilnehmerinnen und -nehmer als auch um eine Fernunterstützung übers Internet (z. B. Chat-Gruppen) handeln.

Um den fähigkeitsbezogenen Problemen der Lehrkräfte bei der Umsetzung des Forschenden Lernens zu begegnen, sollte eine Professionalisierungsmaßnahme nach Capps et al. (2012) vier weitere Kriterien erfüllen:

- So sollte das *Fachwissen* der teilnehmenden Lehrkräfte ausgebaut werden. Dieses Wissen bezieht sich einerseits auf schulrelevante naturwissenschaftliche Inhalte in Form von Theorien, Konzepten und Modellen und andererseits sowohl auf die Charakteristika von Wissenschaft (NOS) als auch von Forschungsabläufen (NOSI). Nähere Ausführungen zu NOS und NOSI finden sich u. a. bei Schwartz et al. (2008).
- Damit die Lehrkräfte ein Gespür für Forschungsprozesse bekommen, sollten sie außerdem *authentische Forschungserfahrungen* sammeln können. Ihre Erfahrungen sollten dabei der Arbeit von Wissenschaftlerinnen und Wissenschaftlern entsprechen. Dabei geht es nicht darum, dass die Lehrkräfte im

Labor Forscherinnen und Forscher bei ihren Projekten unterstützen, indem sie dort nach deren Anweisung kleinere Aufgaben übernehmen, sondern sie sollen eigene Projekte durchführen und dabei alle Phasen des Forschungsprozesses von der Entwicklung einer Fragestellung bis hin zur Diskussion und Reflexion der Ergebnisse durchlaufen (zur Phasenabfolge Kap. 8).

- Ein weiteres Element der Professionalisierungsmaßnahme sollte ein Durchlaufen *modellhafter Unterrichtsstunden* zum Forschenden Lernen sein. Hierbei erleben Lehrkräfte die Unterrichtsmethode aus Schülerperspektive und können dadurch die Erfahrungen und Probleme der Lernenden besser nachvollziehen.

- Abschließend entwickeln die Lehrkräfte *eigene Unterrichtsstunden* zum Forschenden Lernen. Im Beruf tätige Lehrkräfte können hierfür auch bestehende, problematische Unterrichtsstunden einbringen und diese im Kurs in Zusammenarbeit mit Kolleginnen und Kollegen sowie Kursleiterinnen und -leitern so weiterentwickeln, dass sie den Kriterien des Forschenden Lernens entsprechen.

Um bei Fortbildungsmaßnahmen auch die einstellungsbezogene Problemdimension anzusprechen, ist nach Capps et al. (2012) noch ein weiteres Kriterium wichtig:

- Es sollten *Reflexionsphasen* enthalten sein, sodass die neu gewonnenen Erfahrungen aus metakognitiver Sicht beurteilt werden. Dabei geht es um eine persönliche Beurteilung der Sinnhaftigkeit von Zielen, Charakteristika und Umsetzungsmöglichkeiten des Forschenden Lernens, um ein bewusstes Wahrnehmen der Probleme und darauf abgestimmter Bewältigungsstrategien sowie um eine Einschätzung der eigenen Handlungsfähigkeit und -bereitschaft. Die Wichtigkeit dieser Reflexionsphasen stellen Capps et al. (2012, S. 302) mit folgendem Satz heraus: „Without including explicit reflection [...], it is unlikely that substantial teacher learning or change will occur."

Hinsichtlich der Umsetzungshäufigkeit dieser als wichtig erachteten Kriterien für effektive Lehrerfortbildungen zum Forschenden Lernen sind es vor allem zwei Kriterien, die unzureichend berücksichtigt werden. So konnten lediglich bei weniger als einem Drittel (5 von 17) der analysierten Lehrkräftebildungsmaßnahmen authentische Forschungserfahrungen gesammelt werden, und es wurden in weniger als der Hälfte der Fälle (7 von 17) eigene Unterrichtssequenzen zum Forschenden Lernen entworfen. Capps et al. (2012) mutmaßen, dass es sich hierbei vielleicht um die fehlenden Bindeglieder handeln könnte, welche für eine verstärkte Umsetzungsrate von Forschendem Lernen im Schulunterricht benötigt werden.

Ein Wirkungs- und Gestaltungsmodell effektiver Lehrkräftebildung wurde auch von Emden und Bauer (2017) entwickelt. Dieses bezieht sich auf das entdeckende Experimentieren, wobei der Begriff, so wie dieser von Emden und Bauer verwendet wird, große Übereinstimmungen mit dem Forschenden Lernen aufweist und deshalb in diesem Kapitel eine Gleichsetzung beider Begriffe erfolgen soll. Insgesamt benennen Emden und Bauer (2017) fünf Gestaltungsprinzipien für Professionalisierungsmaßnahmen, von denen aber nur jene Inhaltsaspekte genauer ausgeführt werden, welche bei Capps et al. (2012) nicht in gleicher Weise spezifiziert wurden.

So wird beispielsweise von beiden Autorenteams das Kriterium der Dauer einer Professionalisierungsmaßnahme erwähnt, Emden und Bauer (2017) führen jedoch aus, dass es sich hierbei um fortlaufende gemeinsame Arbeitstreffen der Lehrkräfte handeln sollte sowie um einen iterativen Prozess. Das neu Erlernte soll im Unterricht direkt umgesetzt und erprobt werden, um die gemachten Erfahrungen in das nächste Arbeitstreffen einzubringen. Durch dieses sich wiederholende Vorgehen ist die längere Dauer der Lehrkräftefortbildung direkt mit zwei weiteren Gestaltungsprinzipien verknüpft, nämlich dem eigenaktiven Lernen und der kollegialen Teilnahme. Ersteres bedeutet, dass aktiv der (eigene) Unterricht weiterentwickelt werden soll, und letzteres, dass die Weiterentwicklung im Team mit Kolleginnen und Kollegen erfolgt. Das Team spielt ebenso eine Rolle, wenn es um die gemeinsame Hospitation und Reflexion von Unterrichtsstunden geht. Auf diese Weise können die in Abschn. 16.2.1 und 16.3.1 aufgezeigten Defizite (u. a. eine zu geringe theoretische Anbindung der Experimente, eine unzureichende Experimentplanung und -durchführung ohne Hypothesenbildung, ohne Kontrollansätze oder Variablentrennung, eine zu starke Lehrerzentrierung) direkt aufgedeckt und angesprochen werden. Wie wichtig diese Kontrolle und Rückmeldung durch Außenstehende (z. B. das Team und die Kursleitung) ist, zeigte eine Untersuchung von Krämer et al. (2015). Lehramtsstudierende, die am Ende eines Kurses zum Forschenden Lernen eine selbst entwickelte Unterrichtseinheit mit Schülerinnen und Schülern durchführten und direkt danach ihren Unterricht reflektieren sollten, gingen mehrheitlich auf Probleme zur Klassenführung ein, aber kaum auf Kriterien des Forschenden Lernens. Ihre persönliche Wahrnehmung war somit sehr selektiv und deckte nicht jene Kritikpunkte auf, die mithilfe eines standardisierten Analyseschemas für Forschenden Unterricht (*Diagnostic Tool for Continuing Professional Development Providers;* Borda Carulla 2012) festgestellt werden konnten. Die Wahrnehmung der Studierenden weitete sich jedoch und schloss auch Kriterien des Forschenden Lernens ein, wenn sie sich zu einem späteren Zeitpunkt ein Video ihrer Unterrichtsstunde ansahen und dieses kommentierten.

Um Lehrkräftefortbildungen effektiv zu gestalten, ist nach Capps et al. (2012) sowie Emden und Bauer (2017) die Kohärenz ein wichtiges Kriterium. Emden und Bauer (2017) erweitern jedoch die Bedeutung dieses Begriffs. Ihrer Meinung nach sollte eine Professionalisierungsmaßnahme nicht nur in Einklang mit curricularen und schulischen Rahmenbedingungen stehen, sondern ebenso die individuellen Eingangsvoraussetzungen der teilnehmenden Lehrkräfte berücksichtigen, wozu deren Erfahrungen und Einstellungen zum Forschenden Lernen gehören. Es sollte somit verschiedene Differenzierungsniveaus in einer Fortbildung geben. So schlägt Colburn (2000) beispielsweise ein gestuftes Vorgehen bei der Entwicklung eigener Unterrichtsstunden zum Forschenden Lernen vor. Selbiges empfiehlt er auch für die Einführung Forschenden Lernens in einer Klasse, sodass Lehrkraft und Lernende sich langsam an die geänderte Unterrichtsform gewöhnen. Da den Lernenden oftmals nur „Versuche nach Kochrezept" bekannt sind, bei denen alles vorgegeben ist, empfiehlt er, die Vorgaben schrittweise zu reduzieren. Zuerst wird die Ergebnistabelle weggelassen, damit die Lernenden sich selbst überlegen, welche Daten sie in welcher Form erheben wollen. In einem nächsten Schritt werden dann Teile der Versuchsanleitung entfernt, sodass die Schülerinnen und Schüler sich einzelne Schritte des Vorgehens selbst überlegen müssen, bis diese schließlich die gesamte Versuchsplanung inklusive der Hypothesenbildung und des Treffens von Vorhersagen übernehmen. Es handelt sich somit um ein Vorgehen, das die schrittweise Öffnung des Unterrichts widerspiegelt und einer Übernahme jeweils anspruchsvollerer Aufgaben durch die Lernenden entspricht (vgl. Fradd et al. 2001).

Eine andere Differenzierungsmaßnahme für das Erlernen Forschenden Lernens bezieht sich auf den Einsatz standardisierter Hilfekärtchen ("Forschertipps") nach der Vorlage von Arnold und Kremer (2012). Dabei können die Lernenden selbstständig entscheiden, ob sie die angebotenen Hilfestellungen wahrnehmen möchten oder nicht. Dieses Verfahren hat sich einerseits im Schulunterricht bewährt (Kap. 8) und lässt sich andererseits auch in der Lehramtsausbildung erfolgreich umsetzen (Bruckermann und Schlüter 2017). Für letztere hat sich diese angeleitete Form des Forschenden Lernens insofern als wirksam erwiesen, als dass zusätzliche stützende Maßnahmen wie metakognitive Lernhilfen (mit Bezug auf ein Handlungsregulationsmodell) und multimediale Dokumentationen (Anfertigung von Videoprotokollen vom Experimentierprozess anstatt von schriftlichen Protokollen) zu keinen weiteren positiven Effekten führten (Bruckermann et al. 2017).

Dass die Förderung von Fachwissen ein Element von Professionalisierungsmaßnahmen sein sollte, wurde bereits erwähnt. Emden und Bauer (2017) spezifizieren diesen Aspekt, indem sie zwischen Inhalts- und fachdidaktischem Wissen unterscheiden. Bei den von Capps et al. (2012) genannten Wissensbereichen (Konzeptwissen, NOS, NOSI) handelt es sich vor allem um Inhaltswissen. Emden und Bauer (2017) ergänzen dieses noch um kognitionspsychologische Erkenntnisse zu wissenschaftlichen Begründungsprozessen in Form des SDDS-Modells (SDDS = Scientific Discovery as Dual Search) von Klahr und Dunbar (1988; vgl. auch Hammann 2007). Entsprechend diesem Modell erfolgt das Generieren von Hypothesen zur Lösung eines Problems in zwei Suchräumen: dem Hypothesenraum und dem Experimentierraum. Während im Hypothesenraum das theoretische Vorwissen den Ausgangspunkt für die Entwicklung des Lösungsansatzes bildet, so sind es im Experimentierraum die Ergebnisse vorangegangener Untersuchungen. Das Vorgehen von Lernenden lässt sich hinsichtlich dieser zwei Strategien unterscheiden (Klahr und Dunbar 1988), wobei beide zielführend sein können. Das von Emden und Bauer (2017) erwähnte fachdidaktische Wissen umfasst u. a. die Alltagsvorstellungen und Schwierigkeiten/Fehler von Schülerinnen und Schülern beim Experimentieren ebenso wie mögliche Scaffolding-Maßnahmen, z. B. durch die oben erwähnten Hilfekärtchen. Über all diese Inhalte sollten Lehrkräfte somit informiert sein.

Einen Eindruck, wie umfangreich ein Ausbildungsprogramm zum Forschenden Lernen ausfallen kann, wenn es zahlreiche der zuvor genannten Kriterien berücksichtigt, vermittelt die Arbeit von Schwarz et al. (2013). Das Programm umfasste einen Zeitraum von 13 Monaten und gliederte sich in drei Teile:

1. Zehnwöchiges Praktikum in der wissenschaftlichen Forschung
2. Gruppensitzungen während des Forschungspraktikums sowie ein Semesterkurs zur expliziten Vermittlung und Reflexion von NOS, NOSI und der Methode des Forschenden Lernens unter Einbezug von Planung und Umsetzung von Unterrichtsstunden
3. Zweiwöchiges mentoriertes Unterrichtspraktikum mit eigener Unterrichtstätigkeit

Das Ergebnis dieses umfangreichen Ausbildungsprogramms waren Einstellungsveränderungen bei den Lehramtsstudierenden hin zu einem verstärkt schülerzentrierten, forschungsorientierten Unterricht sowie ein gutes Verständnis von NOS/NOSI, wobei jedoch die große Herausforderung darin bestand, die neu gewonnenen Einsichten adäquat in die Praxis umzusetzen.

Abschließend stellt sich jetzt noch die Frage nach der Wirksamkeit der einzelnen Faktoren, die in dem Analyseschema von Capps et al. (2012) bzw. in dem von Emden und Bauer (2017) erstellten Wirkungs- und Gestaltungsmodell für eine effektive Lehrkräfteprofessionalisierung zum Forschenden Lernen bzw. Experimentieren genannt wurden. Emden und Bauer (2017) schreiben hierzu, dass ihr Modell bisher nur Vorschlagscharakter hat und noch empirisch zu überprüfen ist. Capps et al. (2012) merken an, dass zukünftige Forschung herausstellen muss, welche der von ihnen benannten neun Gestaltungsfaktoren besonders wichtig sind, damit sich eine Professionalisierungsmaßnahme als besonders effektiv erweist. In den bisherigen Lehrkräftebildungsmaßnahmen wurden immer mehrere dieser neun Faktoren gleichzeitig realisiert, vermutlich um einen größtmöglichen Erfolg der jeweiligen Bildungsmaßnahme zu gewährleisten. Eine Variablenisolierung konnte auf diese Weise aber nicht stattfinden.

Am Ende soll nochmals der Blick auf das Ausgangsbeispiel und die fünf verschiedenen Varianten der Unterrichtsfortführung gerichtet werden. Es stellt sich die Frage, welches Vorgehen der Lehrkraft einem forschenden Unterricht am nächsten kommt. Schuster et al. (2007) kommentieren, dass es die Antwortmöglichkeit B ist, welche einer angeleiteten Form des Forschenden Lernens entspricht. Sie lässt sich am ehesten mit dem Vorgehen von Wissenschaftlerinnen und Wissenschaftlern vergleichen, wenn diesen abweichende Daten auffallen. Die Antwortmöglichkeiten A, D und E entsprechen nicht dem Forschenden Lernen, da entweder auf die Lehrperson als Entscheidungsinstanz oder auf andere externe Quellen (wie Bücher) verwiesen wird, obwohl eine Weiterarbeit mit den vorhandenen Daten bzw. Untersuchungsmethoden leicht möglich wäre. Antwort C entspricht einem Mehrheitsentscheid, aber nicht einer wissenschaftlichen Begründung und ist damit wenig zielführend.

Die Frage, die sich jetzt noch stellt, nachdem die „richtige" Antwortalternative bekannt ist, lautet, ob dies auch die von den Lehrkräften bevorzugte Variante der Unterrichtsfortführung ist. Denn das Wissen um das Forschende Lernen wird nicht automatisch zu einer positiven Einstellung zu selbigem führen.

16.4   Zusammenfassung

Möchte man Forschendes Lernen im schulischen Biologieunterricht stärker verankern, dann ist ein Aufgreifen dieses Unterrichtskonzepts in der Aus- und Fortbildung von Lehrkräften zwingend erforderlich. Dabei sollte eine Reihe verschiedener Kriterien berücksichtigt werden, die sich vereinfacht als Schrittfolge zusammenfassen lassen: Wissenserwerb über Forschung – authentische Forschungserfahrung durch eigene kleine Forschungsprojekte – Durchlaufenden modellhafter Unterrichtsstunden zum Forschenden Lernen aus der Perspektive von Schülerinnen und Schülern – Entwicklung eigener Unterrichtsstunden zum Forschenden Lernen – Erprobung dieser Stunden mit Versuchsklassen bzw. mit eigenen Klassen – langfristige Betreuung bei der Umsetzung Forschenden Lernens im eigenen Unterricht. Zentraler Bestandteil müssen dabei stets wiederkehrende Reflexionsphasen sein.

Literatur

Abd-El-Khalick, F., BouJaoude, S., Duschl, R., Lederman, N. G., Mamlok-Naaman, R., Hofstein, A., et al. (2004). Inquiry in science education: International perspectives. *Science Education, 88*(3), 397–419.

Anderson, R. D. (2002). Reforming science teaching: What research says about inquiry. *Journal of Science Teacher Education, 13*(1), 1–12.

Arnold, J., & Kremer, K. (2012). Lipase in Milchprodukten – Schüler erforschen die Temperaturabhängigkeit von Enzymen. *Praxis der Naturwissenschaften – Biologie in der Schule, 61*(7), 15–20.

Asay, L. D., & Orgill, M. K. (2010). Analysis of essential features of inquiry found in articles published in *The Science Teacher*, 1998–2007. *Journal of Science Teacher Education, 21,* 57–79.

Borda Carulla, S. (2012). *Tools for enhancing inquiry in science education*. Montrouge: Fondation La main la pâte. Fibonacci Project. http://www.fondation-lamap.org/sites/default/files/upload/media/1-tools_for_enhancing_inquiry_in_science_education.pdf.

Bruckermann, T., & Schlüter, K. (Hrsg.). (2017). *Forschendes Lernen im Experimentalpraktikum Biologie. Eine praktische Anleitung für die Lehramtsausbildung*. Berlin: Springer Spektrum.

Bruckermann, T., Aschermann, E., Bresges, A., & Schlüter, K. (2017). Metacognitive and multimedia support of experiments in inquiry learning for science teacher preparation. *International Journal of Science Education (IJSE), 39*(6), 701–722. https://doi.org/10.1080/09500693.2017.1301691.

Capps, D. K., & Crawford, B. A. (2013). Inquiry-based instruction and teaching about nature of science: Are they happening? *Journal of Science Teacher Education, 24,* 497–526.

Capps, D. K., Crawford, B. A., & Constas, M. A. (2012). A review of empirical literature on inquiry professional development: Alignment with best practices and a critique of the findings. *Journal of Science Teacher Education, 23*(3), 291–318.

Cobern, W. W., Schuster, D., Adams, B., Skjold, B. A., Mugaloglu, E. Z., Bentz, A., et al. (2014). Pedagogy of science teaching tests: Formative assessments of science teaching orientations. *International Journal of Science Education, 36*(13), 2265–2288.

Colburn, A. (2000). An inquiry primer. *Science Scope, 23,* 42–44.

Desimone, L. M. (2009). Improving impact studies of teachers' professional development: Toward better conceptualizations and measures. *Educational Researcher, 38*(3), 181–199.

Emden, M., & Bauer, A. (2017). Effektive Lehrkräftebildung zum Experimentieren – Entwurf eines integrierten Wirkungs- und Gestaltungsmodell. *Zeitschrift für Didaktik der Naturwissenschaft, 23*(1), 1–19. https://doi.org/10.1007/s40573-016-0052-1.

Eysink, T. H. S., de Jong, T., Berthold, K., Kolloffel, B., Opfermann, M., & Wouters, P. (2009). Learner performance in multimedia learning arrangements: An analysis across instructional approaches. *American Educational Research Journal, 46*(4), 1107–1149. https://doi.org/10.3102/0002831209340235.

Fradd, S. H., Lee, O., Sutman, F. X., & Saxton, M. K. (2001). Promoting science literacy with English language learners through instructional materials development: A case study. *Bilingual Research Journal, 25*(4), 417–439.

Garet, M. S., Porter, A. C., Desimone, L., Birman, B. F., & Yoon, K. S. (2001). What makes professional development effective? Results from a national sample of teachers. *American Educational Research Journal, 38*(4), 915–945.

Hammann, M. (2007). Das Scientific Discovery as Dual Search-Modell. In D. Krüger & H. Vogt (Hrsg.), *Theorien in der biologiedidaktischen Forschung* (S. 187–196). Berlin: Springer.

Hilfert-Rüppell, D., Looß, M., Klingenberg, K., Eghtessad, A., Höner, K., Müller, R., et al. (2013). Scientific reasoning of prospective science teachers in designing a biological experiment. *Lehrerbildung auf dem Prüfstand, 6*(2), 135–154.

Hmelo-Silver, C. E., Duncan, R. G., & Chinn, C. A. (2007). Scaffolding and achievement in problem-based and inquiry learning: A response to Kirschner, Sweller, and Clark (2006). *Educational Psychologist, 42*(2), 99–107. https://doi.org/10.1080/00461520701263368.

Kirschner, P. A., Sweller, J., & Clark, R. E. (2006). Why minimal guidance during instruction does not work: An analysis of the failure of constructivist, discovery, problem-based, experiential, and inquiry-based teaching. *Educational Psychologist, 41*(2), 75–86. https://doi.org/10.1207/s15326985ep4102_1.

Klahr, D., & Dunbar, K. (1988). Dual space search during scientific reasoning. *Cognitive Science, 12*, 1–48.

KMK (Kultusministerkonferenz). (2017). Ländergemeinsame inhaltliche Anforderungen für die Fachwissenschaften und die Fachdidaktiken in der Lehrerbildung, Entscheidung der Kultusministerkonferenz vom 16.10.2008 i. d. F. vom 16.03.2017.

KMK (Sekretariat der Ständigen Konferenz der Kultusminister der Länder in der Bundesrepublik Deutschland) (Hrsg.). (2005). *Beschlüsse der Kultusministerkonferenz: Bildungsstandards im Fach Biologie für den Mittleren Schulabschluss (Jahrgangsstufe 10). Beschluss vom 16.12.2004*. Berlin: Luchterhand.

Krämer, P., Nessler, S., & Schlüter, K. (2015). Teacher students' dilemmas when teaching science through inquiry. *Research in Science and Technological Education (RISTE), 33*(3), 325–343. https://doi.org/10.1080/02635143.2015.1047446.

Loucks-Horsley, S., Love, N., Stiles, K. E., Mundry, S., & Hewson, P. W. (2003). *Designing professional development for teachers of science and mathematics* (2. Aufl.). Thousand Oaks: Corwin Press.

Martius, T., Delvenne, L., & Schlüter, K. (2016). Forschendes Lernen im naturwissenschaftlichen Unterricht – Verschiedene Konzepte, ein gemeinsamer Kern? *Der mathematische und naturwissenschaftliche Unterricht (MNU), 69*(4), 220–228.

Mayer, J., & Ziemek, H.-P. (2006). Offenes Experimentieren. Forschendes Lernen im Biologieunterricht. *Unterricht Biologie, 317*, 4–12.

McComas, W. F. (1997). The nature of the laboratory experience – A guide for describing, classifying and enhancing hands-on activities. *CSTA Journal, 6*, 9.

NGSS Lead States. (2013). *Next generation science standards: For states, by states*. Washington: The National Academies Press.

NRC (National Research Council). (1996). *National science education standards*. Washington: National Academy Press.

NRC (National Research Council). (2000). *Inquiry and the national science education standards: A guide for teaching and learning*. Washington: The National Academy Press.

NRC (National Research Council). (2015). *Guide to implementing the next generation science standards*. Washington: The National Academy Press.

Ozel, M., & Luft, J. A. (2013). Beginning secondary science teachers' conceptualization and enactment of inquiry-based instruction. *School Science and Mathematics, 113*(6), 308–316.

Penuel, W. R., Fishman, B. J., Yamaguchi, R., & Gallagher, L. P. (2007). What makes professional development effective? Strategies that foster curriculum implementation. *American Educational Research Journal, 44*(4), 921–958.

Prenzel, M., Artelt, C., Baumert, J., Blum, W., Hammann, M., Klieme, E., et al. (2008). *PISA 2006 in Deutschland – Die Kompetenzen der Jugendlichen im dritten Ländervergleich*. Münster: Waxmann.

Schuster, D., Cobern, W. W., Applegate, B., Schwartz, R., Vellom, P., & Undreiu, A. (2007). *Assessing pedagogical content knowledge of inquiry science teaching – Developing an assessment instrument to support the undergraduate preparation of elementary teachers to teach science as inquiry*. In Proceedings of the National STEM Conference on Assessment of Student Achievement, hosted by the National Science Foundation and Drury University, Washington, DC, 19–21 October 2007.

Schwartz, R. S., Lederman, N., & Lederman, N. (2008). An instrument to assess views of scientific inquiry: The VOSI Questionnaire. Paper presented at the international conference of the National Association for Research in Science Teaching, Baltimore, Maryland.

Schwarz, R. S., Northcutt, C. K., Mesci, G., & Stapleton, S. (2013). Science research to science teaching: Developing preservice teachers' knowledge and pedagogy for nature of science and inquiry. Paper presented at the international conference of the National Association for Research in Science Teaching, Rio Grande, Puerto Rico.

Seung, E., Park, S., & Jung, J. J. (2014). Exploring preservice elementary teachers' understanding of the essential features of inquiry-based science teaching using evidence-based reflection. *Research in Science Education, 44*, 507–529. https://doi.org/10.1007/s11165-013-9390-x.

S-TEAM (Hrsg.). (2010). *Preliminary report: The state of inquiry-based science teaching in Europe*. Trondheim: NTNU.

Wellnitz, N., & Mayer, J. (2013). Erkenntnismethoden in der Biologie – Entwicklung und Evaluation eines Kompetenzmodells. *Zeitschrift für Didaktik der Naturwissenschaften, 19*, 315–345.

Windschitl, M. (2004). Folk theories of „inquiry": How preservice teachers reproduce the discourse and practices of an atheoretical scientific method. *Journal of Research in Science Teaching, 41*, 481–512.

Zinonidis, S., Schneider, C., Pakzad, U., & Schlüter, K. (2017). Idealvorstellungen und Unterrichtsrealität. Eine Untersuchung mit Referendarinnen und Referendaren im Fach Biologie. *MNU Journal, 1*, 57–63.

Stichwortverzeichnis

© Springer-Verlag GmbH Deutschland, ein Teil von Springer Nature 2019
J. Groß et al. (Hrsg.), *Biologiedidaktische Forschung: Erträge für die Praxis,*
https://doi.org/10.1007/978-3-662-58443-9

Printed in the United States
By Bookmasters